고등 **수학** 상

최강

TOP OF THE TOP

book.chunjae.co.kr

1등급 비밀!!

최강 TOP

고등 **수학** 상

개념 정리　　예제와 참고 자료, 일부 단축키(문제 풀이 시간을 줄여주는 내용 소개)를 통해 학습

단계 구성

STEP 1　1등급 준비하기

1등급 준비를 위해 꼭 확인해야 할 필수 유형을 학습하는 단계. 자칫하면 놓치기 쉬운 개념과 풀이 스킬을 확인합니다.

STEP 2　1등급 굳히기

각 학교에서 실제 시험에 다뤄진 최신 출제 경향을 반영하는 문제를 푸는 단계. 1등급을 목표로 공부한다면 반드시 알아야 할 풀이 스킬을 확인하고 각 문항별로 주어진 목표 시간 안에 1등급 문제 유형을 확실하게 익힙니다.

STEP 3　1등급 뛰어넘기

창의력, 융합형, 신경향, 서술형 문제 등을 경험하고 익히는 단계. 풀기 어렵거나 풀기 까다로운 문제보다는 '이렇게 풀면 되구나!' 하는 경험을 할 수 있는 문제를 포함하고 있으므로 더 다양한 풀이 스킬을 익히면서 적용해 볼 수 있습니다.

정답과 풀이　　주로 문제 풀이를 위한 **GUIDE** 와 해설로 이루어져 있습니다.
그리고 다음 요소도 포함하고 있습니다.

주의	자칫하면 실수하기 쉬운 내용을 알려줍니다.
참고	풀이 과정에서 추가 설명이 필요한 경우, 이해를 돕거나 이해해야 하는 내용을 알려줍니다.
LECTURE	풀이 과정에서 등장한 개념을 알려줍니다.
1등급 NOTE	문제 풀이에 필요한 스킬을 알려줍니다.
다른 풀이	말 그대로 소개된 해설과 다른 풀이를 담고 있습니다.

※ 오답노트 자동 생성 앱　　틀린 문제 번호만 터치하면 자동으로 정리되는 오답노트입니다. 인쇄하여 오답노트집으로 활용하거나 자투리 시간에 휴대폰에서 바로 이용할 수 있습니다. (안드로이드 운영 체제만 지원합니다.)

01 다항식의 연산

1 다항식의 덧셈, 뺄셈, 곱셈

(1) **덧셈과 뺄셈** 동류항끼리 모아서 계산한다.

(2) **곱셈** 분배법칙과 지수법칙을 이용하여 전개한 뒤 동류항끼리 정리한다.

> **보기** 두 다항식 $A=3x^2+2xy-4y^2$, $B=2x^2-xy+2y^2$에 대하여
> $X+2(A-B)=3A$가 되는 다항식 X를 구하여라.

> **풀이** $X+2(A-B)=3A$에서 X만 좌변에 두고 나머지를 이항하면
> $X=A+2B$이므로 $X=\mathbf{7x^2}$

2 곱셈공식

① $(a+b)^2=a^2+2ab+b^2$, $(a-b)^2=a^2-2ab+b^2$
  $(a+b)(a-b)=a^2-b^2$

② $(a+b+c)^2=a^2+b^2+c^2+2ab+2bc+2ca$

③ $(a+b)^3=a^3+3a^2b+3ab^2+b^3$, $(a-b)^3=a^3-3a^2b+3ab^2-b^3$
  $(a+b)(a^2-ab+b^2)=a^3+b^3$, $(a-b)(a^2+ab+b^2)=a^3-b^3$

④ $(x+a)(x+b)(x+c)=x^3+(a+b+c)x^2+(ab+bc+ca)x+abc$

⑤ $(a+b+c)(a^2+b^2+c^2-ab-bc-ca)=a^3+b^3+c^3-3abc$

> **보기** $(x+1)(x-1)(x^2+x+1)(x^2-x+1)$을 전개하여라.

> **풀이** $(x+1)(x-1)(x^2+x+1)(x^2-x+1)$
> $=(x+1)(x^2-x+1)(x-1)(x^2+x+1)$
> $=(x^3+1)(x^3-1)=\mathbf{x^6-1}$

3 곱셈공식의 변형

① $a^2+b^2=(a+b)^2-2ab=(a-b)^2+2ab$

② $a^3+b^3=(a+b)^3-3ab(a+b)$

③ $a^3-b^3=(a-b)^3+3ab(a-b)$

④ $a^2+b^2+c^2=(a+b+c)^2-2(ab+bc+ca)$

⑤ $a^2+b^2+c^2-ab-bc-ca=\dfrac{1}{2}\{(a-b)^2+(b-c)^2+(c-a)^2\}$

> **보기** $a+b=3$, $a^2+b^2=5$일 때, a^3+b^3의 값을 구하여라.

> **풀이** $(a+b)^2=a^2+b^2+2ab$이므로 $3^2=5+2ab$에서 $ab=2$
> $a^3+b^3=(a+b)^3-3ab(a+b)=3^3-3\times2\times3=\mathbf{9}$

참고

다항식의 연산에 대한 법칙

세 다항식 A, B, C에 대하여 다음 성질을 이용할 수 있다.

① 교환법칙
  $A+B=B+A$, $AB=BA$

② 결합법칙
  $(A+B)+C=A+(B+C)$,
  $(AB)C=A(BC)$

③ 분배법칙
  $A(B+C)=AB+AC$,
  $(A+B)C=AC+BC$

참고

문제 풀이에 자주 나오는 스킬

· $a^4+b^4=(a^2+b^2)^2-2a^2b^2$

· a^5+b^5
  $=(a^3+b^3)(a^2+b^2)-a^2b^2(a+b)$

· $a^6+b^6=(a^3+b^3)^2-2a^3b^3$
      $=(a^2+b^2)^3-3a^2b^2(a^2+b^2)$

· a^7+b^7
  $=(a^4+b^4)(a^3+b^3)-a^3b^3(a+b)$

· $a^2+b^2+c^2+ab+bc+ca$
  $=\dfrac{1}{2}\{(a+b)^2+(b+c)^2+(c+a)^2\}$

· $a^2b^2+b^2c^2+c^2a^2$
  $=(ab+bc+ca)^2-2abc(a+b+c)$

참고

곱셈공식의 변형에서 조건 찾기

· $a^2+b^2+c^2=ab+bc+ca \Rightarrow a=b=c$

· $a^3+b^3+c^3=3abc$
  $\Rightarrow a+b+c=0$ 또는 $a=b=c$

4 다항식의 나눗셈

(다항식 A의 차수)$\geq$(다항식 B의 차수)일 때,

다항식 A를 다항식 B로 나눌 수 있다.

(1) **직접 나누기**

오른쪽과 같은 나눗셈에서

$A = BQ + R$

(단, $(B$의 차수)$>(R$의 차수)$)$

$$B \overline{)\begin{array}{c} Q \\ \overline{A} \\ BQ \\ \hline R \end{array}}$$

※ 예를 들어 B가 일차식이면 나머지 R는 상수이고, B가 이차식이면 나머지 R는 일차식 또는 상수이다.

(2) **조립제법 이용하기** (일차식으로 나누는 경우)

보기 $(2x^3 - 3x - 4) \div (2x - 4)$에서 몫과 나머지를 구하여라.

풀이 오른쪽과 같이 계산하면

$2x^3 - 3x - 4 = (x-2)(2x^2 + 4x + 5) + 6$

$\qquad\qquad\qquad = (2x-4)\left(x^2 + 2x + \dfrac{5}{2}\right) + 6$

$$\begin{array}{r|rrrr} 2 & 2 & 0 & -3 & -4 \\ & & 4 & 8 & 10 \\ \hline & 2 & 4 & 5 & \boxed{6} \end{array}$$

몫 : $x^2 + 2x + \dfrac{5}{2}$

나머지 : 6

참고

$f(x) = (ax+b)Q(x) + R$

$\qquad = \left(x + \dfrac{b}{a}\right)aQ(x) + R$에서

· $f(x) \div (ax+b)$의 몫은 $Q(x)$

$\quad f(x) \div \left(x + \dfrac{b}{a}\right)$의 몫은 $aQ(x)$

· $f(x) \div (ax+b)$의 나머지와

$\quad f(x) \div \left(x + \dfrac{b}{a}\right)$의 나머지는 모두 R로 같다.

● **조립제법을 연속해서 이용하기** (연조립제법)

보기 다음을 구하여라.

(1) 다항식 $x^4 - x^3 + ax^2 - x + b$가 $(x+1)(x-2)$로 나누어 떨어질 때 상수 a, b의 값

(2) 다항식 $2x^3 - 5x + 1 = a(x-1)^3 + b(x-1)^2 + c(x-1) + d$에서 상수 a, b, c, d의 값

풀이 (1) 다음과 같이 연속해서 조립제법을 이용한다.

$$\begin{array}{r|rrrrr} -1 & 1 & -1 & a & -1 & b \\ & & -1 & 2 & -a-2 & a+3 \\ \hline 2 & 1 & -2 & a+2 & -a-3 & \boxed{a+b+3} \; \Rightarrow \text{나머지 (가)} \\ & & 2 & 0 & 2a+4 & \\ \hline & 1 & 0 & a+2 & \boxed{a+1} \; \Rightarrow \text{나머지 (나)} \end{array}$$

이때 나머지 (가)와 나머지 (나)가 모두 0이므로 $a = -1$, $b = -2$

(2) 다음과 같이 연속해서 조립제법을 이용한다.

$$\begin{array}{r|rrrr} 1 & 2 & 0 & -5 & 1 \\ & & 2 & 2 & -3 \\ \hline 1 & 2 & 2 & -3 & \boxed{-2} \Rightarrow d \\ & & 2 & 4 & \\ \hline 1 & 2 & 4 & \boxed{1} \Rightarrow c \\ & & 2 & \\ \hline 2 & \boxed{6} \Rightarrow b \\ \downarrow \\ a \end{array}$$

이때 $d = -2$, $c = 1$, $b = 6$, $a = 2$

다른 풀이

(2)는 다음과 같이 풀 수 있다.

$x - 1 = t$라 하면 $x = t + 1$이므로

$2(t+1)^3 - 5(t+1) + 1$

$= at^3 + bt^2 + ct + d$

즉 $2t^3 + 6t^2 + t - 2 = at^3 + bt^2 + ct + d$에서

$a = 2$, $b = 6$, $c = 1$, $d = -2$

STEP 1 | 1등급 준비하기

※ 문항 번호 오른쪽 *표시는 풀이에 문제 풀이 스킬을 익힐 수 있는 '다른 풀이' 또는 '1등급 Note'가 있음을 나타냅니다.

1. 다항식의 연산

다항식의 덧셈과 뺄셈

01

두 다항식 A, B에 대하여 다음과 같이 연산을 정하자.

$$A \star B = 2A + 2B, \quad A \blacklozenge B = 3A - B$$

세 다항식 $P = 2x^3 + 3x^2 - 2x + 1$, $Q = 4x^3 - x + 5$, $R = 2x^3 + 3x^2 - 3x + 2$에 대하여
$f(x) = \{Q \star (2P \blacklozenge Q)\} \blacklozenge (15P \star 3R)$일 때, $f(2)$의 값을 구하시오.

곱셈공식의 변형

02*

이차방정식 $x^2 - 2x - 2 = 0$의 두 근을 α, β라 할 때, 다음 값을 구하시오.

(1) $\alpha^4 + \beta^4$ (2) $\alpha^6 + \beta^6$

03

세 실수 a, b, c에 대하여 $a + b = 2 + \sqrt{3}$,
$b + c = -2 + \sqrt{3}$일 때, $a^2 + b^2 + c^2 + ab + bc - ca$의 값을 구하시오.

곱셈공식의 변형 (도형)

04

모든 모서리 길이의 합이 40이고, 겉넓이가 36인 직육면체가 있다. 이 직육면체의 8개 꼭짓점 사이의 거리 중 가장 큰 값은?

① 2   ② 8   ③ 28

④ $2\sqrt{7}$ ⑤ 64

05*

그림과 같이 선분 AB 위의 점 C에 대하여 선분 AC를 한 모서리로 하는 정육면체와 선분 BC를 한 모서리로 하는 정육면체를 만든다. $\overline{AB} = 8$이고 두 정육면체의 부피 합이 224일 때, 두 정육면체의 겉넓이 합을 구하시오.

(단, 두 정육면체는 한 모서리에서만 만난다.)

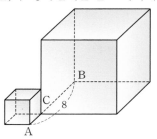

[2014년 6월 학력평가]

다항식의 나눗셈

06

다항식 $2x^4+5x^2-2ax$를 다항식 x^2+x+5로 나눈 나머지가 $bx+3a$일 때, 두 자연수 a, b에 대하여 $10a+b$의 값을 구하시오.

07

다항식 $f(x)$를 $(x+1)(x-2)$로 나눈 몫이 $(x+2)Q(x)$, 나머지가 $2x+5$였다. 이때 $f(x)$를 $x+2$로 나눈 나머지를 구하여라.

08

$f(x)$는 x^2의 계수가 1인 이차식이다. $f(x)$가 $x-2$로 나누어 떨어지고 $f(x^2)$을 $f(x)$로 나누면 나머지가 $3x-2$일 때, $f(1)$의 값을 구하시오.

조립제법

09

다항식 $f(x)$를 x^2+2x-1로 나눈 몫은 $2x-4$이고 나머지가 $8x+2$일 때, $f(x)+2x^3-3x$를 $2x+1$로 나눈 몫은?

① $2x^2+x$ ② $2x^2-x-2$

③ $2x^2+x+2$ ④ $4x^2-2x-4$

⑤ $4x^2-2x+4$

10

다음은 어떤 다항식 $f(x)$에 대하여 조립제법을 계속한 것이다. □ 안에 들어갈 모든 수들의 합을 구하시오.

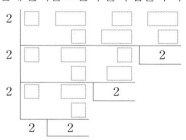

다항식의 기본 연산

01
| 제한시간 1분 |

두 다항식 A, B에 대하여 연산 $\langle A, B \rangle$를
$\langle A, B \rangle = A^2 + AB + B^2$으로 정의할 때,
다항식 $\langle x^2+x+1, x^2+x \rangle$의 전개식에서 x의 계수를
구하시오.

[2013년 6월 학력평가]

02
| 제한시간 1.5분 |

$(x^3+x^2+x+2)^4$을 전개한 다항식에서 x^2의 계수는?

① 32   ② 48   ③ 56
④ 80   ⑤ 96

03
| 제한시간 2분 |

$f_n(x) = (1+x)(1+x^2)(1+x^4)\cdots(1+x^{2^n})$이라 할 때,
$f_7(3)$의 값이 $\dfrac{3^a-1}{b}$이다. 이때 $a+b$의 값은?

① 9   ② 10   ③ 130
④ 258   ⑤ 514

04
| 제한시간 2분 |

$x+y+z=1$, $\dfrac{1}{x}+\dfrac{1}{y}+\dfrac{1}{z}=-2$, $xyz=\dfrac{1}{2}$이 되는 세 실
수 x, y, z에 대하여 $6(x+y)(y+z)(z+x)$의 값은?

① -15 ② -9 ③ -3
④ 3   ⑤ 15

05
| 제한시간 1.5분 |

$$(3+\sqrt{11}+\sqrt{20})^2 + (3+\sqrt{11}-\sqrt{20})^2$$
$$+ (3-\sqrt{11}+\sqrt{20})^2 + (-3+\sqrt{11}+\sqrt{20})^2$$

의 값을 구하시오.

06
| 제한시간 2.5분 |

$A = 2^3 \times 3^4 \times 5$일 때, A의 양의 약수 중 12의 배수의 합
을 구하시오.

07

| 제한시간 2분 |

다음은 이차함수 $y=x^2$의 그래프 위의 세 점

$$P(-1, 1), \ A(a, a^2), \ B\left(\frac{a-1}{2}, \left(\frac{a-1}{2}\right)^2\right)$$

을 꼭짓점으로 하는 삼각형 PAB의 넓이를 구하는 과정이다. (단, $a>1$이다.)

점 B를 지나고 y축과 평행한 직선이 직선 PA와 만나는 점을 M, x축과 만나는 점을 N이라 하자.

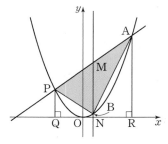

두 점 $Q(-1, 0)$, $R(a, 0)$에 대하여 사각형 PARQ는 사다리꼴이다. 두 점 M과 N이 각각 두 선분 PA, QR의 중점이므로

$$\overline{MN}=\frac{1}{2}(\overline{PQ}+\overline{AR})=\boxed{\ (가)\ }$$

이다. 또한

$$\overline{MB}=\overline{MN}-\overline{BN}=\boxed{\ (가)\ }-\left(\frac{a-1}{2}\right)^2=\boxed{\ (나)\ }$$

이다.

따라서 삼각형 PAB의 넓이를 S라 하면

$$S=2\times\triangle MAB=2\times\frac{1}{2}\times\overline{MB}\times\overline{NR}$$

$$=\frac{(a+1)^3}{\boxed{\ (다)\ }}$$

위의 과정에서 (가), (나)에 알맞은 식을 각각 $f(a)$, $g(a)$라 하고 (다)에 알맞은 수를 k라 할 때, $f(3)+g(5)+k$의 값은?

① 16   ② 18   ③ 20

④ 22   ⑤ 24

[2015년 6월 학력평가]

곱셈공식의 변형 (문자 2개)

08*

| 제한시간 1.5분 |

$x=-2+\sqrt{3}, \ y=-2-\sqrt{3}$일 때,

$\dfrac{5y+y^2}{x^2}+\dfrac{5x+x^2}{y^2}$의 값은?

① 66   ② -66 ③ 52

④ -52 ⑤ 14

09

| 제한시간 2분 |

아래 대화에서 □ 안에 들어갈 정수를 구하시오.

설이 : 네 자연수 a, b, x, y에 대하여
$(a^2+b^2)(x^2+y^2)$을 어떤 두 자연수 각각을 제곱한 것의 합으로 나타낼 수 있어.

연이 : 아! 그렇다면 $a^2+b^2=25$, $x^2+y^2=289$,
$ax+by=84$일 때, $|bx-ay|=\boxed{\ \ \ }$이네!

10
| 제한시간 1분 |

$0<x<1$에서 $x^4-6x^2+1=0$일 때, $x^3-\dfrac{1}{x^3}$의 값은?

① -14 ② 0 ③ 14

④ -2 ⑤ 2

11*
| 제한시간 2분 |

$a>0$, $b<0$이고 $a^2=8+4\sqrt{3}$, $b^2=8-4\sqrt{3}$일 때, **보기**에서 옳은 것을 모두 고른 것은?

┌─ **보기** ─────────────────────┐
ㄱ. $ab=-4$ ㄴ. $a+b=-2\sqrt{2}$
ㄷ. $a^3+b^3=40\sqrt{2}$
└────────────────────────────┘

① ㄱ   ② ㄱ, ㄴ   ③ ㄱ, ㄷ

④ ㄴ, ㄷ   ⑤ ㄱ, ㄴ, ㄷ

12
| 제한시간 3분 |

네 실수 x, y, a, b에 대하여 $x+y=xy=-1$, $a+b=ab=-3$일 때, 다음 값을 구하시오.

(1) $ax+by+bx+ay$

(2) $(ax+by)(bx+ay)$

(3) $(ax+by)^3+(bx+ay)^3$

13
| 제한시간 1.5분 |

한 모서리 길이가 각각 a, b인 서로 다른 두 정육면체의 부피가 차례로 $20-14\sqrt{2}$, $20+14\sqrt{2}$이다. $a+b$를 x라 할 때, $x^3-6x+10$의 값을 구하시오.

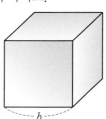

14 [*]

| 제한시간 2.5분 |

정삼각형 ABC에서 두 변 AB와 AC의 중점을 각각 M, N이라 하자. 그림과 같이 점 P는 반직선 MN이 삼각형 ABC의 외접원과 만나는 점이고, $\overline{NP}=1$이다.

$\overline{MN}=x$라 할 때, $x^4+\dfrac{1}{x^4}$의 값을 구하시오.

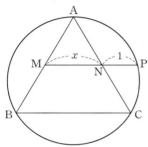

곱셈공식의 변형 (문자 3개)

15 [*]

| 제한시간 2분 |

세 실수 x, y, z에 대하여 다음 조건이 성립한다.

> (가) x, y, $2z$ 중에서 적어도 하나는 3이다.
> (나) $3(x+y+2z)=xy+2yz+2zx$

$10xyz$의 값을 구하시오.

[2013년 6월 학력평가]

16

| 제한시간 3분 |

세 모서리 길이가 각각 x, y, z인 직육면체에서 모든 모서리 길이의 합은 24, 겉넓이는 22, 부피는 6일 때, 다음 식의 값을 구하시오.

$$x^4+y^4+z^4-36\left(\dfrac{1}{x^2}+\dfrac{1}{y^2}+\dfrac{1}{z^2}\right)$$

17 [*]

| 제한시간 3.5분 |

세 실수 a, b, c에 대하여

$\dfrac{1}{a}+\dfrac{1}{b}+\dfrac{1}{c}=\sqrt{6}$, $a+b+c=2abc$일 때, 다음 값을 구하시오.

(1) $\dfrac{1}{a^2}+\dfrac{1}{b^2}+\dfrac{1}{c^2}$의 값

(2) a의 값

18

| 제한시간 2.5분 |

다음 그림과 같이 지름 길이가 5인 원 O의 내부에 반지름 길이가 각각 r_1, r_2, r_3인 세 원 O_1, O_2, O_3가 있다. 네 원 O, O_1, O_2, O_3의 중심이 한 직선 위에 있고, 원 O_1, O_3은 각각 원 O와 내접하며 원 O_2는 원 O_1, O_3와 동시에 외접한다. 원 O_1, O_2, O_3 넓이 합의 3배가 그림에서 색칠한 부분 넓이의 2배와 같을 때, $8(r_1r_2+r_2r_3+r_3r_1)$의 값을 구하시오. (단, 원 O_1, O_2, O_3의 중심 위치는 서로 다르다.)

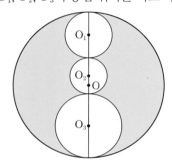

19

| 제한시간 3분 |

다음 글을 읽고 ㉠, ㉡, ㉢에 알맞은 식을 구하시오.

피타고라스 정리 $a^2+b^2=c^2$에 맞는 자연수 a, b, c ($a<b<c$)의 순서쌍 (a, b, c)를 '피타고라스 수'라 한다. 예를 들면 $(3, 4, 5)$, $(5, 12, 13)$, …이 있다.
이런 피타고라스 수를 찾는 두 가지 방법을 알아보자.

(i) 두 피타고라스 수 (a, b, c), (x, y, z)에서
$$(cz)^2=(a^2+b^2)(x^2+y^2)$$
$$=(\boxed{㉠})^2+(bx-ay)^2$$
$$=(by-ax)^2+(\boxed{㉡})^2$$
이므로 새로운 피타고라스 수는 다음과 같다.
$$(|bx-ay|, \boxed{㉠}, cz),$$
$$(by-ax, \boxed{㉡}, cz)$$

(ii) 홀수의 제곱을 연속한 두 자연수의 합으로 나타낼 수 있다. 예를 들어 $(5, 12, 13)$은 $5^2=12+13$이다.
홀수 $2n-1$ ($n \geq 2$인 자연수)에 대하여
$$(2n-1)^2=(\boxed{㉢})+(2n^2-2n)$$
양변에 $(\boxed{㉢})-(2n^2-2n)$을 곱하면
$2n-1$, $2n^2-2n$, $\boxed{㉢}$은 새로운 피타고라스 수이다.

다항식의 나눗셈

20
| 제한시간 2분 |

어떤 직육면체 밑면의 가로 길이는 n^2+3n, 세로 길이는 $2n+3$이고, 높이는 n^3+3n^2+2n+2이다. 이 직육면체를 한 모서리 길이가 $n+1$인 정육면체로 조각낼 때, 이런 정육면체는 최대 $an(n+b)(n+c)$개이다. 이때 자연수 a, b, c에 대하여 $a+b+c$의 값을 구하시오.

(단, n은 2 이상인 자연수이고, 남은 부분은 버린다.)

21*
| 제한시간 2분 |

식 ax^3+bx^2+cx+d를 P[a, b, c, d, x]로 나타낸다고 하자. 네 실수 a, b, c, d와 모든 x에 대하여
P[$2, 0, -5, 1, x$]=P[$a, b, c, d, x+1$]이 성립할 때,
P[$10a, b, 10c, d, 2$]의 값을 구하시오.

22
| 제한시간 2.5분 |

[그림 1]은 다항식 $f(x)$를 입력하면 $f(x)$를 $x-1$로 나눈 몫 $Q(x)$와 나머지 R가 나오는 연산장치이다.

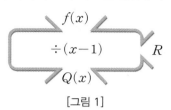

[그림 1]

연산장치 두 개를 연결하여 [그림 2]와 같이 새로운 연산장치를 만들었다.

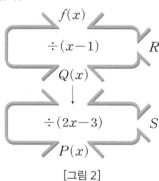

[그림 2]

다항식 $f(x)=8x^4-4x^2+7$을 [그림 2]의 연산장치에 입력할 때, **보기**에서 옳은 것을 모두 고른 것은?

| 보기 |
ㄱ. $R+S=66$ ㄴ. $Q(1)=24$
ㄷ. $P(1)=62$

① ㄱ   ② ㄴ   ③ ㄱ, ㄴ
④ ㄴ, ㄷ   ⑤ ㄱ, ㄴ, ㄷ

01
서술형

$f(x)=3x^2+77x-63$에 대하여 다음을 구하시오.

(1) $f(x+1)=Ax^2+Bx+C$가 성립할 때, 상수 A, B, C의 값

(2) $f(101)$의 값

02*
융합형

자연수 n에 대하여 다음 두 식이 항상 성립한다.

> (가) $1+2+3+\cdots+n=\dfrac{n(n+1)}{2}$
>
> (나) $1^2+2^2+3^2+\cdots+n^2=\dfrac{n(n+1)(2n+1)}{6}$

$(x+1)(x+2)(x+3)\cdots(x+10)$
$=x^{10}+Ax^9+Bx^8+\cdots+Ix+J$

일 때, 상수 A, B에 대하여 $A+\dfrac{B}{10}$의 값을 구하시오.

03
창의력

다음은 $2x^3+5x^2-6x-4$를 $x+1$에 대한 내림차순으로 정리한 것이다.

> $2x^3+5x^2-6x-4$
> $=2(x+1)^3-(x+1)^2-10(x+1)+5$

이 결과로 $2x^3+5x^2-6x-4$를 $(x+1)^2$으로 나누면 나머지가 $-10(x+1)+5$, 즉 $-10x-5$임을 알 수 있다. 위 사실을 이용해 x^5+3x-1을 $(x-1)^3$으로 나눈 나머지를 구하시오.

04

0이 아닌 세 실수 a, b, c에 대하여 다음이 성립할 때, $a^3+b^3+c^3+3abc$의 값은?

> (가) $a+b+c+\dfrac{2}{a}+\dfrac{2}{b}+\dfrac{2}{c}=3$
>
> (나) $a^2+b^2+c^2+\dfrac{2}{a}+\dfrac{2}{b}+\dfrac{2}{c}=4$
>
> (다) $a^2+b^2+c^2+a+b+c=1$

① -6 ② -2 ③ 0

④ 2 ⑤ 6

05

융합형

세 모서리 길이가 각각 a, b, c인 직육면체에서 모든 모서리 길이의 합을 l, 대각선 길이를 L, 겉넓이를 S, 부피를 V라 할 때, **보기**에서 옳은 것을 모두 고른 것은?

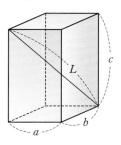

┤ 보기 ├

ㄱ. $16(L^2+2S)=l^2$

ㄴ. $a^3+b^3+c^3=\dfrac{1}{64}l^3-\dfrac{3}{8}lS+3V$

ㄷ. $a^2b^2+b^2c^2+c^2a^2=\dfrac{S^2-lV}{4}$

① ㄱ   ② ㄴ   ③ ㄱ, ㄷ

④ ㄴ, ㄷ   ⑤ ㄱ, ㄴ, ㄷ

06

다음을 구하시오.

(1) $(x+1)(x^4-x^3+x^2-x+1)$을 전개한 식

(2) $x=\dfrac{1+\sqrt{5}}{2}$일 때, x^2-x-1의 값

(3) $a+\dfrac{1}{a}=\dfrac{1+\sqrt{5}}{2}$일 때, a^{100}의 값

07

신유형

$f(x, y, z)=x^2+y^2+z^2-xy-yz-zx$라 할 때, **보기**에서 옳은 것을 모두 고른 것은?

┤ 보기 ├

ㄱ. $f(kx, ky, kz)=k^2f(x, y, z)$

ㄴ. $f(a+x, a+y, a+z)=f(z, x, y)$

ㄷ. $f(3x-2y-2z, 3y-2z-2x, 3z-2x-2y)$
$=25f(x, y, z)$

① ㄱ   ② ㄴ   ③ ㄱ, ㄴ

④ ㄴ, ㄷ   ⑤ ㄱ, ㄴ, ㄷ

08 〔융합형〕

그림과 같이 한 변의 길이가 1인 정오각형에서 대각선 길이를 x라 할 때, $\left(x^6-\dfrac{1}{x^6}\right)\left(x+\dfrac{1}{x}\right)$의 값을 구하시오.

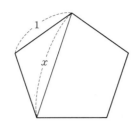

09* 〔융합형〕

$a \star b = a+b+ab$라 할 때, 다음을 구하시오.

(1) $a \star b \star c = (a+\boxed{})(b+\boxed{})(c+\boxed{})-\boxed{}$일 때, $\boxed{}$ 안에 공통으로 들어갈 수

(2) $1 \star 2 \star 3 \star \cdots \star 99$의 끝에 연속하는 9의 개수 (예 3912999는 끝에 연속하는 9가 3개이다.)

10* 〔창의력〕

$[(\sqrt{2}+1)^6]$의 값은? (단, $[x]$는 x를 넘지 않는 최대 정수이다.)

① 194 ② 195 ③ 196

④ 197 ⑤ 198

11* 〔융합형〕

아래 직육면체에서 $\overline{\text{AD}}=a$, $\overline{\text{AB}}=b$, $\overline{\text{BF}}=c$이다. 그림과 같이 꼭짓점 A, F, H를 지나는 평면으로 잘라 사면체 A−EFH를 만들면 꼭짓점 A, E에서 선분 FH에 각각 내린 수선의 발은 P로 일치한다. 직육면체의 모든 모서리 길이의 합은 16이고, 부피는 1, 대각선 AG의 길이는 $2\sqrt{2}$일 때, 사면체 A−EFH의 겉넓이를 구하여라.

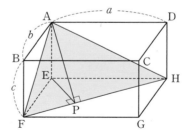

나를 이끄는 힘

"나는 똑똑한 것이 아니라 단지 문제를 더 오래 연구할 뿐이다."

"당신이 어떤 것을 할머니에게 설명해주지 못한다면, 그것은 진정으로 이해한 것이 아니다."

"한 번도 실수를 해보지 않은 사람은 한 번도 새로운 것을 시도한 적이 없는 사람이다."

"나는 상상력을 자유롭게 이용하는 데 부족함이 없는 예술가이다.
 상상력은 지식보다 중요하다. 지식은 한계가 있지만 상상력은 전 세계를 일주한다."

"정보는 지식이 아니다."

"게임에서 승리하려면 먼저 그 게임의 규칙을 배워야 한다.
 그리고 규칙을 배운 후에는 누구보다 더 그 게임에 몰입해야 한다."

– 위 명언은 모두 아인슈타인이 한 말입니다. 각각의 말을 한 상황은 제각각이지만,
여러분이 수학 문제를 풀 때, 한 번쯤 떠올려 보면 어떨까요?

02 항등식과 나머지정리

1 항등식과 방정식

x에 관한 항등식은 x에 어떤 값을 대입하더라도 항상 성립하므로 해가 무수히 많다.

n차 방정식 $a_0x^n+a_1x^{n-1}+\cdots+a_{n-1}x+a_n=0$은 해를 n개만 가진다.

예 $ax^2+bx+c=0$이 x에 관한 항등식이면 해가 무수히 많고, 이차방정식이라면 두 개의 해를 가진다.

※ 어떤 등식이 x에 대한 항등식이면 그 등식을 x에 대한 내림차순으로 정리한다.

보기 등식 $(2k+1)x+(3k-1)y-3k+6=0$이 k값에 관계없이 항상 성립하도록 하는 상수 x, y의 값을 각각 구하여라.

풀이 k에 대한 내림차순으로 정리하면 $(2x+3y-3)k+x-y+6=0$
등식이 k값에 관계없이 항상 성립해야 하므로
$2x+3y-3=0$, $x-y+6=0$
두 식을 연립하여 풀면 $x=-3$, $y=3$

참고

항등식

식 중의 문자에 어떤 값을 대입하더라도 항상 성립하는 등식

예 3=3은 항등식이다.
　$3x+2=3x+2$는 x에 대한 항등식이다.
　$3x+2=8$은 x에 대한 항등식이 아니라 방정식이다.

※ 전개 공식, 다항식의 나눗셈에서 얻어진 등식 $A=BQ+R$는 대표적인 항등식이다.

참고

x에 대한 항등식임을 나타내는 표현

· x값에 관계없이 등식이 항상 성립한다.
· 모든 x에 대하여 등식이 성립한다.
· 임의의 x에 대하여 등식이 성립한다.
· 어떤 x에 대해서도 등식이 성립한다.
· x에 어떤 값을 대입해도 등식이 성립한다.

2 미정계수 구하기

(1) 미정계수 구하기

계수비교법 좌변과 우변의 계수를 비교하여 미정계수를 구한다.

수치대입법 특정한 수를 대입하여 미정계수를 구한다.

※ 문제를 풀 때 어떤 것을 이용하면 더 간단한지 생각해 보자.

(2) 계수의 합, 짝수(홀수)번째 항 계수의 합 구하기

· 모든 변수가 1이 되도록 대입한다.
· 모든 변수가 -1이 되도록 대입한다.
· 위의 결과를 연립한다.

참고

· $ax+by+c=0$이 x, y에 대한 항등식
　$\Rightarrow a=0$, $b=0$, $c=0$
· $ax+by+c=a'x+b'y+c'$이 x, y에 대한 항등식 $\Rightarrow a=a'$, $b=b'$, $c=c'$
· $ax^2+bx+c=0$이 x에 대한 항등식
　$\Rightarrow a=0$, $b=0$, $c=0$
· $ax^2+bx+c=a'x^2+b'x+c'$이 x에 대한 항등식 $\Rightarrow a=a'$, $b=b'$, $c=c'$

예 $2x^2-3x+1=px^2+qx+r$가 x에 대한 항등식이면 $p=2$, $q=-3$, $r=1$이다.

보기 다음을 구하여라.

(1) 다항식 $f(x)$와 모든 실수 x에 대하여 $(x+1)f(x)+kx=x^5+x^3+x$ 가 성립할 때, $f(2)$의 값 (단, k는 실수)

(2) $(1+x)^{10}=a_0+a_1(x+1)+a_2(x+1)^2+\cdots+a_{10}(x+1)^{10}$에서 $a_0+a_2+\cdots+a_{10}$의 값

풀이 (1) 주어진 등식의 양변에 $x=-1$을 대입하면 $-k=-3$　∴ $k=3$
　$x=2$를 대입하면 $3f(2)+6=42$　∴ $f(2)=12$

(2) $x=0$을 대입하면 $1=a_0+a_1+a_2+\cdots+a_{10}$
　$x=-2$를 대입하면 $1=a_0-a_1+a_2-\cdots+a_{10}$
　두 식을 더하고 2로 나누면 $a_0+a_2+\cdots+a_{10}=1$

3 다항식의 나눗셈과 항등식

다항식 $f(x)$를 다항식 $g(x)$로 나눈 몫을 $Q(x)$, 나머지를 $R(x)$라 하면
$f(x)=g(x)Q(x)+R(x)$ (단, ($g(x)$의 차수)>($R(x)$의 차수))가 항상
성립하므로 이 등식은 항등식이다.

참고

$f(x)=g(x)Q(x)+R(x)$에서 $R(x)$가 음수일
수도 있다.

보기 $f(3)=5$, $f(4)=6$인 다항식 $f(x)$를 이차식 $x^2-7x+12$로 나누었을 때의
나머지를 구하여라.

풀이 나머지를 $ax+b$라 하면 $f(x)=(x-3)(x-4)Q(x)+ax+b$는 항등식
이므로 x에 어떤 값이든 대입할 수 있다.
$x=3$, 4를 등식의 양변에 대입하여 얻은 식을 연립하여 풀면
$a=1$, $b=2$이므로 나머지는 $x+2$

4 나머지정리

다항식 $f(x)$를 일차식 $x-\alpha$로 나누었을 때의 몫을 $Q(x)$, 나머지를 R라
하면 $f(x)=(x-\alpha)Q(x)+R$이다.
이 항등식의 양변에 α를 대입하면 $f(\alpha)=R$이다.

참고

· $f(x)$를 일차식 $ax+b$로 나눌 때의 나머지는
$f\left(-\dfrac{b}{a}\right)$이다.
· $f(x)$를 이차식 $(x-\alpha)(x-\beta)$로 나눌 때의 나
머지는 $f(\alpha)$값과 $f(\beta)$값을 이용한다.

보기 x에 대한 다항식 $f(x)$를 $x-3$으로 나눈 나머지가 11이고, $x-2$로 나눈 몫이
x^2+1일 때, $f(x)$를 $x-1$로 나눈 나머지를 구하여라.

풀이 $f(x)$를 $x-2$로 나눈 나머지를 R라 하면
$f(x)=(x-2)(x^2+1)+R$ ······ ㉠
$f(3)=11$이므로 $x=3$을 ㉠에 대입하면 $f(3)=10+R=11$에서 $R=1$
∴ $f(1)=-2+R=-1$

5 인수정리

다항식 $f(x)$를 $x-\alpha$로 나눈 나머지가 0이다.
$\Longleftrightarrow$ $f(\alpha)=0$이다.
$\Longleftrightarrow$ $f(x)$는 $x-\alpha$로 나누어 떨어진다.
$\Longleftrightarrow$ $f(x)=(x-\alpha)Q(x)$

※ 다항식 $f(x)$가 $(x-\alpha)^2$으로 나누어 떨어지면 $x-\alpha$로 나눈 나머지도 0이므로 연조립제법
을 이용하면 편리하다.

참고

나눗셈 문제는 다음과 같이 활용한다.
① 일차식으로 나눈 나머지 ⇨ 나머지정리
② 일차식으로 나눈 몫과 나머지 ⇨ 조립제법
③ 이차 이상의 다항식으로 나눈 몫과 나머지
  · 차수가 낮거나 나누어지는 식과 나누는 식의 차
    수가 비슷하면 ⇨ 직접 나누거나 항등식의 성
    질 이용
  · 나누는 식이 차수는 높지만 수를 대입하기 편
    한 식으로 주어져 있으면 ⇨ 나머지정리, 항등
    식의 성질

보기 다항식 $f(x)=x^5+ax+b$가 각각 $x-1$, $x-2$로 나누어 떨어질 때,
$f(x)$를 $x+1$로 나눈 나머지를 구하여라.

풀이 $f(x)$를 $x-1$, $x-2$로 나눈 나머지가 0이므로
$f(1)=1+a+b=0$, $f(2)=32+2a+b=0$
a, b에 대한 위 방정식을 연립해서 풀면 $a=-31$, $b=30$
∴ $f(x)=x^5-31x+30$
따라서 $f(x)$를 $x+1$로 나눈 나머지는 $f(-1)=-1+31+30=60$

STEP 1 | 1등급 준비하기

※ 문항 번호 오른쪽 *표시는 풀이에 문제 풀이 스킬을 익힐 수 있는 '다른 풀이' 또는 '1등급 Note'가 있음을 나타냅니다.

2. 항등식과 나머지정리

미정계수법

01

$2x^3+x^2-2(b-2)x+3=(x+a)(x-b)-cx^3$이 x에 대한 항등식이 되도록 상수 a, b, c를 정할 때, $a^3+b^3+c^3$의 값을 구하면?

① -108 ② -36 ③ 20

④ 92 ⑤ 108

02*

다항식 $f(x)$에 대하여 다음 등식이 항등식이 되도록 하는 두 상수 a, b에 대하여 $a-b$의 값은?

$$2x^3+x^2+ax+b=(x^2+x+1)f(x)+x-1$$

① 1 ② 2 ③ 4 ④ 8 ⑤ 16

03

다항식 $f(x)$에 대하여 다음 등식이 항등식이 되도록 하는 두 상수 a, b에 대하여 $a+b$의 값을 구하시오.

$$(x-2)(x^2-2)f(x)=x^4+ax^2+b$$

어떤 문자에 대한 항등식

04

$x-y=2$인 모든 실수 x, y에 대하여
$ax^2+bxy+y^2+x+cy-6=0$이 항상 성립할 때, 상수 a, b, c의 곱 abc를 구하면?

① -4 ② -3 ③ -2

④ 2 ⑤ 3

05

$x\neq-3$인 모든 실수 x에 대하여 다음 식의 값이 항상 일정하도록 하는 상수 a, b에 대하여 $a+b$의 값을 구하시오.

$$\frac{ax^2+(3-a)x+(b-2)}{x+3}$$

나머지정리

06

다항식 x^3+2x^2-ax+9를 $x-1$로 나눈 몫은 $Q(x)$이고 나머지는 3이다. 이때 $Q(x)$를 $x-3$으로 나눈 나머지를 구하시오.

07

다항식 $f(x)$는 $x-1$로 나누어 떨어지고, 그 몫은 $Q(x)$이다. 이때 다항식 $Q(x)$를 $x-4$로 나눈 나머지가 3일 때, $f(x)$를 $x-4$로 나눈 나머지를 구하여라.

08

다항식 $f(x)$를 $mx+n(m\neq0)$으로 나눈 몫을 $Q(x)$, 나머지를 R라 할 때, $xf(x)$를 $mx+n$으로 나눈 나머지는?

① $\dfrac{n}{m}R$ ② $-\dfrac{m}{n}R$ ③ $\dfrac{m}{n}R$

④ $-\dfrac{n}{m}R$ ⑤ $-\dfrac{n}{m}R+1$

나머지정리 (몫의 식을 정하기)

09

다항식 $f(x)$가 다음 조건을 모두 만족시킬 때 $f(3)$의 값을 구하시오.

> (가) $f(2)=9$, $f(-1)=-3$
> (나) $f(x)$를 $(x-2)(x+1)$로 나누면 몫과 나머지가 $ax+b$로 같다.

10

다항식 $f(x)=x^3+ax^2+bx+c$를 $(x+1)^2$으로 나눈 나머지가 $x-1$이고, $x+2$로 나눈 나머지가 4이다. 이때 $f(x)$를 $x+3$으로 나눈 나머지는?

① 16   ② 18   ③ 20

④ 22   ⑤ 24

항등식

01 | 제한시간 **2분** |

두 수 m, n에 대하여 연산 $\circ$을 $m \circ n = m + n - 1$이라 할 때, 등식 $a(x \circ y) + b(-y \circ x) = c(0 \circ x)$가 실수 x, y 값에 관계없이 항상 성립한다. $a^2 + b^2 + c^2 = 96$일 때, 세 자연수 a, b, c에 대하여 $4a + 2b + c$의 값을 구하시오.

02* | 제한시간 **3분** |

다항식 $f(x)$에 대하여 다음 등식이 모든 실수 x에 대하여 성립할 때, $f(4)$의 값을 구하시오.

$$f(x^2 + 2x - 1) = (x^2 + 2x + 2)f(x) + 1$$

03 | 제한시간 **3분** |

$f(x^2) = f(x)f(-x)$가 성립하도록 하는 이차식 $f(x)$를 모두 더하면 $px^2 + qx + r$가 될 때, pqr의 값을 구하시오.

04 | 제한시간 **3분** |

자연수 n에 대하여 다항식 $f(x)$를 $x - n$으로 나누었을 때의 몫을 $Q_n(x)$, 나머지를 R_n이라 하자. **보기**에서 옳은 것을 모두 고른 것은?

┤ 보기 ├

ㄱ. 다항식 $f(x)$의 계수의 총합은 R_1이다.
ㄴ. 다항식 $Q_3(x)$의 계수의 총합은 $R_3 - R_1$이다.
ㄷ. $n \neq 1$일 때, 다항식 $Q_n(x)$의 계수의 총합은 두 점 $(1, f(1))$, $(n, f(n))$을 지나는 직선의 기울기와 같다.

① ㄱ   ② ㄱ, ㄴ   ③ ㄱ, ㄷ
④ ㄴ, ㄷ   ⑤ ㄱ, ㄴ, ㄷ

05* | 제한시간 **4분** |

자연수 n에 대하여 다항식 $f_n(x)$를
$f_n(x) = (x-1)(x-2)(x-3)\cdots(x-n)$이라 할 때, 다음 등식은 x에 대한 항등식이다. 이때 상수 a, b, c, d, e의 합 $a+b+c+d+e$의 값을 구하시오.

$$2x^4 - 3x^3 + x + 5$$
$$= a + bf_1(x) + cf_2(x) + df_3(x) + ef_4(x)$$

다항식의 나눗셈과 항등식

06[*]

| 제한시간 1.5분 |

상수가 아닌 두 다항식 $f(x)$, $g(x)$에 대하여 $f(x)$를 $g(x)$로 나눈 몫을 $Q(x)$, 나머지를 $R(x)$라 할 때, **보기** 에서 옳은 것을 모두 고른 것은?

(단, ($f(x)$의 차수)$\geq$($g(x)$의 차수))

| 보기 |
ㄱ. $f(x)-R(x)$는 $g(x)$로 나누어 떨어진다.

ㄴ. $f(x)$를 $2g(x)$로 나눈 나머지는 $\frac{1}{2}R(x)$이다.

ㄷ. $f(x)$를 $Q(x)$로 나눈 나머지는 $R(x)$이다.

① ㄱ   ② ㄱ, ㄴ   ③ ㄱ, ㄷ

④ ㄴ, ㄷ   ⑤ ㄱ, ㄴ, ㄷ

07

| 제한시간 3분 |

삼차 다항식 $f(x)$에 대하여 $f(x)+3$은 x^2+x+1로 나누어 떨어지고, $f(x)-3$은 x^2-x+1로 나누어 떨어진다. $f(-4)$의 값을 구하여라.

08

| 제한시간 2분 |

다항식 $f(x)$가 다음 조건을 만족시킨다.

(가) $f(1)=2$

(나) 모든 실수 x에 대하여 $f(x+3)=f(-x+3)$

다항식 $(x+1)f(x)+x$를 x^2-6x+5로 나눈 나머지는?

① $x+4$ ② $2x+7$ ③ $3x+2$

④ $4x+1$ ⑤ $5x-8$

09[*]

| 제한시간 3분 |

삼차 다항식 $P(x)$가 다음 조건을 만족시킨다.

(가) $(x-1)P(x-2)=(x-7)P(x)$

(나) $P(x)$를 x^2-4x+2로 나눈 나머지는 $2x-10$이다.

$P(4)$의 값은?

① -6 ② -3 ③ 0 ④ 3 ⑤ 6

[2014년 6월 학력평가]

10
| 제한시간 **4분** |

다음 조건에 맞는 이차 다항식 $f(x)$의 개수를 구하시오.

> (가) $f(0)=1$
> (나) $f(x^2)$은 $f(x)$로 나누어 떨어진다.

11
| 제한시간 **3분** |

삼차 다항식 $f(x)$에 대하여 다음 조건이 성립한다.

> (가) $f(1)=2$
> (나) $f(x)$를 $(x-1)^2$으로 나눈 몫과 나머지가 같다.

$f(x)$를 $(x-1)^3$으로 나눈 나머지를 $R(x)$라 하자. $R(0)=R(3)$일 때, $R(5)$의 값을 구하시오.

[2015년 6월 학력평가]

12
| 제한시간 **2.5분** |

다항식 $f(x)$를 x^2-2x+3으로 나누면 나머지가 $2x-1$이고, $x-1$로 나누면 나머지가 3이다. $f(x)$를 $(x^2-2x+3)(x-1)$로 나눈 나머지가 ax^2+bx+c일 때, $a^2+b^2+c^2$의 값을 구하시오.

13*
| 제한시간 **4분** |

다항식 $f(x)$를 $(x+1)^2$으로 나눈 나머지가 $3x-1$이고, 다항식 $x^3f(x)$를 $(x+1)^2$으로 나눈 나머지는 $ax+b$일 때 a^2+b^2의 값은?

① 121　　　② 225　　　③ 346
④ 450　　　⑤ 586

14
| 제한시간 **3분** |

x에 대한 이차 다항식 $f(x)$에 대하여 다음이 성립할 때, $g(1)$의 값을 구하시오.

> (가) x^3+3x^2+4x+2를 $f(x)$로 나눈 나머지는 $g(x)$이다.
> (나) x^3+3x^2+4x+2를 $g(x)$로 나눈 나머지는 $f(x)-x^2-2x$이다.

나머지정리

15
| 제한시간 1.5분 |

세 실수 a, b, c에 대하여 다음 조건이 성립할 때, 다항식 $f(x)=2x^3-3x^2+ax+b$를 $x+c$로 나눈 나머지는?

> (가) $a^2+b^2+c^2-ab-bc-ca=0$
> (나) $a^3+b^3+c^3=3$

① -5 ② -3 ③ 0 ④ 2 ⑤ 4

16
| 제한시간 2분 |

$3^{998}+3^{999}$을 26으로 나눈 나머지가 R_1, 28로 나눈 나머지가 R_2일 때, R_1+R_2의 값을 구하시오.

17
| 제한시간 2분 |

201^5-1을 4×101^2으로 나눈 나머지는?

① 1 ② 202 ③ 505

④ 1005 ⑤ 1008

18
| 제한시간 3분 |

x에 대한 다항식 $x^n(x^2+ax+b)$를 $(x-2)^2$으로 나눈 나머지가 $2^n(x-2)$가 되는 상수 a, b의 곱 ab의 값을 구하시오.

19*
| 제한시간 3.5분 |

두 다항식 $f(x)$, $g(x)$에 대하여 $f(x)+g(x)$, $\{f(x)\}^3+\{g(x)\}^3$을 x^2-4로 나눈 나머지가 각각 $x+1$, $\dfrac{5}{2}x+4$이다. $f(2x)g(2x)$을 x^2-1로 나눈 나머지를 $R(x)$라 할 때, $R(20)$의 값을 구하시오.

20
| 제한시간 **2분** |

$x^{365}-1$을 $(x-1)^2$으로 나눈 몫을 $Q(x)$라 할 때, $Q(x)$를 $x-2$로 나눈 나머지는?

① 1
② $2^{365}-1$
③ 2^{365}

④ $2^{365}+365$
⑤ $2^{365}-366$

21
| 제한시간 **3분** |

다항식 $f(x)$에 대하여 다음 조건이 성립할 때, $f(3)$의 값을 구하시오.

> ㈎ $f(x)$를 x^3+1로 나눈 몫은 $x+2$이다.
> ㈏ $f(x)$를 x^2-x+1로 나눈 나머지는 $x-6$이다.
> ㈐ $f(x)$를 $x-1$로 나눈 나머지는 -1이다.

22*
| 제한시간 **3.5분** |

다항식 $f(x)$에 대하여 다음 조건이 성립한다. $a\neq0$일 때, 가능한 자연수 b값의 합을 구하시오.

> ㈎ 두 다항식 $f(x)-\frac{1}{3}x^3$과 ax^2+x+1의 최고차항이 서로 같다.
> ㈏ $f(x)$를 $x-1$로 나눈 나머지와 $x-2$로 나눈 나머지가 모두 5이다.
> ㈐ $f(x)$를 $x-4$로 나눈 나머지와 $x-b$로 나눈 나머지가 모두 1이다.

23*
| 제한시간 **2.5분** |

삼차 다항식 $f(x)=x^3-6x^2+3x+7$을 서로 다른 세 실수 α, β, γ에 대하여 $x-\alpha$, $x-\beta$, $x-\gamma$로 나눈 나머지가 모두 -3으로 같을 때, $\alpha^3+\beta^3+\gamma^3$의 값은?

① 122
② 132
③ 142

④ 152
⑤ 162

인수정리

24

| 제한시간 2분 |

다음 조건에 맞는 세 실수 a, b, c에 대하여 $2a+b$의 값을 구하시오.

> 다항식 ax^3+bx^2+cx-8이 $(x-1)^2$으로 나누어 떨어진다.

25

| 제한시간 3분 |

세 삼차식 $f(x)$, $g(x)$, $h(x)$에서
$(x+1)f(x)=(x-1)g(x)=(x-2)h(x)$이고,
$f(-1)=-1$, $g(1)=1$일 때, $h(2)$의 값을 구하시오.

26

| 제한시간 2분 |

삼차 다항식 $f(x)$에 대하여

$$f(1)=1, \ f(2)=\frac{1}{2}, \ f(3)=\frac{1}{3}, \ f(4)=\frac{1}{4}$$

이 성립할 때, $f(x)$를 $x-5$로 나눈 나머지는?

① $-\dfrac{1}{5}$ ② 0   ③ $\dfrac{2}{5}$

④ 5   ⑤ 24

27

| 제한시간 3.5분 |

$f(x)=x^3-ax^2-(b-3)x+b^2+2$를 $(x-a)^2$으로 나누면 $3x+2$가 남는다고 할 때, **보기**에서 옳은 것을 모두 고른 것은?

> **보기**
>
> ㄱ. $a^3=b^3$ ㄴ. $ab=1$
> ㄷ. $f(x)$를 x^2-3x+2로 나눈 나머지는 $6x-1$

① ㄱ   ② ㄱ, ㄴ   ③ ㄱ, ㄷ

④ ㄴ, ㄷ   ⑤ ㄱ, ㄴ, ㄷ

01

창의력

$1, 2, 3, \cdots, n$ 중 k개를 선택하여 곱한 수의 총합을 $P(k)$라 하고, $S(n) = P(1) + P(2) + \cdots + P(n)$이라 하자. 예를 들어 $S(3)$은
$$S(3) = P(1) + P(2) + P(3)$$
$$= (1+2+3) + (1 \times 2 + 1 \times 3 + 2 \times 3) + (1 \times 2 \times 3)$$
이다. $S(9)$를 720으로 나눈 나머지를 k라 할 때 k값을 구하시오. (단, k는 양수)

02*

융합형

다음 식의 분모를 0으로 만들지 않는 모든 실수 x에 대하여
$$\frac{1}{(x-1)(x-2)\cdots(x-5)}$$
$$= \frac{a_1}{x-1} + \frac{a_2}{x-2} + \cdots + \frac{a_5}{x-5}$$
가 성립할 때, $120(a_1 + a_2 + a_3 + a_4 + 2a_5)$의 값을 구하시오.

03

신유형

x에 대한 다음 다항식
$$f_1(x) = a(x+1)(x-1)(x-2)(x+4)$$
$$f_2(x) = b(x+1)(x-2)(x+4)(x-5)$$
$$f_3(x) = c(x-1)(x-2)(x+2)(x+3)$$
$$f_4(x) = d(x-1)(x-2)(x+3)(x+6)$$
$$f_5(x) = e(x+1)(x+2)(x+3)(x+4)$$
$$f_6(x) = -15(x+2)(x-1)(x-3)(x+4)$$
에 대하여 $f(x) = f_1(x) + f_2(x) + \cdots + f_6(x)$라 하면 $f(2) = f(3) = f(4) = f(5) = f(6) = 0$이 성립한다. 이때 $a + b + c + d + 3e$의 값을 구하시오.

04

신유형

x에 대한 항등식
$$(x^2 - 3x + 5)^5 = a_0 + a_1(x-2) + a_2(x-2)^2 + \cdots$$
$$+ a_9(x-2)^9 + a_{10}(x-2)^{10}$$
에 대하여 다음 식에서 p, q의 값을 각각 구하시오.

(1) $a_0 + 2^2 a_2 + \cdots + 2^8 a_8 + 2^{10} a_{10} = \dfrac{9^5 + p^5}{2}$

(2) $2^9 a_1 + 2^7 a_3 + \cdots + 2^3 a_7 + 2a_9 = \dfrac{15^5 + q^5}{2}$

05*

모든 실수 x에 대하여 $\dfrac{ax^2+(b+5)x+(5b-3)}{ax^2+(3-a)x+b}$의 값이
일정하도록 하는 상수 a, b의 순서쌍 (a, b)의 개수는?
(단, $ax^2+(3-a)x+b \neq 0$이다.)

① 0 ② 1 ③ 2 ④ 3 ⑤ 4

06*

최고차항의 계수가 1인 다항식 $f(x)$에 대하여
$f(x)=x^4 f\left(\dfrac{1}{x}\right)=f(1-x)$일 때, $f(3)$의 값을 구하시오.

07

다항식 $f(x)=x^n(x^2+ax+b)$를 $(x-3)^2$으로 나눈 나
머지가 $3^n(x-3)$이고, $(x-2)^2$으로 나눈 나머지가
$px+q$일 때, $\dfrac{q}{p}$의 값을 구하시오.

08*

다항식 $f(x)=x^4+ax^3+bx^2+cx+d$에 대하여 다음이
성립한다. (단, a, b, c, d는 상수)

$$f(2)=8,\quad f(4)=6,\quad f(6)=4,\quad f(8)=50$$

이때 $f(x)$를 $x-9$로 나눈 나머지를 구하시오.

09

융합형

$P(x)$는 $2n$차 다항식이고, $P(0)=0$, $P(1)=\dfrac{1}{2}$,

$P(2)=\dfrac{2}{3}$, $P(3)=\dfrac{3}{4}$, $\cdots$, $P(2n)=\dfrac{2n}{2n+1}$이 성립할 때,
다음 중 $P(2n+1)$과 같은 것은? (단, n은 음이 아닌 정수)

① n ② $n+1$ ③ $\dfrac{1}{n+1}$

④ $\dfrac{n}{n+1}$ ⑤ $\dfrac{n+1}{2n+1}$

10*

다항식 $f(x)$에 대하여 다음 조건이 성립한다.

> ㈎ 모든 실수 x에 대하여 $f(2+x)+f(2-x)=14$이다.
>
> ㈏ 다항식 $f(x)$를 $(x-1)(x-2)(x-3)$으로 나눈 나머지를 $g(x)$라 하면, $g(x)$를 $x-3$으로 나눈 나머지가 13이다.

다항식 $f(6x)g(x)$를 $6x^2-5x+1$로 나눈 나머지가 $px+q$일 때, pq의 값을 구하시오.

11*

융합형

다음은 1000 이하의 자연수 n에 대하여 $10^{2n}+10^n+1$이 111의 배수가 되는 n의 개수를 구하기 위한 과정이다. 이때 다음을 구하시오.

(1) 이차방정식 $x^2+x+1=0$의 한 근을 ω라고 하자.

$n=3k$일 때 $\omega^{2n}+\omega^n+1=A$

$n=3k+1$일 때 $\omega^{2n}+\omega^n+1=B$

$n=3k+2$일 때 $\omega^{2n}+\omega^n+1=C$

에서 $A+B+C$의 값 (단, k는 음이 아닌 정수이다.)

(2) 다항식 $x^{2n}+x^n+1$을 x^2+x+1으로 나눈 나머지

(3) 1000 이하의 자연수 n에 대하여 $10^{2n}+10^n+1$이 111의 배수가 되는 n의 개수

나를 이끄는 힘

"실수한 것을 변명할수록 그 실수를 한층 더 돋보이게 할 뿐이다." 셰익스피어

"실수한 것을 고치지 않으면 곧 그것은 다시 실수하고 만다.
 실수한 것을 고치기를 꺼리지 말라." 공자

"젊었을 때는 잘못을 저질러도 좋다. 그러나 그것을 늙어서까지 끌고 가서는 안 된다." 괴테

"사람이 저지르는 잘못 중에서 가장 큰 잘못은 그 잘못으로부터
 아무것도 배우지 못할 때이다." 존 포엘

– 교재 표지에 있는 오답 노트앱을 잘 이용하는 것이야말로 여러분이 수학 공부에서 이기는 가장 좋은 지름길입니다.

03 인수분해

1 인수분해의 뜻과 기본 공식

(1) 인수분해의 뜻

하나의 다항식을 상수가 아닌 두 개 이상의 다항식의 곱으로 나타내는 것.

(2) 인수분해 기본 공식

① $a^2+2ab+b^2=(a+b)^2$, $a^2-2ab+b^2=(a-b)^2$

② $a^3+3a^2b+3ab^2+b^3=(a+b)^3$, $a^3-3a^2b+3ab^2-b^3=(a-b)^3$

③ $x^2+(a+b)x+ab=(x+a)(x+b)$

④ $acx^2+(ad+bc)x+bd=(ax+b)(cx+d)$

⑤ $x^3+(a+b+c)x^2+(ab+bc+ca)x^2+abc$
$=(x+a)(x+b)(x+c)$

⑥ $a^2+b^2+c^2+2ab+2bc+2ca=(a+b+c)^2$

⑦ $a^3+b^3=(a+b)(a^2-ab+b^2)$, $a^3-b^3=(a-b)(a^2+ab+b^2)$

⑧ $a^3+b^3+c^3-3abc=(a+b+c)(a^2+b^2+c^2-ab-bc-ca)$

  ※ $a+b+c=0$일 때 $a^3+b^3+c^3-3abc=0$이므로 $a^3+b^3+c^3=3abc$

  예 $(x-2y)^3+(2y-z)^3+(z-x)^3=3(x-2y)(2y-z)(z-x)$

⑨ $a^4+a^2b^2+b^4=(a^2+ab+b^2)(a^2-ab+b^2)$

참고

인수분해는 전개의 역과정이라 할 수 있다. 즉 곱셈 공식의 좌우를 바꾼 것이 인수분해 공식이다.

· $(ax+y)(x+1)(y-b)$는 인수분해 된 것이다.

· $(x+1)(x+2)(x+3)+1$은 인수분해 된 것이 아니다.

참고

· $x^3-(a+b+c)x^2+(ab+bc+ca)x-abc$
$=(x-a)(x-b)(x-c)$

· $(a+b+c)(ab+bc+ca)-abc$
$=(a+b)(b+c)(c+a)$

2 인수분해 스킬 ①

(1) 공통부분으로 묶기

  예 $(a-b)x+(b^2-a^2)y=(a-b)x-(a^2-b^2)y=(a-b)(x-ay-by)$

(2) 공통부분이 반복되면 치환하기

(3) ax^4+bx^2+c 꼴(복이차식)의 인수분해

  ① 치환하기

  ② A^2-B^2 꼴로 고치기

보기 다음 다항식을 인수분해하여라.

  (1) $x(x+1)(x+2)(x+3)-15$

  (2) x^4-5x^2+9

풀이 (1) $x(x+3)(x+1)(x+2)-15=(x^2+3x)(x^2+3x+2)-15$
   $x^2+3x=A$로 치환하면
    $A(A+2)-15=(A+5)(A-3)=\boldsymbol{(x^2+3x+5)(x^2+3x-3)}$
  (2) $x^4+5x^2+9=(x^4+6x^2+9)-x^2=(x^2+3)^2-x^2$
    $=(x^2+3+x)(x^2+3-x)$
    $=\boldsymbol{(x^2+x+3)(x^2-x+3)}$

참고

문제에서 인수분해 범위에 대한 언급이 없으면 보통 유리수 계수 범위까지 인수분해 하고, 실수 계수 범위까지라는 언급이 있으면 실수 계수 범위까지 인수분해 한다. 예를 들어 x^4-7x^2+12를 실수 계수 범위까지 인수분해 하면 다음과 같다.

$x^4-7x^2+4=(x^2-4)(x^2-3)$
     $=(x-2)(x+2)(x-\sqrt{3})(x+\sqrt{3})$

3 인수분해 스킬 ②

(1) 내림차순으로 정리하기

(2) 인수정리와 조립제법을 이용한 인수분해

$f(\alpha)=0$이 되는 α를 찾은 후, 조립제법을 이용한다.

보기 다음 식을 인수분해 하여라.

(1) $x^3+3px^2+(3p^2-q^2)x+p(p^2-q^2)$

(2) $x^2-5xy+4y^2+x+2y-2$

(3) x^3-4x^2+x+6

풀이 (1) $x^3+3px^2+(3p^2-q^2)x+p(p^2-q^2)$

$=-(x+p)q^2+(x^3+3px^2+3p^2x+p^3)$

$=-(x+p)q^2+(x+p)^3$

$=(x+p)\{(x+p)^2-q^2\}$

$\boldsymbol{=(x+p)(x+p-q)(x+p+q)}$

(2) $x^2-5xy+4y^2+x+2y-2=x^2-(5y-1)x+2(2y^2+y-1)$

$=x^2-(5y-1)x+(4y-2)(y+1)$

$\boldsymbol{=(x-4y+2)(x-y-1)}$

(3) $f(x)=x^3-4x^2+x+6$이라 하면 $f(2)=0$이므로

$f(x)=x^3-4x^2+x+6$

$=(x-2)(x^2-2x-3)$

$\boldsymbol{=(x-2)(x-3)(x+1)}$

```
2 | 1  -4   1   6
  |     2  -4  -6
  --------------------
    1  -2  -3 | 0
```

참고

문자 종류가 2개 이상인 다항식을 인수분해 할 때, 공식을 이용할 수 없는 경우, 다음을 생각한다.

- 차수가 가장 낮은 문자로 내림차순 정리한다.

  예 $(a-b)x+(b^2-a^2)y$

  $=(a-b)x-(a^2-b^2)y$

  $=(a-b)(x-ay-by)$

- 각 문자가 같은 차수일 때는 적당한 한 문자로 정리한다.

참고

$x-\alpha$ (α는 정수)가 정수 계수의 다항식

$P(x)=x^3+ax^2+bx+c$의 인수이면

$P(\alpha)=\alpha^3+a\alpha^2+b\alpha+c=0$이므로

$c=-\alpha(\alpha^2+a\alpha+b)$

따라서 α는 c의 약수이다.

즉 최고차항의 계수가 1인 정수 계수 다항식에서 인수는 상수항의 약수에서 찾는다.

4 인수분해 스킬 업 (교과서 외)

① $A+B+C=0$일 때 $A^3+B^3+C^3=3ABC$

예 $(a+b-2c)^3+(b+c-2a)^3+(c+a-2b)^3=3(a+b-2c)(b+c-2a)(c+a-2b)$

② $a^n-b^n=(a-b)(a^{n-1}+a^{n-2}b+a^{n-3}b^2+\cdots+ab^{n-2}+b^{n-1})$

③ $a^n+b^n=(a+b)(a^{n-1}-a^{n-2}b+a^{n-3}b^2-\cdots-ab^{n-2}+b^{n-1})$

④ 차수가 짝수인 상반계수식 (주로 4차식)

⇨ 각 항을 x^2으로 나누어(x^2으로 묶는 것과 같다.) $x+\dfrac{1}{x}=t$로 치환

⑤ 차수가 홀수인 상반계수식 (주로 5차식)

⇨ 반드시 $(x+1)$을 인수로 가지고 있으므로 인수 $(x+1)$로 묶었을 때 생기는 ④ 꼴의 방정식을 푼다.

참고

②는 n이 모든 자연수일 때 성립하고, ③은 n이 홀수인 자연수일 때 성립한다.

④ $ax^4+bx^3+cx^2+bx+a$

$=x^2\left(ax^2+bx+c+\dfrac{b}{x}+\dfrac{a}{x^2}\right)$

$=x^2\left\{a\left(x^2+\dfrac{1}{x^2}\right)+b\left(x+\dfrac{1}{x}\right)+c\right\}$

⑤ $ax^5+bx^4+cx^3+cx^2+bx+a$

$=a(x^5+1)+bx(x^3+1)+cx^2(x+1)$

보기 $x^4-4x^3+5x^2-4x+1$을 인수분해 하여라.

풀이 $x^4-4x^3+5x^2-4x+1=x^2\left(x^2-4x+5-\dfrac{4}{x}+\dfrac{1}{x^2}\right)$

$=x^2\left\{x^2+\dfrac{1}{x^2}-4\left(x+\dfrac{1}{x}\right)+5\right\}$

$=x^2\left\{\left(x+\dfrac{1}{x}\right)^2-4\left(x+\dfrac{1}{x}\right)+3\right\}$

$=x^2\left(x+\dfrac{1}{x}-1\right)\left(x+\dfrac{1}{x}-3\right)$

$\boldsymbol{=(x^2-x+1)(x^2-3x+1)}$

STEP 1 | 1등급 준비하기

※ 문항 번호 오른쪽 *표시는 풀이에 문제 풀이 스킬을 익힐 수 있는 '다른 풀이' 또는 '1등급 Note'가 있음을 나타냅니다.

3. 인수분해

공통인수로 묶어 인수분해 하기 (치환하기 등)

01
두 실수 x, y에 대하여 $xy=3$, $x^2y+xy^2+x+y=16$일 때, x^3+y^3의 값을 구하시오.

02*
$(a-c)^3+(b-2c)^3-(a+b-3c)^3$을 인수분해 하면 $k(a-c)(b-2c)(a+b-3c)$일 때, 상수 k의 값을 구하시오.

03
가로 길이가 x^2-4x+3, 세로 길이가 $x^2+10x+24$인 직사각형 A와 가로, 세로 길이가 각각 7, k인 직사각형 B의 넓이 합이 정사각형 C의 넓이와 같다. 정사각형 C의 한 변의 길이가 $f(x)$일 때, $k+f(5)$의 값을 구하시오. (단, $x>3$)

이차식의 인수분해 활용

04
500개의 다항식 x^2-x-1, x^2-x-2, x^2-x-3, $\cdots$, $x^2-x-500$ 중에서 계수가 정수인 두 일차식의 곱으로 인수분해 되는 다항식의 개수는?

① 19개   ② 20개   ③ 21개

④ 22개   ⑤ 23개

05
실수 x, y, z에 대하여 $9z^2-6z=-x^2y^2+6xy-10$일 때, xyz의 값은?

① $\dfrac{1}{3}$ ② $\dfrac{2}{3}$ ③ 1   ④ 2   ⑤ 3

복이차식의 인수분해

06
다음 중 $3x^4-11x^2y^2-4y^4$의 인수가 아닌 것은?

① $x-2y$ ② $x+2y$ ③ $3x^2+y^2$

④ x^2+4y^2 ⑤ x^2-4y^2

한 문자에 대하여 인수분해 하기

07

$2x^3+(4a+5)x^2+(10a+3)x+6a$가 x에 대한 완전제곱식을 인수로 가질 때, 가능한 상수 a를 모두 구하여 더한 값은?

① $\dfrac{3}{4}$ ② $\dfrac{5}{4}$ ③ 2 ④ $\dfrac{5}{2}$ ⑤ $\dfrac{9}{2}$

08

x, y에 대한 다항식 $x^2+ax-(y+3)(y-2)$가 x, y에 대한 일차식으로 인수분해 될 때, 양수 a값은?

① 1 ② 2 ③ 3 ④ 4 ⑤ 5

09

두 자연수 a, b에 대하여 $a^2b+2ab+a^2+2a+b+1$의 값이 245일 때, $a+b$의 값은?

① 9 ② 10 ③ 11 ④ 12 ⑤ 13

[2016년 3월 학력평가]

인수분해의 활용

10

세 변의 길이가 a, b, c인 삼각형에서 다음 등식
$$(a-b)c^4-2(a^3-b^3)c^2+(a^4-b^4)(a+b)=0$$
이 성립할 때, 이 삼각형은 어떤 삼각형인가? (단, $a\neq b$)

① 예각삼각형
② 둔각삼각형
③ 빗변의 길이가 a인 직각삼각형
④ 빗변의 길이가 b인 직각삼각형
⑤ 빗변의 길이가 c인 직각삼각형

11

부피가 $(x^3+x^2-5x+3)\pi$인 원기둥이 있다. 이 원기둥의 높이와 밑면의 반지름 길이가 각각 최고차항의 계수가 1인 x에 대한 일차식으로 나타내어질 때, 이 원기둥의 겉넓이를 구하시오. (단, $x>1$)

[2010년 9월 학력평가]

12

$a+b+c=1$, $a^2+b^2+c^2=3$, $a^3+b^3+c^3=-2$일 때, $(a+b)(b+c)(c+a)$의 값을 구하시오.

인수분해 기본형

01
| 제한시간 2분 |

a, b, c에 대하여 $[a, b, c]=(a-b)(a-c)$로 정의할 때, $[a, b, b]+4[c, b, a]$를 인수분해 하면 $(pa+qb+rc)^2$이 된다. 이때 상수 p, q, r에 대하여 $p+q+r$의 값을 구하시오.

02
| 제한시간 2분 |

다항식 $x^{16}+x^8+1$의 인수 중 $x^{2n}+x^n+1$ (n은 자연수) 꼴 인수는 모두 몇 개인지 구하시오.

03
| 제한시간 2분 |

두 양수 $a, b(a>b)$에 대하여 그림과 같은 직육면체 P, Q, R, S, T의 부피를 각각 p, q, r, s, t라 하자.
$p=q+r+s+t$일 때, $a-b$의 값은?

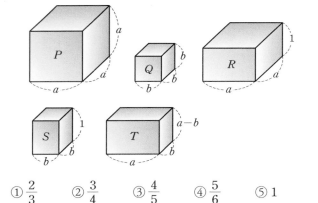

① $\dfrac{2}{3}$ ② $\dfrac{3}{4}$ ③ $\dfrac{4}{5}$ ④ $\dfrac{5}{6}$ ⑤ 1

[2013년 6월 학력평가]

04*
| 제한시간 2분 |

다항식 $(x-1)(x-2)(x+3)(x+4)-a$를 인수분해 했더니 $(x-4)(x+b)f(x)$가 되었다. $f(x)$는 x에 대한 이차식이고 a, b는 자연수일 때, $a+f(b)$의 값은?

① 357   ② 364   ③ 373   ④ 384   ⑤ 397

05
| 제한시간 2분 |

자연수 n에 대하여 $p=n^4-6n^2+25$이고 p^2의 양의 약수의 개수가 3일 때, p값을 구하시오.

06
| 제한시간 2분 |

$n!$을 다음과 같이 정의할 때 $n!+(n+1)!+(n+2)!$이 25의 배수가 되도록 하는 자연수 n 중에서 20보다 작은 것은 모두 몇 개인지 구하시오.

$$n!=1\times2\times3\times\cdots\times(n-1)\times n$$

인수정리와 인수분해

07

| 제한시간 2분 |

$x+1$이 사차식 ax^4+bx^3+cx-a의 인수일 때, **보기**에서 이 다항식의 인수를 모두 고른 것은? (단, $bc \neq 0$)

┤ 보기 ├
ㄱ. $x-1$ ㄴ. ax^2+bx+a ㄷ. ax^2+cx+a

① ㄱ   ② ㄴ   ③ ㄷ
④ ㄱ, ㄴ   ⑤ ㄱ, ㄷ

08*

| 제한시간 2분 |

보기의 다항식 중에서 $x^5-x^4+x^3-x^2+x-1$의 인수의 개수는?

┤ 보기 ├
$x+1$, x^2+x+1, x^3-2x^2+2x-1, x^4+x^2+1

① 0   ② 1   ③ 2   ④ 3   ⑤ 4

[2006년 경찰대]

09

| 제한시간 2분 |

$6x^4+x^3+5x^2+x-1=(ax+1)g(x)$로 인수분해 될 때, $g(a)$의 값을 구하시오. (단, a는 자연수이고 $g(x)$는 다항식이다.)

10*

| 제한시간 2분 |

4 이상의 자연수 x에 대하여 가로 길이가 x^3-x^2-2x, 세로 길이가 x^4-7x^2+6x인 직사각형 모양의 바닥이 있다. 한 변의 길이가 x^2-2x인 정사각형 모양의 타일로 이 바닥 전체를 겹치지 않게 빈틈없이 덮으려고 할 때, 필요한 타일 개수를 $f(x)$라 하자. 이때 $f(11)$을 구하시오

한 문자로 정리해 인수분해 하기

11*

| 제한시간 2분 |

$2x^2+xy-3y^2+4x+y+2$를 계수가 정수인 두 일차식의 곱으로 인수분해 할 때, 일차식을 각각 $f(x, y)$, $g(x, y)$라 하자. 두 직선 $f(x, y)=0$과 $g(x, y)=0$의 교점의 좌표는?

① $(-1, 0)$ ② $(1, 0)$ ③ $(0, 1)$
④ $\left(\dfrac{1}{5}, -\dfrac{4}{5}\right)$ ⑤ $\left(-\dfrac{5}{7}, -\dfrac{3}{7}\right)$

12

| 제한시간 2분 |

서로 다른 세 실수 a, b, c에 대하여
$f(a, b)=ab(a-b)$라 하면
$f(a, b)+f(b, c)+f(c, a)=(abc)^k f(b, a)f(c, b)f(a, c)$
가 항상 성립할 때, 정수 k값은? (단, $abc \neq 0$)

① -2 ② -1 ③ 0
④ 1   ⑤ 2

인수분해의 활용

13*
| 제한시간 2분 |

그림과 같이 크기가 다른 직사각형 모양의 색종이 A, B, C가 각각 5장, 11장, 8장 있다. 이들을 모두 사용하여 겹치지 않게 빈틈없이 이어 붙여서 하나의 직사각형을 만들었다. 이 직사각형의 둘레 길이가 $a+b\sqrt{3}$일 때, $a+b$의 값을 구하시오. (단, a, b는 자연수이다.)

 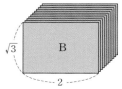

14
| 제한시간 2.5분 |

다음 식이 성립할 때, 자연수 N값은?

$$24^4 - 4 \times 24^3 - 3 \times 24^2 + 10 \times 24 + 8 = N \times 10^3$$

① 55   ② 110   ③ 275

④ 550   ⑤ 2750

15
| 제한시간 2분 |

$\left(\dfrac{101}{1000}\right)^3 - \left(\dfrac{1}{1000}\right)^3 - \dfrac{1}{1000} = \dfrac{N}{10^7}$일 때, 자연수 N값을 구하시오.

16*
| 제한시간 2.5분 |

$\sqrt{19 \times 20 \times 21 \times 22 + 1} - \sqrt{\dfrac{201^4 + 201^2 + 1}{201 \times 202 + 1} - 201}$의 값을 구하시오.

17
| 제한시간 2분 |

세 변의 길이가 각각 a, b, c인 $\triangle$ABC에서 다음 두 조건이 성립한다. 이때 $\triangle$ABC의 넓이를 a에 대한 식으로 나타내면?

> (가) $a^2b + ab^2 - a^2c + b^2 - abc - bc = 0$
> (나) $ab(a+b) = bc(b+c) + ca(c-a)$

① $\dfrac{1}{4}a^2$ ② $\dfrac{1}{2}a^2$ ③ a^2

④ $\dfrac{\sqrt{3}}{4}a^2$ ⑤ $\dfrac{\sqrt{3}}{2}a^2$

01[*] 신유형

$(x+3-\sqrt{5})(x-3+\sqrt{5})(x+3+\sqrt{5})(x-3-\sqrt{5})+35x^2$
이 정수 계수의 두 이차식으로 인수분해 될 때, 두 이차식의 합을 구하시오.

02

x, y, z에 대하여 $f(x, y, z)=x^3+y^3+z^3-3xyz$라 하자. $f(2a+2b-c, 2b+2c-a, 2c+2a-b)=216$일 때, $f(4a, 4b, 4c)$의 값을 구하시오.

03[*] 융합형

두 실수 a, b에 대하여 연산 $\triangle$를 $a\triangle b=a^2-ab+b^2$이라 하자. 최고차항의 계수가 1이고 정수 계수인 다항식 $A(x)$로 다항식 $(x^2\triangle x)+(2x\triangle x)-x^2$을 나눈 나머지가 $-x+4$일 때, 가능한 $A(x)$의 개수를 구하시오.

04[*] 신유형

x에 대한 다항식 $ax^3+2bx^2+2(a+2b)x+12a$가 다음과 같이 일차항의 계수가 모두 1이고, 정수 계수인 서로 다른 세 일차식으로 인수분해 된다. 이때 가능한 순서쌍 (a, b)의 개수를 구하시오. (단, p, q, r는 정수이고, a, b는 모두 100 이하인 자연수이다.)

$$ax^3+2bx^2+2(a+2b)x+12a$$
$$=a(x+p)(x+q)(x+r)$$

05* 신유형

어떤 다항식 $f(x)$가 정수 계수의 다항식으로 인수분해될 때, 그 다항식들의 합을 $[f(x)]$라 하자. 예를 들면 $x^2-3x+2=(x-1)(x-2)$이므로 $[x^2-3x+2]=(x-1)+(x-2)=2x-3$이다. 다음 중 $[x^4-x^3-9x^2+2x+2]$와 같은 것은?

① $2x^2-x-3$　　　　② $2x^2-x+3$

③ $2x^2+x-3$　　　　④ $2x^2+x+3$

⑤ $2x^2-2x-3$

06 창의력

다음 내용을 참고하여 $3^{2160}+1$의 약수 중에서 3^n+1(n은 자연수) 꼴로 나타낼 수 있는 것은 모두 몇 개인지 구하시오.

> n이 홀수일 때 a^n+b^n은 $a+b$를 인수로 가진다.

07 융합형

원 밖의 한 점 P에서 이 원에 그은 할선이 원과 만나는 두 점을 A, B라 하자. 또 점 P에서 이 원에 그은 한 접선이 원과 만나는 점을 T라 하고, ∠ATB의 이등분선이 선분 AB와 만나는 점을 C라 하자.

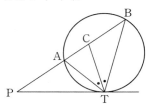

$\overline{PA}=x-1$, $\overline{AB}=(x-1)(x^2-4x+5)(x^2-4x+3)$ 일 때, 다음을 구하시오. (단, $x>3$)

(1) $\overline{PB}$를 인수분해 하면 $(x+a)(x+b)^4$일 때, 두 정수 a와 b의 곱 ab

(2) $\overline{PT}$를 인수분해 하면 $(x+c)(x+d)^2$일 때, 두 정수 c와 d의 곱 cd

(3) $\overline{AC}$를 인수분해 하면 $(x+e)(x+f)^2$일 때, 두 정수 e와 f의 곱 ef

08

융합형

다항식 $f(x)$를 x^4+x^2+1로 나눈 몫은 x^2-1이고, 나머지는 $5x^3+ax^2+bx+c$이다. 또 x^3+1로 나눈 나머지는 $2x^2-6$이다. $f(x)$를 x^2-1로 나눈 나머지가 $px+q$일 때, $a^3+b^3+c^3+p^3+q^3$의 값을 구하시오.

09

다항식 $x^5+2x^4+3x^3+3x^2+2x+1$을 인수분해 했을 때, **보기**에서 그 인수를 모두 고른 것은?

┤ 보기 ├
ㄱ $x-1$ ㄴ x^2+1 ㄷ x^2+x+1
ㄹ x^2-x+1 ㅁ x^3+x^2+x+1

① ㄱ, ㄴ   ② ㄴ, ㄷ   ③ ㄷ, ㄹ
④ ㄱ, ㅁ   ⑤ ㄴ, ㄷ, ㅁ

10

융합형

높이가 $x+1$이고 부피가 $x^4+6x^3+12x^2+ax+b$인 직육면체 모양의 그릇 A에 우유를 가득 담았다. 또 높이가 $x+\dfrac{1}{2}$이고 부피가 $bx^4+ax^3+12x^2+6x+1$인 직육면체 모양의 그릇 B에도 우유를 가득 담았다. 두 그릇에 담은 우유를 세 사람이 똑같이 나누면, 한 명이 먹는 우유의 부피는 $(x+p)^2(x^2+qx+r)$이다. 이때 정수 p, q, r에 대하여 $p^2+q^2+r^2$의 값을 구하시오. (단, $x>0$이고, 그릇 A, B의 밑넓이는 모두 x에 대한 다항식으로 표현된다.)

04 복소수와 이차방정식

1 허수단위와 복소수

(1) 허수단위 i

제곱해서 -1이 되는 새로운 수 $\sqrt{-1}$을 i로 나타내고, 이것을 **허수단위**라 한다. 양의 실수 a에 대하여 $\sqrt{-a}=\sqrt{a\times(-1)}=\sqrt{a}\times\sqrt{-1}=\sqrt{a}\,i$이다.

(2) 복소수의 뜻

a, b가 실수일 때, $a+bi$ 꼴로 나타낸 수를 **복소수**라 하고, a를 **실수부분**, b를 **허수부분**이라 한다. 이때 실수가 아닌 복소수 $a+bi$ $(b\neq0)$를 **허수**라 하고, 실수부분이 0인 허수 bi $(b\neq0)$를 **순허수**라 한다.

[보기] 복소수 $z=(1+i)x^2+(3-i)x+2(1-i)$에 대하여 z가 순허수가 되도록 하는 실수 x값을 구하여라.

[풀이] $z=(1+i)x^2+(3-i)x+2(1-i)=(x^2+3x+2)+(x^2-x-2)i$
z가 순허수이면 (실수부분)$=0$, (허수부분)$\neq0$이므로
$x^2+3x+2=0$, $x^2-x-2\neq0$에서 $x=-2$

2 복소수가 서로 같을 조건

두 복소수 $a+bi$, $c+di$ $(a, b, c, d$는 실수$)$에 대하여
- $a+bi=c+di$이면 $a=c$, $b=d$
- $a+bi=0$이면 $a=0$, $b=0$

[보기] 복소수 $2i$의 제곱근을 구하여라.

[풀이] $2i$의 제곱근을 $z=a+bi$ $(a, b$는 실수$)$라 하면
$z^2=(a+bi)^2=a^2-b^2+2abi=2i$에서 $a^2-b^2=0$, $ab=1$
즉 $a=b=\pm1$ (복부호는 같은 순서)이므로 $2i$의 제곱근은 $1+i$, $-1-i$

3 켤레복소수의 성질

복소수 $a+bi$ $(a, b$는 실수$)$에 대하여 허수부분의 부호를 바꾼 복소수 $a-bi$를 **켤레복소수**라 하고 $\overline{a+bi}$로 나타낸다. 두 복소수 z_1, z_2에 대하여 다음 성질이 성립한다.

- $\overline{z_1+z_2}=\overline{z_1}+\overline{z_2}$
- $\overline{z_1-z_2}=\overline{z_1}-\overline{z_2}$
- $\overline{z_1 z_2}=\overline{z_1}\,\overline{z_2}$
- $\overline{\left(\dfrac{z_1}{z_2}\right)}=\dfrac{\overline{z_1}}{\overline{z_2}}$ (단, $z_2\neq0$)

[보기] 두 복소수 α, β에서 $\alpha+\overline{\beta}=3i$일 때 $\overline{\alpha}+\beta$를 구하여라.

[풀이] $\overline{\alpha}+\beta=\overline{\alpha+\overline{\beta}}=\overline{3i}=-3i$

[참고]
대소 비교는 수직선 위에 있는 수, 즉 실수끼리 가능하다. 대소 판단 원리는 수직선 위에 대응하는 두 수 중 (왼쪽에 있는 수)$<$(오른쪽에 있는 수)이다.
허수는 수직선 위의 점에 대응하지 않으므로 허수끼리 대소를 비교해서 판단할 수 없고, 허수와 실수도 대소를 비교할 기준이 없다.
※ 복소수는 복소평면이라 부르는 좌표평면 위에 나타낼 수 있다.

[참고]
복소수의 사칙연산
두 복소수 $a+bi$, $c+di$ $(a, b, c, d$는 실수$)$에 대하여
① $(a+bi)+(c+di)=(a+c)+(b+d)i$
② $(a+bi)-(c+di)=(a-c)+(b-d)i$
③ $(a+bi)(c+di)=(ac-bd)+(ad+bc)i$
④ $\dfrac{a+bi}{c+di}=\dfrac{ac+bd}{c^2+d^2}+\dfrac{bc-ad}{c^2+d^2}i$
   (단, $c+di\neq0$)
※ $(a+bi)^2=a^2-b^2+2abi$
   $(a+bi)(a-bi)=a^2+b^2$

[참고]
a, b가 실수이고, z는 실수 아닌 복소수일 때
$az+b=0$이면 $a=b=0$이 성립한다.
▷ 47쪽 **06**번

[참고]
- 서로 켤레복소수인 두 복소수끼리의 합과 곱은 항상 실수이다.
  [예] $2+i+(2-i)=4$, $(2+i)(2-i)=5$
- 켤레복소수의 켤레복소수는 자기 자신이다.
  [예] $z=2+i$일 때 $\overline{z}=2-i$,
  $\overline{(\overline{z})}=\overline{2-i}=2+i=z$
- $z=\overline{z}$이면 z는 실수이다.
- $\overline{z}=-z$이면 z는 순허수이다.
- $\overline{z^2}=(\overline{z})^2$ ▷ 47쪽 **05**번
  ※ $\overline{z^n}=(\overline{z})^n$

4 i의 거듭제곱

$$i^{4k+1}=i, \ i^{4k+2}=-1, \ i^{4k+3}=-i, \ i^{4k}=1 \ (\text{단}, \ k=0, 1, 2, 3, \cdots)$$

[보기] $\left(\dfrac{1+i}{1-\sqrt{3}\,i}\right)^6$을 계산하여 간단히 하여라.

[풀이] $(1+i)^6=\{(1+i)^2\}^3=(2i)^3=-8i$

$(1-\sqrt{3}\,i)^3=1-3\sqrt{3}\,i+3\times(-3)+3\sqrt{3}\,i=-8$에서

$(1-\sqrt{3}\,i)^6=\{(1-\sqrt{3}\,i)^3\}^2=64$

$\therefore \left(\dfrac{1+i}{1-\sqrt{3}\,i}\right)^6=\dfrac{-8i}{64}=-\dfrac{1}{8}i$

참고

다음 계산 결과를 기억하고 활용한다.

- $\left(\dfrac{1+i}{\sqrt{2}}\right)^2=i, \ \left(\dfrac{1-i}{\sqrt{2}}\right)^2=-i$
- $\dfrac{1+i}{1-i}=i, \ \dfrac{1-i}{1+i}=-i$
- $\left(\dfrac{1+\sqrt{3}\,i}{2}\right)^2=\dfrac{1-\sqrt{3}\,i}{2}, \ \left(\dfrac{1-\sqrt{3}\,i}{2}\right)^2=\dfrac{1+\sqrt{3}\,i}{2}$
- $\left(\dfrac{-1+\sqrt{3}\,i}{2}\right)^2=\dfrac{-1-\sqrt{3}\,i}{2},$
  $\left(\dfrac{-1-\sqrt{3}\,i}{2}\right)^2=\dfrac{-1+\sqrt{3}\,i}{2}$
- $(1\pm\sqrt{3}\,i)^3=-8, \ \left(\dfrac{1\pm\sqrt{3}\,i}{2}\right)^3=-1$
- $(-1\pm\sqrt{3}\,i)^3=8, \ \left(\dfrac{-1\pm\sqrt{3}\,i}{2}\right)^3=1$

5 음수의 제곱근의 성질

a, b가 실수일 때, 다음이 성립한다.

- $a<0$, $b<0$일 때, $\sqrt{a}\sqrt{b}=-\sqrt{ab}$
- $a>0$, $b<0$일 때, $\dfrac{\sqrt{a}}{\sqrt{b}}=-\sqrt{\dfrac{a}{b}}$

[보기] $\dfrac{\sqrt{a}}{\sqrt{b}}=-\sqrt{\dfrac{a}{b}}$일 때 $\sqrt{a^2}-|b|+\sqrt{(b-a)^2}$을 간단히 하여라. (단, $ab\neq0$)

[풀이] $ab\neq0$에서 $a\neq0$, $b\neq0$이므로 $\dfrac{\sqrt{a}}{\sqrt{b}}=-\sqrt{\dfrac{a}{b}}$이면 $a>0$, $b<0$

$\sqrt{a^2}-|b|+\sqrt{(b-a)^2}=|a|-|b|+|b-a|$
$=a-(-b)-(b-a)$
$=2a$

참고

- $\sqrt{a}\sqrt{b}=-\sqrt{ab}$이면 $a\leq0$, $b\leq0$
- $\dfrac{\sqrt{a}}{\sqrt{b}}=-\sqrt{\dfrac{a}{b}}$이면 $a\geq0$, $b<0$

※ $a\neq0$, $b\neq0$인 조건이 없을 때 위 내용을 주의한다.

6 이차방정식의 근의 판별

a, b, c가 실수인 이차방정식 $ax^2+bx+c=0$에서 b^2-4ac를 판별식이라 하고, D로 나타낸다. 이때 다음이 성립한다.

- $D>0$이면 서로 다른 두 실근을 가진다.
- $D=0$이면 중근(서로 같은 두 실근)을 가진다.
- $D<0$이면 서로 다른 두 허근을 가진다.

[보기] 이차방정식 $x^2+6x+k=0$은 실근을 가지고, 이차방정식 $x^2-2x-3+k=0$은 허근을 가지도록 하는 실수 k값의 범위를 구하여라.

[풀이] $x^2+6x+k=0$은 실근을 가지므로 $\dfrac{D}{4}=3^2-k\geq0$ $\quad\therefore k\leq9$

$x^2-2x-3+k=0$은 허근을 가지므로 $\dfrac{D}{4}=(-1)^2+3-k<0$

$\therefore k>4$

따라서 $4<k\leq9$

참고

- 이차방정식이 실근을 가지면 $D\geq0$
- 이차방정식에서 이차항과 상수항의 부호가 다르면 항상 $D>0$이므로 서로 다른 두 실근을 가진다.
- 이차방정식이 중근을 가지면 서로 같은 두 실근을 가지는 것으로 생각할 수 있으므로 '서로 다른'이란 표현 없이 이차방정식이 실근을 가지는 조건이 주어지면 $D\geq0$을 이용한다.

※ 이차식 ax^2+bx+c가 완전제곱식이 되는 조건은 $b^2-4ac=0$이다.

7 이차방정식의 근과 계수의 관계

(1) 이차방정식 $ax^2+bx+c=0$에서 두 근을 α, β라 하면

$$\alpha+\beta=-\frac{b}{a}, \quad \alpha\beta=\frac{c}{a}, \quad |\alpha-\beta|=\frac{\sqrt{D}}{|a|}$$

(2) 두 수 α, β가 근이고 x^2의 계수가 1인 이차방정식은 $(x-\alpha)(x-\beta)=0$, 즉 $x^2-(\alpha+\beta)x+\alpha\beta=0$

참고

두 근이 허수일 때는 큰 값, 작은 값의 구분이 없으므로 두 근의 차를 생각하지 않는다.

즉 $D\geq0$일 때에만 $|\alpha-\beta|=\dfrac{\sqrt{D}}{|a|}$

※ 일차항의 계수가 짝수이더라도 D 대신 $\dfrac{D}{4}$, 즉 b'^2-ac를 이용하지 않는다.

보기 다음 내용이 거짓인 이유를 밝혀라.

"이차방정식 $x^2+2x+4=0$에서 (두 근의 차)$=\dfrac{\sqrt{2^2-16}}{|1|}=2\sqrt{3}i$이다."

풀이 $D=2^2-4\times4=-12<0$, 즉 허근을 가지므로 두 근의 차를 생각하지 않는다. 따라서 거짓이다.

8 이차방정식의 켤레근

이차방정식 $ax^2+bx+c=0$에서

- 계수 a, b, c가 유리수일 때, 한 근이 무리수이면 다른 한 근은 그 근의 켤레무리수이다.
- 계수 a, b, c가 실수일 때, 한 근이 실수가 아닌 복소수이면 다른 한 근은 그 근의 켤레복소수이다.

참고

$ax^2+bx+c=0$의 두 근이 α, β일 때

$\alpha+\beta=-\dfrac{b}{a}$, $\alpha\beta=\dfrac{c}{a}$임을 이용하면 복소수 범위에서 이차식 ax^2+bx+c를 다음과 같이 인수분해 할 수 있다. 즉

$$\begin{aligned}ax^2+bx+c&=a\left(x^2+\frac{b}{a}x+\frac{c}{a}\right)\\&=a\{x^2-(\alpha+\beta)x+\alpha\beta\}\\&=a(x-\alpha)(x-\beta)\end{aligned}$$

이때 α, β는 근의 공식을 이용해 구한다.

보기 이차방정식 $x^2+ax+b=0$의 한 근이 $1+2i$일 때, 실수 a, b 값을 각각 구하여라. (단, $i=\sqrt{-1}$)

풀이 이차방정식 $x^2+ax+b=0$의 다른 한 근이 $1-2i$이므로
(두 근의 합)$=-a=(1+2i)+(1-2i)=2$ $\therefore \boldsymbol{a=-2}$
(두 근의 곱)$=b=(1+2i)(1-2i)=5$ $\therefore \boldsymbol{b=5}$

다른 풀이

$x=1+2i$에서 $x-1=2i$
양변을 제곱하면 $x^2-2x+5=0$
$\therefore a=-2$, $b=5$

9 이차방정식의 실근의 부호

이차방정식 $ax^2+bx+c=0$이 두 실근 α, β를 가질 경우 다음이 성립한다. (단, D는 판별식)

- 두 근이 모두 양수이면 $\Rightarrow D\geq0$, $\alpha+\beta>0$, $\alpha\beta>0$의 공통 범위
- 두 근이 모두 음수이면 $\Rightarrow D\geq0$, $\alpha+\beta<0$, $\alpha\beta>0$의 공통 범위
- 두 근이 서로 다른 부호이면 $\Rightarrow \alpha\beta<0$

참고

두 근의 부호가 서로 다를 때, 두 근의 합인 $\alpha+\beta$의 부호는 결정할 수 없지만 두 근의 곱인 $\alpha\beta$는 항상 음수이다. 즉 $\alpha\beta=\dfrac{c}{a}<0$에서 $ac<0$이다.

따라서 두 실근의 부호가 서로 다를 때는 항상 $D=b^2-4ac>0$이므로 판별식 조건은 생각하지 않아도 된다.

보기 x에 대한 이차방정식 $x^2+(a^2-1)x+a=0$의 두 근의 부호가 다르고 절댓값이 같을 때 실수 a값 또는 그 범위를 구하여라.

풀이 $x^2+(a^2-1)x+a=0$의 두 근을 α, β라 하면
(i) $\alpha+\beta=0$에서 $-(a^2-1)=0$ $\therefore a=\pm1$
(ii) $\alpha\beta<0$에서 $a<0$
(i), (ii)에서 $\boldsymbol{a=-1}$

STEP 1 | 1등급 준비하기

복소수가 서로 같을 조건

01

등식 $(1-i)\overline{z}+2iz=3-i$가 성립하도록 하는 복소수 z를 구하시오. (단, $\sqrt{-1}=i$이고, $\overline{z}$는 복소수 z의 켤레복소수이다.)

02

x에 대한 이차방정식 $(1+i)x^2-(p+2i)x+3-3i=0$이 실근 α를 가질 때, αp의 값은? (단, $p>0$)

① -12 ② -4 ③ 2 ④ 4 ⑤ 12

음수의 제곱근

03[*]

$a<0$일 때, **보기**에서 옳은 것을 모두 고르시오.

┤ 보기 ├

ㄱ. $(\sqrt{-a})^2=-a$　　ㄴ. $\dfrac{a\sqrt{a}}{\sqrt{|a|}}=ai$

ㄷ. $\sqrt{-a^2}=-ai$　　ㄹ. $\dfrac{\sqrt{|a|}}{\sqrt{a}}=-i$

ㅁ. $\dfrac{|a|}{a^2}=\dfrac{1}{a}$

켤레복소수

04

복소수 z, z_1, z_2에 대하여 다음을 구하시오.

(1) $\overline{z_1}-\overline{z_2}=1-2i$, $\overline{z_1z_2}=3+2i$일 때 $(z_1-1)(z_2+1)$의 값

(2) $z^2=4-3i$인 복소수 z에 대하여 $z\overline{z}$의 값

복소수의 거듭제곱

05

$\left(\dfrac{1-i}{1+i}\right)^n+\left(\dfrac{1+i}{1-i}\right)^n+\left(\dfrac{1-i}{\sqrt{2}}\right)^n=3$이 되는 100 이하의 자연수 n의 개수를 구하시오.

판별식

06

이차방정식 $ax^2 + bx + c = 0$에서 a, b, c가 복소수일 때, 다음 중 옳은 것은 ○표, 틀린 것은 ×표 하여라.

(1) $x = \dfrac{-b \pm \sqrt{b^2 - 4ac}}{2a}$ (   )

(2) 두 근을 α, β라 하면 $\alpha + \beta = -\dfrac{b}{a}$, $\alpha\beta = \dfrac{c}{a}$ (   )

(3) $D = b^2 - 4ac = 0$이면 중근을 갖는다. (   )

(4) $b^2 - 4ac > 0$이면 서로 다른 두 실근을 갖는다. (   )

07

x에 대한 이차방정식 $2x^2 - (5k+3)x + 2 = 0$의 두 근 중 한 실근을 a라 할 때, $a + \dfrac{1}{a} = k^2$이 성립한다. 이때 k값을 구하시오.

08

$x^2 + 2xy - 3y^2 + ax + 4y + a$가 x, y에 대한 일차식의 곱으로 인수분해 될 때, 정수 a값을 구하시오.

근과 계수의 관계

09

이차방정식 $x^2 - 4x - 1 = 0$의 두 근을 α, β라 할 때 다음 식의 값을 구하시오.

(1) $\left(\sqrt{\dfrac{\beta}{\alpha}} + \sqrt{\dfrac{\alpha}{\beta}} \right)^2$

(2) $\dfrac{\beta^2}{\alpha^2 - 5\alpha - 1} + \dfrac{\alpha^2}{\beta^2 - 5\beta - 1}$

10*

이차방정식 $2x^2 - 2x + 1 = 0$의 두 근이 α, β일 때 $\dfrac{1-\beta}{1+\alpha}$, $\dfrac{1-\alpha}{1+\beta}$를 두 근으로 가지고 x^2의 계수가 5인 이차방정식을 구하시오.

11

이차방정식 $f(x) = 0$의 두 근 α, β에 대하여 $\alpha + \beta = 5$, $\alpha\beta = 13$이다. 방정식 $f(3x - 2) = 0$의 두 근을 각각 제곱한 것의 합은?

① 1   ② 2   ③ 3   ④ 4   ⑤ 5

복소수의 성질과 연산

01
| 제한시간 **3분** |

두 복소수 z_1, z_2에 대하여 $z_1 + z_2$, $z_1 z_2$가 실수일 때, 다음 중 옳지 않은 것은?

① $z_1^2 + z_2^2$은 실수이다.

② $z_1^4 + z_2^4$은 실수이다.

③ z_1이 실수이면 z_2도 실수이다.

④ z_1이 실수가 아니면 $\dfrac{z_1}{z_2}$도 실수가 아니다.

⑤ z_1이 실수가 아니면 $z_1 - z_2$도 실수가 아니다.

02
| 제한시간 **2분** |

두 복소수 z, w에 대하여 $z\bar{z}=1$, $w\bar{w}=1$, $z+w=2i$일 때, $z^3 + w^3$의 값을 구하시오.

03
| 제한시간 **2분** |

실수가 아닌 복소수 z에 대하여 $z^3 = -1$, $z = \dfrac{3w-1}{w-1}$일 때, $w\bar{w}$의 값을 구하시오.

04
| 제한시간 **2분** |

복소수 $z = a + bi$에 대하여 $|z| = \sqrt{a^2 + b^2}$으로 정의할 때, **보기**에서 옳은 것을 모두 고른 것은? (단, a, b는 실수)

┤ 보기 ├
ㄱ. $|z|^2 = z\bar{z}$　　　　　ㄴ. $|z|^2 = |\bar{z}|^2$
ㄷ. $|z_1 + z_2|^2 = |z_1|^2 + |z_2|^2 + 2z_1 z_2$

① ㄱ　　　　② ㄴ　　　　③ ㄱ, ㄴ
④ ㄴ, ㄷ　　　⑤ ㄱ, ㄴ, ㄷ

05
| 제한시간 **1.5분** |

두 복소수 z_1과 z_2에 대하여 $z_1 + \dfrac{1}{z_2} = 1$, $z_2 + \dfrac{1}{z_1} = 2$일 때, $(\overline{z_1 z_2})^2$의 값은?

① 4　　② 2　　③ -1　　④ -2　　⑤ -4

06
| 제한시간 **2분** |

실수가 아닌 복소수 z에 대하여 $\dfrac{z}{1+2z^2}$, $\dfrac{z^2}{1-z}$이 모두 실수일 때, 복소수 z를 구하여라.

복소수의 거듭제곱

07
| 제한시간 **2분** |

-3, -2, -1, 0, 1, 2, 3 중에서 서로 다른 두 수 a, b를 선택하여 복소수 z를 $z=a+bi$로 나타낼 때, z^4이 음의 실수가 되는 순서쌍 (a, b)의 개수를 구하시오.

(단, $i=\sqrt{-1}$)

08*
| 제한시간 **2.5분** |

$x^2+\sqrt{3}x+1=0$의 두 근을 α, β라 할 때, $\alpha^{40}+\beta^{50}$의 값을 구하시오.

09*
| 제한시간 **2.5분** |

두 복소수 α, β를 $\alpha=\dfrac{\sqrt{3}+i}{2}$, $\beta=\dfrac{1+\sqrt{3}i}{2}$라 할 때, $\alpha^m\beta^n=i$를 만족시키는 10 이하의 자연수 m, n에 대하여 $m+2n$의 최댓값을 구하시오. (단, $i=\sqrt{-1}$)

[2008년 9월 학력평가]

10
| 제한시간 **4분** |

복소수 $z_0=1-i$에 대하여 $f(z)$를 $f(z)=(z+z_0)i+z_0$으로 정의하고, $z_1=-1+i$, $z_{n+1}=f(z_n)$ (n은 자연수) 이라 할 때, **보기**에서 옳은 것을 모두 고른 것은?

┤ 보기 ├
> ㄱ. $z_{1000}=3+i$
> ㄴ. $z_1+z_2+\cdots+z_{4n}=4n(1+i)$
> ㄷ. $z_1+z_3+\cdots+z_{4n-3}+z_{4n-1}=z_2+z_4+\cdots+z_{4n-2}+z_{4n}$

① ㄱ   ② ㄴ   ③ ㄱ, ㄴ

④ ㄴ, ㄷ   ⑤ ㄱ, ㄴ, ㄷ

11
| 제한시간 **5분** |

자연수 n의 모든 양의 약수를 a_1, a_2, $\cdots$, a_k라 할 때, $f(n)=i^{a_1}+i^{a_2}+\cdots+i^{a_k}$이라 하자. **보기**에서 옳은 것만 고른 것은? (단, $i=\sqrt{-1}$이고, k, m은 자연수이다.)

┤ 보기 ├
> ㄱ. $f(12)=0$ ㄴ. $f(2^{2m})=i+2m-2$
> ㄷ. $f(10^{2m})=(2m+1)i+(2m+1)(2m-2)$

① ㄱ   ② ㄴ   ③ ㄱ, ㄷ

④ ㄴ, ㄷ   ⑤ ㄱ, ㄴ, ㄷ

12

| 제한시간 3분 |

$f(x) = x^2 + px + q$와 $w = \dfrac{1+i}{\sqrt{2}}$에 대하여 $f(w) = 0$이고, $(x - \sqrt{2})^{96}$을 $f(x)$로 나눈 나머지를 $R(x)$라 할 때, $f(\sqrt{2}) + R(1)$의 값은? (단, p, q는 실수)

① -2 ② $1 - 2\sqrt{2}$ ③ 1

④ $1 + 2\sqrt{2}$ ⑤ 2

판별식, 근과 계수의 관계

13

| 제한시간 1.5분 |

이차방정식 $x^2 + x + 2 = 0$의 두 근을 α, β라 할 때, $\alpha^4 + \alpha^3\beta + \alpha^2\beta^2 + \alpha\beta^3 + \beta^4$의 값을 구하시오.

14

| 제한시간 1.5분 |

함수 $f(x) = x^2 - 2x + 4$에 대하여 $f(\alpha) = 1$, $f(\beta) = 1$일 때, $\alpha^3 + \beta^3$의 값은?

① -10 ② -4 ③ 0 ④ 4 ⑤ 9

15

| 제한시간 1.5분 |

이차방정식 $x^2 - (6n+8)x + n^2 = 0$의 두 근을 α_n, β_n이라 할 때, $\sqrt{(\alpha_{999} + 1)(\beta_{999} + 1)}$의 값을 구하시오.

(단, n은 자연수이다.)

16*

| 제한시간 2분 |

이차방정식 $3x^2 - 12x - k = 0$의 두 실근 각각의 절댓값을 더했더니 6일 때, 상수 k값을 구하시오.

17

| 제한시간 2분 |

x에 대한 이차방정식 $3x^2 + 4kx + 2k^2 = 2$의 두 실근을 α, β라 할 때, α의 최댓값과 β의 최솟값의 곱을 구하시오.

(단, $\alpha \geq \beta$이고, k는 실수이다.)

18 | 제한시간 **3분** |

계수가 실수인 x에 대한 두 이차방정식 $ax^2+bx+c=0$,
$ax^2+2bx+c=0$의 근에 대한 **보기**의 설명 중 옳은 것을
모두 고른 것은?

┤ 보기 ├
ㄱ. $ax^2+bx+c=0$이 중근을 가지면 $ax^2+2bx+c=0$은
   실근을 갖는다.
ㄴ. $ax^2+2bx+c=0$이 두 양의 실근을 가지면
   $ax^2+bx+c=0$도 두 양의 실근을 가진다.
ㄷ. $x=1$이 두 이차방정식의 공통근이면 $x=-1$도 두 이
   차방정식의 공통근이다.

① ㄱ   ② ㄴ   ③ ㄱ, ㄷ
④ ㄴ, ㄷ   ⑤ ㄱ, ㄴ, ㄷ

19＊ | 제한시간 **3분** |

$(x-p)^2-3(x-p)+q=0$의 두 실근의 합이 7일 때,
$(x-p)^2-3|x-p|+q=0$의 모든 실근의 합은?

(단, p, q는 상수이고, $q>0$)

① -5 ② -3 ③ 0 ④ 7 ⑤ 8

20 | 제한시간 **3분** |

x에 대한 이차방정식 $x^2-(2a+1)|x|+a^2-1=0$이 실
근을 갖도록 하는 실수 a값의 범위는?

① $a\geq-1$ ② $a\leq-1$

③ $a\leq-\dfrac{5}{4}$ 또는 $a\geq-1$ ④ $-\dfrac{5}{4}\leq a\leq-1$

⑤ $a\leq-\dfrac{5}{4}$ 또는 $a\geq1$

21 | 제한시간 **3분** |

$x^2+px+q=0$이 서로 다른 두 실근 α, β를 가지고,
$|\alpha|$, $|\beta|$가 $x^2+(q-p)x+4p+q=0$의 근일 때, pq값
을 구하시오.

이차방정식과 근의 관계

22 | 제한시간 **3분** |

이차방정식 $x^2-x-3=0$의 두 실근이 α, β이고, 이차식
$P(x)$에 대하여 다음 조건이 성립할 때, $P(3)$의 값을 구
하시오.

㈎ $P(x)$를 $x-\alpha$로 나눈 나머지는 $\beta+1$이다.
㈏ $P(x)$를 $x-\beta$로 나눈 나머지는 $\alpha+1$이다.
㈐ $P(x)$를 $x-1$로 나눈 나머지는 -8이다.

23

| 제한시간 2분 |

$x^2 - x + 1 = 0$의 두 근을 α, β라 할 때, $f(\alpha) = 2\beta - 1$, $f(\beta) = 2\alpha - 1$이다. 이때 x^2의 계수가 1인 이차식 $f(x)$에 대하여 $f(10)$의 값은?

① 68   ② 72   ③ 92   ④ 110   ⑤ 128

24*

| 제한시간 2분 |

이차방정식 $x^2 + x + 2 = 0$의 두 근이 α, β이다. $f(x) = x^3 + 3x^2 + 3x + 7$일 때, $f(\alpha)f(\beta)$의 값은?

① 11   ② 12   ③ 13   ④ 14   ⑤ 15

25*

| 제한시간 3분 |

이차방정식 $x^2 + x + 1 = 0$의 두 근 α, β에 대하여 이차함수 $f(x) = x^2 + px + q$가 $f(\alpha^2) = -4\alpha$, $f(\beta^2) = -4\beta$를 만족시킬 때, 두 상수 p, q에 대하여 $p + q$의 값을 구하시오.

[2015년 9월 학력평가]

26*

| 제한시간 3분 |

이차방정식 $x^2 + px + 5 = 0$의 두 근 α, β에 대하여 $q\alpha - 5$, $q\beta - 5$를 두 근으로 하는 이차방정식을 작성하면 $x^2 + 5x + p = 0$이 될 때, $p - q$의 값은? (단, p, q는 실수이다.)

① 5   ② 6   ③ 7   ④ 8   ⑤ 9

27

| 제한시간 3분 |

α는 이차방정식 $px^2 - 3px + q = 0$의 근이고, β는 이차방정식 $qx^2 - 3px + p = 0$의 근일 때, $\alpha + \dfrac{1}{\beta}$의 값을 구하시오. (단, $\alpha\beta \neq 1$이다.)

근이 정수인 이차방정식

28
| 제한시간 **2분** |

이차방정식 $x^2-2mx+2m^2+m-2=0$의 두 근이 모두 정수일 때, 모든 정수 m값의 합을 구하시오.

29*
| 제한시간 **2분** |

이차방정식 $x^2-(a+1)x+3a-1=0$의 두 근이 모두 자연수일 때, a의 값은?

① -2 ② 0 ③ 8 ④ 11 ⑤ 13

여러 가지 문제

30*
| 제한시간 **2분** |

이차방정식 $2kx^2+(k-3)x+1=0$의 한 허근을 α라 하면 α^2은 실수가 된다. 이때 이 방정식의 두 근의 곱은?

(단, k는 실수이다.)

① $-\dfrac{1}{2}$ ② $-\dfrac{1}{6}$ ③ $\dfrac{1}{6}$ ④ $\dfrac{1}{2}$ ⑤ 1

31
| 제한시간 **4분** |

실수 x에 대하여 $\langle x \rangle$를 x보다 작지 않은 최소의 정수라 하자. 예를 들어 $\langle 1.3 \rangle=2$, $\langle -3.5 \rangle=-3$, $\langle 4 \rangle=4$이다. $0 \le x \le 2$일 때, 방정식 $x^2-\langle x^2 \rangle=x-\langle x \rangle$의 근의 개수 p와 모든 근의 합 q의 값은?

① $p=2$, $q=3$ ② $p=3$, $q=3$

③ $p=3$, $q=\dfrac{7+\sqrt{5}}{2}$ ④ $p=4$, $q=3$

⑤ $p=4$, $q=\dfrac{7+\sqrt{5}}{2}$

32

| 제한시간 2분 |

다음은 계수 a, b가 정수인 이차방정식 $x^2+ax+b=0$의 근이 유리수일 때, 이 근은 반드시 정수임을 보이는 과정이다.

이 방정식의 유리수 근을

$\alpha=\dfrac{q}{p}$ (p, q는 서로소인 정수)로 놓고

α를 주어진 방정식에 대입하면

$\left(\dfrac{q}{p}\right)^2+a\left(\dfrac{q}{p}\right)+b=0$ $\quad\therefore \dfrac{q^2}{p}=-(aq+bp)$ …… ㉠

㉠에서 $\dfrac{q^2}{p}$은 $\boxed{\text{(가)}}$ 이고, p와 q^2은 서로소이므로 $\boxed{\text{(나)}}$ 이어야 한다.

따라서 α는 정수이다.

위 과정에서 (가), (나)에 들어갈 내용으로 알맞은 것은?

① 정수, $p=\pm1$ ② 정수, $q=\pm1$

③ 양의 정수, $p=1$ ④ 음의 정수, $p=-1$

⑤ 음의 정수, $q=-1$

33

| 제한시간 3분 |

다음은 이차방정식 $x^2-bx+c=0$ (단, $b>0$, $c>0$)의 두 근을 길이로 하는 두 선분을 작도하는 과정을 나타낸 것이다. (가), (나), (다)에 알맞은 것을 써 넣으시오.

❶ 지름이 $c+1$인 원 O_1과 지름이 b인 원 O_2를 한 점 A에서 접하도록 그린 후 두 원의 중심을 연결하는 직선 l을 그린다. 이때 원 O_2와 직선 l의 교점 중 A가 아닌 점을 B라 한다.

❷ 직선 l에서 점 A로부터 왼쪽으로 1만큼 떨어진 점을 지나고, 직선 l에 수직인 직선 m을 그린다.

❸ 원 O_1과 직선 m의 교점 중 하나를 지나고 직선 l에 평행한 직선과 원 O_2의 교점을 점 D라 한다.

❹ 점 D에서 직선 l에 내린 수선의 발을 점 C라 한다.

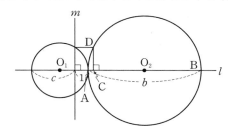

위 그림에서 $\alpha=\overline{AC}$, $\beta=\boxed{\text{(가)}}$ 라 하면

$\overline{AC}+\boxed{\text{(가)}}=b$이고,

두 직각삼각형 △ACD와 $\boxed{\text{(나)}}$ 는 닮음이므로

$\dfrac{\overline{AC}}{\boxed{\text{(다)}}}=\dfrac{\boxed{\text{(다)}}}{\boxed{\text{(가)}}}$, 즉 $\overline{AC}\times\boxed{\text{(가)}}=\boxed{\text{(다)}^2}$

따라서 $\overline{AC}$, $\boxed{\text{(가)}}$ 의 합과 곱이 주어졌으므로

근과 계수의 관계에서 이차방정식 $x^2-bx+c=0$의 해가

$\overline{AC}$, $\boxed{\text{(가)}}$ 임을 알 수 있다.

01 [신유형]

복소수 a의 실수부분이 양수이고 $a^3 = \dfrac{1+i}{1-i}$일 때, $a + \dfrac{1}{a}$의 값은? (단, $i = \sqrt{-1}$)

① $\sqrt{2}$ ② $\sqrt{3}$ ③ 2 ④ $\sqrt{5}$ ⑤ $\sqrt{6}$

02 [융합형]

실수가 아닌 두 복소수 z, w의 곱 zw는 실수이고, $3z + w = 2$, $9z\bar{z} = 4$일 때, 다음을 구하시오.

(1) w를 $l\bar{z}$ 꼴로 나타낼 때, 실수 l값

(2) w^3의 값

03

두 복소수 α, β에 대하여 $\overline{\alpha}\beta = 3$, $\alpha - \beta = \sqrt{3}i$일 때, $\alpha^4 + \beta^4$의 값은?

(단, $\overline{\alpha}$, $\overline{\beta}$는 각각 α, β의 켤레복소수, $i = \sqrt{-1}$)

① 36 ② 49 ③ 63 ④ 75 ⑤ 81

04* [서술형]

실수가 아닌 두 복소수 z_1과 z_2에 대하여 $z_1 + \dfrac{1}{z_2} = 1$, $z_2 + \dfrac{1}{z_1} = 3$이 성립할 때, 다음을 구하시오.

(1) $z_2 = kz_1$ 꼴로 나타낼 때, 자연수 k값

(2) $z_1\overline{z_1}$의 값

05

$\alpha-\beta=1$, $\alpha^2+\beta^2=3+6i$, $\alpha^3+\beta^3=13i$를 만족시키는 복소수 α, β에 대하여 $k\alpha^3+l\beta^3=26$일 때, $k-l$의 값을 구하시오. (단, k와 l은 실수이다.)

06

융합형

복소수 $z=a+bi$ $(b>0)$에 대하여 $\dfrac{2z}{z^2+1}$, $\dfrac{1-z}{z}$가 모두 실수일 때, z의 켤레복소수를 구하시오.

07

$z^3=-1-i$인 복소수 z에 대하여

$z^6+z^4+3z^3+2z+\dfrac{2}{z^2}+\dfrac{4}{z^3}=a+bi$일 때, 실수 a, b에 대하여 $a+b$의 값을 구하시오.

08

융합형

소수 p에 대하여 방정식 $x^2+4px-65p=0$의 두 근이 모두 유리수일 때, p의 값은?

① 5   ② 13   ③ 19   ④ 23   ⑤ 37

09

융합형

서로 다른 세 실수 a, b, c에 대하여 이차방정식

$(x-a)(x-b)+2(x-b)(x-c)+3(x-c)(x-a)=0$

의 두 근이 α, β일 때,

$\dfrac{2}{(a-\alpha)(a-\beta)}+\dfrac{3}{(b-\alpha)(b-\beta)}+\dfrac{1}{(c-\alpha)(c-\beta)}$의

값을 구하시오.

10*

융합형

다음 그림처럼 원점이 중심이고 반지름 길이가 1인 원에 내접하는 정육각형 ABCDEF가 있다. 두 조건 (가), (나)에 대하여 **보기**에서 옳은 것의 개수를 구하시오.

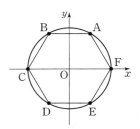

> (가) $z^n=a+bi$ (단, a, b는 실수, n은 자연수)라 할 때 z^n에 대응하는 점의 좌표를 (a, b)라 하자. 예를 들어
> 점 $A\left(\dfrac{1}{2}, \dfrac{\sqrt{3}}{2}\right)$은 $\dfrac{1+\sqrt{3}i}{2}$에 대응하며,
> 점 $B\left(-\dfrac{1}{2}, \dfrac{\sqrt{3}}{2}\right)$은 $\dfrac{-1+\sqrt{3}i}{2}$에 대응한다.
> (나) $\omega=\dfrac{1+\sqrt{3}i}{2}$

┤ 보기 ├
- ㄱ. ω^4에 대응하는 점은 D이다.
- ㄴ. ω^m, ω^n에 대응하는 점이 각각 D, A일 때, ω^{m+n}에 대응하는 점은 E이다. (단, m, n은 자연수)
- ㄷ. ω^n, ω^{n+3}, ω^m에 각각 대응하는 서로 다른 세 점으로 만들어지는 삼각형의 넓이를 $S(m, n)$이라 할 때, $S(m, n)$은 항상 일정하다. (단, m, n은 자연수)

11

방정식 $x^2-x-1=0$의 두 근 α, $\beta (\alpha>\beta)$에 대하여 **보기**에서 옳은 것을 모두 고르시오.

┤ 보기 ├
- ㄱ. $\alpha^2-\beta^2=\sqrt{5}$, $\alpha^3-\beta^3=8\sqrt{5}$
- ㄴ. n이 자연수일 때,
  $\alpha^{n+2}-\beta^{n+2}=\alpha^{n+1}-\beta^{n+1}+\alpha^n-\beta^n$
- ㄷ. $\alpha^7-\beta^7=13\sqrt{5}$

12

서술형

$[x]$는 x보다 크지 않은 가장 큰 정수를 나타낼 때, 다음 물음에 답하시오.

(1) 임의의 실수 x에 대하여 $\left[x+\dfrac{1}{2}\right]=[2x]-[x]$임을 보이시오.

(2) 방정식 $\left(\left[x+\dfrac{1}{2}\right]-1\right)^2+2[2x]-2[x+1]=0$의 해를 구하시오.

나를 이끄는 힘

"Non Sibi"
"Finis Origine Pendet"

이 두 문구는 Phillips Academy(미국의 뉴햄프셔 주 Exeter시와 매사추세츠 주
Andover 시에 각각 있는 미국 최고의 명문 기숙학교)의 좌우명(motto)입니다.
Non Sibi는 'Not for Self', 즉 '자기 자신만을 위하는 사람이 되지 말자.'라는
뜻을 담고 있는 라틴어입니다.
또 Finis Origine Pendet는 'The end depends on the beginning',
즉 '끝은 처음에 달려 있다.'는 뜻을 담고 있는 라틴어입니다.
Phillips Academy는 출신 학생들 중 상당수가 아이비리그에 속한 대학에
입학하면서 오래 전부터 미국 최고의 명문학교로 자리 잡았습니다.
이 학교는 공부 실력뿐만 아니라 독특한 인성 교육으로도 유명합니다.
학교에서 추구하는 가치인
"지식이 없는 선함은 약하고, 선함이 없는 지식은 위험하다."도 널리 알려져 있습니다.

– 한때 구글의 첫 번째 모토였던 "Don't be evil!"이 "Non Sibi"를 본뜻 것이라고 합니다.
– 페이스북을 창립한 마크 저커버그는 Phillips Exeter Academy 출신입니다.
 그가 시작한 Facebook이란 서비스 이름은 Exeter 학생을 소개한 수첩 이름에서 따온 것이라고 합니다.

05 이차방정식과 이차함수

1 이차함수의 그래프

(1) $y=a(x-p)^2+q$의 그래프

이차함수 $y=ax^2$의 그래프를 x축 방향으로 p만큼, y축 방향으로 q만큼 평행이동한 포물선이다.

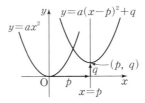

- 꼭짓점의 좌표 : $(p,\ q)$
- 축의 방정식 : $x=p$

(2) $y=ax^2+bx+c$의 그래프

$$y=ax^2+bx+c \Rightarrow y=a\left(x+\frac{b}{2a}\right)^2-\frac{b^2-4ac}{4a}$$

- 꼭짓점의 좌표 : $\left(-\dfrac{b}{2a},\ -\dfrac{b^2-4ac}{4a}\right)$
- 축의 방정식 : $x=-\dfrac{b}{2a}$

참고
이차함수 $y=ax^2+bx+c$의 그래프를 평행이동 하더라도 a값은 변하지 않으므로 그래프 모양과 폭은 변하지 않는다. 즉 두 이차함수 식에서 이차항의 계수가 같으면 일차항의 계수가 다르더라도 그래프를 서로 포갤 수 있다.

참고
이차함수의 그래프는 포물선이다. 포물선은 축에 대하여 대칭이다. 이 대칭성은 포물선 관련 문제를 푸는 주요 성질일 때가 많다.
⇨ 60쪽 **01**, 62쪽 **01, 02**, 65쪽 **17**, 67쪽 **01**

2 이차함수의 식 세우기

- 꼭짓점의 좌표 $(p,\ q)$ ⇨ $y=a(x-p)^2+q$
- 세 점의 좌표 ⇨ $y=ax^2+bx+c$에 세 점의 좌표를 대입
- x절편 $\alpha,\ \beta$ ⇨ $y=a(x-\alpha)(x-\beta)$

참고
왼쪽의 세 경우 모두 이차함수 식을 구하는 것이므로 $a\ne0$이다.

보기 x절편이 -1, 3, 꼭짓점이 직선 $x+y=5$ 위에 있는 이차함수 식을 구하여라.

풀이 x절편이 -1, 3이므로 $f(x)=a(x+1)(x-3)=a(x-1)^2-4a$
이때 꼭짓점 $(1,\ -4a)$가 직선 $x+y=5$ 위에 있으므로
$1-4a=5$에서 $a=-1$ $\quad \therefore f(x)=-x^2+2x+3$

3 이차함수 계수의 부호

이차함수 $y=ax^2+bx+c$의 그래프에서

- 아래로 볼록이면 $a>0$, 위로 볼록이면 $a<0$
- 축이 y축의 오른쪽에 있으면 $a,\ b$가 서로 다른 부호이고, y축의 왼쪽에 있으면 $a,\ b$가 서로 같은 부호이다.
- y절편이 x축보다 위에 있으면 $c>0$이고, x축보다 아래에 있으면 $c<0$이다.

보기 이차함수 $y=ax^2+bx+c$의 그래프 개형이 오른쪽 그림과 같을 때, 다음 식의 값 부호를 정하여라.
(1) $9a+3b+c$ (2) $a-3b+9c$

풀이 $f(x)=ax^2+bx+c$라 하면
(1) $f(3)=9a+3b+c<0$
(2) $f\left(-\dfrac{1}{3}\right)=\dfrac{1}{9}a-\dfrac{1}{3}b+c>0$ $\quad \therefore a-3b+9c>0$

참고
이차함수 $y=ax^2+bx+c$에서 $a,\ b$의 부호에 따른 그래프의 개형
① $a>0,\ b>0$일 때 ② $a<0,\ b<0$일 때

③ $a>0,\ b<0$일 때 ④ $a<0,\ b>0$일 때

※ 축의 위치에 따라 $a,\ b$의 부호는

같 (같다.) 다 (다르다.)

축이 y축과 일치하면 $b=0$이다.

4 제한된 범위에서 이차함수의 최대, 최소

x의 범위가 $\alpha \le x \le \beta$로 제한되었을 때, 이차함수 $f(x) = a(x-p)^2 + q$의 최댓값과 최솟값은 다음과 같다.

① 꼭짓점의 x좌표 p가 $\alpha \le x \le \beta$에 속할 때, 즉 $\alpha \le p \le \beta$일 때
  ⇨ $f(p)$, $f(\alpha)$, $f(\beta)$ 중에서 가장 큰 값이 최댓값, 가장 작은 값이 최솟값이다.

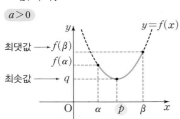
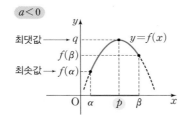

② 꼭짓점의 x좌표 p가 $\alpha \le x \le \beta$에 속하지 않을 때, 즉 $p < \alpha$ 또는 $p > \beta$일 때
  ⇨ $f(\alpha)$, $f(\beta)$ 중에서 큰 값이 최댓값, 작은 값이 최솟값이다.

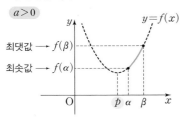
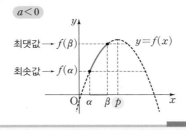

참고

범위가 제한되지 않은 이차함수이면 그 범위를 실수 전체로 생각하고, 범위가 제한된 이차함수이면 그래프를 그려 최댓값과 최솟값을 확인한다.

※ $\alpha \le x < \beta$처럼 제한된 범위에서 등호가 빠져 있으면 최댓값 또는 최솟값이 없을 수 있다.

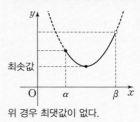

위 경우 최댓값이 없다.

5 이차함수의 그래프와 이차방정식의 해

이차함수 $y = ax^2 + bx + c$의 그래프와 x축의 교점의 x좌표는 $ax^2 + bx + c = 0$의 실근과 같다.

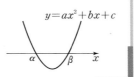

참고

거꾸로, 이차방정식 $ax^2 + bx + c = 0$의 두 근이 α, β이면 이차함수 $y = ax^2 + bx + c$의 그래프와 x축이 만나는 점의 x좌표는 α, β이다.

6 이차함수의 그래프와 직선의 위치

이차함수 $y = ax^2 + bx + c$의 그래프와 직선 $y = mx + n$이 만나는 점의 개수는 두 식을 연립하여 얻은 이차방정식 $ax^2 + (b-m)x + c - n = 0$의 근의 개수와 같다.

따라서 이차방정식의 판별식 D의 부호에 따라 포물선과 직선의 위치를 다음과 같이 정리할 수 있다.

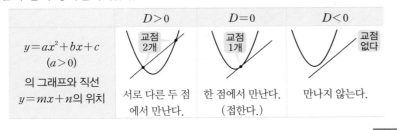

$y = ax^2 + bx + c$ $(a>0)$ 의 그래프와 직선 $y = mx + n$의 위치	$D > 0$	$D = 0$	$D < 0$
	교점 2개	교점 1개	교점 없다
	서로 다른 두 점에서 만난다.	한 점에서 만난다. (접한다.)	만나지 않는다.

참고

• 이차함수 $y = f(x)$의 그래프와 직선 $y = g(x)$의 위치 판단은 이차방정식 $f(x) = g(x)$의 판별식 D의 부호를 이용한다.

• 방정식 $f(x) = g(x)$의 실근 개수는 $y = f(x)$의 그래프와 $y = g(x)$의 그래프의 교점 개수와 같다.

• 이차함수 $y = f(x)$와 직선 $y = g(x)$에서 교점의 x좌표는 방정식 $f(x) = g(x)$의 근과 같다. 그러므로 $f(x) = g(x)$의 근이 허수이면 교점이 없다.

STEP 1 | 1등급 준비하기

※ 문항 번호 오른쪽 *표시는 풀이에 문제 풀이 스킬을 익힐 수 있는 '다른 풀이' 또는 '1등급 Note'가 있음을 나타냅니다.

5. 이차방정식과 이차함수

이차함수의 최대, 최소

01

이차항의 계수와 상수항이 같고, 점 $(1, 6)$을 지나는 이차함수 $f(x)$가 모든 실수 x에 대하여 $f(2-x)=f(2+x)$를 만족할 때, $f(x)$의 최댓값은?

① 5 　　② 6 　　③ 7 　　④ 8 　　⑤ 9

제한된 범위에서 이차함수의 최대, 최소

02

$y=x^2-4x+|x-2|+7$의 최솟값을 구하시오.

03

함수 $y=(x^2-2x+3)^2-2(x^2-2x+3)-3$의 최솟값을 구하시오. (단, $-2\leq x\leq 2$)

04

$-3\leq x\leq 3$에서 $y=x^2-4|x|+k$의 최댓값과 최솟값의 합이 6일 때, 실수 k값을 구하시오.

05

$a\leq x\leq a+2$에서 이차함수 $y=x^2-6x+a+9$의 최솟값이 3이 되도록 하는 모든 정수 a값의 합을 구하시오.

이차함수의 최대, 최소 활용

06

점 $P(x, y)$가 두 점 $A(-1, 1)$, $B(3, -3)$을 이은 선분 AB 위를 움직일 때, x^2+2y^2의 최댓값은?

① 3 　　② 11 　　③ 27 　　④ 30 　　⑤ 33

이차함수의 그래프와 이차방정식의 근

07 *

이차함수 $y=f(x)$의 그래프가 오른쪽 그림과 같을 때, x에 대한 방정식 $f(2x-n)=0$의 서로 다른 두 근의 합이 6이다. 이때 자연수 n의 값은?

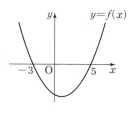

① 3　　② 4　　③ 5　　④ 6　　⑤ 7

이차함수의 그래프와 직선의 교점

08

이차함수 $f(x)=ax^2+bx+c$와 일차함수 $g(x)=mx+n$의 그래프가 오른쪽 그림과 같을 때, **보기**에서 옳은 것을 모두 고르시오.

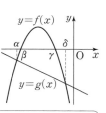

┤ 보기 ├
ㄱ. 방정식 $f(-x)=0$의 두 근은 $x=-\beta$ 또는 $x=-\gamma$이다.
ㄴ. 방정식 $f(-x)=g(x)$의 두 근의 곱은 $\alpha\delta$이다.
ㄷ. $\beta\gamma>\alpha\delta$

09 *

두 함수 $f(x)=x^2-ax+b$와 $g(x)=x+4$의 그래프가 서로 다른 두 점 A, B에서 만난다. 점 B의 x좌표가 $1+\sqrt{7}$일 때, 선분 AB의 길이를 구하시오. (단, a, b는 유리수)

이차함수의 그래프의 접선

10

이차함수 $y=x^2+ax+b$의 그래프가 직선 $y=x$와 점 $(1,1)$에서 접할 때, 상수 a, b에 대하여 ab의 값을 구하시오.

이차방정식의 근의 범위

11

이차방정식 $x^2+2ax+a-8=0$의 두 근 사이에 -2와 1이 있을 때, 정수 a값의 합은?

① -1　　② 0　　③ 1　　④ 2　　⑤ 3

이차함수의 최대, 최소

01
| 제한시간 1분 |

$a \leq x \leq a+2$에서 이차함수 $y = x^2 - 6x + 10$의 최댓값과 최솟값의 합이 최소가 되도록 하는 실수 a의 값은?

① 0　　② 1　　③ 2　　④ 3　　⑤ 4

02*
| 제한시간 2분 |

이차함수 $f(x) = 4x^2 + ax + b$에서 $f(9) = f(10) = 16$일 때, $f(x)$의 최솟값을 구하시오. (단, a, b는 실수)

03
| 제한시간 2.5분 |

$1 \leq x \leq 3$에서 이차함수 $y = x^2 - 2tx - 3$의 최댓값을 $g(t)$라 할 때, t에 대한 방정식 $g(t) = 0$의 근은?

① -2　　② -1　　③ 0　　④ 1　　⑤ 2

04*
| 제한시간 2.5분 |

$-1 \leq x \leq 1$에서 이차함수 $y = x^2 + ax + 5$에 대하여 $y \geq 2a + 9$이기 위한 실수 a값의 범위는?

① $a \geq 2$　　② $a \leq -2$　　③ $a \leq -3$
④ $-1 \leq a \leq 2$　　⑤ $-2 \leq a \leq 2$

05
| 제한시간 2.5분 |

$-1 \leq x \leq 3$일 때, 함수 $y = x^2 - 2kx + k - 3$의 최솟값이 -5가 되도록 하는 k값의 합을 구하시오.

최대, 최소의 활용

06

| 제한시간 2.5분 |

어느 과일 가게에서는 귤 50개들이 한 상자를 생산지에서 6000원에 사 온다. 귤 한 개 판매가격을 200원으로 정하면 하루에 1200개 팔리고, 판매가격을 10원 올릴 때마다 하루 판매량이 50개씩 줄어든다. 하루 순이익을 최대로 하려면 귤 한 개 판매가격을 얼마로 정해야 하는지 구하시오. (단, 순이익은 판매액에서 구입 비용을 뺀 금액이며, 판매가격은 10원 단위로 결정한다.)

07

| 제한시간 3분 |

다음 그림과 같이 한 변의 길이가 10인 정사각형 ABCD에 정사각형 EFGH가 내접해 있다. 정사각형 EFGH에 내접하는 원의 넓이를 a, 정사각형 ABCD와 정사각형 EFGH 사이에 생긴 네 직각삼각형에 각각 내접하는 원 하나의 넓이를 b라 할 때, $a+4b$의 최솟값을 구하시오.

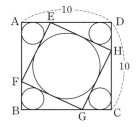

08

| 제한시간 3분 |

그림과 같이 $\overline{AB}=6$, $\overline{BC}=8$, $\overline{CA}=10$인 직각삼각형 ABC의 두 꼭짓점 A, B를 각각 중심으로 하는 두 원 O_1, O_2가 서로 외접하고 있다. 변 AC와 원 O_1의 교점을 P, 변 BC와 원 O_2의 교점을 Q라 할 때, $\overline{PQ}^2$의 최솟값은 $\dfrac{b}{a}$이다. 이때 ab값을 구하시오. (단, a와 b는 서로소인 자연수이다.)

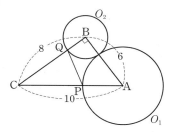

[2014년 6월 학력평가]

이차함수와 이차방정식의 근

09

| 제한시간 3분 |

함수 $f(x)=\begin{cases} -x^2+1 & (-1\leq x\leq 1) \\ x^2-1 & (x<-1 \text{ 또는 } 1<x) \end{cases}$ 에 대하여

방정식 $f(x)-kx-2k=0$이 서로 다른 네 개의 실근을 갖도록 하는 실수 k값의 범위를 구하시오.

10

| 제한시간 **2분** |

다음 ㈎, ㈏의 빈칸에 들어갈 수의 합을 구하시오.

> ㈎ $a<b<c$일 때, 이차방정식
> $(x-a)(x-c)+(x-b)=0$의 서로 다른 실근의 개수
> 는 ⬛⬛⬛ ㈎ ⬛⬛⬛ 이다.
>
> ㈏ $a<b<c<d$일 때, 이차방정식
> $(x-a)(x-c)+(x-b)(x-d)=0$의 서로 다른 실근
> 의 개수는 ⬛⬛⬛ ㈏ ⬛⬛⬛ 이다.

11

| 제한시간 **3분** |

이차함수 $f(x)=x^2-3x-1$의 그래프가 x축과 만나는 점의 x좌표를 각각 α, β (단, $\alpha<\beta$)라 할 때, **보기**에서 옳은 것을 모두 고른 것은?

> ┤ 보기 ├
> ㄱ. $(\alpha^2-3\alpha+1)(\beta^2-3\beta+1)=4$
> ㄴ. $(1+\alpha)(1-\beta)=2\alpha-1$
> ㄷ. 방정식 $f(x^2-3x)=-3$의 모든 해의 합은 6이다.

① ㄱ   ② ㄱ, ㄴ   ③ ㄱ, ㄷ
④ ㄴ, ㄷ   ⑤ ㄱ, ㄴ, ㄷ

12*

| 제한시간 **3분** |

실수 m에 대하여 이차함수 $y=x^2+mx-1$의 그래프와 직선 $y=x+1$의 교점을 $A(x_1, y_1)$, $B(x_2, y_2)$라 할 때, **보기**에서 옳은 것을 모두 고르시오.

> ┤ 보기 ├
> ㄱ. $x_1 x_2=-2$
> ㄴ. $y_1 y_2=5$이면 $m=-5$
> ㄷ. $\overline{AB}=4\sqrt{2}$일 때, 모든 m값의 곱은 7이다.

13*

| 제한시간 **2분** |

이차방정식 $x^2+2x+k=0$의 두 근 중 적어도 한 근이 이차방정식 $x^2+3x=0$의 두 근 사이에 있을 때, 상수 k값의 범위는?

① $-3\leq k<1$ ② $-3<k\leq 1$
③ $-3<k<0$ ④ $0\leq k<1$
⑤ $0<k\leq 1$

이차함수의 그래프와 접선

14
| 제한시간 2분 |

두 이차함수 $y=x^2$과 $y=-x^2+4x-5$의 그래프에 모두 접하는 두 접선의 기울기를 곱한 값은?

① 4 　　② 2 　　③ 1 　　④ -1 　　⑤ -2

15
| 제한시간 2분 |

이차함수 $y=-x^2+ax+b$의 그래프와 직선 $y=2x+c$는 중점의 x좌표가 0인 서로 다른 두 점에서 만난다. 이때 이 이차함수 그래프가 y축과 만나는 점에서 접하는 직선의 기울기를 구하시오.

이차함수 그래프의 활용

16
| 제한시간 2분 |

다음 그림과 같이 이차함수 $y=x^2-4x+p$의 그래프와 x축의 교점이 A, B이고 직선 $y=x+q$와 교점이 A, C이다. $\overline{AB}=8$일 때, 삼각형 ABC의 넓이를 구하시오.

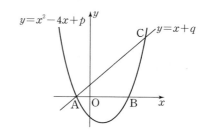

17
| 제한시간 2.5분 |

이차함수 $f(x)$에 대하여 다음 두 조건이 성립한다.

> (가) 모든 실수 x에 대하여 $f(5-x)=f(5+x)$이다.
> (나) $y=f(x)$의 그래프는 두 점 $(-1, 4)$, $(9, 24)$를 지난다.

이때 **보기**에서 옳은 것을 모두 고르시오.

┤ 보기 ├
> ㄱ. $f(x)=0$의 두 근을 α, β라 하면 $\dfrac{1}{\alpha}+\dfrac{1}{\beta}=-\dfrac{2}{3}$이다.
> ㄴ. $3 \le x \le 8$에서 이차함수 $f(x)$의 최솟값은 31이다.
> ㄷ. $g(x)=-f(x+5)$이면 $g(x)$는 $x=0$일 때 최댓값을 갖는다.

18
| 제한시간 2.5분 |

실수 x에 대하여 함수 $f(x)$가
$f(x) = |x^2 - 6x + 5| - x^2 + 4x + 5$일 때, $0 \leq x \leq 6$에서 $f(x)$의 최댓값과 최솟값의 곱을 구하시오.

19*
| 제한시간 2.5분 |

이차함수 $y = f(x)$의 그래프가 오른쪽 그림과 같다. 이때, **보기**에서 옳은 것을 모두 고른 것은?

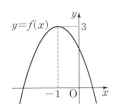

┤ 보기 ├
ㄱ. $f(-1+x) - f(-1-x) = 0$
ㄴ. $\alpha < -1$이면 $\dfrac{f(\alpha) - 3}{\alpha + 1} < 0$
ㄷ. $y = f(x)$ 위의 점 $P(a, b)$에 대하여 $ad - bc = 0$인 $y = f(x)$ 위의 점 $Q(c, d)$가 반드시 존재한다. (단, $a \neq c$)

① ㄱ
② ㄱ, ㄴ
③ ㄱ, ㄷ
④ ㄴ, ㄷ
⑤ ㄱ, ㄴ, ㄷ

20
| 제한시간 2.5분 |

방정식 $|x^2 - x - 2| - \dfrac{1}{2}x + k = 0$이 서로 다른 네 개의 실근을 갖도록 하는 k값의 범위는 $\alpha < k < \beta$이다. 이때 $\dfrac{\alpha}{\beta^4}$의 값을 구하시오.

21
| 제한시간 2.5분 |

두 이차함수 $y = x^2 - 10x + 26$, $y = -x^2 + 10x + 26$의 그래프에 다음 그림처럼 내접하는 정사각형 ABCD가 있다. 이 정사각형의 둘레 길이가 $-a + 4\sqrt{b}$일 때, $a + b$의 값을 구하시오. (단, a, b는 자연수)

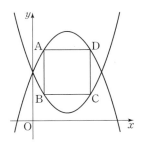

22
| 제한시간 2.5분 |

이차함수 $y = x^2 - 2x - 4$의 그래프와 직선 $y = 2x + 1$의 그래프가 다음 그림과 같이 서로 다른 두 점 A, B에서 만난다. 또 점 C는 이차함수 $y = x^2 - 2x - 4$ 위에서 점 A와 점 B 사이에 있다. 삼각형 ABC의 넓이가 최대일 때, 점 C의 x좌표를 구하시오.

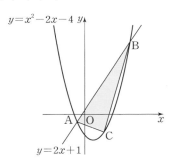

01 *신유형*

x에 대한 이차함수 $y=ax^2+bx+6$의 그래프에서 다음이 성립할 때 ab의 값은? (단, $b<0$이다.)

> (가) x축과 만나는 점을 A, B라 할 때, $\overline{AB}=2$이다.
> (나) 직선 $y=16$과 만나는 점을 C, D라 할 때, $\overline{CD}=6$이다.

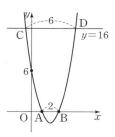

① -10 ② -12 ③ -14 ④ -16 ⑤ -18

02 *서술형*

$-1 \le x \le 1$에서 $y=(x-1)|x|-ax+1$ $(1 \le a \le 3)$의 최댓값을 $M(a)$라 할 때, $M(a)$의 최솟값을 구하시오.

03 *서술형*

이차방정식 $(x-a)(x-c)+(x-b)(x-d)=0$에 대하여 다음 물음에 답하시오.

(1) $d<a<b<c$일 때 위 이차방정식은 서로 다른 두 실근을 가짐을 보이시오.

(2) 위 이차방정식의 서로 다른 두 실근을 α, β $(\alpha<\beta)$라 할 때, α, β, a, b, c, d의 대소를 나타내시오.

04 *신유형*

m, n은 정수이고, $f(x)=x^2+2mx+n$에 대하여 다음이 성립할 때, $m+n$의 값을 구하시오.

> (가) 다항식 $f(x)$를 $x+1$로 나눈 나머지가 음수이다.
> (나) $y=f(x)$의 그래프가 x축과 만나는 두 점이 A, B이고, 꼭짓점이 C일 때, 삼각형 ABC의 각 변 길이의 제곱의 합이 8이다.

05*

신유형

이차함수 $y=x^2$의 그래프와 $y=-x^2+4x+6$의 그래 프가 만나는 두 교점을 각각 A, B라 하자. 이때 $y=x^2+6$ 위의 한 점 P를 선택하였을 때, 삼각형 PAB 넓이의 최솟 값을 구하시오.

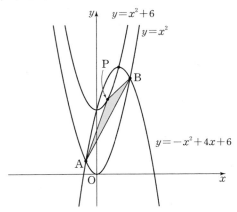

06

좌표평면 위의 한 점 $P(1, k)$ 를 지나고 기울기가 1인 직 선 l과 기울기가 -1인 직선 m이 이차함수 $y=x^2$의 그 래프와 만나는 점이 그림과 같이 A, B, C, D이다. 사각 형 CADB의 넓이가 $3\sqrt{17}$일 때, 양수 k값을 구하시오.

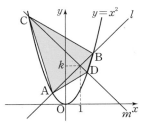

07*

서로 다른 다음 두 이차방정식은 각각 서로 다른 두 실근 을 가진다.

(가) $x^2+2mx+1=0$	(나) $x^2+2x+m=0$

이때 방정식 (가)의 두 근 모두 방정식 (나)의 두 근보다 더 크기 위한 실수 m값의 범위를 구하시오.

08

두 이차함수 $y=x^2-a$, $y=x^2-b$ (단, $b>a$)와 직선 $y=mx$가 그림과 같이 서로 다른 네 점 A, B, C, D에서 만난다. 삼각형 BAP의 넓이가 1이고, 삼각형 CBQ의 넓이가 9일 때, 삼각형 DBR의 넓이를 구하시오.

(단, $\overline{AP}$와 $\overline{BR}$는 x축에 평행하다.)

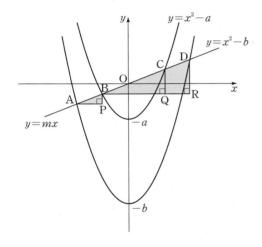

09

사각형 ABCD는 한 변의 길이가 2인 정사각형이고, 점 M, N은 각각 $\overline{CD}$, $\overline{AD}$의 중점이다. 포물선 P_1은 점 A, B를 지나고, 꼭짓점 M에서 $\overline{CD}$에 접한다. 또 포물선 P_2는 점 B, C를 지나고 꼭짓점 N에서 $\overline{AD}$에 접한다. 동시에 A, B를 출발한 점이 각각 P_1과 P_2 위를 따라 B, C까지 같은 속력으로 이동할 때, 두 점 사이 거리의 최솟값을 구하시오.

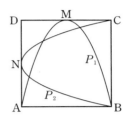

06 여러 가지 방정식

1 고차방정식의 풀이

인수분해 공식 또는 인수정리와 조립제법을 써서 푼다. 이차방정식에서 배운 스킬도 사용한다.

보기 방정식 $(x+1)(x+2)(x+3)(x+4)-8=0$의 모든 근의 곱을 구하여라.

풀이 $(x^2+5x+4)(x^2+5x+6)-8=0$에서
$x^2+5x=t$로 치환하면 $t^2+10t+16=0$　∴ $t=-2,\ -8$
$t=-2$일 때, 즉 $x^2+5x+2=0$에서 두 근의 곱은 2
$t=-8$일 때, 즉 $x^2+5x+8=0$에서 두 근의 곱은 8
따라서 주어진 방정식의 모든 근의 곱은 $2\times8=\mathbf{16}$

> **참고**
> 특별한 언급이 없으면 고차방정식의 해는 복소수 범위까지 구한다.

2 삼차방정식의 근과 계수의 관계

① 삼차방정식 $ax^3+bx^2+cx+d=0$의 세 근을 α, β, γ라 하면

$$\alpha+\beta+\gamma=-\frac{b}{a},\ \alpha\beta+\beta\gamma+\gamma\alpha=\frac{c}{a},\ \alpha\beta\gamma=-\frac{d}{a}$$

② 세 수 α, β, γ가 근이고, x^3의 계수가 1인 삼차방정식은
$(x-\alpha)(x-\beta)(x-\gamma)=0$
$\Rightarrow x^3-(\alpha+\beta+\gamma)x^2+(\alpha\beta+\beta\gamma+\gamma\alpha)x-\alpha\beta\gamma=0$

> **참고**
> 삼차방정식에서도
> ① 계수가 유리수일 때, 한 근이 $a+b\sqrt{m}$이면 $a-b\sqrt{m}$도 근이다. (단, a, b는 유리수, $b\neq0$, $\sqrt{m}$은 무리수)
> ② 계수가 실수일 때, 한 근이 $a+bi$이면 $a-bi$도 근이다. (단, a, b는 실수, $b\neq0$, $i=\sqrt{-1}$)

보기 $x^3-2x^2+3x+4=0$의 세 근을 α, β, γ라 할 때 다음 식의 값을 구하여라.
(1) $\alpha^2+\beta^2+\gamma^2$
(2) $(\alpha+1)(\beta+1)(\gamma+1)$

풀이 $\alpha+\beta+\gamma=2$, $\alpha\beta+\beta\gamma+\gamma\alpha=3$, $\alpha\beta\gamma=-4$이므로
(1) $\alpha^2+\beta^2+\gamma^2=(\alpha+\beta+\gamma)^2-2(\alpha\beta+\beta\gamma+\gamma\alpha)=2^2-2\times3=\mathbf{-2}$
(2) $(\alpha+1)(\beta+1)(\gamma+1)=\alpha\beta\gamma+(\alpha\beta+\beta\gamma+\gamma\alpha)+(\alpha+\beta+\gamma)+1$
$\qquad\qquad\qquad\qquad\qquad =-4+3+2+1=\mathbf{2}$

> **참고**
> n차방정식의 근과 계수의 관계
> $a_0x^n+a_1x^{n-1}+\cdots+a_{n-1}x+a_n=0$에서
> (모든 근의 합)$=-\dfrac{a_1}{a_0}$
> (두 근끼리 곱의 합)$=\dfrac{a_2}{a_0}$
> (모든 근의 곱)$=(-1)^n\dfrac{a_n}{a_0}$

3 $x^3=1$의 한 허근 ω

방정식 $x^3=1$의 한 허근을 ω라 하면 (단, $\overline{\omega}$는 ω의 켤레복소수)

$$\omega^3=1,\ \omega^2+\omega+1=0,\ \omega+\frac{1}{\omega}=-1,\ \omega+\overline{\omega}=-1,\ \omega\overline{\omega}=1,\ \overline{\omega}=\frac{1}{\omega}=\omega^2$$

> **참고**
> 방정식 $x^3=1$의 한 허근을 ω로 약속하지만, 문제에 따라 방정식 $x^3=-1$의 한 허근을 ω로 약속하기도 한다. 이때 ω는 $x^2-x+1=0$의 근이므로 다음과 같은 성질이 성립한다.
> ・$\omega^3=-1$
> ・$\omega^2-\omega+1=0$
> ・$\omega+\dfrac{1}{\omega}=1$
> ・$\omega+\overline{\omega}=1$, $\omega\overline{\omega}=1$

보기 삼차방정식 $x^3=1$의 한 허근을 ω라 할 때, $1+\dfrac{1}{\omega^5}+\dfrac{1}{\omega^7}$의 값을 구하여라.

풀이 $\omega^3=1$, $\omega^2+\omega+1=0$이므로
$$1+\frac{1}{\omega^5}+\frac{1}{\omega^7}=1+\frac{1}{\omega^2}+\frac{1}{\omega}=\frac{\omega^2+1+\omega}{\omega^2}=\mathbf{0}$$

4 연립이차방정식의 풀이

(1) $\begin{cases} (일차식)=0 \\ (이차식)=0 \end{cases}$ 꼴 연립방정식   일차식을 이차방정식에 대입하여 푼다.

(2) $\begin{cases} (이차식)=0 \\ (이차식)=0 \end{cases}$ 꼴 연립방정식

  ① 인수분해 되는 이차식이 있을 때는 인수분해 하여 얻은 두 일차방정
    식을 다른 이차방정식에 대입해서 푼다.

  ② 인수분해 되는 이차식이 없을 때는 상수항 또는 이차항을 없애 일차
    방정식을 얻어 다른 이차방정식에 대입하여 푼다.

(3) **대칭식 꼴 연립이차방정식**

  x, y에 대한 대칭식 꼴 연립방정식에서는 $x+y=p$, $xy=q$로 치환하여
  x, y가 t에 대한 이차방정식 $t^2-pt+q=0$의 두 근임을 이용하여 푼다.

참고
두 개 이상의 방정식을 동시에 만족시키는 미지수의 값을 이들 방정식의 공통근이라 한다.
두 방정식 $f(x)=0$, $g(x)=0$이 공통근을 가지면 공통근을 α라 하고 $f(\alpha)=0$, $g(\alpha)=0$을 연립해서 푼다.

보기 다음 연립방정식을 풀어라.

(1) $\begin{cases} x^2-y^2=0 & \cdots\cdots \text{㉠} \\ x^2+y^2=8 & \cdots\cdots \text{㉡} \end{cases}$ (2) $\begin{cases} x+y=3 & \cdots\cdots \text{㉠} \\ xy=2 & \cdots\cdots \text{㉡} \end{cases}$

참고
$\begin{cases} x+y=3 \\ xy=2 \end{cases}$ 와 같이 x, y를 바꾸어 대입해도 변하지 않는 식을 대칭식이라 한다.

풀이 (1) ㉠에서 $x^2-y^2=0$, $(x+y)(x-y)=0$ $\therefore$ $x=-y$ 또는 $x=y$

  (i) $x=-y$를 ㉡에 대입하면 $(x+2)(x-2)=0$

     $\therefore$ $x=-2$ 또는 $x=2$

     $x=-2$일 때 $y=2$이고, $x=2$일 때 $y=-2$

  (ii) $x=y$를 ㉡에 대입하면 $(x+2)(x-2)=0$

     $\therefore$ $x=-2$ 또는 $x=2$

     $x=-2$일 때 $y=-2$이고, $x=2$일 때 $y=2$

  $\therefore$ $\begin{cases} x=-2 \\ y=2 \end{cases}$ 또는 $\begin{cases} x=2 \\ y=-2 \end{cases}$ 또는 $\begin{cases} x=-2 \\ y=-2 \end{cases}$ 또는 $\begin{cases} x=2 \\ y=2 \end{cases}$

(2) x, y는 방정식 $t^2-3t+2=0$의 두 근이다. 즉 $(t-1)(t-2)=0$에서

  $t=1$ 또는 $t=2$ $\therefore$ $\begin{cases} x=1 \\ y=2 \end{cases}$ 또는 $\begin{cases} x=2 \\ y=1 \end{cases}$

참고
연립방정식 $\begin{cases} x^2-y^2=0 \\ x^2+y^2=8 \end{cases}$을 푼다는 것은
연립방정식 $\begin{cases} x+y=0 \\ x^2+y^2=8 \end{cases}$ 또는 $\begin{cases} x-y=0 \\ x^2+y^2=8 \end{cases}$
을 푸는 것이다.

5 부정방정식

(1) **정수 조건의 부정방정식**

  $(일차식)\times(일차식)=(정수)$ 꼴로 변형한다.

(2) **실수 조건의 부정방정식**

  ① A, B가 실수이고 $A^2+B^2=0$ $\Rightarrow$ $A=0$, $B=0$임을 이용

  ② 실수 x, y에 대한 이차방정식 $\Rightarrow$ 한 문자에 대하여 정리한 다음 판별
    식 $D\geq0$임을 이용

참고
부정방정식의 해를 찾을 때 정수 조건이면 양의 약수, 음의 약수를 모두 찾아야 하므로 표를 그리고 크기 순서대로 차근차근 따지는 것이 중요하다.

보기 방정식 $(x+1)(y-2)=1$의 정수 해를 구하여라.

풀이 x, y가 정수이므로 $x+1$, $y-2$도 정수이다.

오른쪽 표에서 순서쌍 (x, y)는

$(x, y)=(-2, 1), (0, 3)$

$x+1$	-1	1
$y-2$	-1	1

STEP **1** | 1등급 준비하기

※ 문항 번호 오른쪽 *표시는 풀이에 문제 풀이 스킬을 익힐 수 있는 '다른 풀이' 또는 '1등급 Note'가 있음을 나타냅니다.

6. 여러 가지 방정식

고차방정식의 풀이

01
삼차방정식 $x^3+x^2+kx-k-2=0$이 중근을 가지도록 하는 모든 실수 k값의 합은?

① -11　② -6　③ -2　④ 2　⑤ 7

삼차방정식의 세 근

02
삼차방정식 $x^3+4x^2+x+2=0$의 세 근을 α, β, γ라 할 때, $(\alpha-i)(\beta-i)(\gamma-i)$의 값을 구하시오.

(단, $i=\sqrt{-1}$)

방정식의 근의 변환

03
$f(x)=ax^3+bx^2+cx+d$이고, $f(x)=0$의 세 근을 α, β, γ라 하면 $\alpha+\beta+\gamma=3$일 때, $f\left(\dfrac{x-1}{2}\right)=0$이 되는 세 근의 합을 구하시오.

삼차방정식의 근과 계수의 관계

04
방정식 $x^3-2x^2-3x+1=0$의 세 근이 α, β, γ일 때, $\dfrac{\alpha}{\beta\gamma}+\dfrac{\beta}{\gamma\alpha}+\dfrac{\gamma}{\alpha\beta}$의 값을 구하시오.

05
삼차방정식 $x^3+3x-27=0$의 세 근이 α, β, γ일 때, $\alpha(\alpha^2-\beta\gamma+2)+\beta(\beta^2-\alpha\gamma+2)+\gamma(\gamma^2-\alpha\beta+2)$의 값은?

① -5　② 0　③ 5　④ 10　⑤ 15

06
삼차방정식 $x^3+px+2=0$의 세 근이 모두 정수일 때, p의 값을 구하시오.

켤레근

07
삼차방정식 $x^3+x+2=0$의 한 허근을 α라 할 때, $\alpha^2\overline{\alpha}+\alpha\overline{\alpha^2}$의 값을 구하시오.

08
$f(x)=x^3+ax^2+bx+c$에서 다음이 성립할 때, 삼차방정식 $f(2x)=0$의 세 근의 곱을 구하시오. (단, a, b, c는 실수)

> (개) $f(x)$는 $x-4$로 나누어 떨어진다.
> (내) 삼차방정식 $f(x)=0$의 한 근이 $2i$이다.(단, $i=\sqrt{-1}$)

ω의 성질

09
방정식 $x^3=1$의 한 허근을 ω라 할 때, 자연수 n에 대하여 함수 $f(n)$을 $f(n)=\dfrac{\omega^{2n}}{\omega^n+1}$이라 하자. 이때 $f(1)+f(2)+\cdots+f(20)$의 값을 구하시오.

10
방정식 $x+\dfrac{1}{x}=-1$의 한 허근을 ω라 할 때, **보기**에서 옳은 것을 모두 고르시오.

> ┤ 보기 ├
> ㄱ. $\omega^6=1$　　　　　　　　　　ㄴ. $(\omega+1)(\overline{\omega}+1)=1$
> ㄷ. $\omega^{2n}+\omega^n+1=0$ (n은 자연수)

연립방정식

11
연립방정식 $\begin{cases} \dfrac{2}{x-3}+\dfrac{1}{y+2}=\dfrac{3}{4} \\ \dfrac{3}{x-3}+\dfrac{2}{y+2}=1 \end{cases}$ 의 해를 구하시오.

12
연립방정식 $\begin{cases} x+y+xy=-1 \\ xy(x+y)=-20 \end{cases}$ 의 해 x, y에 대하여 $x-y$의 최솟값을 구하시오.

연립방정식의 활용

13

어떤 동호회에서 모임을 여는데, 참석하는 사람이 n명일 때 a자루씩 나누어 준다는 계획으로 연필을 준비하였다. 계획한 인원보다 5명 적게 찾아오면 모두에게 2자루씩 더 줄 수 있고, 계획한 인원보다 4명 더 많이 오면 모두에게 1자루씩 덜 주게 된다. 이때 $n+a$의 값을 구하시오.

14

다항식 $f(x)=ax^2+bx+c$의 계수 a, b, c를 차례로 입력해야 열리는 금고가 있다. 어떤 회사에서는 암호인 순서쌍 $(x, f(x))$ 5개를 매일 아침 새로 만들어 5명의 임원에게 1개씩 나누어 준다. 오늘 임원들에게 분배된 암호가 아래 표와 같을 때, 금고를 열기 위한 비밀번호를 구하시오.

임원	암호
A	$(-2, 1)$
B	$(-1, 0)$
C	$(0, 3)$
D	$(1, 10)$
E	$(2, 21)$

부정방정식

15*

방정식 $5x^2-12xy+10y^2-6x-4y+13=0$의 해인 실수 x, y에 대하여 $x+y$의 값을 구하시오.

16

다음은 중세 시대의 수학자 앨퀸이 쓴 「정신의 활기를 위한 문제집」에 나오는 문제이다. 여자 수가 최대라 할 때, 문제의 답을 구하시오.

> 100 kg의 밀을 100명에게 나누어 주는데, 남자에게는 3 kg, 여자에게는 2 kg, 어린이에게는 $\frac{1}{2}$ kg씩 주었더니 딱 맞아서 남는 것도 없었다. 이 100명 중에 어린이는 몇 명인가?

17*

이차방정식 $x^2-(m+1)x-m-4=0$의 두 근이 모두 정수가 되도록 하는 모든 정수 m을 곱한 값을 구하시오.

고차방정식의 풀이

01
| 제한시간 **2분** |

방정식 $x^2+\dfrac{1}{x^2}+5\left(x+\dfrac{1}{x}\right)-4=0$의 근 중 두 실근의 합을 구하시오.

02*
| 제한시간 **2분** |

사차방정식 $x^4-3x^3+4x^2-3x+1=0$의 한 허근을 α라 할 때, $1+\alpha+\alpha^2+\alpha^3+\alpha^4+\alpha^5$의 값은?

① -1　　　　② 0　　　　③ 1

④ $\dfrac{1-\sqrt{3}\,i}{2}$　　⑤ $\dfrac{1+\sqrt{3}\,i}{2}$

03
| 제한시간 **2분** |

방정식 $x^4+x^3+x^2+x+1=0$의 한 근 z에 대하여 $(1+z)(1+z^2)(1+z^3)(1+z^4)$의 값을 구하시오.

04
| 제한시간 **1분** |

최고차항의 계수가 1인 삼차식 $f(x)$에 대하여 $f(1)=2$, $f(3)=6$, $f(4)=8$일 때, $f(5)$의 값을 구하시오.

05*
| 제한시간 **2분** |

방정식 $x^3-4x^2+6x+1=0$의 세 근이 α, β, γ일 때, 최고차항의 계수가 1이고 $\dfrac{1}{\alpha}$, $\dfrac{1}{\beta}$, $\dfrac{1}{\gamma}$을 세 근으로 가지는 삼차방정식 $f(x)=0$에 대하여 $f(2)$를 구하시오.

고차방정식과 근의 조건

06
| 제한시간 **2분** |

삼차방정식 $ax^3+bx^2+bx+a=0$의 세 실근 중 두 근이 양수가 되도록 a, b값을 정할 때, $\dfrac{b}{a}$의 최댓값을 구하시오.

07 *

| 제한시간 2.5분 |

삼차방정식 $x^3 - 5x^2 + (k-9)x + k - 3 = 0$이 1보다 작은 한 근과 1보다 큰 서로 다른 두 실근을 갖도록 하는 모든 정수 k값의 합은?

① 24   ② 26   ③ 28   ④ 30   ⑤ 32

[2014년 6월 학력평가]

08 *

| 제한시간 2.5분 |

사차방정식 $x^4 + ax^2 + a^2 - 3a - 4 = 0$이 두 허근과 중근인 실근을 가질 때, 실수 a의 값은?

① -4 ② -1 ③ 0   ④ 3   ⑤ 4

09 *

| 제한시간 2.5분 |

삼차방정식 $x^3 + x - 2 = 0$ 의 한 허근을 z라 할 때, $(z + z^3 + z^4)(\bar{z} + \bar{z}^3 + \bar{z}^4)$의 값을 구하시오. (단, $\bar{z}$는 z의 켤레복소수이다.)

삼차방정식의 근과 계수의 관계

10

| 제한시간 2분 |

다음 세 조건에서 z값을 구하시오. (단, $x \leq y \leq z$)

> (가) $x + y + z = 0$ (나) $x^2 + y^2 + z^2 = 4$
> (다) $x^3 + y^3 + z^3 = -3$

11

| 제한시간 2분 |

두 삼차방정식 $x^3 + 10x^2 + mx - 12 = 0$과
$x^3 + 2x^2 + nx + 2 = 0$이 두 개의 공통근을 가질 때, 공통이 아닌 두 근의 합을 구하시오.

12

| 제한시간 2분 |

2 이상의 자연수 n에 대하여 n차방정식 $x^n=1$의 근을 1, α_1, α_2, α_3, $\cdots$, α_{n-1}이라 할 때, **보기**에서 옳은 것을 모두 고른 것은?

┤ 보기 ├

ㄱ. $\alpha_1+\alpha_2+\alpha_3+\cdots+\alpha_{n-1}=-1$

ㄴ. $\alpha_1\times\alpha_2\times\alpha_3\times\cdots\times\alpha_{n-1}=1$

ㄷ. $(1-\alpha_1)(1-\alpha_2)(1-\alpha_3)\cdots(1-\alpha_{n-1})=n$

① ㄱ　　　　② ㄱ, ㄴ　　　　③ ㄴ, ㄷ

④ ㄱ, ㄷ　　　⑤ ㄱ, ㄴ, ㄷ

13*

| 제한시간 3분 |

계수가 실수인 삼차방정식 $x^3+ax^2+bx-5=0$이 한 실근과 두 허근 α, $-\alpha^2$을 가질 때, $a+b$의 값을 구하시오.

$x^3=1$, $x^3=-1$의 한 허근 ω

14

| 제한시간 2.5분 |

방정식 $x^3=1$의 한 허근이 ω일 때, **보기**에서 옳은 것은 모두 몇 개인지 구하시오. (단, $\overline{\omega}$는 ω의 켤레복소수이다.)

┤ 보기 ├

ㄱ. $\omega\overline{\omega}+\omega+\overline{\omega}=0$　　　ㄴ. $\dfrac{1}{\omega}+\dfrac{1}{\overline{\omega}}=-1$

ㄷ. $\dfrac{1+\omega}{\omega^2}+\dfrac{1+\omega^2}{\omega}=-1$　　　ㄹ. $\dfrac{2}{\omega^3+3\omega^2+\omega}=\omega$

ㅁ. $(1+\omega)(1+\omega^2)(1+\omega^3)=2$

ㅂ. $(1+\omega)(1+\omega^2)(1+\omega^3)\cdots(1+\omega^{100})=0$

15

| 제한시간 2분 |

$f(x)=3x^2+ax+b$이고, 방정식 $x^3+1=0$의 한 허근을 ω라 할 때, $f(\omega)=6\omega$이다. 이때 $a+b$의 값을 구하시오. (단, a, b는 실수이다.)

16*

| 제한시간 2분 |

방정식 $\begin{cases} a+b=-1 \\ a^2+b^2=-1 \end{cases}$에 대하여 $a^{23}+b^{20}$의 값을 구하시오.

17

| 제한시간 2분 |

삼차방정식 $x^3-x^2-x-2=0$의 두 허근을 α, β라 할 때, $\dfrac{1}{\alpha^7+\alpha^{32}}+\dfrac{1}{\beta^{10}+\beta^{35}}$의 값은?

① 2   ② 1   ③ 0   ④ -1 ⑤ -2

19

| 제한시간 2.5분 |

$\angle C=90°$인 직각삼각형 ABC가 있다. 그림처럼 점 D는 꼭짓점 C에서 선분 AB에 내린 수선의 발이고, $\overline{CD}=1$이다. 삼각형 ABC의 둘레 길이가 5일 때, 선분 AB의 길이는?

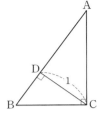

① $\dfrac{7}{4}$ ② $\dfrac{23}{12}$ ③ $\dfrac{25}{12}$ ④ $\dfrac{9}{4}$ ⑤ $\dfrac{29}{12}$

[2015년 6월 학력평가]

연립방정식의 풀이

18

| 제한시간 2분 |

그림처럼 한 원의 두 현 AB와 CD가 서로 수직으로 만나고, 그 교점은 E이다. $\overline{AD}=5$, $\overline{AE}=x$, $\overline{BE}=x-1$, $\overline{DE}=y$, $\overline{CE}=y+1$일 때 $x+y$값을 구하여라.

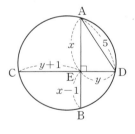

20

| 제한시간 2.5분 |

두 수 x, y에 대하여 x, y 중 작지 않은 수를 $\max(x, y)$, 크지 않은 수를 $\min(x, y)$로 나타낼 때, 다음 연립방정식의 해 x, y에 대하여 $x+y$의 값을 구하시오.

$$\begin{cases} \max(x,\ y)=x^2+y^2 \\ \min(x,\ y)=x+2y-2 \end{cases}$$

부정방정식

21 *
| 제한시간 **3분** |

$xy-2y-5-x^2=0$이 되는 자연수 x, y에 대하여 $x+y$의 최댓값을 구하시오.

22 *
| 제한시간 **3분** |

서로 다른 5개의 양수 a, b, c, d, e에서 서로 다른 4개를 뽑아 곱하였더니, 그 결과가 각각 3, 4, 6, 12, 24였다. a, b, c, d, e 중에서 가장 큰 수를 구하시오.

23
| 제한시간 **3분** |

각 변의 길이가 자연수인 직사각형 방바닥을 한 변의 길이가 1인 정사각형 타일로 겹치지 않게 빈틈없이 덮었더니 방바닥에 깔린 타일 중 절반이 벽에 접했다. 이러한 방바닥 넓이 중 가장 큰 것은?

① 36   ② 42   ③ 48   ④ 54   ⑤ 60

24 *
| 제한시간 **4분** |

연립방정식 $\begin{cases} xy-2x-y=4 \\ yz-3y-2z=9 \\ zx-3x-z=7 \end{cases}$의 정수 해 x, y, z에 대하여 $x+y+z$의 값 중 양수는?

① 4   ② 8   ③ 12   ④ 16   ⑤ 20

01

$z=a+bi$가 방정식 $c_4z^4+ic_3z^3+c_2z^2+ic_1z+c_0=0$의 한 근일 때, 다음 중 반드시 근이 되는 것은? (단, c_0, c_1, c_2, c_3, c_4, a, b는 실수이고, $i=\sqrt{-1}$)

① $-a-bi$ ② $a-bi$ ③ $-a+bi$
④ $b+ai$ ⑤ $b-a$

02

삼차 다항식 $f(x)$는 모든 실수 x에 대하여 $f(2x+1)=8x^3+4x+2$이다. 삼차방정식 $f(x)=0$의 세 근을 α, β, γ라고 할 때, $(p-\alpha)(p-\beta)(p-\gamma)=2$가 되는 실수 p값을 구하시오.

03

다음 물음에 주어진 식의 값을 구하시오.

(1) 방정식 $x^4=1$에서 1이 아닌 세 근이 α, β, γ일 때
$(\alpha+\alpha^2+\alpha^3+\cdots+\alpha^{101})+(\beta+\beta^2+\beta^3+\cdots+\beta^{101})$
$+(\gamma+\gamma^2+\gamma^3+\cdots+\gamma^{101})$

(2) 방정식 $x^5=1$의 근이 α_1, α_2, α_3, α_4, α_5이고,
$f(n)=\alpha_1{}^n+\alpha_2{}^n+\alpha_3{}^n+\alpha_4{}^n+\alpha_5{}^n$일 때
$f(1)+f(2)+f(3)+\cdots+f(101)$

04
서술형

삼차 다항식 $f(x)=x^3-kx^2-1$ (k는 실수)에 대하여 방정식 $f(x)=0$의 세 근을 α, β, γ라 하자. 또한 $g(x)$는 x^3의 계수가 1인 삼차식이고, 방정식 $g(x)=0$의 세 근은 $\alpha\beta$, $\beta\gamma$, $\gamma\alpha$이다. 이때 다음 물음에 답하시오.

(1) $g(x)$를 k를 포함하여 나타내시오.

(2) 두 방정식 $f(x)=0$과 $g(x)=0$이 공통근을 가지도록 하는 k값의 합을 구하시오.

05

사차방정식 $x^4+3x^2+4=0$의 한 근을 α라 할 때, **보기**에서 옳은 것을 모두 고르면?

┤ 보기 ├
ㄱ. $\alpha+\dfrac{2}{\alpha}=1$이 되는 α가 존재한다.

ㄴ. $\alpha^2-\sqrt{7}i\alpha-2=0$이 되는 α가 존재한다. (단, $i^2=-1$)

ㄷ. $(\alpha+k)^2$이 음수가 되도록 하는 k값은 하나뿐이다.

(단, k는 실수)

① ㄱ　　　　　② ㄱ, ㄴ　　　　　③ ㄱ, ㄷ
④ ㄴ, ㄷ　　　　⑤ ㄱ, ㄴ, ㄷ

06
신경향

가로 길이가 세로 길이보다 길고 넓이가 900 m²인 직사각형 모양의 토지가 있다. 이 토지 둘레에 3 m 간격으로 나무를 심을 때 필요한 나무 그루 수는 5 m 간격으로 나무를 심을 때 필요한 나무 그루 수의 2배보다 10그루 적다고 한다. 이 토지의 가로와 세로 길이를 구하여라. (단, 네 모퉁이에는 반드시 나무를 심고, 위와 같이 나무를 심는 경우 모든 나무 사이 간격은 일정하다.)

07
융합형

A 지점에서 동쪽으로 1 km 떨어진 지점을 B, 서쪽으로 3 km 떨어진 지점을 C라 하자. 갑은 B, 을은 C에서 두 사람 모두 정북 방향으로 달려 각각 P, Q지점에 도착하였다. $\overline{AP}=\overline{AQ}$이고, $\angle PAQ=60°$일 때, $m\overline{BP}=n\overline{CQ}$가 되는 서로소인 두 자연수 m, n에 대하여 $m+n$의 값을 구하시오.

08[*]

융합형

연립방정식 $\begin{cases} x^2+12yz+6z=n^2-1 \\ 2y^2+3zx+x=n \\ 9z^2+4xy+4y=1 \end{cases}$ 의 해 x, y, z와 자연

수 n에 대하여 $|x+2y+3z+1|$의 값을 $f(n)$이라 하자.

이때 $f(1)-f(2)+f(3)-f(4)+\cdots-f(100)+f(101)$

의 값을 구하시오.

09

창의력

학생 5명이 원탁 위에 앉아 숫자놀이를 하고 있다. 먼저
각자 좋아하는 수를 하나씩 생각한 다음 그 수를 오른쪽과
왼쪽에 있는 두 사람에게 알려 주기로 했다. 이때 각 학생
에게 두 수의 평균을 말하게 하였더니 시계방향으로 3, 5,
8, 4, 7이었다. 평균을 7이라고 말한 학생은 어떤 수를 좋
아한다고 생각했는지 구하시오.

10

융합형

$\dfrac{1}{x}+\dfrac{1}{y}+\dfrac{1}{z}=1$이 되는 양의 정수 x, y, z에 대하여 순서

쌍 (x, y, z)의 개수를 구하시오.

11

어떤 분수를 분자가 1이고, 분모가 자연수인 두 분수의 합
으로 나타내는 방법은 여러 가지가 있다. 예를 들어 $\dfrac{1}{6}$은
다음과 같이 5가지 방법으로 나타낼 수 있다.

$$\frac{1}{6}=\frac{1}{7}+\frac{1}{42}=\frac{1}{8}+\frac{1}{24}=\frac{1}{9}+\frac{1}{18}$$
$$=\frac{1}{10}+\frac{1}{15}=\frac{1}{12}+\frac{1}{12}$$

임의의 소수 p에 대하여 $\dfrac{1}{p^2}$을 이와 같이 나타낼 수 있는

방법은 모두 몇 가지인지 구하시오.

나를 이끄는 힘

"빛이 있다면 어둠이 있다. 차가운 것이 있으면 뜨거운 것이,
높은 것이 있으면 낮은 것이, 거칠면 부드러운 것이,
조용하면 소란이, 영광이 있으면 역경이, 삶이 있다면 죽음이 있다."

피타고라스

피타고라스는 서로 대립하는 요소가 함께 세상을 이룬다고 믿었습니다. 그러면서 조화로운 삶을 주장하였습니다. 그래서 '덕이 바로 조화(Virtue is harmony)'라는 말도 남겼습니다. 대립되는 요소들 사이에서 조화를 발견하고, 실천하기란 쉽지 않은 일입니다.

피타고라스는 제자들에게 세상에 대해 항상 관심을 가지라고 가르쳤습니다.

'관심은 행동하게 하지, 절망에 빠지게 하는 일은 없다.'

– 수학 공부가 즐겁지만은 않죠? 그럼에도 수학에 끊임없는 관심을 기울이는 여러분이 바로 승리자입니다.

07 여러 가지 부등식

1 부등식 $ax<b$의 해

① $a>0$이면 $x<\dfrac{b}{a}$이고, $a<0$이면 $x>\dfrac{b}{a}$

② $a=0$이고 $b>0$이면 해는 모든 실수이고, $a=0$이고 $b\leq0$이면 해는 없다.

참고
부등식 $x<y$가 성립할 때, 다음 부등식이 항상 성립한다.
- $x+a<y+a,\ x-a<y-a$
- $x\times b<y\times b,\ x\div b<y\div b\ (b>0)$
- $x\times c>y\times c,\ x\div c>y\div c\ (c<0)$

※ $a<x<b,\ c<y<d$일 때, 다음이 성립한다.
① $a+c<x+y<b+d$
② $a-d<x-y<b-c$
③ $ac<xy<bd$
④ $\dfrac{a}{d}<\dfrac{x}{y}<\dfrac{b}{c}$
단, ③, ④는 a, b, c, d가 모두 양수일 때 성립

2 절댓값 기호가 있는 부등식

절댓값 기호 안의 값이 0이 되는 x값을 기준으로 구간을 나누어 풀고, 합범위를 구한다.

보기 부등식 $|x|+|x-2|<4$를 풀어라.

풀이 (i) $x<0$일 때 $-x-(x-2)<4$ ∴ $-1<x<0$
(ii) $0\leq x<2$일 때 $2<4$가 되어 항상 성립한다. ∴ $0\leq x<2$
(iii) $x\geq2$일 때 $x+(x-2)<4$ ∴ $2\leq x<3$
(i), (ii), (iii)에서 합범위를 구하면 $-1<x<3$

참고
상수 a, b에 대하여 $0<a<b$일 때
- $|x|<a \Rightarrow -a<x<a$
- $|x|>a \Rightarrow x<-a$ 또는 $x>a$
- $a<|x|<b \Rightarrow -b<x<-a$ 또는 $a<x<b$

3 이차부등식의 풀이 (판별식 $D>0$인 이차부등식에서 $a>0$, $\alpha<\beta$일 때)

① $a(x-\alpha)(x-\beta)>0$의 해 $\Rightarrow$ $x<\alpha$ 또는 $x>\beta$
② $a(x-\alpha)(x-\beta)<0$의 해 $\Rightarrow$ $\alpha<x<\beta$

참고
$a<0$일 때는 양변을 a로 나누어 이차항의 계수가 양수가 되게 한 다음 푼다.

보기 x에 대한 이차부등식 $x^2-(k-1)x-k\leq0$의 해가 오직 한 개일 때, 실수 k값을 구하여라.

풀이 $x^2-(k-1)x-k\leq0$에서 $(x-k)(x+1)\leq0$
(i) $k<-1$일 때, $k\leq x\leq-1$
(ii) $k=-1$일 때, $(x+1)^2\leq0$ ∴ $x=-1$
(iii) $k>-1$일 때, $-1\leq x\leq k$
따라서 해가 오직 한 개일 때 $k=-1$

참고
(ii) $k=-1$일 때 $D=0$

4 이차부등식의 작성

x^2의 계수가 $a\ (a>0)$인 이차부등식에서
① 해가 $\alpha<x<\beta$ $\Rightarrow$ $a(x-\alpha)(x-\beta)<0$
② 해가 $x<\alpha$ 또는 $x>\beta\ (\alpha<\beta)$ $\Rightarrow$ $a(x-\alpha)(x-\beta)>0$

보기 $3x^2+ax+b\leq0$의 해가 $x=-1$이 되도록 상수 a, b의 값을 구하여라.

풀이 이차부등식 $3x^2+ax+b\leq0$은 x^2의 계수가 3이고, 해가 $x=-1$이므로
$3(x+1)^2\leq0$과 같은 식이다. ∴ $a=6, b=3$

Tip
이차부등식을 작성할 때, 부등호 방향을 먼저 정한다.

5 이차부등식이 항상 성립할 조건

이차방정식 $ax^2+bx+c=0$의 판별식을 D라 할 때, 모든 실수 x에 대하여

① $ax^2+bx+c>0$이 성립 $\Rightarrow$ $a>0$, $D<0$

② $ax^2+bx+c<0$이 성립 $\Rightarrow$ $a<0$, $D<0$

참고
부등식이 등호를 포함하는 경우이면 판별식 조건
에서 등호를 포함하면 된다.

보기 모든 실수 x에 대하여 $x^2+(k+2)x+(2k+1)\geq0$이 항상 성립할 때 상수 k 값의 범위를 구하여라.

풀이 $x^2+(k+2)x+(2k+1)\geq0$이 항상 성립하려면 $D\leq0$이어야 한다. 즉

$D=(k+2)^2-4(2k+1)=k^2-4k\leq0$ ∴ $\mathbf{0\leq k\leq4}$

6 제한된 범위에서 부등식이 항상 성립할 조건

① 제한된 범위에서 부등식 $f(x)>0$이 항상 성립

$\Rightarrow$ (제한된 범위에서 $f(x)$의 최솟값) >0

② 제한된 범위에서 부등식 $f(x)<0$이 항상 성립

$\Rightarrow$ (제한된 범위에서 $f(x)$의 최댓값) <0

Tip

제한된 범위가 있는 부등식을 풀 때는 그래프를 이용하면 편리하다.

보기 부등식 $|x-a|<1$이 성립하도록 하는 모든 실수 x에 대하여 $x^2-5x+4<0$이 항상 성립하도록 실수 a값의 범위를 구하여라.

풀이 부등식 $|x-a|<1$에서 $a-1<x<a+1$ $\cdots\cdots$ ㉠

부등식 $x^2-5x+4<0$에서 $1<x<4$ $\cdots\cdots$ ㉡

㉠ 범위에 있는 실수 x가 ㉡ 범위에 포함될 때 문제의 조건을 만족시키므로 $a-1\geq1$이고 $a+1\leq4$이어야 한다.

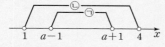

따라서 공통 범위는 $\mathbf{2\leq a\leq3}$

Tip

답에서 등호를 포함하는지 의심스러우면 등호일 때 주어진 조건이 성립하는지 확인한다.

6 연립부등식

연립부등식 $\begin{cases}f(x)<0\\g(x)<0\end{cases}$ 은 $f(x)<0$, $g(x)<0$을 풀어 공통 범위를 구한다.

참고

부등식 $f(x)<g(x)<h(x)$은

연립부등식 $\begin{cases}f(x)<g(x)\\g(x)<h(x)\end{cases}$ 와 같다.

보기 부등식 $3x-4\leq x^2-2<4x+3$의 해에서 정수 x의 최댓값을 M, 최솟값을 m이라 할 때, $M+m$의 값을 구하여라.

풀이 $\begin{cases}3x-4\leq x^2-2\\x^2-2<4x+3\end{cases}$ 즉 $\begin{cases}x^2-3x+2\geq0\\x^2-4x-5<0\end{cases}$ 에서

$\begin{cases}(x-1)(x-2)\geq0 & \cdots\cdots ㉠\\(x+1)(x-5)<0 & \cdots\cdots ㉡\end{cases}$

㉠과 ㉡의 해를 그림처럼 나타내면 공통 범위는 $-1<x\leq1$, $2\leq x<5$이므로 이 범위에 속한 정수는 0, 1, 2, 3, 4

따라서 정수 x의 최댓값은 4, 최솟값은 0이므로 $M+m=\mathbf{4}$

STEP 1 | 1등급 준비하기

부등식의 성질

01

세 실수 a, b, c에 대하여 $a<b<c$, $ab>bc$이고, $a+b+c=0$일 때, a, b, c의 부호는?

① $a>0$, $b>0$, $c>0$　　② $a>0$, $b<0$, $c<0$

③ $a<0$, $b<0$, $c<0$　　④ $a<0$, $b>0$, $c>0$

⑤ $a<0$, $b<0$, $c>0$

일차부등식

02

x에 대한 부등식 $(a^2-a-2)x \geq a+1$에 대한 **보기**의 설명 중 옳은 것을 모두 고르시오. (단, a는 상수)

┤ 보기 ├─

ㄱ. $a=-1$이면 해는 모든 실수이다.

ㄴ. $a=2$이면 해가 없다.

ㄷ. $a \neq -1$, $a \neq 2$이면 해는 $x \geq \dfrac{1}{a-2}$이다.

03

다음 중 x에 대한 부등식 $2x-a<bx+3$의 해가 존재하지 않기 위한 조건은?

① $a<-3$, $b>2$　　② $a \leq -3$, $b>2$

③ $a>-3$, $b=2$　　④ $a \geq -3$, $b=2$

⑤ $a \leq -3$, $b=2$

04

x에 대한 부등식 $ax+b<0$의 해가 $x>-5$일 때, 부등식 $(a-b)x+3a+b>0$의 해를 구하시오.

절댓값 기호가 있는 부등식

05

다음 중 부등식 $||x-1|-2|<3$의 해는?

① $-4<x<1$　　② $-4<x<6$

③ $0<x<2$　　④ $2<x<4$

⑤ $1<x<6$

06

x에 대한 이차부등식 $x^2-4x\leq0$의 해와 x에 대한 부등식 $|x-a|\leq2b$의 해가 서로 같을 때, 두 실수 a, b에 대하여 a^2+b^2의 값은?

① 5   ② 6   ③ 7   ④ 8   ⑤ 9

연립부등식

07

연립부등식 $\begin{cases} x^2>4x \\ x^2-(k+2)x+2k<0 \end{cases}$ 의 해에 포함된 정수가 5뿐일 때, 상수 k값의 범위를 구하시오.

08*

연립부등식 $x^2-x-2>0$, $2x^2+(5+2a)x+5a<0$의 해에 포함된 정수가 -2뿐일 때, 실수 a값의 범위를 구하시오.

절대부등식

09

다음 두 조건에 맞는 실수 k값의 범위는?

> (가) 모든 실수 x에 대하여 $x^2-2kx+4>0$이 성립한다.
> (나) $x^2-2kx+4k<0$인 실수 x는 없다.

① $0<k\leq2$ ② $0\leq k<2$ ③ $-2<k\leq4$
④ $-2\leq k<4$ ⑤ $-2<k\leq0$

10

모든 실수 x에 대하여 $\sqrt{ax^2-4ax+a+3}$이 실수가 되도록 하는 a값의 범위를 구하시오.

부등식의 성질

01
| 제한시간 2분 |

실수 a, b, c, d에 대하여 $a>b$, $c>d$일 때, 다음 **보기**에서 옳은 것은 모두 몇 개인지 구하시오.

┤ 보기 ├

ㄱ. $a^2>b^2$　　　　　ㄴ. $-c<-d$

ㄷ. $a-c<b-d$　　　　ㄹ. $a+c>b+d$

ㅁ. $ac>bd$　　　　　ㅂ. $\dfrac{1}{a}<\dfrac{1}{b}$

02
| 제한시간 1분 |

$1<a+b<4$, $-2<2a+b<2$일 때, b값의 범위를 구하시오. (단, a, b는 실수이다.)

일차부등식

03*
| 제한시간 2.5분 |

수직선 위의 세 점 $A(-1)$, $B(3)$, $C(x)$에서 $\overline{AC}+\overline{BC}<k$인 x값이 존재하지 않도록 하는 정수 k의 최댓값을 구하시오.

이차부등식

04
| 제한시간 2분 |

이차부등식 $ax^2+bx+c>0$에 대하여 **보기**에서 옳은 것을 모두 고른 것은? (단, a, b, c는 실수이다.)

┤ 보기 ├

ㄱ. 부등식의 해가 없으면 $a<0$이다.

ㄴ. $ac<0$이면 부등식의 해는 항상 존재한다.

ㄷ. $2a=b=2c$이면 부등식의 해는 모든 실수이다.

ㄹ. 부등식의 해가 존재하면 $a(x-2)^2+b(x-2)+c>0$의 해도 존재한다.

① ㄱ, ㄹ　　　　② ㄷ　　　　③ ㄴ, ㄷ

④ ㄱ, ㄴ, ㄹ　　　⑤ ㄱ, ㄴ, ㄷ, ㄹ

05*
| 제한시간 2분 |

x에 대한 이차부등식 $a(x-a)(x-a^2)<0$을 만족시키는 정수가 2와 3뿐이도록 실수 a값의 범위를 정하시오.

06
| 제한시간 2분 |

모든 실수 x에 대하여 부등식 $(2a-b)x+3a-2b<0$이 성립할 때, 이차부등식 $(4a-3b)x^2+\dfrac{1}{2}bx+(a+b)>0$의 해 중에서 정수는 모두 몇 개인지 구하시오.

07*

| 제한시간 2분 |

이차부등식 $ax^2+bx+c>0$의 해가 $-1<x<2$일 때, 부등식 $a(2x-1)^2-b(2x-1)+c<0$의 해를 구하시오.

08

| 제한시간 2분 |

이차부등식 $ax^2+bx+c>0$의 해가 $\alpha<x<\beta$일 때, 다음 중 이차부등식 $cx^2-bx+a>0$의 해는? (단, $\alpha>0$)

① $-\dfrac{1}{\alpha}<x<-\dfrac{1}{\beta}$

② $\dfrac{1}{\beta}<x<\dfrac{1}{\alpha}$

③ $x>\dfrac{1}{\alpha}$ 또는 $x<\dfrac{1}{\beta}$

④ $x>-\dfrac{1}{\beta}$ 또는 $x<-\dfrac{1}{\alpha}$

⑤ $-\beta<x<-\alpha$

09

| 제한시간 2.5분 |

어떤 회의실 대여업체에서 A, B 두 종류의 요금제를 운영하고 있다. A 요금제는 기본료 6000원에 무료 사용 1시간이 가능하고, 무료 사용 시간 이후에는 x시간당 $(200x^2+2800x)$원을 더 내야 한다. B 요금제는 기본료 7500원에 무료 사용 2시간이 가능하고, 무료 사용 시간 이후에는 x시간당 $(100x^2+4000x)$원을 더 내야 한다. A 요금제 사용 요금이 B 요금제보다 많지 않은 사용 시간의 범위를 구하시오. (단, 어떤 요금제를 선택하더라도 최소 2시간 이상 사용한다고 한다.)

이차부등식과 그래프

10

| 제한시간 2분 |

이차함수 $y=f(x)$의 그래프는 x절편이 -1, 2이다.

$f\left(\dfrac{|x-a|}{2}\right)<0$의 해가

$-3<x<5$일 때,

$f(x+a)\leq0$의 해는 $\alpha\leq x\leq\beta$이다. 이때 두 상수 α, β의 곱 $\alpha\beta$의 값은?

① -1　　② -2　　③ -3　　④ -4　　⑤ -5

11

| 제한시간 2분 |

이차함수 $y=f(x)$의 그래프가 오른쪽 그림과 같다. 이때 $f(x^2-2x)\leq 0\leq f(2x-2)$의 해 중에서 정수를 모두 더한 값은?

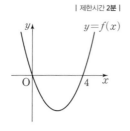

① -4　　② -2　　③ 0　　④ 2　　⑤ 4

12

| 제한시간 2.5분 |

$1\leq x\leq 4$에서 부등식 $x^2-(a+3)x-a+2>0$이 항상 성립하도록 하는 정수 a의 최댓값을 구하시오.

13*

| 제한시간 3분 |

두 점 A$(1,\,0)$, B$(3,\,2)$에 대하여 선분 AB와 이차함수 $y=x^2+ax+1$의 그래프가 만나도록 하는 실수 a값의 범위를 구하시오.

기호를 포함한 이차부등식

14

| 제한시간 2분 |

부등식 $|x^2-4x|\geq |x^2-4x+4|$에서 해의 최댓값을 M, 최솟값을 m이라 할 때, $M-m$ 값을 구하시오.

15

| 제한시간 2분 |

n이 정수일 때, $n-\dfrac{1}{2}\leq x<n+\dfrac{1}{2}$ 인 실수 x에 대하여 $\{x\}=n$이라 하자. 이때 부등식 $\{x\}^2-\{x\}-2<0$의 해를 구하시오.

16

| 제한시간 2.5분 |

이차방정식 $x^2+ax+|a^2-1|-3=0$의 두 근 중 한 근만 양수가 되도록 하는 모든 정수 a값의 합은? (단, 중근은 2개의 근으로 생각한다.)

① -2　　② -1　　③ 0　　④ 1　　⑤ 2

항상 성립하는 부등식

17
| 제한시간 **2분** |

이차부등식 $ax^2+bx+c\geq0$의 해가 $x=4$뿐일 때, 이차부등식 $bx^2+cx+8a-b<0$의 해에서 정수의 개수는?

① 3개   ② 4개   ③ 5개

④ 6개   ⑤ 무수히 많다.

18
| 제한시간 **2분** |

모든 실수 x에서 $0\leq(a-2)x+b\leq x^2+3x+5$가 성립할 때, $a+b$의 최댓값 M, 최솟값 m에 대하여 $M-m$의 값을 구하시오.

19
| 제한시간 **2분** |

함수 $f(x)=x^2-2px+3p$, $g(x)=-x^2+4x+p-5$가 임의의 두 실수 a, b에 대하여 $f(a)\geq g(b)$가 항상 성립하도록 하는 상수 p값의 범위를 구하시오.

20
| 제한시간 **2분** |

$x^2+4x+4xy+4y^2+ay+b\geq0$이 모든 실수 x, y에 대하여 항상 성립하도록 하는 실수 a, b에 대하여 $a+b$의 최솟값을 구하시오.

연립부등식

21
| 제한시간 **2분** |

연립부등식 $\begin{cases} x>a \\ ax>1 \end{cases}$ 의 해가 존재하지 않도록 하는 상수 a값의 범위를 구하시오.

22
| 제한시간 **2분** |

연립부등식 $\begin{cases} x^2+x-2>0 \\ (x-1)(x-|a|)<0 \end{cases}$ 의 정수 해가 존재하지 않도록 하는 정수 a값은 모두 몇 개인지 구하시오.

23

| 제한시간 2.5분 |

두 부등식 $x^2+ax+b\geq 0$, $x^2+cx+d\leq 0$을 동시에 만족시키는 x값의 범위가 $-3\leq x\leq -1$ 또는 $x=2$일 때, 상수 a, b, c, d에 대하여 $a+b+c+d$의 값을 구하시오.

24

| 제한시간 2분 |

연립부등식 $\begin{cases} 2[x]^2+7[x]-4<0 \\ x^2+|x|-6\geq 0 \end{cases}$ 의 해 중에서 정수인 것을 모두 곱한 값은? (단, $[x]$는 x보다 크지 않은 최대 정수이다.)

① -6 ② -2 ③ 0 ④ 2 ⑤ 6

25

| 제한시간 2.5분 |

모든 실수 x에서 부등식 $\left|\dfrac{x^2-mx+m}{x^2-x+1}\right|<2$이 항상 성립하도록 하는 m값의 범위를 구하시오.

26*

| 제한시간 2.5분 |

x에 대한 부등식 $x+a\leq \dfrac{1}{2}x^2\leq \dfrac{1}{2}x+b$가 $-2\leq x\leq 2$에서 항상 성립한다. $b-a$의 최솟값을 k라 할 때, $10k$의 값은?

① 30   ② 35   ③ 40   ④ 45   ⑤ 50

27

| 제한시간 3분 |

자연수 n에 대하여 $\begin{cases} x^2-(3n-2)x\geq 0 \\ x^2-(n^2+n+2)x+n^3+2n<0 \end{cases}$ 을 만족시키는 정수 x의 개수를 $f(n)$이라 할 때, 부등식 $f(n)\leq 44$의 해에서 자연수 n의 개수를 구하시오.

28

| 제한시간 3분 |

$\begin{cases} x^2+px+q<0 \\ x^2+2x\geq 0 \end{cases}$ 의 해가 $0\leq x<3$이고, 실수 p, q에 대하여 $|p|+|q|=5$일 때, $p-q$의 값은?

① 5   ② 3   ③ 1   ④ -3 ⑤ -5

01
신유형

서로 다른 세 실수 a, b, c에 대하여 $m\{a, b, c\}$는 a, b, c 중에서 가장 작은 수를 나타낸다. $m\{a^2, b^2, c^2\}=a^2$, $m\{a^3, b^3, c^3\}=b^3$, $m\{ab, bc, ca\}=bc$일 때, 다음 중 가장 작은 수는? (단, $abc<0$)

① $\dfrac{a}{b}$ 　② $\dfrac{b}{a}$ 　③ $\dfrac{b}{c}$ 　④ $\dfrac{c}{a}$ 　⑤ $\dfrac{a}{c}$

02

x에 대한 부등식

$a^2x^2-3a^2x+2a^2 \geq abx^2-3abx+2ab$에 대하여 다음 중 옳은 것은?

① $a<b$일 때, $1 \leq x \leq 2$이다.
② $a<b<0$일 때, $1 \leq x \leq 2$이다.
③ $0<a<b$일 때, $x \leq 1$, $x \geq 2$이다.
④ $b<0<a$일 때, $x \leq 1$, $x \geq 2$이다.
⑤ $ab=0$일 때, 부등식은 모든 실수 x에 대하여 성립한다.

03
창의력

x에 대한 이차부등식 $x^2-2ax+a^2-3<0$에서 정수 해의 합이 2가 되도록 하는 실수 a값의 범위가 $\alpha<a<\beta$일 때, $\alpha+\beta$의 값은?

① -2 　② -1 　③ 0 　④ 1 　⑤ 2

04
창의력

x에 대한 부등식 $(x-10)|x^2-3nx+2n^2|<0$의 자연수 해가 8개가 되도록 하는 모든 자연수 n의 합을 구하시오.

05

[융합형]

이차항의 계수가 1인 이차함수 $y=f(x)$의 그래프와 직선 $y=x+n$의 교점이 $(1, n+1)$, $(9, n+9)$이다. 부등식 $f(x)<f(3)-2$의 해가 $\alpha<x<\beta$일 때, $\alpha\beta$의 값은?

① 18   ② 20   ③ 22   ④ 24   ⑤ 26

06*

함수 $f(x)=2(x-1)(x-2)$, $g(x)=k(x-a)+a^2-1$에 대하여 실수 k값에 관계없이 $y=f(x)$, $y=g(x)$의 그래프의 교점이 항상 존재할 때, 실수 a의 최댓값과 최솟값의 합은?

① 4   ② 5   ③ 6   ④ 7   ⑤ 8

07

[융합형]

연립부등식 $\begin{cases} (x-1)^2 \leq 14|x-1|-24 \\ \left[\dfrac{x}{3}\right]^2 - \dfrac{2x}{3}\left[\dfrac{x}{3}\right] + \dfrac{x^2}{9} \leq 0 \end{cases}$ 의 정수 해는 모두 몇 개인지 구하시오. (단, $[x]$는 x보다 크지 않은 최대의 정수이다.)

08

모든 실수 x에 대하여 부등식

$$-x^2+3x+2 \leq mx+n \leq x^2-x+4$$

가 성립할 때, m^2+n^2의 값은? (단, m, n은 상수이다.)

① 8   ② 10   ③ 12   ④ 14   ⑤ 16

[2016년 6월 학력평가]

09

융합형

x에 대한 부등식 $|x-a[a]|<b[b]$의 해가 $6<x<16$이 되도록 하는 양수 a, b에 대하여 다음을 구하시오. (단, $[c]$는 c보다 크지 않은 최대의 정수이다.)

(1) $a[a]$의 값과 $b[b]$의 값

(2) a의 정수 부분과 b의 정수 부분의 합

(3) $3a-2b$의 값

10

융합형

부등식 $(x-[x])^2 \geq ax-1$ (a는 상수)의 해가 $x<\alpha$라 할 때, 실수 a값의 범위는? (단, $[x]$는 x보다 크지 않은 최대 정수이다.)

08 점과 직선

1 두 점 사이의 거리

좌표평면 위의 두 점 $A(x_1, y_2)$, $B(x_2, y_2)$
사이의 거리는

$$\overline{AB} = \sqrt{(x_2 - x_1)^2 + (y_2 - y_1)^2}$$

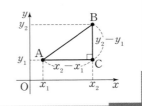

참고

두 점 사이의 거리는 두 점을 잇는 최단 거리, 즉
두 점을 이은 선분의 길이와 같다.

[보기] 두 점 $(1, 2)$, $(3, 4)$에서 같은 거리에 있는 y축 위의 점의 좌표를 구하여라.

[풀이] $A(1, 2)$, $B(3, 4)$로 놓고, 구하는 점을 $P(0, \alpha)$로 놓으면
$\overline{AP} = \overline{BP}$, 즉 $\overline{AP}^2 = \overline{BP}^2$에서 $(0-1)^2 + (\alpha-2)^2 = (0-3)^2 + (\alpha-4)^2$
따라서 $\alpha = 5$이므로 구하려는 좌표는 $(0, 5)$

2 내분점과 외분점

좌표평면 위의 두 점 $A(x_1, y_1)$, $B(x_2, y_2)$에
대하여 $\overline{AB}$를 $m : n$으로 내분하는 점을 P, 외
분하는 점을 Q라 하면

$$P\left(\frac{mx_2 + nx_1}{m+n}, \frac{my_2 + ny_1}{m+n}\right),$$

$$Q\left(\frac{mx_2 - nx_1}{m-n}, \frac{my_2 - ny_1}{m-n}\right) \text{ (단, } m > 0, n > 0 \text{이고, } m \neq n)$$

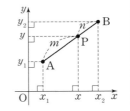

참고

• 두 점 $A(x_1, y_2)$, $B(x_2, y_2)$에 대하여
$\overline{AP}^2 + \overline{BP}^2$이 최소가 되는 점 P의 좌표는
두 점 A, B를 이은 선분의 중점에서 구한다. 즉
$P\left(\frac{x_1 + x_2}{2}, \frac{y_1 + y_2}{2}\right)$이다.

• 세 점 $A(x_1, y_1)$, $B(x_2, y_2)$, $C(x_3, y_3)$에 대
하여 $\overline{AP}^2 + \overline{BP}^2 + \overline{CP}^2$이 최소가 되는 점 P의
좌표는 $\triangle ABC$의 무게중심에서 구한다. 즉
$P\left(\frac{x_1 + x_2 + x_3}{3}, \frac{y_1 + y_2 + y_3}{3}\right)$이다.

[보기] 두 점 $A(-1, 0)$, $B(2, 1)$을 연결한 선분 AB를 $2 : 1$로 내분하는 점 $P(x, y)$
와 외분하는 점 $Q(x', y')$의 좌표를 구하여라.

[풀이] $x = \dfrac{2 \times 2 + 1 \times (-1)}{2+1} = 1$, $y = \dfrac{2 \times 1 + 1 \times 0}{2+1} = \dfrac{2}{3}$ $\quad \therefore P\left(1, \dfrac{2}{3}\right)$

$x' = \dfrac{2 \times 2 - 1 \times (-1)}{2-1} = 5$, $y' = \dfrac{2 \times 1 - 1 \times 0}{2-1} = 2$ $\quad \therefore Q(5, 2)$

3 삼각형의 무게중심

세 꼭짓점이 $A(x_1, y_2)$, $B(x_2, y_2)$, $C(x_3, y_3)$인 삼각형에서

무게중심은 $G\left(\dfrac{x_1 + x_2 + x_3}{3}, \dfrac{y_1 + y_2 + y_3}{3}\right)$

참고

무게중심은 각각의 꼭짓점에서 중선을 $2 : 1$로 내
분한다. 즉 $\overline{AG} : \overline{GM} = 2 : 1$이므로 $\overline{AM} = 3\overline{GM}$

참고

중선 정리
$\triangle ABC$에서 변 BC의 중점을 M이라 할 때,
중선 $\overline{AM}$에 대하여 다음 등식이 성립한다.
$$\overline{AB}^2 + \overline{AC}^2 = 2(\overline{AM}^2 + \overline{BM}^2)$$

[보기] $\triangle ABC$에서 점 M은 변 BC의 중점이고, 점 G는 무
게중심이다. $\overline{AB} = \overline{BC} = 6$이고, $\overline{GM} = \sqrt{2}$일 때, 변
AC의 길이를 구하여라.

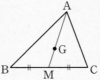

[풀이] G가 무게중심이므로 $\overline{AM} = 3\sqrt{2}$, $\overline{BM} = 3$
중선 정리에서 $\overline{AB}^2 + \overline{AC}^2 = 2(\overline{AM}^2 + \overline{BM}^2)$이므로
$\overline{AC} = 3\sqrt{2}$

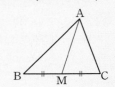

4 직선의 방정식

(1) 기울기가 m이고, y절편이 b인 직선의 방정식 $\Rightarrow y=mx+b$

(2) 기울기가 m이고, 점 $A(x_1, y_1)$을 지나는 직선의 방정식

    $\Rightarrow y-y_1=m(x-x_1)$

(3) 두 점 $A(x_1, y_1)$, $B(x_2, y_2)$를 지나는 직선의 방정식

    ① $x_1 \neq x_2$일 때 $y-y_1=\dfrac{y_2-y_1}{x_2-x_1}(x-x_1)$ ② $x_1=x_2$일 때 $x=x_1$

(4) x절편이 a, y절편이 b인 직선의 방정식 $\Rightarrow \dfrac{x}{a}+\dfrac{y}{b}=1$ (단, $ab \neq 0$)

참고
기울기

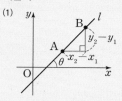

(1)

위 그림에서 직선 l의 기울기

① $\dfrac{y_2-y_1}{x_2-x_1}$

② $\tan \theta$

(2) 세 점 A, B, C가 한 직선 위에 있을 조건

  (직선 AB의 기울기)

  $=$(직선 BC의 기울기)

  $=$(직선 CA의 기울기)

5 점과 직선 사이의 거리

점 $P(x_1, y_1)$과 직선 $ax+by+c=0$ 사이의 거리를

d라 하면 $d=\dfrac{|ax_1+by_1+c|}{\sqrt{a^2+b^2}}$

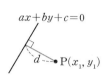

보기 제2사분면 위의 점 $(a, 2)$와 직선 $12x-5y-4=0$ 사이의 거리가 2일 때, a값을 구하여라.

풀이 점 $(a, 2)$와 직선 $12x-5y-4=0$ 사이의 거리가 2이므로

$\dfrac{|12a-10-4|}{\sqrt{12^2+(-5)^2}}=2$, 즉 $|12a-14|=26$을 풀면 $a=-1$ 또는 $a=\dfrac{10}{3}$

제2사분면 위의 점이므로 $\boldsymbol{a=-1}$

참고
평행한 두 직선 사이의 거리

$l : ax+by+c=0$,

$l' : ax+by+c'=0$일 때

l' 위의 한 점 (x_1, y_1)에서

$ax_1+by_1+c'=0$이므로

$d=\dfrac{|ax_1+by_1+c|}{\sqrt{a^2+b^2}}=\dfrac{|c-c'|}{\sqrt{a^2+b^2}}$

($\because ax_1+by_1+c'=0$에서 $ax_1+by_1=-c'$)

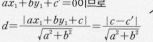

6 두 직선의 위치

(1) 두 직선 $y=mx+n$, $y=m'x+n'$이

  • 한 점에서 만난다. $\Longleftrightarrow m \neq m'$ • 수직이다. $\Longleftrightarrow mm'=-1$

  • 평행하다. $\Longleftrightarrow m=m', n \neq n'$ • 일치한다. $\Longleftrightarrow m=m', n=n'$

(2) 두 직선 $ax+by+c=0$, $a'x+b'y+c'=0$의 교점을 지나는 직선의 방

  정식은 $\boldsymbol{(ax+by+c)+k(a'x+b'y+c')=0}$ (단, k는 실수)

참고
(1) 두 직선 $ax+by+c=0$, $a'x+b'y+c'=0$에 대하여

  ① 한 점에서 만난다. $\Rightarrow \dfrac{a}{a'} \neq \dfrac{b}{b'}$

  ② 수직이다. $\Rightarrow aa'+bb'=0$

  ③ 평행하다. $\Rightarrow \dfrac{a}{a'}=\dfrac{b}{b'} \neq \dfrac{c}{c'}$

  ④ 일치한다. $\Rightarrow \dfrac{a}{a'}=\dfrac{b}{b'}=\dfrac{c}{c'}$

(2) 도형 $f(x, y)=0$과 $g(x, y)=0$의 교점을 지나는 도형의 방정식은

  $f(x, y)+kg(x, y)=0$ (단, k는 실수)

단축키 삼각형의 세 변을 $m : n$으로 내분하는 점을 연결한 삼각형

각 변을 같은 비로 내분하는 점을 이은 삼각형과 원래의 삼각형은 무게중심이 일치한다. 즉 오른쪽 그림처럼 세 변 AB, BC, CA를 $m : n$으로 내분하는 점을 각각 P, Q, R라 하면 $\triangle$PQR와 $\triangle$ABC의 무게중심은 서로 같으므로 $\triangle$PQR의 무게중심의 좌표는

$\left(\dfrac{x_1+x_2+x_3}{3}, \dfrac{y_1+y_2+y_3}{3}\right)$이다.

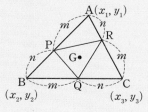

$\Rightarrow$ **102쪽 11번**

STEP 1 | 1등급 준비하기

내분점과 외분점

01

좌표평면에서 길이가 일정한 선분 AB를 $1:3$으로 내분하는 점을 P, $1:3$으로 외분하는 점을 Q라 하고, 직선 AB 밖에 있는 한 점 C에 대하여 선분 AC를 $2:1$로 외분하는 점을 D라 하자. 삼각형 APC의 넓이를 S_1, 삼각형 AQD의 넓이를 S_2라 할 때, $\dfrac{S_2}{S_1}$의 값은?

① 2　　② 4　　③ 6　　④ 8　　⑤ 10

02

좌표평면 위의 두 점 A(a, b), B(c, d)를 이은 선분 AB 위에 점 P(x, y)가 있다. $\overline{AB}=40$이고 $5x=3a+2c$, $5y=3b+2d$가 성립할 때, $\overline{AP}$의 길이를 구하시오.

직선의 방정식

03

좌표평면 위의 두 점 A$(-1, 4)$, B$(2, 1)$에 대하여 직선 $2x-3y+k=0$이 선분 AB와 만나도록 하는 정수 k의 개수는?

① 12　　② 13　　③ 14　　④ 15　　⑤ 16

04

정사각형 OABC에서 점 A의 좌표가 A$(1, 2)$이고 직선 BC의 방정식이 $y=ax+b$일 때, 상수 a, b에 대하여 $a+b$의 값을 구하시오. (단, O는 원점)

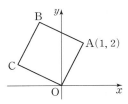

05

두 직선 $x+y-3=0$, $mx-y+2m+1=0$의 교점이 제 1사분면 위에 있을 때, 실수 m값의 범위를 구하시오.

직선 위의 점

06

세 꼭짓점이 원점 O와 두 점 A$(3, 0)$, B$(0, 2)$인 삼각형 OAB가 있다. 그림과 같이 점 C$(1, 0)$을 지나고 삼각형 OAB의 넓이를 이등분

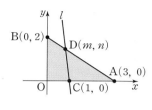

하는 직선 l과 선분 AB가 만나는 점 D(m, n)에 대하여 $m+n$의 값을 구하시오.

07 *

좌표평면 위에 세 점 A, B, C가 있다. 양수 a에 대하여 A(a, a)이고, $\triangle$ABC는 한 변의 길이가 4인 정삼각형이며 무게중심은 원점이다. 점 C(p, q)가 제4사분면 위의 점일 때, $(p+q)^2$의 값을 구하시오.

점과 직선 사이의 거리

08

점 O$(0, 0)$, A$(4, 0)$, B$(2, 4)$를 꼭짓점으로 하는 삼각형 OAB의 내심의 좌표를 (a, b)라 할 때, $a+b$의 값은?

① 2 　　　　　② $\sqrt{5}-1$ 　　　　③ $\sqrt{5}+1$

④ 4 　　　　　⑤ $\sqrt{13}$

각의 이등분선

09

두 직선 $x+2y-1=0$, $2x+y+1=0$이 이루는 각의 이등분선 중 기울기가 양수인 것을 $x+ay+b=0$으로 나타낼 때, 상수 a, b의 합 $a+b$의 값을 구하시오.

세 직선이 삼각형을 이루지 않을 때

10

세 직선 $x+y=0$, $x-y-4=0$, $2x-ky-10=0$에서 삼각형을 이루는 부분이 없도록 하는 모든 실수 k값의 곱을 구하시오.

두 점 사이의 거리와 도형

01
| 제한시간 **2분** |

직선 $y=2x+k$가 곡선 $y=x^2-6x+12$와 두 점에서 만나고, 그 두 점 사이의 거리가 $6\sqrt{5}$일 때, k값은?

① 8   ② 7   ③ 6   ④ 5   ⑤ 4

02*
| 제한시간 **2분** |

x, y에 대한 방정식 $xy+x+y-1=0$의 정수 해 x, y를 좌표평면 위의 점 (x, y)로 나타낼 때, 이 점들을 꼭짓점으로 하는 사각형을 □ABCD라고 하자. □ABCD의 내부의 점 P에 대하여 $\overline{PA}+\overline{PB}+\overline{PC}+\overline{PD}$의 최솟값은?

① $\sqrt{5}$ ② $2\sqrt{5}$ ③ $3\sqrt{5}$

④ $4\sqrt{5}$ ⑤ $5\sqrt{5}$

03
| 제한시간 **2분** |

오른쪽 그림처럼 한 변의 길이가 10인 정사각형 ABCD의 내부에 점 P가 있다. 점 P에서 두 변 AB, BC에 이르는 거리의 합이 8일 때, 점 D에서 P까지 거리의 최솟값을 구하시오.

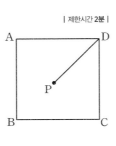

04
| 제한시간 **2.5분** |

오른쪽 그림처럼 반지름 길이가 2이고 중심각의 크기가 90°인 부채꼴 OAB의 호 AB 위에 ∠POQ=30°인 점 P가 있다. 선분 OA 위를 움직이는 점 Q에 대하여 $\overline{OQ}^2+\overline{PQ}^2$의 최솟값을 m이라 할 때, $2m$ 값을 구하시오.

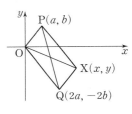

05
| 제한시간 **3분** |

두 점 $P(a, b)$, $Q(2a, -2b)$가 있다. 오른쪽 그림처럼 원점을 O라 하고 $\overline{OP}$, $\overline{OQ}$를 두 변으로 하는 평행사변형의 제4의 꼭짓점을 $X(x, y)$라 하자. 다음 물음에 답하시오. (단, $a>0$, $b>0$)

(1) 이 평행사변형의 넓이를 a와 b로 나타내시오.

(2) 점 P, Q가 움직일 때 평행사변형의 넓이가 4가 되도록 하는 x, y 사이의 관계식을 구하시오.

06

| 제한시간 2분 |

세 점 A$(-1, 0)$, B$(2, 0)$, C$(1, 3)$이 있다. $\triangle$ABC 내부의 점 P가 $\triangle$PBC$=\triangle$APC$+\triangle$ABP를 만족시키며 움직일 때, 점 P가 그리는 도형의 길이는?

① $\dfrac{\sqrt{10}}{2}$ ② $\sqrt{2}$ ③ 2

④ $\sqrt{10}$ ⑤ $2\sqrt{2}$

내분점과 외분점

07

| 제한시간 2분 |

다음 중 가장 큰 수는?

① $\dfrac{\sqrt{2}+\sqrt{3}}{2}$ ② $\dfrac{2\sqrt{2}+\sqrt{3}}{3}$ ③ $\dfrac{3\sqrt{2}+\sqrt{3}}{4}$

④ $\dfrac{4\sqrt{2}+\sqrt{3}}{5}$ ⑤ $\dfrac{5\sqrt{2}+\sqrt{3}}{6}$

08

| 제한시간 3분 |

좌표평면 위의 두 점 A, B에 대하여 선분 AB의 삼등분점 중에서 A에 가까운 쪽의 점을 A∘B로 나타내기로 한다. 점 (A∘B)∘C와 점 (B∘C)∘A가 일치할 때, 세 점 A, B, C 사이의 위치 관계를 말하시오.

삼각형의 무게중심

09

| 제한시간 1.5분 |

오른쪽 그림과 같이 좌표평면 위에 한 변의 길이가 2인 정삼각형을 이어서 그렸다. 그림에서 정삼각형 ABC의 무게중심의 y 좌표를 구하시오.

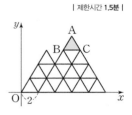

10

| 제한시간 2분 |

$\triangle$ABC에 대하여 $\overline{\text{PA}}^2+\overline{\text{PB}}^2+\overline{\text{PC}}^2$의 값이 최소가 되도록 하는 점 P의 위치는?

① $\triangle$ABC의 외심   ② $\triangle$ABC의 내심

③ $\triangle$ABC의 무게중심   ④ $\overline{\text{AB}}$의 중점

⑤ $\overline{\text{AC}}$를 $2 : 1$로 내분하는 점

11

| 제한시간 2분 |

△ABC의 세 변 AB, BC, CA를 3 : 1로 내분하는 점의 좌표가 각각 D$(5, a^2)$, E(a, b^2), F$(b, 1)$이고, 삼각형 ABC의 무게중심의 좌표가 G$(1, 7)$일 때, a^3+b^3의 값을 구하시오.

12

| 제한시간 2분 |

△ABC의 세 변 AB, BC, CA의 중점을 순서대로 L, M, N이라 하자. $\overline{AM}=6$, $\overline{BN}=\dfrac{9}{2}$, $\overline{CL}=\dfrac{15}{2}$일 때, 변 BC의 길이는?

① $\sqrt{13}$
② $2\sqrt{13}$
③ $\sqrt{17}$
④ $2\sqrt{17}$
⑤ $\sqrt{19}$

직선의 방정식

13

| 제한시간 2분 |

서로 다른 세 직선 $x+3y-5=0$, $x-3y+7=0$, $mx+y=0$이 좌표평면을 6개의 영역으로 나눌 때, 모든 실수 m의 값의 합은?

① $-\dfrac{1}{3}$
② 0
③ $\dfrac{1}{3}$
④ 2
⑤ $\dfrac{7}{3}$

14

| 제한시간 2분 |

직선 $y=3x$ 위의 점 A와 직선 $y=x$ 위의 점 C를 대각선의 양 끝점으로 하고, 네 변이 모두 x축 또는 y축에 평행한 직사각형 ABCD에 대하여 세 점 O, B, D가 한 직선 위에 있을 때, 이 직선의 기울기를 구하시오. (네 점 A, B, C, D는 모두 제1사분면에 있다.)

15

| 제한시간 2.5분 |

원점을 지나고 기울기가 양수인 두 직선 l_1과 l_2에 대하여 다음이 성립한다.

(가) l_1의 기울기는 l_2 기울기의 3배이다.
(나) l_1이 x축의 양의 방향과 이루는 각의 크기는 l_2가 x축의 양의 방향과 이루는 각의 크기의 2배이다.

이때 직선 l_1의 기울기를 구하시오.

16*

| 제한시간 **3분** |

좌표평면 위에 두 직선 $y=2$, $y=x$가 있다. 여기에 직선 $l : ax+by=0$ (단, $ab\neq0$)을 그려서 세 직선으로 둘러싸인 부분이 이등변삼각형이 되도록 하는 모든 직선 l의 기울기의 합을 구하시오.

18

| 제한시간 **2분** |

좌표평면 위의 점 $P(x, y)$에 대하여 복소수 z를 $z=(x+y-2)+(4x+y-8)i$라 하자. z^2이 실수가 되도록 하는 점 P가 나타내는 도형과 y축으로 둘러싸인 부분의 넓이를 구하시오. (단, $i=\sqrt{-1}$)

[2014년 3월 학력평가]

직선과 넓이

17

| 제한시간 **3.5분** |

오른쪽 그림과 같이 한 변의 길이가 2인 정사각형 ABCD의 각 꼭짓점에서 그 꼭짓점과 이웃하지 않는 두 변의 중점을 각각 선분으로 연결했을 때, 그 선분에 둘러싸인 부분의 넓이는?

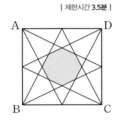

① $\dfrac{1}{3}$ ② $\dfrac{2}{3}$ ③ $\dfrac{3}{4}$ ④ $\dfrac{4}{5}$ ⑤ $\dfrac{5}{4}$

점과 직선 사이의 거리

19

| 제한시간 **2.5분** |

오른쪽 그림과 같이 한 꼭짓점이 원점 O이고, 평행한 두 직선 $y=2x+6$, $y=2x-9$와 각각 수직인 선분 PQ를 밑변으로 하는 삼각형 OPQ의 넓이가 30일 때, 직선 PQ의 방정식을 $ax+by+c=0$ 꼴로 나타내시오.

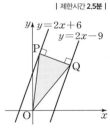

(단, 점 P, Q는 제1사분면 위의 점이다.)

20*
| 제한시간 3분 |

직선 $(k+1)x+(1-k)y-2k-4=0$과 원점 사이의 거리를 $f(k)$라 하자. $f(k)$가 최대가 될 때 상수 k의 값과 $f(k)$의 최댓값 M의 곱 kM의 값은?

① $\dfrac{\sqrt{10}}{3}$ ② $\dfrac{\sqrt{10}}{2}$ ③ $\sqrt{10}$

④ $2\sqrt{10}$ ⑤ $3\sqrt{10}$

21
| 제한시간 3분 |

다음 그림과 같이 좌표평면 위에 정삼각형 OAB가 있다. $A(\sqrt{5}, \sqrt{3})$일 때, 두 점 A, B를 지나는 직선의 기울기는? (단, O는 원점이고, 점 B는 제2사분면 위의 점이다.)

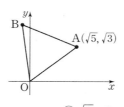

① $\sqrt{3}-2$ ② $\sqrt{2}-2$
③ $3\sqrt{3}-\sqrt{30}$ ④ $2\sqrt{3}-\sqrt{15}$
⑤ $-2\sqrt{3}-\sqrt{15}$

22
| 제한시간 3.5분 |

그림처럼 좌표평면에서 직선 l이 두 직선 $y=x-1$, $y=x-3$과 만나는 점을 각각 P, Q라 하자. 직선 l이 x축의 양의 방향과 이루는 각의 크기가 75°일 때, 선분 PQ의 길이는?

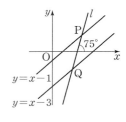

① $\dfrac{\sqrt{2}}{2}$ ② $\sqrt{2}$ ③ $\sqrt{3}$

④ 2   ⑤ $2\sqrt{2}$

23
| 제한시간 3분 |

한 변의 길이가 3인 정사각형 모양의 종이 ABCD가 있다. 그림처럼 선분 AB, DC를 2 : 1로 내분하는 점을 각각 P, Q라 하고, 꼭짓점 B가 $\overline{PQ}$ 위에 놓이도록 종이를 접었을 때, 점 B가 $\overline{PQ}$와 만나는 점을 B′이라 하자. 이때 세 점 B, C, D에서 직선 AB′에 이르는 거리의 합을 구하시오.

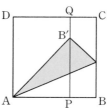

24

| 제한시간 3분 |

어느 공원에 가로 길이가 10 m이고 세로 길이가 12 m인 직육면체 모양의 매점과 식수대가 그림과 같이 배치되어 있다. 매점의 A 지점에 서 있는 사람이 B 지점에 있는 식수대를 보기 위해 이동해야 하는 거리(m)의 최솟값을 구하시오. (단, 사람과 식수대의 크기와 부피는 고려하지 않고, 매점과 식수대 사이에는 어떠한 장애물도 없으며 공원의 지면은 평면으로 간주한다.)

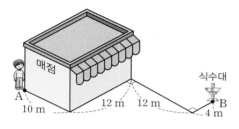

[2010년 10월 학력평가]

25

| 제한시간 3분 |

원점에서 직선 $y=mx+n$ $(n\neq0)$까지의 거리를 $d(m, n)$이라 할 때, **보기**에서 옳은 것을 모두 고른 것은?

| 보기 |
ㄱ. $d(2\sqrt{2}, -3)=1$
ㄴ. $a>0$일 때, $d(a, 1)>d(a+1, 1)$
ㄷ. $b\neq-1$일 때, $d(1, b)<d(1, b+1)$

① ㄱ   ② ㄷ   ③ ㄱ, ㄴ
④ ㄱ, ㄷ   ⑤ ㄴ, ㄷ

자취의 방정식

26

| 제한시간 2분 |

점 $P(x, y)$에서 두 직선 $x+2y-1=0$, $2x-y-1=0$에 내린 수선의 발을 각각 A, B라 할 때, $2\overline{PA}=\overline{PB}$인 점 P가 지나지 않는 사분면을 구하시오.

27

| 제한시간 3분 |

직선 $l : y=ax+b$ 위를 움직이는 두 점 $P(x, y)$, $Q(X, Y)$에 대하여 $X=3x+2y+1$, $Y=x+4y-3$일 때, **보기**에서 직선 l의 방정식으로 가능한 것을 모두 고른 것은?

| 보기 |
ㄱ. $y=x+4$ ㄴ. $y=-2x+1$
ㄷ. $y=2x-3$ ㄹ. $y=-\dfrac{1}{2}x+\dfrac{5}{8}$

① ㄱ, ㄴ   ② ㄱ, ㄷ   ③ ㄱ, ㄹ
④ ㄷ, ㄹ   ⑤ ㄱ, ㄴ, ㄹ

01

신유형

다음 그림처럼 세 점 $O(0, 0)$, $A(a, b)$, $B(c, d)$로 이루어진 삼각형 OAB의 내심 I의 좌표가 $(3, 2)$이다. $\overline{OA}=\overline{OB}$일 때, $\dfrac{3c+2d}{3a+2b}$의 값은?

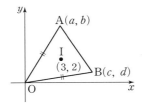

① 1
② $\dfrac{3}{2}$
③ $-\dfrac{2}{3}$

④ $-\dfrac{3}{2}$
⑤ $\dfrac{2}{5}$

02*

그림과 같이 두 점 $(4, 0)$, $(0, 2)$를 지나는 직선 l이 있다. 직선 l 위의 임의의 점 (x, y)에 대하여 등식 $x^2+ay^2+bx+c=0$이 성립하도록 실수 a, b, c를 정할 때, $|a|+|b|+|c|$의 값을 구하시오.

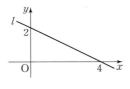

[2009년 3월 학력평가]

03

그림처럼 직선 l_1이 x축, y축과 만나는 점을 각각 A, B, 직선 l_2가 x축, y축과 만나는 점을 각각 C, D라 하고 두 직선 l_1, l_2의 교점을 P라 하자. 두 삼각형 ACP와 BDP의 넓이가 서로 같고 $3\overline{OA}=2\overline{AC}$이다. 직선 l_1의 기울기가 -5일 때, 직선 l_2의 기울기는? (단, O는 원점이다.)

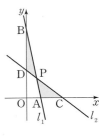

① $-\dfrac{24}{5}$
② $-\dfrac{19}{5}$
③ $-\dfrac{19}{4}$

④ $-\dfrac{9}{5}$
⑤ $-\dfrac{4}{5}$

04

네 점 $O(0, 0)$, $A\left(2, \dfrac{1}{2}\right)$, $B(1, 2)$, $C(-1, 1)$을 꼭짓점으로 하는 사각형 OABC가 있다. 선분 OA의 연장선 위에 점 $D(a, b)$를 잡아 사각형 OABC의 넓이와 삼각형 COD의 넓이가 같도록 할 때, $a+b$의 값은? (단, $a>2$)

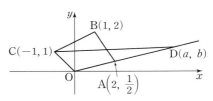

① 5
② $\dfrac{11}{2}$
③ 6
④ $\dfrac{13}{2}$
⑤ 7

[2011년 10월 학력평가]

05

다음 물음에 답하시오.

(1) $y=x^2$ 위의 점 중에서 $y=x-5$와 가장 가까운 점을 구하시오.

(2) $P(1, 1)$이라 할 때 $y=x^2$ 위의 점 중에서 가장 가까운 점이 P이고, P까지의 거리가 1인 직선을 구하시오.

06

다음 두 조건을 만족하는 삼각형 ABC의 개수는?

> (가) 10 이하의 자연수 a, b에 대하여 점 $A(a, b)$와 두 점 $B(-1, 1)$, $C(2, -2)$를 연결하여 삼각형을 만든다.
> (나) y축이 선분 AB를 $m : n$으로 내분하고, x축이 선분 AC를 $m : n$으로 내분한다. (단, m, n은 양의 정수)

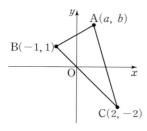

① 4　　② 5　　③ 6　　④ 7　　⑤ 8

[2008년 10월 학력평가]

07

좌표평면 위의 점 중에서 x좌표와 y좌표가 모두 정수인 점을 격자점이라 한다. 다음 물음에 답하시오.

(1) $(0, 0)$, $(13, 0)$, $(13, 17)$을 꼭짓점으로 하는 삼각형과 $(0, 0)$, $(0, 17)$, $(13, 17)$을 꼭짓점으로 하는 삼각형이 합동임을 이용하여 $(0, 0)$, $(13, 0)$, $(13, 17)$을 꼭짓점으로 하는 삼각형 내부의 격자점의 개수를 구하시오. (단, 삼각형의 꼭짓점과 변 위의 격자점은 세지 않는다.)

(2) 좌표평면 위에 네 꼭짓점의 좌표가 $(0, 0)$, $(8, 0)$, $(0, 12)$, $(8, 12)$인 사각형이 있다. 이 사각형을 이등분하는 직선 l 중에서 직선 아래쪽 사각형 내부에 있는 격자점의 개수가 37개인 직선의 개수를 구하시오. (단, 사각형의 꼭짓점과 변 위의 격자점은 세지 않는다.)

08 창의력

도형 $\max(|x|, |y|)=10$ 내부의 한 점 P에 대하여 가장 가까운 변까지 거리를 $d(P)$라 정의한다. 도형 내부의 격자점 P 중 원점에서 거리가 $d(P)$보다 작은 것은 모두 몇 개인지 구하시오. (단, $\max(x, y)$는 x와 y 중 작지 않은 수)

09 융합형

세 점 O(0, 0), A(4, 8), B(6, 3)이 꼭짓점인 △OAB의 내부에 다음 그림처럼 △PBA, △PAO, △POB의 넓이 비가 1 : 2 : 3이 되도록 점 P를 잡았다. 이때 선분 AP의 연장선이 변 OB와 만나는 점을 C라 하고, 선분 BP의 연장선이 변 OA와 만나는 점을 D라 할 때, 다음을 구하시오.

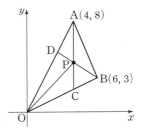

(1) 두 점 C, D를 지나는 직선의 방정식

(2) 점 P의 좌표

10

좌표평면 위의 두 점 $A(x_1, y_1)$와 $B(x_2, y_2)$에 대하여 두 점 사이의 거리를 다음과 같이 새롭게 정의한다.

$$|x_2 - x_1| + |y_2 - y_1|$$

이 정의에 따라 다음을 구하시오.

(1) 점 $(2, 4)$와 직선 $y = 3x + 1$ 사이의 거리

(2) 두 직선 $y = \dfrac{1}{2}x + 1$과 $y = \dfrac{1}{2}x + 3$ 사이의 거리

(3) 거리가 1이고 기울기가 양수인 평행한 두 직선의 y절편 차가 2일 때, 두 직선의 기울기

11*

x절편이 5, y절편이 12인 직선과 평행하고, 원점에서 거리가 14인 직선들 위에 있으며, x좌표, y좌표가 모두 자연수인 점의 개수를 구하시오.

12

직선 $y = m_1 x$의 기울기는 유리수이다. 이 직선이 x축의 양의 방향과 이루는 각을 이등분한 직선이 $y = m_2 x$이다. m_2가 유리수일 때, 다음 중 m_1값이 될 수 없는 것은?

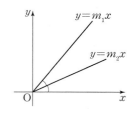

① $\dfrac{5}{12}$ ② $\dfrac{3}{4}$ ③ $\dfrac{4}{3}$ ④ $\dfrac{12}{5}$ ⑤ $\dfrac{13}{5}$

13

세 점 $A(-1, 2)$, $B(0, -2)$, $C(3, 1)$에서 직선 l까지 거리가 각각 a, a, b이다. 직선 l이 두 점 $(2, 2)$와 $(1, 3)$을 연결한 선분과 만날 때, $\dfrac{a}{b}$의 최댓값과 최솟값의 합을 구하시오.

09 원의 방정식

1 원의 방정식

(1) **표준형** 중심이 점 (a, b)이고 반지름 길이가 r인 원의 방정식
$$\Rightarrow (x-a)^2+(y-b)^2=r^2$$
특히 중심이 원점일 때는 $x^2+y^2=r^2$

(2) **일반형** $x^2+y^2+Ax+By+C=0$ (단, $A^2+B^2-4C>0$)

[보기] 지름의 양 끝점이 $(3, 0)$, $(5, 2)$인 원의 방정식을 구하여라.

[풀이] 지름의 양 끝점의 중점이 원의 중심이므로 중심의 좌표는 $(4, 1)$이다.
(지름 길이)$=\sqrt{(5-3)^2+(2-0)^2}=2\sqrt{2}$에서 반지름 길이는 $\sqrt{2}$
따라서 이 원의 방정식은 $(x-4)^2+(y-1)^2=2$

2 축에 접하는 원의 방정식

중심의 좌표가 (a, b)이고
① x축에 접하는 원의 방정식 $(x-a)^2+(y-b)^2=b^2$
② y축에 접하는 원의 방정식 $(x-a)^2+(y-b)^2=a^2$

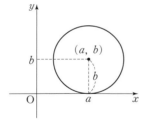
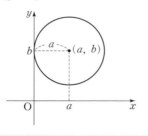

3 점에서 원까지의 거리

점 P에서 원까지
- (거리의 최솟값)$=|d-r|$
- (거리의 최댓값)$=d+r$

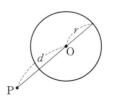

[보기] 좌표평면 위에서 도형 $x^2+y^2-8x-6y+21=0$ 위의 점 P에
대하여 $\overline{OP}$ 길이의 최댓값을 구하여라.

[풀이] 정리하면 $(x-4)^2+(y-3)^2=2^2$과 같으므로
점 P는 중심이 $(4, 3)$이고, 반지름 길이가 2인 원 위에 있다. 이때 $\overline{OP}$의
최댓값은 원점과 원의 중심 사이의 거리에 원의 반지름 길이를 더한 것과
같다. 즉 $\sqrt{4^2+3^2}+2=$ **7**

[참고]
$$x^2+y^2+Ax+By+C=0$$
$$\Rightarrow \left(x+\frac{A}{2}\right)^2+\left(y+\frac{B}{2}\right)^2=\frac{A^2+B^2-4C}{4}$$
중심의 좌표 $\left(-\dfrac{A}{2}, -\dfrac{B}{2}\right)$

반지름 길이 $\dfrac{\sqrt{A^2+B^2-4C}}{2}$

[참고]
두 정점 A, B에 대하여
$$\overline{PA}:\overline{PB}=m:n(\text{단}, m\neq n)$$
이 되도록 움직이는 점 P가 나타내는 도형은 선분
AB를 $m:n$으로 내분하는 점과 외분하는 점을
지름의 양끝으로 하는 원이 된다.

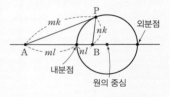

이 원을 아폴로니오스의 원이라 부르기도 한다.

[참고]
반지름 길이가 a이고, x축과 y축에 모두 접하는
원의 방정식은 $(x\pm a)^2+(y\pm a)^2=a^2$
이 원의 중심은 직선 $y=x$ 또는 $y=-x$ 위에 있다.

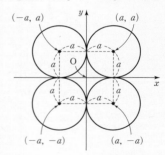

4 직선과 원의 위치

원과 직선의 방정식을 연립하여 얻은 이차방정식의 판별식을 D, 원의 중심과 직선 사이의 거리를 d, 원의 반지름 길이를 r라 하면 오른쪽과 같다.

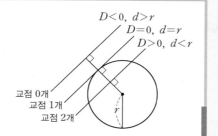

$D < 0,\ d > r$
$D = 0,\ d = r$
$D > 0,\ d < r$

교점 0개
교점 1개
교점 2개

참고
현의 길이

반지름 길이가 r인 원의 중심과 현 사이의 거리가 d일 때, 현의 길이 l은 $l = 2k = 2\sqrt{r^2 - d^2}$

5 원의 접선의 방정식

(1) 원 $x^2 + y^2 = r^2$에 접하고 기울기가 m인 직선의 방정식

　　$\Longrightarrow y = mx \pm r\sqrt{m^2 + 1}$

(2) 원 $x^2 + y^2 = r^2$ 위의 점 (x_1, y_1)에서의 접선의 방정식

　　$\Longrightarrow x_1 x + y_1 y = r^2$

(3) 원 밖의 한 점 (a, b)에서 원에 그은 접선의 방정식

　　① 구하는 접선의 기울기를 m이라 하면 $y - b = m(x - a)$

　　② 원의 중심과 직선 사이의 거리와 원의 반지름 길이가 같음을 이용하여 m값을 구한다.

접선의 길이

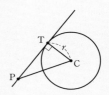

원 밖의 한 점 P에서 원에 그은 접선의 접점을 T라 할 때, $\overline{PT} \perp \overline{CT}$이므로

$\overline{PT} = \sqrt{\overline{CP}^2 - \overline{CT}^2}$

이때 $\overline{CT}$는 원의 반지름이다.

※ 원 밖의 한 점에서 원에 그은 접선은 항상 2개이므로 접선의 방정식도 2개이다.

6 두 원의 교점을 지나는 도형

두 원 $x^2 + y^2 + Ax + By + C = 0$과 $x^2 + y^2 + A'x + B'y + C' = 0$의 교점을 지나는 원의 방정식은

$x^2 + y^2 + Ax + By + C + k(x^2 + y^2 + A'x + B'y + C') = 0\ (k \neq -1)$

※ 두 원의 교점을 지나는 직선(공통현)의 방정식은 $k = -1$일 때이다.

참고
원과 직선 $ax + by + c = 0$의 교점을 지나는 원의 방정식도 같은 방법으로 구할 수 있다.
$x^2 + y^2 + Ax + By + C + k(ax + by + c) = 0$

보기 두 원 $x^2 + y^2 - 6x - 2y + 8 = 0$과 $x^2 + y^2 - 4x = 0$의 교점과 점 $(1, 0)$을 지나는 원의 넓이를 구하여라.

풀이 주어진 두 원의 교점을 지나는 원의 방정식은

$(x^2 + y^2 - 6x - 2y + 8) + k(x^2 + y^2 - 4x) = 0$ …… ㉠

원 ㉠이 $(1, 0)$을 지나므로 $1 - 6 + 8 + k(1 - 4) = 0$에서 $k = 1$

$k = 1$일 때 ㉠을 정리하면 $x^2 + y^2 - 5x - y + 4 = 0$

즉 $\left(x - \dfrac{5}{2}\right)^2 + \left(y - \dfrac{1}{2}\right)^2 = \left(\dfrac{\sqrt{10}}{2}\right)^2$이므로 넓이는 $\dfrac{5}{2}\pi$

단축키 | 극선의 방정식

원 밖의 한 점 $P(a, b)$에서 원 $x^2 + y^2 = r^2$에 그은 두 접점 A, B를 지나는 직선을 극선이라 한다.
이때 극선의 방정식은

$ax + by = r^2$

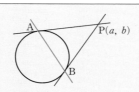

⇨ 118쪽 **18**번, 122쪽 **05**번

※ 문항 번호 오른쪽 ＊표시는 풀이에 문제 풀이 스킬을 익힐 수 있는 '다른 풀이' 또는 '1등급 Note'가 있음을 나타냅니다.

STEP 1 | 1등급 준비하기

9. 원의 방정식

원의 방정식 일반형

01

n이 자연수일 때, 원 $x^2+y^2+8x-2y+n^2-4n+5=0$ 넓이의 최댓값은?

① 4π　　　　② 9π　　　　③ 16π

④ 25π　　　　⑤ 36π

축에 접하는 원의 방정식

02

원 $x^2+y^2-4x+ay+9=0$이 제4사분면에서 y축에 접할 때, 실수 a값을 구하시오.

03*

중심이 직선 $y=x+2$ 위에 있고 점 $(2, 2)$를 지나면서 x축에 접하는 두 원의 중심 사이의 거리를 구하시오.

원과 직선

04

원 $x^2+y^2=4$와 직선 $2x+y-a=0$이 두 점 P, Q에서 만날 때, $\overline{PQ}$가 이 원에 내접하는 정삼각형의 한 변이 되도록 하는 양수 a의 값은? (단, O는 원점이다.)

① $\sqrt{3}$　　　　② 2　　　　③ $\sqrt{5}$

④ $\sqrt{6}$　　　　⑤ $2\sqrt{2}$

원과 접선

05

원 $(x+1)^2+y^2=1$에 접하고 원 $(x-1)^2+y^2=1$의 넓이를 이등분하는 직선의 방정식이 $y=ax+b$일 때, a^2+b^2의 값을 구하시오.

06

원 $(x+1)^2+(y-3)^2=25$ 위의 점 $(2,-1)$에서의 접선에 평행하고, 원 $x^2+y^2=4$에 접하는 직선 중 y절편이 양수인 $y=mx+n$에 대하여 $8mn$의 값을 구하시오.

07

두 원 $x^2+y^2=1$, $x^2+(y-2)^2=4$의 공통접선의 방정식을 $y=ax+b$라 할 때, a^2+b^2의 값은?

① 3   ② 4   ③ 5

④ 6   ⑤ 7

08

원점에서 원 $x^2+(y-5a)^2=25$에 그은 두 접선이 서로 수직일 때, 상수 a의 값은? (단, $a>1$)

① $\sqrt{2}$ ② $\sqrt{3}$ ③ $2\sqrt{2}$

④ $2\sqrt{3}$ ⑤ 5

두 원의 교점을 지나는 도형

09

두 원 $x^2+y^2-2x-6y+2=0$, $x^2+y^2-8x-2y+1=0$의 교점을 지나는 원 중에서 중심이 x축 위에 있는 원의 넓이를 구하시오.

10

k가 임의의 실수일 때 원 $x^2+y^2-2+k(x-2y+1)=0$이 항상 지나는 두 점 사이의 거리는?

① $\dfrac{2\sqrt{5}}{5}$ ② $\sqrt{5}$ ③ $\dfrac{6\sqrt{5}}{5}$

④ $\dfrac{8\sqrt{5}}{5}$ ⑤ $2\sqrt{5}$

원의 방정식

01

| 제한시간 2분 |

직선 $y=mx$ $(m>0)$가 그림처럼 두 원 $(x-2)^2+y^2=16$, $x^2+y^2=4$와 제1사분면에서 만나는 점을 차례로 A, B라 하자. $\overline{AB}=3$이고 점 A의 좌표를 (p, q)라 할 때, p값은?

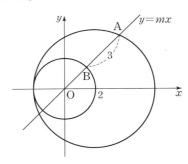

① $\dfrac{3}{2}$

② 3

③ $\dfrac{13}{4}$

④ $3\sqrt{7}$

⑤ $\dfrac{16\sqrt{21}}{21}$

02*

| 제한시간 2.5분 |

원 $x^2+y^2-6x-4y+12=0$의 넓이가 세 직선 $x=a$, $y=bx+c$, $y=dx+e$에 의하여 6등분 될 때, 실수 a, b, c, d, e의 합 $a+b+c+d+e$의 값을 구하시오.

[2013년 6월 학력평가]

03

| 제한시간 2분 |

두 점 A$(1, -3)$, B$(5, 1)$에 대하여 △OAB를 원점 O를 중심으로 한 바퀴 회전시킬 때, 선분 AB가 지나간 자취의 넓이를 구하시오.

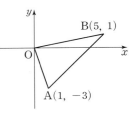

04

| 제한시간 3분 |

그림과 같이 중심이 원점이고 반지름 길이가 3인 원 C가 두 직선 $12x-5y=0$, $3x-4y=0$과 제1사분면에서 만나는 점을 각각 P, Q라 하고, 점 P를 중심으로 하고 반지름 길이가 2인 원을 C_1, 점 Q를 중심으로 하고 반지름 길이가 2인 원을 C_2라 하자. 두 원 C_1, C_2의 한 교점 R와 원점 O를 지나는 직선의 방정식을 $ax-by=0$ (a, b는 서로소인 자연수)이라 할 때, a^2+b^2의 값을 구하시오.

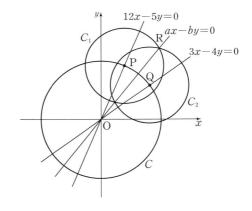

05*

| 제한시간 3분 |

다음 두 직선 l_1, l_2의 교점을 P라 할 때, 점 P의 자취의 길이를 구하시오. (단, $0 \leq m \leq 1$)

$$\begin{cases} l_1 : mx - y - m = 0 \\ l_2 : x + my - 4m - 9 = 0 \end{cases}$$

[2015년 6월 학력평가]

06

| 제한시간 3분 |

다음은 적도 부근의 해상 A지점에서 발생한 태풍에 대한 정보이다.

> ㈎ 태풍의 중심은 북동쪽으로 한 시간마다 $12\sqrt{2}$ km씩 이동한다.
> ㈏ 태풍의 반지름 길이는 한 시간마다 6 km씩 증가한다.

태풍은 원 모양이고, 발생하는 순간 태풍의 반지름 길이는 0 km이며, 태풍의 중심은 직선 방향으로 이동한다고 가정한다. 또 원의 내부 및 경계에 있는 지역을 태풍의 영향권이라 한다. 이때 A지점으로부터 동쪽으로 120 km, 북쪽으로 180 km 떨어진 B지점이 태풍의 영향권에 있는 시간을 $\dfrac{b}{a}$(시간)이라 하자. 서로소인 두 자연수 a, b에 대하여 $a+b$의 값은?

① 61   ② 64   ③ 67
④ 70   ⑤ 73

[2015년 6월 학력평가]

07

| 제한시간 3분 |

1보다 큰 실수 a, b에 대하여 좌표평면에서 두 원

$$C_1 : x^2 + y^2 = a^2$$
$$C_2 : (x-a)^2 + (y-b)^2 = (b-1)^2$$

이 서로 접하도록 할 때, **보기**에서 옳은 것을 모두 고른 것은?

> **보기**
> ㄱ. 원 C_2는 직선 $y = 1$에 접한다.
> ㄴ. 원 C_2의 중심은 원 C_1의 외부에 있다.
> ㄷ. $(a-1)(b-1)$의 값은 항상 일정하다.

① ㄱ   ② ㄱ, ㄴ   ③ ㄱ, ㄴ
④ ㄴ, ㄷ   ⑤ ㄱ, ㄴ, ㄷ

08

| 제한시간 2분 |

다음 그림과 같이 거리가 6 km 떨어진 두 백화점 A, B의 위치를 A(0, 0), B(6, 0)으로 하여 좌표평면 위에 나타내었다. 어떤 물건을 배달할 때 직선거리 1 km당 A와 B의 배달료 비는 1 : 2이다. 다음 중 두 백화점 A, B에서 배달료가 같은 지점들을 연결하여 만든 도형을 나타내는 것은?

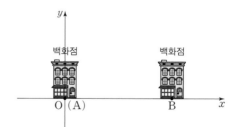

① $3x + 4y = 9$ ② $x - 3y = 10$
③ $(x+2)^2 + y^2 = 16$ ④ $(x+8)^2 + y^2 = 16$
⑤ $(x-8)^2 + y^2 = 16$

STEP 2 | 1등급 굳히기

09
| 제한시간 2.5분 |

평면 위의 세 점 $P(x, y)$, $A(2, 0)$, $B(0, 1)$에 대하여 $\overline{AP} : \overline{BP} = 1 : 2$일 때, $\triangle ABP$ 넓이의 최댓값은 $\dfrac{n}{m}$이다. $m+n$의 값을 구하시오. (단, m, n은 서로소인 자연수)

축에 접하는 원의 방정식

10*
| 제한시간 3분 |

원 $(x+2)^2 + (y-1)^2 = 10$ 위의 점 P를 중심으로 하고 x축과 y축에 동시에 접하는 원 중에서 반지름 길이의 최댓값을 R, 최솟값을 r라 할 때, $R+r$의 값은?

① $\sqrt{11}$ ② $\sqrt{13}$ ③ $\sqrt{15}$

④ $\sqrt{17}$ ⑤ $\sqrt{19}$

11*
| 제한시간 3분 |

중심이 이차함수 $y = x^2$ 위에 있고, 두 직선 $x = 3$, $y = 1$에 동시에 접하는 모든 원들의 넓이의 합을 구하시오.

원과 직선

12
| 제한시간 2.5분 |

그림과 같이 직선 $y = mx$와 원 $(x-4)^2 + (y-3)^2 = 4$가 서로 다른 두 점 A, B에서 만난다. A, B를 접점으로 하는 원의 두 접선이 만나는 점을 C라 하자. $\triangle ABC$가 정삼각형이 되도록 하는 모든 실수 m값의 합은?

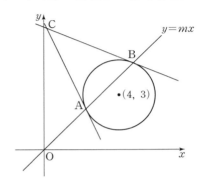

① 1 ② $\dfrac{6}{5}$ ③ $\dfrac{7}{5}$

④ $\dfrac{8}{5}$ ⑤ $\dfrac{9}{5}$

13
| 제한시간 2.5분 |

원 $x^2 + y^2 - 2ax - 4ay + 5a^2 - 1 = 0$이 세 점 $(0, 0)$, $(8, 0)$, $(0, 8)$을 꼭짓점으로 하는 삼각형 내부에 있도록 하는 실수 a값의 범위를 구하시오. (단, 원이 삼각형의 변에 접하는 경우는 생각하지 않는다.)

14 *
| 제한시간 3.5분 |

점 $A(5, 0)$을 지나는 직선 l과 원 $C : x^2 + y^2 = 9$에 대하여 다음을 구하시오.

(1) 직선 l의 기울기를 k라 할 때, 직선 l이 원 C와 서로 다른 두 점에서 만나기 위한 k값의 범위

(2) 직선 l과 원 C가 만나는 서로 다른 두 점을 P, Q라 할 때, 선분 PQ의 중점의 자취가 어떤 원의 일부이다. 이때 이 원의 반지름 길이

원과 접선

15
| 제한시간 3분 |

좌표평면 위의 네 원 C_1, C_2, C_3, C_4가 각각 다음과 같다.

$$C_1 : (x-1)^2 + y^2 = 1, \ C_2 : (x+1)^2 + y^2 = 1$$
$$C_3 : (x-3)^2 + y^2 = 9, \ C_4 : (x+3)^2 + y^2 = 9$$

직선 $y = k(x-8)$이 위 네 원과 각각 만나는 교점 개수의 총합이 홀수이기 위한 0이 아닌 실수 k값들의 곱이 $\dfrac{r}{2^p \times 5 \times q}$일 때, $p+q+r$의 값을 구하시오. (단, p, q, r는 자연수이고, q와 r는 서로소이다.)

16
| 제한시간 4분 |

오른쪽 그림과 같이 두 원

$C_1 : x^2 + y^2 = 1$과

$C_r : x^2 + y^2 = r^2 \ (r > 1)$

이 있다. 다음 조건에 따라 원 C_r 위의 점 P_k를 차례로 잡자. (단, $k = 1, 2, 3, \cdots$)

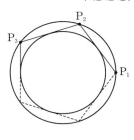

> (가) $P_1 = P_1(r, 0)$
> (나) 점 P_{k+1}은 점 P_k에서 원 C_1에 그은 접선이 원 C_r와 만나는 점이다.
> (다) 선분 $P_1 P_2$는 제1사분면을 지난다.
> (라) 선분 $P_{k+1} P_{k+2}$와 선분 $P_k P_{k+1}$은 다른 선분이다.

이때 보기에서 옳은 것을 모두 고른 것은?

> ┤ 보기 ├
> ㄱ. $r > \sqrt{2}$이면 $\angle P_1 P_2 P_3 < 90°$
> ㄴ. $r = \dfrac{2\sqrt{3}}{3}$이면 점 P_5의 좌표는 $\left(-1, -\dfrac{\sqrt{3}}{3}\right)$이다.
> ㄷ. $\angle P_1 P_2 P_3 = 100°$이면 $P_1 = P_{10}$이다.

① ㄱ   ② ㄴ   ③ ㄱ, ㄷ
④ ㄴ, ㄷ   ⑤ ㄱ, ㄴ, ㄷ

[2009학년도 경찰대]

17 *
| 제한시간 4분 |

y축에 접하는 두 원 C_1, C_2가 두 점 $A(1, 4)$, $B(5, 2)$에서 만난다. 두 원의 y축이 아닌 다른 공통접선의 기울기를 m이라 할 때, $4m$의 값을 구하시오.

원과 극선

18
| 제한시간 1분 |

원 $x^2+y^2=1$ 위의 두 점 A, B에서 각각 그은 두 접선이 점 $(2, 3)$에서 만난다. 이때, 직선 AB의 방정식은?

① $2x+3y=1$
② $2x-5y=-1$
③ $4x-3y=5$
④ $3x+2y=4$
⑤ $2x-y=3$

길이와 넓이

19
| 제한시간 2분 |

직선 $x+y=2$ 위의 임의의 한 점에서 원 $x^2+y^2=1$에 접선을 그을 때, 접선의 최소 길이를 구하시오.

20
| 제한시간 3분 |

점 $P(4, 3)$에서 원 $x^2+y^2=10$에 그은 접선의 두 접점을 각각 A, B라 할 때, 삼각형 PAB의 넓이를 구하시오.

21
| 제한시간 2.5분 |

한 점 P에서 두 원 $(x+2)^2+(y-4)^2=1$, $(x-3)^2+(y-2)^2=1$에 그은 접선의 길이가 같게 되는 점의 자취가 $ax+by+7=0$일 때, 상수 a, b에 대하여 $a+b$의 값을 구하시오.

22
| 제한시간 2분 |

원 $(x+8)^2+(y-6)^2=10^2$ 위에 두 점 A$(-8, -4)$, B$(2, 6)$이 있다. 삼각형 PAB의 넓이가 최대가 되도록 하는 원 위의 한 점 P와 원의 중심을 지나는 직선의 방정식을 $y=ax+b$라 할 때, $a+b$의 값은?

① 1
② 0
③ -1
④ -2
⑤ -3

23*
| 제한시간 2.5분 |

좌표평면 위의 두 점 A$(-\sqrt{5}, -1)$, B$(\sqrt{5}, 3)$과 직선 $y=x-2$ 위의 서로 다른 두 점 P, Q에 대하여 $\angle APB = \angle AQB = 90°$일 때, 선분 PQ의 길이를 l이라 하자. l^2의 값을 구하시오.

24*

| 제한시간 2.5분 |

원 $x^2+y^2=2$ 위를 움직이는 점 A와 직선 $y=x-4$ 위를 움직이는 두 점 B, C를 연결하여 아래 그림처럼 삼각형 ABC를 만들 때, 정삼각형이 되는 삼각형 ABC의 넓이의 최솟값을 m, 최댓값을 M이라 하자. 이때 $\dfrac{M}{m}$의 값을 구하시오.

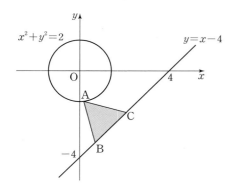

25

| 제한시간 2.5분 |

x축 위의 점 $(n, 0)$에서 원 $x^2+y^2=1$에 접선을 그을 때, 제1사분면에 있는 접점을 (x_n, y_n)이라고 하자. 이때 $(y_2 \times y_3 \times y_4 \times \cdots \times y_{10})^2$의 값은?

(단, $n \geq 2$인 자연수이다.)

① $\dfrac{11}{20}$ ② $\dfrac{11}{10}$ ③ $\dfrac{1}{6}$

④ $\dfrac{2}{3}$ ⑤ 3

26

| 제한시간 3분 |

가로 길이가 16, 세로 길이가 8인 직사각형 모양의 종이가 있다. 다음 그림은 네 꼭짓점을 A, B, C, D라 하고 변 BC, CD, DA와 접하는 원을 그린 것이다.

점 A와 C가 만나도록 종이를 접었다가 다시 펼쳤을 때, 생기는 선이 원과 만나는 점을 P, Q라 하자. 선분 PQ 길이를 k라 할 때, $5k^2$의 값을 구하시오.

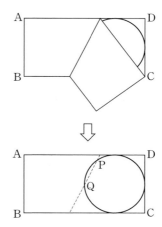

[2008년 11월 학력평가]

27

| 제한시간 2분 |

원 $x^2+y^2=1$의 내부를 지나지 않고 점 A$(-2, 0)$에서 점 B$(1, 0)$까지 갈 수 있는 가장 짧은 거리는?

① $\sqrt{3}+\dfrac{2\pi}{3}$ ② $2+\dfrac{4\pi}{3}$ ③ $\sqrt{2}+\pi$

④ $\sqrt{3}+\dfrac{5\pi}{6}$ ⑤ $2+\dfrac{5\pi}{6}$

28*

| 제한시간 2.5분 |

좌표평면 위의 두 점 A$(8, 0)$, B$(0, 6)$과 제1사분면 위의 점 P(a, b)에 대하여 $\overline{PA}^2 + \overline{PB}^2 = 250$이 성립할 때, 삼각형 PAB 넓이의 최댓값을 구하시오.

29

| 제한시간 4분 |

그림과 같이 직각삼각형 ABC가 있다. 세 직선 AB, BC, CA에 동시에 접하는 네 원 O_1, O_2, O_3, O_4의 반지름 길이를 각각 r_1, r_2, r_3, r_4라 하자. 직각삼각형 ABC의 넓이가 $\dfrac{15}{2}$이고 $r_1 = 1$일 때, $r_2 + r_3 + r_4$의 값을 구하시오.

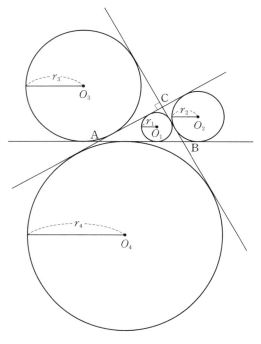

[2015년 9월 학력평가]

두 원의 교점을 지나는 도형

30

| 제한시간 2분 |

원 $x^2 + y^2 = 16$을 $\overline{AB}$를 접는 선으로 하여 접었더니 점 $(2, 0)$에서 x축에 접하였다. 직선 AB의 방정식이 $ax + by - 5 = 0$일 때, $a + b$의 값은?

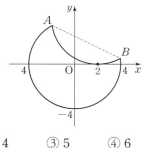

① 3 ② 4 ③ 5 ④ 6 ⑤ 7

두 원의 위치

31

| 제한시간 2.5분 |

반지름 길이가 자연수인 두 원 O와 O'의 중심은 $(2, 0)$, $(9, 0)$이고, 공통접선이 3개이다. 공통접선으로 둘러싸인 삼각형 ABC에 대하여, 함수 $f(r)$를 '원 O의 반지름 길이가 r일 때, $\triangle ABC$의 내심의 x좌표와 y좌표의 합'이라 한다. 이때 $f(1) + f(2) + \cdots + f(6)$의 값을 구하시오.

01

신유형

어떤 점을 지나는 직선이 두 원 $x^2+y^2=1$, $(x-3)^2+(y-6)^2=4$와 만나는 점의 개수가 항상 짝수이며, 최댓값은 4이다. 이 조건에 맞는 점의 좌표를 모두 구하시오.

02*

창의력

$a>0$인 점 $P(a, b)$는 원 $x^2+y^2=4$ 위의 점이다. 원 $(x-1)^2+y^2=4$ 위를 움직이는 점 $Q(c, d)$에 대하여 $ad=b(c+k)$를 항상 만족시키는 점 P가 나타내는 도형의 길이가 $\dfrac{2}{3}\pi$일 때, 실수 k값을 구하시오. (단, $k>1$이다.)

03

신유형

다음 중 $a^2+b^2=1$이 되는 모든 실수 a, b에 대하여 직선 $ax+by+c=0$이 지나지 않는 영역의 넓이를 c에 대한 식으로 나타낸 것은?

① $\dfrac{\pi}{c}$　　　② $|c|\pi$　　　③ $c^2\pi$

④ $\dfrac{\pi}{|c|}$　　　⑤ $\dfrac{\pi}{c^2}$

04*

직선으로 뻗어있는 해안선으로부터 2 km 이내의 해상에서 열릴 바다수영대회를 앞두고 구조대원들이 인명구조 훈련을 하고 있다. 해안선으로부터 1 km 떨어진 해상의 두 지점에 A, B 구조대가 서로 600 m 거리를 두고 출동을 기다리고 있다. 두 구조대는 항상 직선으로 이동하고, 같은 시간 동안 A 구조대는 B 구조대보다 두 배의 거리를 이동할 수 있다. 두 구조대가 가상 사고지점을 향하여 동시에 출발할 경우, B 구조대가 A 구조대보다 먼저 도착하거나 두 구조대가 동시에 도착할 수 있는 해역의 넓이를 $S\,\mathrm{m}^2$라 할 때, $\dfrac{S}{1000\pi}$의 값을 구하시오. (단, 두 구조대가 가상 사고지점까지 이동하는 동안 방해되는 요소는 고려하지 않는다.)

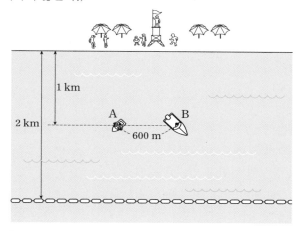

[2011년 3월 학력평가]

05

서술형

서로 다른 두 점 $P(\alpha_1, \beta_1)$와 $Q(\alpha_2, \beta_2)$가 원 $x^2 + y^2 = 1$ 위의 점이고, $\alpha_1 a + \beta_1 b = 1$, $\alpha_2 a + \beta_2 b = 1$이 성립할 때, 다음 물음에 답하시오.

(1) P에서의 접선과 Q에서의 접선의 교점의 좌표를 구하시오.

(2) 직선 PQ의 방정식을 구하시오.

06

서술형

그림처럼 원 $x^2 + y^2 = a^2$과 x축에 동시에 접하고 반지름 길이가 b인 원이 있다. 이 두 원의 접점을 T, 이 두 원의 공통내접선이 y축과 만나는 점을 A라 한다. 다음을 구하시오.

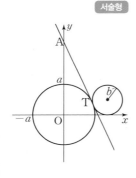

(1) $a = 2$, $b = 1$일 때, $\overline{AT}$의 길이

(2) $a + b = 3$일 때, 점 T의 y좌표의 최댓값

07

다음 그림과 같이 두 점 $A(-1, 1)$, $B(-1, -1)$을 양 끝점으로 하는 선분 AB와 중심이 $C(1, 0)$이고 반지름 길이가 1인 원 C가 있다. 점 $P(a, b)$는 선분 AB 위를 움직이고, 점 $Q(c, d)$는 $\dfrac{b}{a} \times \dfrac{d}{c} = -1$이 되도록 원 C의 내부를 움직인다. 이때 점 Q가 존재하는 영역의 넓이는?

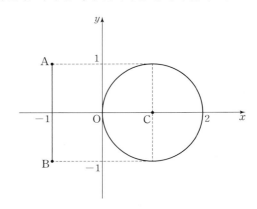

① $\dfrac{\pi - 2}{2}$ ② $\pi - 2$ ③ $\pi - 1$

④ $\dfrac{\pi - 1}{2}$ ⑤ $\dfrac{\pi}{2}$

[2009년 3월 학력평가]

08

직선 $y=x-1$ 위를 움직이는 점 P와 직선 $y=-x+3$ 위를 움직이는 점 Q를 선분 PQ의 길이가 일정하도록 잡는다. 이때, 선분 PQ의 중점이 나타내는 도형의 모양은?

①

②

③

④

⑤

[2009년 6월 학력평가]

09

융합형

두 원이 직교한다는 것은 두 원이 만나는 점에서 두 접선이 서로 수직일 때를 말한다.

두 원 $C_1 : x^2+y^2=1$과 $C_2 : (x-4)^2+y^2=9$에 대하여 C_1, C_2에 동시에 직교하는 모든 원이 지나는 정점의 좌표를 구하시오.

10*

융합형

다음을 구하시오.

(1) 다음 그림과 같이 점 P가 원 $x^2+y^2=1$ 위를 움직이는 한 점일 때, 좌표평면 위의 두 점 A(4, 3), B(2, 5)에 대하여 $\overline{PA}^2+\overline{PB}^2$의 최댓값

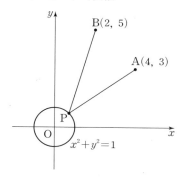

(2) A 국가와 B 국가는 10 km 반경의 원형인 C 국가의 중심을 거쳐 무역을 한다. 각 국가마다 다른 운송업체를 이용해야 하며 운송비는 세 국가 모두 운송거리의 제곱에 동일한 비율로 비례한다. C 국가의 중심으로부터 동쪽으로 40 km, 북쪽으로 30 km 떨어진 곳에 A 국가의 물류창고가 위치해 있고, 남쪽으로 50 km, 서쪽으로 20 km 떨어진 곳에 B 국가의 물류창고가 위치해 있다. 두 물류창고 사이의 총 운송비가 최소가 될 때, B 국가의 운송업체가 담당해야 할 운송거리(km)

(단, C 국가 안에서는 방향을 바꿀 수 없다.)

10 도형의 이동

1 점의 평행이동

점 $P(x, y)$를 x축 방향으로 m만큼, y축 방향으로 n만큼 평행이동한 점을 P'이라 하면
점 P'의 좌표는 $P'(x+m, y+n)$
이때 점 $P(x, y)$를 점 $P'(x+m, y+n)$으로 옮기는 평행이동을 기호로 나타내면
$$(x, y) \longrightarrow (x+m, y+n)$$

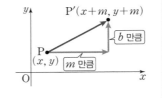

보기 점 (a, b)를 x축 방향으로 -2만큼, y축 방향으로 3만큼 평행이동한 점의 좌표가 $(b, 1-a)$일 때, a, b의 값을 각각 구하여라.

풀이 $(a-2, b+3)$이 $(b, 1-a)$와 일치하므로 $a-2=b$, $b+3=1-a$에서
$$a=0, b=-2$$

참고

평행이동 $(x, y) \to (x+m, y+n)$에 대하여
· 점을 평행이동하는 경우
$\Rightarrow$ x좌표에 $x+m$, y좌표에 $y+n$을 대입한다.
· 도형을 평행이동하는 경우
$\Rightarrow$ x에 $x-m$, y에 $y-n$을 대입한다.

2 도형의 평행이동

방정식 $f(x, y)=0$이 나타내는 도형을 x축 방향으로 m만큼, y축 방향으로 n만큼 평행이동한 도형의 방정식은
$$f(x, y)=0 \longrightarrow f(x-m, y-n)=0$$

보기 직선 $y=2x-4$를 x축 방향으로 a만큼, y축 방향으로 -2만큼 평행이동한 직선의 방정식이 $y=mx-8$일 때, 상수 a, m의 값을 각각 구하여라.

풀이 $y-(-2)=2(x-a)-4$, 즉 $y=2x-2a-6$이 $y=mx-8$과 같으므로
$2=m$, $-2a-6=-8$ ∴ $m=2, a=1$

참고

① 방정식 $f(y, x)=0$이 나타내는 도형을 x축 방향으로 m만큼 평행이동한 도형의 방정식은 x에 $x-m$을 대입한 $f(y, x-m)=0$이다.
② 방정식 $f(y, x)=0$이 나타내는 도형을 x축에 대하여 대칭이동한 도형의 방정식은 y에 $-y$를 대입한 $f(-y, x)=0$이다.

3 점과 도형의 대칭이동

	점 (x, y)	도형 $f(x, y)=0$
x축에 대한 대칭이동	$(x, -y)$	$f(x, -y)=0$
y축에 대한 대칭이동	$(-x, y)$	$f(-x, y)=0$
원점에 대한 대칭이동	$(-x, -y)$	$f(-x, -y)=0$
$y=x$에 대한 대칭이동	(y, x)	$f(y, x)=0$
$y=-x$에 대한 대칭이동	$(-y, -x)$	$f(-y, -x)=0$

보기 원 $(x+1)^2+(y-2)^2=4$를 직선 $y=x$에 대하여 대칭이동한 원의 중심이 직선 $y=-2x+k$ 위에 있을 때, 상수 k값을 구하여라.

풀이 원 $(x+1)^2+(y-2)^2=4$를 직선 $y=x$에 대하여 대칭이동한 원의 방정식은 $(y+1)^2+(x-2)^2=4$, 즉 $(x-2)^2+(y+1)^2=4$이고,
이 원의 중심 $(2, -1)$이 직선 $y=-2x+k$ 위의 점이므로
$-1=-2\times2+k$ ∴ $k=3$

다른풀이

원을 평행이동하거나 대칭이동할 경우 중심의 좌표만 바뀌므로 원래의 중심 $(-1, 2)$를 $y=x$에 대칭이동한 $(2, -1)$이 대칭이동한 원의 중심임을 이용할 수 있다.

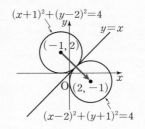

4 점에 대한 대칭이동

점 $P(x, y)$를 점 (a, b)에 대하여 대칭이동한 점의 좌표를 $P'(x', y')$이라 하면 (a, b)가 선분 PP'의 중점임을 이용하여 P'의 좌표를 구할 수 있다. 즉 $\left(\dfrac{x+x'}{2}, \dfrac{y+y'}{2}\right)$과 (a, b)가 서로 같으므로 $x'=2a-x,\ y'=2b-y$에서 $\mathbf{P'(2a-x,\ 2b-y)}$

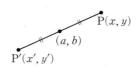

참고

평행이동과 대칭이동을 함께 하는 경우

도형 $f(y-b, x-a)=0$은 도형 $f(x, y)=0$을 어떻게 이동한 것일까?

1 $f(x, y)=0$을 직선 $y=x$에 대하여 대칭이동
$\Rightarrow f(y, x)=0$

2 $f(y, x)=0$을 x축 방향으로 a만큼, y축 방향으로 b만큼 평행이동
$\Rightarrow f(y-b, x-a)=0$

보기 　점 $P(-2, -1)$을 점 $(1, 0)$에 대하여 대칭이동한 점 P'의 좌표를 구하여라.

풀이 　오른쪽 그림처럼 생각하면
$\overline{PP'}$의 중점이 $(1, 0)$이므로
$\dfrac{-2+a}{2}=1,\ \dfrac{-1+b}{2}=0$에서
$a=4,\ b=1$　∴ $\mathbf{P'(4, 1)}$

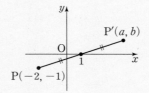

참고

방정식 $f(x, y)=0$이 나타내는 도형을 점 (a, b)에 대하여 대칭이동한 도형의 방정식은
$f(2a-x, 2b-y)=0$

5 임의의 직선에 대한 대칭이동

점 $P(x, y)$를 직선 $y=ax+b$에 대하여 대칭이동한 점의 좌표를 $P'(x', y')$이라 하면 다음을 이용하여 P'의 좌표를 구한다.

1 직선 $y=ax+b$는 선분 PP'의 중점
$\left(\dfrac{x+x'}{2}, \dfrac{y+y'}{2}\right)$을 지난다. (중점 조건)

2 직선 $y=ax+b$와 직선 PP'은 서로 수직으로 만난다. 즉 두 직선의 기울기의 곱은 -1이다. (수직 조건)

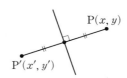

보기 　점 $P(-1, 1)$을 $y=3x-1$에 대하여 대칭이동한 점 P'의 좌표를 구하여라.

풀이 　$P'(a, b)$으로 놓으면 중점 $\left(\dfrac{a-1}{2}, \dfrac{b+1}{2}\right)$이 직선 $y=3x-1$ 위에 있으므로 $\dfrac{b+1}{2}=\dfrac{3a-3}{2}-1$　∴ $3a-b=6$ …… ㉠ (중점 조건)

또 직선 PP'과 직선 $y=3x-1$이 서로 수직이므로 직선 PP'의 기울기는 $-\dfrac{1}{3}$이다. $\dfrac{b-1}{a+1}=-\dfrac{1}{3}$　∴ $a+3b=2$ …… ㉡ (수직 조건)

㉠, ㉡에서 $a=2,\ b=0$이므로 $\mathbf{P'(2, 0)}$

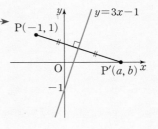

참고

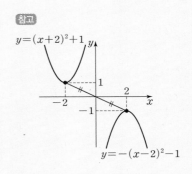

단축키 　원과 포물선의 평행이동과 대칭이동

원을 평행이동 또는 대칭이동할 때, 반지름 길이는 변하지 않으므로 중심만 이동시키면 간단하다. 또 포물선을 평행이동 또는 대칭이동할 때, 포물선의 폭은 변하지 않으므로 대칭이동한 꼭짓점만 구하면 간단하다. 다만 대칭이동할 경우 볼록한 방향이 바뀔 수 있으므로 이차항 계수의 부호를 따져 본다.

평행이동

01

평행이동 $(x, y) \longrightarrow (x, y+m)$에 따라 직선 $y=mx+3$을 이동했더니 원 $x^2+y^2=1$에 접했다. 이때 실수 m값을 구하시오. (단, $m \neq 0$)

02

원 $x^2+y^2=4$ 를 x축 방향으로 a만큼, y축 방향으로 b만큼 평행이동하였더니 처음 원과 외접할 때, a^2+b^2의 값은?

① 2   ② 4   ③ 8

④ 16   ⑤ 32

03

직선 $3x+4y+5=0$이 원 $x^2+y^2=9$를 x축 방향으로 p만큼, y축 방향으로 $-2p$만큼 평행이동한 원의 넓이를 이등분할 때, 상수 p값을 구하시오.

대칭이동

04

곡선 $y=3x^2$을 x축에 대하여 대칭이동한 다음, 다시 y축 방향으로 a만큼 평행이동한 곡선이 직선 $y=x-1$에 접할 때, 상수 a값을 구하시오.

05

원 $O : (x+2)^2+(y-1)^2=1$을 직선 $y=x$에 대하여 대칭이동한 원을 O'이라 하자. 원 O 위의 임의의 한 점을 P, 원 O' 위의 임의의 한 점을 P′이라 할 때, $\overline{PP'}$의 최댓값과 최솟값을 구하시오.

직선에 대한 대칭이동

06

원 $x^2+(y-1)^2=4$와 원 $(x+2)^2+(y-3)^2=4$가 직선 l에 대하여 대칭일 때, 직선 l의 방정식이 $y=ax+b$이다. 이때 상수 a, b의 합 $a+b$의 값을 구하시오.

07

점 $A(1,\ 4)$를 x축 방향으로 m만큼, y축 방향으로 n만큼 평행이동한 점을 B라 하면 직선 $2x-y-3=0$에 대하여 두 점 A, B는 대칭이다. 이때, 상수 m, n의 합 $m+n$의 값을 구하시오.

최단 거리

08

좌표평면에서 제1사분면 위의 점 A가 $y=x$에 대하여 대칭이동한 점을 B라 하자. y축 위의 한 점 P에 대하여 $\overline{AP}+\overline{PB}$의 최솟값이 $13\sqrt{2}$일 때, 선분 OB의 길이를 구하시오. (단, O는 원점이다.)

09*

두 점 $A(2,\ 1)$, $B(3,\ 1)$과 x축 위를 움직이는 점 P, 직선 $y=x$ 위를 움직이는 점 Q에 대하여 $\overline{AP}+\overline{PQ}+\overline{QB}$의 최솟값을 구하시오.

그래프의 평행이동과 대칭이동

10

방정식 $f(x,\ y)=0$과 방정식 $g(x,\ y)=0$이 나타내는 도형이 오른쪽 그림과 같을 때, 다음 중 옳은 것은?

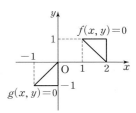

① $g(x,\ y)=f(-x,\ y+1)$

② $g(x,\ y)=f(x-2,\ -y)$

③ $g(x,\ y)=f(-x-2,\ y)$

④ $g(x,\ y)=f(-x+2,\ y)$

⑤ $g(x,\ y)=f(x+2,\ -y)$

STEP 2 | 1등급 굳히기

점과 도형의 평행이동

01
| 제한시간 2분 |

좌표평면에서 두 평행이동 f, g가

$$f : (x, y) \longrightarrow (x+3, y+4)$$

$$g : (x, y) \longrightarrow (x-4, y-3)$$

이다. 다음 중 원점 O에서 출발한 점 P가 이 두 평행이동을 여러 번 반복하여 도달할 수 있는 점은?

① $(3, 23)$ ② $(3, 19)$ ③ $(3, 21)$

④ $(3, 20)$ ⑤ $(3, 18)$

02
| 제한시간 2분 |

오른쪽 그림에서 두 직사각형 OABC, PQRS는 서로 합동이고, $\overline{OA} /\!/ \overline{PQ}$이다. C(4, 8), S(1, 6)이고 꼭짓점 A의 x좌표가 6일 때, 꼭짓점 Q의 좌표를 구하시오.

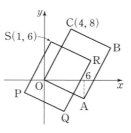

03
| 제한시간 3분 |

$y = x^2 + 2x$의 그래프를 x축 방향으로 a만큼 평행이동한 그래프와 직선 $y = x$가 만나는 두 점을 A, B라 할 때, 두 점 A, B는 원점에 대하여 대칭이다. 이때 상수 a값을 구하시오.

점의 대칭이동

04
| 제한시간 2분 |

자연수 n에 대하여 좌표평면 위의 점 $P_n(x_n, y_n)$은 다음 규칙에 따라 이동한다. (단, $x_n y_n \neq 0$)

⑴ 점 P_n에서 $x_n y_n > 0$이고 $x_n > y_n$이면 이 점을 직선 $y = x$에 대하여 대칭이동한 점이 점 P_{n+1}이다.

⑵ 점 P_n에서 $x_n y_n > 0$이고 $x_n < y_n$이면 이 점을 x축에 대하여 대칭이동한 점이 점 P_{n+1}이다.

⑶ 점 P_n에서 $x_n y_n < 0$이면 이 점을 y축에 대하여 대칭이동한 점이 점 P_{n+1}이다.

점 P_1의 좌표가 $(3, 2)$일 때, $10x_{50} + y_{50}$의 값을 구하시오.

[2015년 9월 학력평가]

도형의 대칭이동

05*
| 제한시간 **2분** |

점 $(4, -3)$을 지나는 직선 l을 직선 $x=1$에 대하여 대칭이동한 직선을 m이라 하고, 직선 m을 x축에 대하여 대칭이동한 직선을 n이라 하자. 직선 n을 x축 방향으로 4만큼 평행이동하면 직선 l과 일치할 때, 직선 l의 기울기를 구하시오.

06
| 제한시간 **2분** |

그림과 같이 주어진 도형 $f(x, y)=0$ 위를 움직이는 점 P와 도형 $f(-y, x)=0$ 위를 움직이는 점 Q, 도형 $f(x+3, y+2)=0$ 위를 움직이는 점 R에 대하여 다음을 구하시오.

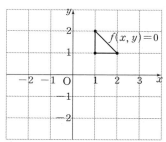

(1) 삼각형 PQR 넓이의 최솟값

(2) 중심이 원점이고 세 도형 $f(x, y)=0$, $f(-y, x)=0$, $f(x+3, y+2)=0$을 모두 덮을 수 있는 원의 반지름 길이의 최솟값

07*
| 제한시간 **1분** |

다음 중 $y=x^2+x$의 그래프를 평행이동 또는 대칭이동하였을 때, 포개어지지 않는 것은?

① $y=-x^2-x$ ② $x=y^2+y$

③ $y=x^2-x$ ④ $y=2x^2+x+2$

⑤ $y=x^2+x+1$

직선에 대한 대칭이동

08*
| 제한시간 **2분** |

두 점 $P(0, 0)$, $Q(2, 0)$을 직선 $y=x+1$에 대하여 대칭이동한 점을 각각 R, S라 할 때, 사각형 PQRS의 넓이를 구하시오.

09*
| 제한시간 **2분** |

다음 중 직선 $x-2y+1=0$을 직선 $x+y-1=0$에 대하여 대칭이동한 도형의 방정식은?

① $x-y+1=0$ ② $2x-y+1=0$

③ $2x-y=0$ ④ $2x+y-1=0$

⑤ $2x+y=0$

10

| 제한시간 2분 |

두 점 $A(a, b)$, $B(c, d)$가 직선 $y=2x+1$에 대하여 대칭일 때, 다음 **보기** 중 옳은 것을 모두 고르시오.

┤ 보기 ├

ㄱ. $b+d=2(a+c+1)$ ㄴ. $a+b=c+d$

ㄷ. $ad=2bc$ ㄹ. $a+2b=c+2d$

11

| 제한시간 3분 |

점 $P(-5, 2)$를 x축 방향으로 a만큼 평행이동한 점을 T라 하고, 점 T를 직선 $y=2x+3$에 대해 대칭이동한 점을 Q라 할 때, 직선 PQ는 직선 $y=2x+3$과 평행하다. 이때 두 점 T, Q의 좌표를 각각 구하시오.

12

| 제한시간 3분 |

원 $x^2+y^2=\dfrac{1}{4}$을 $y=2x+1$에 대칭이동한 원 O_1과 x축 방향으로 m만큼, y축 방향으로 n만큼 평행이동한 원 O_2가 있다. 두 원 O_1, O_2가 외접할 때, m^2+n^2의 값을 구하시오. (단, m, n은 정수)

그래프의 평행이동과 대칭이동

13*

| 제한시간 2분 |

방정식 $f(x, y)=0$이 나타내는 도형이 오른쪽 그림과 같을 때, 다음 중 $f(-y, x+1)=0$이 나타내는 도형으로 알맞은 것은?

① 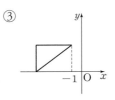 ②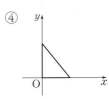

③ ④

⑤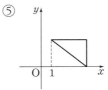

대칭이동을 이용한 최단 거리

14
| 제한시간 2분 |

두 점 A(2, 2), B(5, −6)과 x축 위의 점 P에 대하여 선분 AP 길이와 선분 BP 길이의 차의 최댓값을 구하시오.

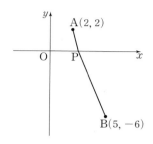

15
| 제한시간 3분 |

두 수 a, b가 $0 < b < a$를 만족시킬 때, 한 꼭짓점이 (a, b)이고, 다른 두 꼭짓점이 각각 x축과 직선 $y = 2x$에 놓여 있는 삼각형의 둘레 길이의 최솟값은?

① $\dfrac{4}{\sqrt{5}}\sqrt{a^2 + b^2}$

② $\dfrac{4}{\sqrt{5}}\sqrt{a^2 - b^2}$

③ $\dfrac{4}{\sqrt{5}}\sqrt{a^2 + 4b^2}$

④ $\dfrac{4}{\sqrt{5}}\sqrt{4a^2 + b^2}$

⑤ $\dfrac{4}{\sqrt{5}}\sqrt{4a^2 + b^2}$

[2016년 경찰대]

16
| 제한시간 1.5분 |

오른쪽 그림과 같이 점 P는 반지름 길이가 2, 중심각 크기가 45°인 부채꼴 OAB의 호 AB 위를 움직인다. 또 두 점 Q, R는 $\overline{OA}$, $\overline{OB}$ 위에서 각각 움직일 때, 삼각형 PQR의 둘레 길이의 최솟값을 구하시오.

17
| 제한시간 2분 |

직사각형 모양의 당구대에서 다음 그림처럼 어느 한 벽의 임의의 점에 있는 당구공을 쳐서 화살표 방향으로 나머지 세 곳의 벽에 부딪히게 한 후 다시 원래의 위치로 되돌아오게 했다. 이 당구공이 움직인 거리를 구하시오.

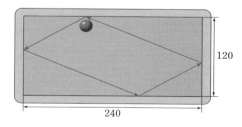

01

점 (x, y)를 점 $(x+a, y+b)$로 옮기는 평행이동에 따라 원점 O가 옮겨진 점을 P라 하자. 직선 OP를 y축에 대하여 대칭이동한 직선이 원 $(x-2)^2+(y+1)^2=3$에 접할 때, 두 수 a, b 사이의 관계식을 구하시오. (단, $ab \neq 0$)

02

포물선 $y=x^2+2x+3$ 위의 서로 다른 두 점 A, B가 직선 $y=-x+4$에 대하여 대칭일 때, 두 점 A, B의 좌표를 구하시오. (단, 점 A의 x좌표가 점 B의 x좌표보다 작다.)

03*

서술형

직선 $l_1 : x+y-2=0$ 위의 임의의 점을 원 $x^2+y^2=1$ 위의 모든 점에 대하여 대칭이동하였을 때 나타나는 도형이 직선 $l_2 : 4x-3y+5=0$과 만나도록 하는 l_1 위의 점의 자취를 l이라 한다. 다음을 구하시오.

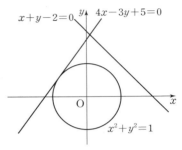

(1) 직선 l_1 위의 임의의 점 (a, b)를 원 $x^2+y^2=1$ 위의 모든 점에 대하여 대칭이동하였을 때 나타나는 자취의 방정식

(2) (1)에서 구한 도형이 직선 l_2와 만나도록 하는 a값의 범위

(3) 자취 l의 길이

04

신유형

$y=2|x|$의 그래프를 한 점 P에 대하여 대칭이동하였을 때 $y=2|x|$와 만나는 두 교점을 Q, R라 하자. 직선 QR의 기울기가 $\dfrac{3}{2}$이 되도록 하는 점 P의 자취의 방정식을 구하시오.

05

원 $O : (x-6)^2+(y-1)^2=4$를 직선 $y=mx+2-2m$에 대해서 대칭이동한 원 O'이 y축과 만나도록 하는 실수 m값의 범위를 구하시오. (단, $m>0$)

06

두 마을 O, A 사이에 강이 흐르고 있다. 어느 한 지점에서 측량한 마을과 강의 위치를 다음 그림과 같이 좌표평면에 나타내었다.

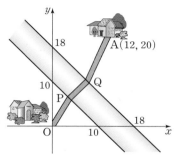

마을 O와 마을 A를 연결하는 도로를 만드는데 두 지점 P와 Q 사이에 강에 수직인 다리를 놓는다고 한다. 이때 도로 길이의 최솟값을 구하시오.

07

방정식 $f(x, y) = 0$을 나타내는 도형이 오른쪽 그림과 같을 때, 다음 중 $f(-|x|, y+1) = 0$을 나타내는 도형은?

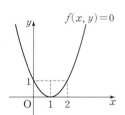

①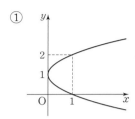

②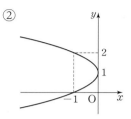

③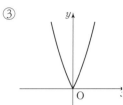

④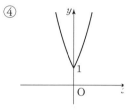

⑤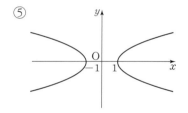

08

오른쪽 그림은 도형 $f(x, y) = 0$이 나타내는 부분이다. 이때 $f(y-1, x) = 0$이 나타내는 도형과 $f(-x+2, y) = 0$이 나타내는 도형에서 겹쳐지는 부분의 넓이를 구하시오.

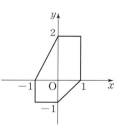

09

함수 $f(x) = -x^2$의 그래프를 점 A$(2, 1)$에 대하여 대칭이동한 그래프의 방정식을 $y = g(x)$라 하자. $y = f(x)$와 $y = g(x)$에 동시에 접하는 직선의 개수를 p, 모든 접선의 기울기의 합을 q라 할 때, $p-q$의 값을 구하시오.

10*

중심이 $(1, 0)$이고 반지름 길이가 1인 원 C가 있다. 원 C를 원점을 지나는 모든 직선에 대하여 대칭이동한 도형의 자취를 D라 하자. 또 $a^2 - 2a + b^2 = 0$인 실수 a, b에 대하여 원 C를 $(x, y) \longrightarrow (x+a, y+b)$에 따라 평행이동한 도형의 자취를 E라 하자. D와 E의 공통부분을 F라 할 때, F의 넓이를 구하시오.

나를 이끄는 힘

"내가 일어날 필요가 없다고 생각해요."

로자 파크스(Rosa Lee Louise McCauley Parks, 1913~2005)

1955년 미국 남부에서는 인종차별법에 따라 흑인과 백인은 거의 모든 일상생활에서 분리되었다. 버스와 기차 같은 대중 교통수단도 마찬가지였다. 당시 앨라배마 주에서는 버스 앞 네 줄은 백인 전용으로 설정되어 있었으며 흑인들은 주로 뒤쪽에 있는 유색 칸에 앉을 수 있었다. 더구나 백인 전용 표시는 고정된 것은 아니고 옮길 수 있었기에 백인들이 자리를 다 차지하면 흑인들은 버스에서 내려야 했다.

1955년 12월 1일 목요일, 하루 일을 마친 로자는 오후 6시쯤 버스를 탔다.

요금을 내고 유색칸으로 표시된 좌석들 중 가장 첫줄에 앉았다. 차츰 승객들이 늘면서 두세 명의 백인 승객들이 서 있게 되자 버스 운전기사는 유색칸의 표시를 로자가 앉은 자리 뒤로 밀어내고 중간에 앉은 네 명의 흑인들에7게 일어나라고 요구하였다. 세 명의 다른 흑인들은 움직였으나 로자는 움직이지 않았다.

운전기사가 왜 일어나지 않냐고 묻자, 그녀는 "내가 일어날 필요가 없다고 생각해요."라고 대답하였다. 로자는 이 이유로 경찰에 체포되었다.

이 사건은 382일 동안 계속된 몽고메리 버스 보이콧으로 이어졌고, 인종 분리에 저항하는 큰 규모의 민권운동으로 번져 나아갔다. 여기에 마틴 루터 킹 목사도 참여하면서 로자 파크스의 저항은 결국 아프리카계 미국인의 인권과 권익을 개선하는 시초가 되었다.

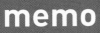

단기간 고득점을 위한 2주

전략 질주

고등 전략

내신전략 시리즈

국어/영어/수학/사회/과학

필수 개념을 꽉~ 잡아 주는 초단기 내신 전략서!

수능전략 시리즈

국어/영어/수학/사회/과학

빈출 유형을 철저히 분석하여 반영한 고효율·고득점 전략서!

최강
TOT

1등급 비밀!!
최강
TOT
TOP
OF THE
TOP

고등 **수학** 상

**정답과
풀이**

천재교육

TOT

TOP

OF THE

TOP

01 다항식의 연산

STEP 1 | 1등급 준비하기   p. 6~7

01 6	**02** (1) 56 (2) 416	**03** 15
04 ②	**05** 240 **06** 53	**07** 1
08 1	**09** ② **10** 10	

01 답 6
GUIDE

실수를 줄이고 더 빨리 계산하기 위한 방법을 생각해 보자.
위 문제는 $\{Q\bigstar(2P\blacklozenge Q)\}\blacklozenge(15P\bigstar 3R)$를 간단히 하는 데서 출발한다.

$$f(x)=\{Q\bigstar(2P\blacklozenge Q)\}\blacklozenge(15P\bigstar 3R)$$
$$=\{Q\bigstar(6P-Q)\}\blacklozenge(30P+6R)$$
$$=(2Q+12P-2Q)\blacklozenge(30P+6R)$$
$$=12P\blacklozenge(30P+6R)$$
$$=36P-(30P+6R)$$
$$=6(P-R)=6(x-1)$$
$$\therefore f(2)=6$$

02 답 (1) 56   (2) 416
GUIDE

변형 공식을 그대로 이용할 수 없는 경우라면, 변형 공식을 한 번 더 변형하는 것을 생각한다.

이차방정식의 근과 계수의 관계에서 $\alpha+\beta=2$, $\alpha\beta=-2$
(1) $\alpha^2+\beta^2=(\alpha+\beta)^2-2\alpha\beta=8$
$\quad\therefore \alpha^4+\beta^4=(\alpha^2+\beta^2)^2-2\alpha^2\beta^2=8^2-2\times(-2)^2=56$
(2) $\alpha^3+\beta^3=(\alpha+\beta)^3-3\alpha\beta(\alpha+\beta)=20$
$\quad\therefore \alpha^6+\beta^6=(\alpha^3+\beta^3)^2-2\alpha^3\beta^3$
$\qquad\qquad\quad=20^2-2\times(-2)^3=416$

다른 풀이

(2) $\alpha^2+\beta^2=8$이므로
$\quad\alpha^6+\beta^6=(\alpha^2+\beta^2)^3-3\alpha^2\beta^2(\alpha^2+\beta^2)=8^3-3\times4\times8=416$

03 답 15
GUIDE

ca가 아니라 $-ca$임을 주의한다.

$a^2+b^2+c^2+ab+bc-ca$
$=\dfrac{1}{2}\{(a+b)^2+(b+c)^2+(c-a)^2\}$이고,
$a+b=2+\sqrt{3}$, $b+c=-2+\sqrt{3}$에서 변변 빼면 $c-a=-4$
$\therefore \dfrac{1}{2}\{(a+b)^2+(b+c)^2+(c-a)^2\}$
$=\dfrac{1}{2}\{(2+\sqrt{3})^2+(-2+\sqrt{3})^2+(-4)^2\}=15$

04 답 ②
GUIDE

변의 길이, 모서리 길이 등을 미지수로 나타낸 다음, 곱셈 공식의 변형을 생각한다.

직육면체의 가로 길이, 세로 길이, 높이를 각각 x, y, z라 하면
모든 모서리 길이의 합이 40이므로
$4(x+y+z)=40 \Rightarrow x+y+z=10$
겉넓이가 36이므로 $2(xy+yz+zx)=36$
직육면체에서 8개 꼭짓점 사이의 거리 중 가장 큰 값은
대각선 길이인 $\sqrt{x^2+y^2+z^2}$이다.
$x^2+y^2+z^2=(x+y+z)^2-2(xy+yz+zx)=10^2-36=64$
$\therefore \sqrt{x^2+y^2+z^2}=8$

05 답 240
GUIDE

$\overline{AC}=x$, $\overline{CB}=y$라 하면 $x+y=8$, $x^3+y^3=224$임을 이용한다.

$\overline{AC}=x$, $\overline{CB}=y$라 하면 $x+y=8$, $x^3+y^3=224$
$(x+y)^3=(x^3+y^3)+3xy(x+y)$에서
$8^3=224+3xy\times8$ $\therefore xy=12$
이때 $x^2+y^2=(x+y)^2-2xy=8^2-2\times12=40$
따라서 두 정육면체의 겉넓이 합은
$6(x^2+y^2)=6\times40=240$

다른 풀이   방정식 이용

$\overline{AC}=x$라 하면 $\overline{CB}=8-x$이므로 $x^3+(8-x)^3=224$
즉 $x^2-8x+12=0$에서 $(x-6)(x-2)=0$이므로
$x=6$ 또는 $x=2$
두 정육면체의 모서리 길이는 각각 6과 2이므로
두 정육면체의 겉넓이 합은 $6\times6^2+6\times2^2=240$

06 답 53
GUIDE

$(2x^4+5x^2-2ax)\div(x^2+x+5)$를 직접 나눗셈해서 구한 나머지와 조건에서 주어진 나머지 $bx+3a$를 서로 비교한다.

$$
\begin{array}{r}
2x^2-2x-3 \\
x^2+x+5\,\overline{\smash{\big)}\,2x^4+5x^2-2ax} \\
\underline{2x^4+2x^3+10x^2} \\
-2x^3-5x^2-2ax \\
\underline{-2x^3-2x^2-10x} \\
-3x^2+(10-2a)x \\
\underline{-3x^2-3x-15} \\
(13-2a)x+15
\end{array}
$$

나머지가 $bx+3a$이므로 $(13-2a)x+15=bx+3a$
따라서 $13-2a=b$, $15=3a$에서 $a=5$, $b=3$
$\therefore 10a+b=53$

07 답 1

GUIDE

$f(x)=(x+1)(x-2)(x+2)Q(x)+2(x+2)+1$에서 우변의 식을 $(x+2)$로 묶어 본다.

$f(x)$를 $(x+1)(x-2)$로 나누었더니

몫이 $(x+2)Q(x)$, 나머지가 $2x+5$이므로

$f(x)=(x+1)(x-2)\{(x+2)Q(x)\}+2x+5$
$\quad\quad=(x+2)(x+1)(x-2)Q(x)+2(x+2)+1$
$\quad\quad=(x+2)\{(x+1)(x-2)Q(x)+2\}+1$

따라서 $f(x)$를 $x+2$로 나눈 몫은 $(x+1)(x-2)Q(x)+2$, 나머지는 1이다.

08 답 1

GUIDE

$f(x)$는 x^2의 계수가 1인 이차식이고, $x-2$로 나누어 떨어진다. 즉 $f(x)=(x-2)(x+a)$로 놓을 수 있다.

$f(x)$를 $x-2$로 나눈 몫을 $x+a$로 놓으면

$f(x)=(x-2)(x+a)$ ······ ㉠

이때 $f(x^2)=(x^2-2)(x^2+a)$ ······ ㉡

$f(x^2)$을 $f(x)$로 나눈 몫을 $Q(x)$라 하면

$f(x^2)=f(x)Q(x)+3x-2$ ······ ㉢

㉠, ㉡, ㉢에서

$(x^2-2)(x^2+a)=(x-2)(x+a)Q(x)+3x-2$

위 식에 $x=2$를 대입하면 $a=-2$

즉 $f(x)=(x-2)(x-2)$이므로 $f(1)=1$

09 답 ②

GUIDE

$f(x)=(x^2+2x-1)(2x-4)+8x+2=2x^3-2x+6$에서 $\{f(x)+2x^3-3x\}\div(2x+1)$의 몫을 구한다.

$f(x)=(x^2+2x-1)(2x-4)+8x+2=2x^3-2x+6$

$\therefore f(x)+2x^3-3x=4x^3-5x+6$

조립제법을 써서 $4x^3-5x+6$을 $2x+1$로 나누면

$$
\begin{array}{r|rrrr}
-\frac{1}{2} & 4 & 0 & -5 & 6 \\
& & -2 & 1 & 2 \\
\hline
& 4 & -2 & -4 & \,|\,8 \\
\end{array}
$$

즉 $4x^3-5x+6=\left(x+\dfrac{1}{2}\right)(4x^2-2x-4)+8$
$\quad\quad\quad\quad\quad\quad\quad\quad=(2x+1)(2x^2-x-2)+8$

따라서 몫은 $2x^2-x-2$

10 답 10

GUIDE

맨 왼쪽에 있는 빈칸에 들어갈 수를 정한 다음, 밑에서부터 차례로 □ 안에 들어갈 수를 하나씩 구한다.

밑에서 위로 네모 안에 들어갈 수를 하나씩 구해 보면

$$
\begin{array}{r|rrrr}
2 & 2 & -10 & 18 & -10 \\
& & 4 & -12 & 12 \\
\hline
2 & 2 & -6 & 6 & 2 \\
& & 4 & -4 & \\
\hline
2 & 2 & -2 & 2 & \\
& & 4 & & \\
\hline
& 2 & 2 & & \\
\end{array}
$$

맨 윗줄 빈칸에 있는 수를 더하면 $2+(-10)+18+(-10)=0$

나머지 줄도 계산하면 차례로 4, 2, 0, 0, 4

따라서 구하려는 값은 $4+2+4=10$

STEP 2 | 1등급 굳히기
p. 8~13

01	3	02	③	03	④	04	②
05	160	06	8640	07	④	08	②
09	13	10	①	11	③		
12	(1) 3 (2) -24 (3) 243	13	50	14	7		
15	135	16	49	17	(1) 2 (2) $\dfrac{\sqrt{6}}{2}$		
18	15	19	㉠ $ax+by$, ㉡ $bx+ay$, ㉢ $2n^2-2n+1$				
20	5	21	160	22	③		

01 답 3

GUIDE

$\langle x^2+x+1,\ x^2+x\rangle$의 전개식에서 x의 계수와 $\langle x+1,\ x\rangle$의 전개식에서 x의 계수는 같다.

$\langle x+1,\ x\rangle=(x+1)^2+(x+1)x+x^2=3x^2+3x+1$

따라서 x의 계수는 3

02 답 ③

GUIDE

$(A+B)^4=(A+B)(A+B)(A+B)(A+B)$로 놓고 생각한다.

---

x^3항을 무시할 수 있으므로

$(x^2+x+2)(x^2+x+2)(x^2+x+2)(x^2+x+2)$

를 전개했을 때 x^2항이 나오는 경우를 다음과 같이 생각한다.

(i) x^2 하나와 상수들의 곱

x^2을 뽑는 경우가 4가지, 나머지 세 개는 2를 뽑아야 하므로

$4\times 2^3\times x^2=32x^2$

(ii) x 두 개와 상수들의 곱

    x 네 개 중 두 개를 뽑는 경우 6가지, 나머지 두 개는 2를 뽑아야 하므로 $6 \times 2^2 \times x \times x = 24x^2$

따라서 x^2의 계수는 $32 + 24 = 56$

03   답 ④

GUIDE

$(1+a)(1+a^2) \cdots (1+a^{2^n})$ 꼴이 있으면 $(1-a)$를 곱한다.

$$f_n(x) = \frac{1}{x-1}(x-1)(x+1)(x^2+1) \cdots (x^{2^n}+1)$$

$$= \frac{1}{x-1}(x^2-1)(x^2+1) \cdots (x^{2^n}+1)$$

$$= \frac{1}{x-1}(x^{2^{n+1}}-1)$$

즉 $f_7(3) = \dfrac{3^{2^8}-1}{3-1} = \dfrac{3^{256}-1}{2}$ 이므로 $a=256$, $b=2$

따라서 $a+b = 258$

참고

풀이에서는 $f(x) = (x+1)(x^2+1)(x^4+1) \cdots (x^{2^n}+1)$로 생각해 $\dfrac{1}{x-1} \times (x-1)$을 우변에 곱했다.

04   답 ②

GUIDE

❶ $x+y+z=1$을 이용하면

$$(x+y)(y+z)(x+z) = (1-z)(1-x)(1-y)$$
$$= 1 - (x+y+z) + (xy+yz+zx) - xyz$$

❷ $\dfrac{1}{x} + \dfrac{1}{y} + \dfrac{1}{z} = -2$, $xyz = \dfrac{1}{2}$에서 $xy+yz+zx$의 값을 구한다.

$\dfrac{1}{x} + \dfrac{1}{y} + \dfrac{1}{z} = \dfrac{xy+yz+zx}{xyz} = 2(xy+yz+zx) = -2$에서

$xy+yz+zx = -1$, 또 $x+y+z=1$이므로

$$(x+y)(y+z)(x+z)$$
$$= (1-z)(1-x)(1-y)$$
$$= 1 - (x+y+z) + (xy+yz+zx) - xyz$$
$$= 1 - 1 + (-1) - \frac{1}{2} = -\frac{3}{2}$$

따라서 $6(x+y)(y+z)(z+x) = 6 \times \left(-\dfrac{3}{2}\right) = -9$

05   답 160

GUIDE

치환을 생각하기에 좋은 문제이다. 문자로 표현해 보면 주어진 식이 순환형인 것을 알 수 있다.

$a=3$, $b=\sqrt{11}$, $c=\sqrt{20}$이라 하고, $a+b+c=X$라 놓으면

$a+b-c = X-2c$, $a-b+c = X-2b$, $-a+b+c = X-2a$

이므로

$(3+\sqrt{11}+\sqrt{20})^2 + (3+\sqrt{11}-\sqrt{20})^2$
    $+ (3-\sqrt{11}+\sqrt{20})^2 + (-3+\sqrt{11}+\sqrt{20})^2$

$$= X^2 + (X-2c)^2 + (X-2b)^2 + (X-2a)^2$$
$$= 4X^2 - 4X(a+b+c) + 4(a^2+b^2+c^2)$$
$$= 4(a^2+b^2+c^2)$$
$$= 4 \times (9+11+20) = 160$$

LECTURE

$(a+b+c)^2 + (a+b-c)^2 + (a-b+c)^2 + (-a+b+c)^2$
$$= 4a^2 + 4b^2 + 4c^2 + 2ab + 2bc + 2ca + 2ab - 2bc - 2ca$$
$$- 2ab - 2bc + 2ca - 2ab + 2bc + 2ca$$
$$= 4a^2 + 4b^2 + 4c^2$$

06   답 8640

GUIDE

$2^3 \times 3^4 \times 5$의 약수는 $(1+2+2^2+2^3)(1+3+3^2+3^3+3^4)(1+5)$를 전개한 각 항 중에서 $2^2 \times 3$을 포함하는 것을 찾아야 한다.

$A = 2^3 \times 3^4 \times 5$의 양의 약수는

$2^\alpha \times 3^\beta \times 5^\gamma$ $(\alpha=0, 1, 2, 3, \beta=0, 1, 2, 3, 4, \gamma=0, 1)$ 꼴이므로 $12 = 2^2 \times 3$의 배수가 되려면 α는 2 이상, β는 1 이상이어야 한다. 따라서 $2^3 \times 3^4 \times 5$의 양의 약수 중 12의 배수의 합은

$(2^2+2^3)(3+3^2+3^3+3^4)(1+5) = 8640$

LECTURE

$A = 2^\alpha \times 3^\beta \times 5^\gamma$일 때

❶ A의 약수 : $(1+2+2^2+\cdots+2^\alpha)(1+3+\cdots+3^\beta)(1+5+\cdots+5^\gamma)$ 을 전개했을 때 생기는 각각의 항

❷ A의 약수의 개수 : $(\alpha+1)(\beta+1)(\gamma+1)$

07   답 ④

GUIDE

❶ $\overline{PQ}=1$, $\overline{AR}=a^2$임을 이용해 $\overline{MN}$의 길이를 구한다.

❷ $M\left(\dfrac{a-1}{2}, \dfrac{a^2+1}{2}\right)$이고, 점 N의 x좌표는 점 B의 x좌표와 같다.

$\overline{PQ}=1$, $\overline{AR}=a^2$이므로

$$\overline{MN} = \frac{1}{2} \times (\overline{PQ} + \overline{AR}) = \boxed{\frac{1+a^2}{2}} \text{이다.}$$

또한 $\overline{MB} = \overline{MN} - \overline{BN} = \boxed{\dfrac{1+a^2}{2}} - \left(\dfrac{a-1}{2}\right)^2$

$$= \boxed{\left(\frac{a+1}{2}\right)^2} \text{이다.}$$

따라서 삼각형 PAB의 넓이를 S라 하면

$$S = 2 \times \triangle MAB = 2 \times \frac{1}{2} \times \overline{MB} \times \overline{NR}$$

$$= 2 \times \frac{1}{2} \times \left(\frac{a+1}{2}\right)^2 \times \frac{a+1}{2} = \frac{(a+1)^3}{\boxed{8}}$$

이므로 $f(a) = \dfrac{1+a^2}{2}$, $g(a) = \left(\dfrac{a+1}{2}\right)^2$, $k=8$이다.

$\therefore f(3) + g(5) + k = 5 + 9 + 8 = 22$

사다리꼴 ABCD에서 $\overline{MN}$의 길이는
보조선 $\overline{AC}$를 그어 생각한다.

$\overline{MN}=\overline{MP}+\overline{NP}=\dfrac{1}{2}(\overline{BC}+\overline{AD})$

※ 중점 연결 정리에서

$\overline{MP}=\dfrac{1}{2}\overline{BC}$, $\overline{NP}=\dfrac{1}{2}\overline{DA}$

08 답 ②

GUIDE

$\dfrac{5y+y^2}{x^2}+\dfrac{5x+x^2}{y^2}=\dfrac{(x^4+y^4)+5(x^3+y^3)}{x^2y^2}$이고,

$x^4+y^4=(x^2+y^2)^2-2x^2y^2$이다. 이때 $x+y=-4$, $xy=1$임을 이용한다.

$\dfrac{5y+y^2}{x^2}+\dfrac{5x+x^2}{y^2}=\dfrac{(x^4+y^4)+5(x^3+y^3)}{x^2y^2}$

이때 $x+y=-4$, $xy=1$이므로

$x^2+y^2=(x+y)^2-2xy=16-2=14$

$x^3+y^3=(x+y)^3-3xy(x+y)=-64+12=-52$

$x^4+y^4=(x^2+y^2)^2-2x^2y^2=196-2=194$

따라서

$\dfrac{(x^4+y^4)+5(x^3+y^3)}{x^2y^2}=\dfrac{194+5\times(-52)}{1^2}=-66$

다른 풀이 차수 낮추기 이용

$x=-2+\sqrt{3}$에서 $(x+2)^2=(\sqrt{3})^2$, 즉 $x^2+4x=-1$이므로

$x^2+5x=(x^2+4x)+x=x-1$

같은 방법으로 $y^2+5y=y-1$

09 답 13

GUIDE

$(ax+by)^2+(bx-ay)^2=a^2x^2+b^2y^2+b^2x^2+a^2y^2$
$\qquad\qquad\qquad\qquad\quad =(x^2+y^2)a^2+(x^2+y^2)b^2$
$\qquad\qquad\qquad\qquad\quad =(x^2+y^2)(a^2+b^2)$

즉 $(a^2+b^2)(x^2+y^2)=(ax+by)^2+(bx-ay)^2$임을 이용한다.

$a^2+b^2=25$, $x^2+y^2=289$, $ax+by=84$에서

$(a^2+b^2)(x^2+y^2)=(ax+by)^2+(bx-ay)^2$이므로

$25\times289=84^2+(bx-ay)^2$이다.

그런데 $25\times289=5^2\times17^2=(5\times17)^2=85^2$

따라서 $(bx-ay)^2=85^2-84^2=(85+84)(85-84)=169$

$\therefore \square=|bx-ay|=13$

참고

25×289를 직접 계산하면 시간이 더 걸린다.

10 답 ①

GUIDE

$x^3-\dfrac{1}{x^3}$의 값을 구하려면 $x-\dfrac{1}{x}$의 값을 알아야 한다.

$x^4-6x^2+1=0$의 양변을 x^2으로 나누면 $x^2+\dfrac{1}{x^2}=6$

$\left(x-\dfrac{1}{x}\right)^2=x^2+\dfrac{1}{x^2}-2=4$에서 $x-\dfrac{1}{x}=-2$

$\qquad\qquad\qquad\left(\because 0<x<1$이므로 $x-\dfrac{1}{x}<0\right)$

따라서

$x^3-\dfrac{1}{x^3}=\left(x-\dfrac{1}{x}\right)^3+3\left(x-\dfrac{1}{x}\right)=-8+3\times(-2)=-14$

11 답 ③

GUIDE

$a^2\times b^2$, a^2+b^2을 생각해야 하는 것은 당연하다. 이 결과에서 ab, $a+b$, a^3+b^3의 값을 각각 구해 본다. 이때 $a>0$, $b<0$임을 주의한다.

ㄱ. $a^2b^2=(8+4\sqrt{3})(8-4\sqrt{3})=16$
　　이때 $a>0$, $b<0$에서 $ab<0$이므로 $ab=-4$ (○)

ㄴ. $(a+b)^2=a^2+b^2+2ab=8$
　　이때 $a^2>b^2$이므로 a의 절댓값이 b의 절댓값보다 크다.
　　따라서 $a+b>0$이므로 $a+b=2\sqrt{2}$ (×)

ㄷ. $a^3+b^3=(a+b)^3-3ab(a+b)$
　　　　　　$=(2\sqrt{2})^3-3\times(-4)\times2\sqrt{2}=40\sqrt{2}$ (○)

1등급 NOTE

❶ 풀이 과정에서 $a^2b^2=16$, $(a+b)^2=8$을 얻을 수 있는데, 습관적으로 $ab=\pm4$, $a+b=\pm2\sqrt{2}$라 하지 말고, $a>0$, $b<0$인 조건을 이용하도록 한다.

❷ $a^2>b^2$이면 $a^2-b^2>0$, 즉 $(a+b)(a-b)>0$이고, $a>0$, $b<0$이므로 $a-b>0$이다. 따라서 $a+b>0$이다.

12 답 (1) 3　(2) -24　(3) 243

GUIDE

(3)에서 $ax+by=X$, $bx+ay=Y$라 놓고 X^3+Y^3을 구하는 문제이다. 따라서 $X+Y$, XY를 알아야 한다.

(1) $ax+by+bx+ay=x(a+b)+y(a+b)$
　　　　　　　　　　$=(x+y)(a+b)=3$

(2) $x+y=xy=-1$에서 $x^2+y^2=(x+y)^2-2xy=1+2=3$
　　$a+b=ab=-3$에서 $a^2+b^2=(a+b)^2-2ab=9+6=15$
　　$\therefore (ax+by)(bx+ay)=ab(x^2+y^2)+xy(a^2+b^2)$
　　　　　　　　　　　　　　　$=-24$

(3) $X=ax+by$, $Y=bx+ay$로 놓으면
　　(1), (2)에서 $X+Y=3$, $XY=-24$이므로
　　$X^3+Y^3=(X+Y)^3-3XY(X+Y)=243$

참고

(1), (2)의 과정을 주지 않고 (3)만 문제로 주는 경우, (1), (2)의 과정에 따라 풀 수 있음을 기억한다.

13 답 50

$a^3=20-14\sqrt{2}$, $b^3=20+14\sqrt{2}$에서 a, b를 따로 구하려 하지 말고 a^3+b^3, $a^3 \times b^3$에서 $a+b$를 구한다.

$a^3=20-14\sqrt{2}$, $b^3=20+14\sqrt{2}$이므로

$a^3+b^3=40$이고, $a^3b^3=8$에서 $ab=2$

$a^3+b^3=(a+b)^3-3ab(a+b)$에서 $40=x^3-3\times 2x$

즉 $x^3-6x=40$이므로 $x^3-6x+10=40+10=50$

14 답 7

❶ $\overline{MN} \parallel \overline{BC}$이다.

❷ $\overline{AN}=\overline{NC}=x$이다.

❸ $\overline{PM}$을 연장한 선분이 원과 만나는 점을 생각한다.

※ 삼각형의 닮음을 이용할 수도 있다.

삼각형의 중점 연결 정리에서 $\overline{MN} \parallel \overline{BC}$이고, $\overline{AN}=\overline{MN}=x$ 직선 MN이 삼각형 ABC의 외접원과 만나는 다른 한 점을 Q라 하면 점 A를 지나는 원의 지름에 대해 오른쪽 그림은 좌우 대칭이다.

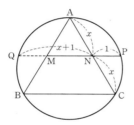

즉 $\overline{QM}=\overline{NP}=1$이므로 $\overline{QN}=x+1$

이때 $\overline{NA}\times\overline{NC}=\overline{NP}\times\overline{NQ}$에서 $x\times x=1\times(x+1)$

즉 $x^2-x-1=0$이므로 $x-\dfrac{1}{x}=1$

$x^2+\dfrac{1}{x^2}=\left(x-\dfrac{1}{x}\right)^2+2=3$

$\therefore x^4+\dfrac{1}{x^4}=\left(x^2+\dfrac{1}{x^2}\right)^2-2=9-2=7$

삼각형의 닮음 이용

그림과 같이 직선 MN이 삼각형 ABC의 외접원과 만나는 점을 Q라 하면

$\angle AQP = \angle ACP$ ($\because$ 원주각)

이므로

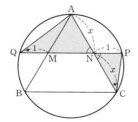

$\triangle AQN \backsim \triangle PCN$ (AA 닮음)이다.

$\overline{QN} : \overline{AN}=\overline{CN} : \overline{NP}$에서 $(1+x) : x=x : 1$, $1+x=x^2$

즉 $x^2-x-1=0$이므로 $x-\dfrac{1}{x}=1$

이하 풀이는 앞과 같다.

중점 연결 정리에서 $\overline{MN} \parallel \overline{BC}$이므로 $\triangle AMN$이 정삼각형이다. 따라서 $\overline{AN}=\overline{CN}=x$이다.

15 답 135

❶ a, b, c 중 적어도 하나가 0이면 $abc=0$이다.

❷ $(x-3)(y-3)(2z-3)=0$을 전개하면 조건 ㈏에서 보이는 내용들을 찾을 수 있다.

조건 ㈎에서 $(x-3)(y-3)(2z-3)=0$이므로

좌변을 전개하면

$2xyz-3(xy+2yz+2zx)+9(x+y+2z)-27=0$

조건 ㈏의 $3(x+y+2z)=xy+2yz+2zx$를

위 식에 대입하면

$2xyz-9(x+y+2z)+9(x+y+2z)-27=0$

따라서 $2xyz=27$이므로 $10xyz=135$

x, y, $2z$ 중에서 적어도 하나는 3이므로 $x=3$이라 하면

조건 ㈏에서 $9+3y+6z=3y+2yz+6z$ $\therefore 9=2yz$

따라서 $10xyz=5\times x\times 2yz=5\times 3\times 9=135$

※ $y=3$ 또는 $2z=3$으로 놓고 풀어도 마찬가지 답을 얻는다.

16 답 49

❶ 문제의 조건에서 $x+y+z=6$, $xy+yz+zx=11$, $xyz=6$을 얻는다.

❷ ❶을 이용해 $x^2y^2+y^2z^2+z^2x^2$의 값을 구한다.

$(x+y+z)^2=x^2+y^2+z^2+2(xy+yz+zx)$

$6^2=x^2+y^2+z^2+2\times 11$ $\therefore x^2+y^2+z^2=14$

$(xy+yz+zx)^2=x^2y^2+y^2z^2+z^2x^2+2xyz(x+y+z)$

$11^2=x^2y^2+y^2z^2+z^2x^2+2\times 6\times 6$

$\therefore x^2y^2+y^2z^2+z^2x^2=49$

$(x^2+y^2+z^2)^2=x^4+y^4+z^4+2(x^2y^2+y^2z^2+z^2x^2)$에서

$x^2+y^2+z^2=14$, $x^2y^2+y^2z^2+z^2x^2=49$이므로

$14^2=x^4+y^4+z^4+2\times 49$ $\therefore x^4+y^4+z^4=98$

$\dfrac{1}{x^2}+\dfrac{1}{y^2}+\dfrac{1}{z^2}=\dfrac{x^2y^2+y^2z^2+z^2x^2}{x^2y^2z^2}=\dfrac{49}{6^2}=\dfrac{49}{36}$

$\therefore x^4+y^4+z^4-36\left(\dfrac{1}{x^2}+\dfrac{1}{y^2}+\dfrac{1}{z^2}\right)=98-36\times\dfrac{49}{36}=49$

17 답 (1) 2 (2) $\dfrac{\sqrt{6}}{2}$

❶ $\left(\dfrac{1}{a}+\dfrac{1}{b}+\dfrac{1}{c}\right)^2=\dfrac{1}{a^2}+\dfrac{1}{b^2}+\dfrac{1}{c^2}+2\left(\dfrac{1}{ab}+\dfrac{1}{bc}+\dfrac{1}{ca}\right)$

❷ $a+b+c=2abc$의 양변을 abc로 나눈다.

(1) $a+b+c=2abc$의 양변을 abc로 나누면

$\dfrac{1}{bc}+\dfrac{1}{ac}+\dfrac{1}{ab}=2$

이때 $\dfrac{1}{a}=x$, $\dfrac{1}{b}=y$, $\dfrac{1}{c}=z$로 치환하면

$$x+y+z=\sqrt{6},\ xy+yz+zx=2$$
$$\therefore\ x^2+y^2+z^2=(x+y+z)^2-2(xy+yz+zx)$$
$$=6-4=2$$

(2) (1)에서 $x^2+y^2+z^2=xy+yz+zx=2$이므로
$$x^2+y^2+z^2-xy-yz-zx$$
$$=\frac{1}{2}\{(x-y)^2+(y-z)^2+(z-x)^2\}=0$$

실수 $a,\ b,\ c$ 조건에서 그 역수인 $x,\ y,\ z$도 실수이므로
$x=y=z$이고 $a=b=c$이다.

즉 $x+y+z=3x=\sqrt{6}$에서 $x=\dfrac{\sqrt{6}}{3}$이고
$$a=\frac{1}{x}=\frac{3}{\sqrt{6}}=\frac{\sqrt{6}}{2}$$

1등급 NOTE

❶ $\dfrac{1}{a},\dfrac{1}{b},\dfrac{1}{c}$을 직접 다루기가 불편하다면 익숙한 꼴인 $x,\ y,\ z$로 치환하는 것을 생각한다.

❷ $\dfrac{1}{ab}+\dfrac{1}{bc}+\dfrac{1}{ca}$은 $a+b+c=2abc$의 양변을 abc로 나누어 얻을 수 있다.

18 ⓐ 15

GUIDE

❶ 지름 길이가 5 ⇨ $2(r_1+r_2+r_3)=5$

❷ $3(O_1+O_2+O_3)=2\left\{\dfrac{25}{4}\pi-\pi(r_1^{\ 2}+r_2^{\ 2}+r_3^{\ 2})\right\}$

$r_1+r_2+r_3=\dfrac{5}{2}$이고,

(원 $O_1,\ O_2,\ O_3$ 넓이 합의 3배) $=3\pi(r_1^{\ 2}+r_2^{\ 2}+r_3^{\ 2})$

(색칠한 부분 넓이의 2배) $=2\left\{\dfrac{25}{4}\pi-\pi(r_1^{\ 2}+r_2^{\ 2}+r_3^{\ 2})\right\}$

$3\pi(r_1^{\ 2}+r_2^{\ 2}+r_3^{\ 2})=2\left\{\dfrac{25}{4}\pi-\pi(r_1^{\ 2}+r_2^{\ 2}+r_3^{\ 2})\right\}$에서

$r_1^{\ 2}+r_2^{\ 2}+r_3^{\ 2}=\dfrac{5}{2}$

따라서
$$8(r_1r_2+r_2r_3+r_3r_1)=8\times\frac{1}{2}\{(r_1+r_2+r_3)^2-(r_1^{\ 2}+r_2^{\ 2}+r_3^{\ 2})\}$$
$$=4\times\left(\frac{25}{4}-\frac{5}{2}\right)=15$$

19 ⓐ ㉠ $ax+by$, ㉡ $bx+ay$, ㉢ $2n^2-2n+1$

GUIDE

❶ **12번** 문제에서 익힌
$(a^2+b^2)(x^2+y^2)=(ax+by)^2+(bx-ay)^2$을 생각한다.

❷ $4n^2-4n+1$을 연속한 두 정수의 합의 꼴로 나타낸다.

(ⅰ) $c^2=a^2+b^2,\ z^2=x^2+y^2$이므로
$$(cz)^2=(a^2+b^2)(x^2+y^2)$$
$$=a^2x^2+b^2x^2+a^2y^2+b^2y^2$$
$$=(a^2x^2+b^2y^2+2abxy)+(b^2x^2+a^2y^2-2abxy)$$
$$=(ax+by)^2+(bx-ay)^2$$

에서 ㉠ $ax+by$

또는
$$(cz)^2=(a^2+b^2)(x^2+y^2)$$
$$=a^2x^2+b^2x^2+a^2y^2+b^2y^2$$
$$=(a^2x^2+b^2y^2-2abxy)+(b^2x^2+a^2y^2+2abxy)$$
$$=(by-ax)^2+(bx+ay)^2$$

에서 ㉡ $bx+ay$

(ⅱ) $(2n-1)^2=4n^2-4n+1$
$$=(2n^2-2n+1)+(2n^2-2n)\quad\cdots\cdots\ ①$$

이므로 ㉢ $2n^2-2n+1$

①의 양변에 $(2n^2-2n+1)-(2n^2-2n)$을 곱하면
$$(2n-1)^2=(2n^2-2n+1)^2-(2n^2-2n)^2$$
$$(\because\ (2n^2-2n+1)-(2n^2-2n)=1)$$

즉 $(2n-1)^2+(2n^2-2n)^2=(2n^2-2n+1)^2$

따라서 $(2n-1,\ 2n^2-2n,\ 2n^2-2n+1)$은
$n\geq2$일 때 피타고라스 수이다.

참고

$a<b<c,\ x<y<z$에서 $bx-ay$의 부호를 알 수 없기 때문에
$|bx-ay|$로 나타내야 하고, $by>ax$이므로 $by-ax>0$이다.

20 ⓐ 5

GUIDE

❶ 직육면체의 각 모서리 길이를 $n+1$로 나누어 구한 몫이 $p,\ q,\ r$이면 한 모서리 길이가 $n+1$인 정육면체는 최대 $p\times q\times r$개 생긴다.

❷ 나머지가 음수가 되지 않도록 몫을 정한다.

가로 : $n^2+3n=(n+1)(n+1)+(n-1)$

세로 : $2n+3=(n+1)\times2+1$

높이 : $n^3+3n^2+2n+2=(n+1)(n^2+2n)+2$

따라서 한 모서리 길이가 $n+1$인 정육면체를 최대
$(n+1)\times2\times(n^2+2n)$, 즉 $2n(n+1)(n+2)$개 얻을 수 있다.

그러므로 $a+b+c=2+1+2=5$

21 ⓐ 160

GUIDE

$f(x)=a(x-p)^n+b(x-p)^{n-1}+\cdots+d(x-p)+e$ 꼴이면 연조립제법에서 계수 $a,\ b,\ c,\ d,\ e$를 구하는 것을 생각한다.

$\mathrm{P}[2, 0, -5, 1, x] = 2x^3 - 5x + 1$

$\mathrm{P}[a, b, c, d, x+1] = a(x+1)^3 + b(x+1)^2 + c(x+1) + d$

이므로 $2x^3 - 5x + 1 = a(x+1)^3 + b(x+1)^2 + c(x+1) + d$

```
-1 | 2    0   -5    1
   |     -2    2    3
-1 | 2   -2   -3  | 4
   |     -2    4
-1 | 2   -4  | 1
   |     -2
     2  |-6
```

따라서 $a = 2$, $b = -6$, $c = 1$, $d = 4$이므로

$\mathrm{P}[10a, b, 10c, d, 2] = \mathrm{P}[20, -6, 10, 4, 2]$
$= 20 \times 2^3 - 6 \times 2^2 + 10 \times 2 + 4$
$= 160$

1등급 NOTE

$x + 1 = t$로 치환하여 계수비교법으로 a, b, c, d를 구할 수도 있다.

22 답 ③

GUIDE

[그림 2]에서 $f(x) = (x-1)\{(2x-3)P(x) + S\} + R$이므로
$f(x)$를 연속해서 $x-1$, $2x-3$으로 조립제법한 결과와 비교한다.

```
    1 | 8    0   -4    0    7
      |      8    8    4    4
3/2 | 8    8    4    4 | 11
      |     12   30   51
        8   20   34 | 55
```

$\therefore 8x^4 - 4x^2 + 7$
$= (x-1)(8x^3 + 8x^2 + 4x + 4) + 11$
$= (x-1)\left\{\left(x - \dfrac{3}{2}\right)(8x^2 + 20x + 34) + 55\right\} + 11$
$= (x-1)\{(2x-3)(4x^2 + 10x + 17) + 55\} + 11$

따라서 $R = 11$, $S = 55$, $Q(x) = 8x^3 + 8x^2 + 4x + 4$,
$P(x) = 4x^2 + 10x + 17$

ㄱ. $R + S = 11 + 55 = 66$ (◯)

ㄴ. $Q(1) = 8 + 8 + 4 + 4 = 24$ (◯)

ㄷ. $P(1) = 4 + 10 + 17 = 31$ (×)

주의

$P(x) = 8x^2 + 20x + 34$로 생각하면 안된다.
또 $f(x) = (x-1)(2x-3)(4x^2 + 10x + 17) + 55$라 하지 않도록 한다.

STEP 3 | 1등급 뛰어넘기   p. 14~16

01 (1) $A = 3$, $B = 83$, $C = 17$ (2) 38317	**02** 187	
03 $10x^2 - 12x + 5$	**04** ②	**05** ②
06 (1) $x^5 + 1$ (2) 0 (3) 1	**07** ⑤	**08** 40
09 (1) 1 (2) 24개	**10** ④	**11** $2 + \sqrt{2}$

01 답 (1) $A = 3$, $B = 83$, $C = 17$ (2) 38317

GUIDE

❶ $x + 1 = t$로 치환한다.
❷ 치환한 식을 전개해 계수를 구한다.

(1) $x + 1 = t$라 하면 $x = t - 1$이므로
$f(x+1) = Ax^2 + Bx + C$에 대입하면
$f(t) = A(t-1)^2 + B(t-1) + C$
$= At^2 + (-2A + B)t + (A - B + C)$
$= 3t^2 + 77t - 63$
$\therefore A = 3$, $B = 83$, $C = 17$

(2) (1)에서 $f(x+1) = 3x^2 + 83x + 17$이므로
$f(101) = 3 \times 10000 + 83 \times 100 + 17 = 38317$

채점 기준	배점
(1) A, B, C의 값 구하기	70%
(2) $f(101)$의 값 구하기	30%

02 답 187

GUIDE

❶ $(1+2+3)^2 = 1^2 + 2^2 + 3^2 + 2(1 \times 2 + 2 \times 3 + 3 \times 1)$
❷ $(1+2+3+4)^2$
$= 1^2 + 2^2 + 3^2 + 4^2 + 2(1 \times 2 + 1 \times 3 + 1 \times 4 + 2 \times 3 + 2 \times 4 + 3 \times 4)$
❸ 규칙을 생각한다.

$(x+1)(x+2)(x+3) \times \cdots \times (x+10)$
$= x^{10} + (1 + 2 + \cdots + 10)x^9 + (1 \times 2 + 1 \times 3 + \cdots + 9 \times 10)x^8 + \cdots$

$\therefore A = 1 + 2 + \cdots + 10 = \dfrac{10 \times 11}{2} = 55$

$B = 1 \times 2 + 1 \times 3 + \cdots + 9 \times 10$이다. 이때
$(1 + 2 + 3 + \cdots + 10)^2 = (1^2 + 2^2 + \cdots + 10^2) + 2B$에서
$1^2 + 2^2 + \cdots + 10^2 = \dfrac{10 \times 11 \times 21}{6} = 385$이므로

$B = \dfrac{55^2 - 385}{2} = 1320$

따라서 $A + \dfrac{B}{10} = 55 + 132 = 187$

1등급 NOTE

$(a+b+c)^2 = (a^2 + b^2 + c^2) + 2(ab + bc + ca)$
$(a+b+c+d)^2$
$= (a^2 + b^2 + c^2 + d^2) + 2(ab + ac + ad + bc + bd + cd)$
$(a+b+c+d+e)^2$
$= (a^2 + b^2 + c^2 + d^2 + e^2)$
$\quad + 2(ab + ac + ad + ae + bc + bd + be + cd + ce + de)$

※ 이렇게 생각할 수 있다. 즉 규칙성이 있다.

・(a, b, c, d)에서 두 개씩 곱한 경우는 ⇨ ab, ac, ad, bc, bd, cd
・(a, b, c, d, e)에서 두 개씩 곱한 경우는

⇨ $ab, ac, ad, ae, bc, bd, be, cd, ce, de$

03 ⑤ $10x^2-12x+5$

GUIDE

x^5+3x-1
$=A(x-1)^5+B(x-1)^4+C(x-1)^3+D(x-1)^2+E(x-1)+F$
로 나타내면, x^5+3x-1을 $(x-1)^3$으로 나눈 나머지는
$D(x-1)^2+E(x-1)+F$이다.

조립제법을 이용하면 아래와 같다.

$$
\begin{array}{r|rrrrrr}
1 & 1 & 0 & 0 & 0 & 3 & -1 \\
& & 1 & 1 & 1 & 1 & 4 \\
\hline
1 & 1 & 1 & 1 & 1 & 4 & \boxed{3} \\
& & 1 & 2 & 3 & 4 & \\
\hline
1 & 1 & 2 & 3 & 4 & \boxed{8} & \\
& & 1 & 3 & 6 & & \\
\hline
& 1 & 3 & 6 & \boxed{10} & &
\end{array}
$$

따라서
x^5+3x-1
$=a(x-1)^5+b(x-1)^4+c(x-1)^3+10(x-1)^2+8(x-1)+3$
이므로 x^5+3x-1을 $(x-1)^3$으로 나눈 나머지는
$10(x-1)^2+8(x-1)+3$, 즉 $10x^2-12x+5$

참고

다항식 $f(x)$를 $(x-\alpha)^n$ 꼴로 나눈 나머지를 구하는 문제일 때 이 방법을 이용할 수 있다.

04 ⑤ ②

GUIDE

두 번씩 나타나는 부분이 있으므로 치환하는 것을 생각한다.
또 $a+b+c=0$ 조건에 $a^3+b^3+c^3$이 함께 있으면 $a^3+b^3+c^3=3abc$를 이용한다.

$a+b+c=x$, $a^2+b^2+c^2=y$, $\dfrac{2}{a}+\dfrac{2}{b}+\dfrac{2}{c}=z$라 하면

(가) $x+z=3$ (나) $y+z=4$ (다) $y+x=1$

세 식을 모두 변끼리 더하면 $x+y+z=4$이므로
$x=0$, $y=1$, $z=3$

따라서 $a+b+c=0$, $a^2+b^2+c^2=1$, $\dfrac{2}{a}+\dfrac{2}{b}+\dfrac{2}{c}=3$

$\dfrac{2}{a}+\dfrac{2}{b}+\dfrac{2}{c}=\dfrac{2(ab+bc+ca)}{abc}=3$에서

$2(ab+bc+ca)=3abc$

$(a+b+c)^2=a^2+b^2+c^2+2(ab+bc+ca)$에서

$0=1+3abc$ ∴ $abc=-\dfrac{1}{3}$

또한 $a+b+c=0$이므로 $a^3+b^3+c^3=3abc$이다.

∴ $a^3+b^3+c^3+3abc=6abc=-2$

$(a+b+c)(a^2+b^2+c^2-ab-bc-ca)=a^3+b^3+c^3-3abc$에서
$a+b+c=0$이면 $a^3+b^3+c^3-3abc=0$
∴ $a^3+b^3+c^3=3abc$

05 ⑤ ②

GUIDE

l, L, S, V를 각각 a, b, c에 대한 식으로 나타낸 다음, 보기에 주어진 식이 성립하는지 확인한다. 이때 $a+b+c$, $ab+bc+ca$, abc를 식의 기본 요소로 활용한다. 또 식의 변형 과정에서 실수하지 않도록 주의한다.

$l=4(a+b+c)$, $L^2=a^2+b^2+c^2$, $S=2(ab+bc+ca)$,
$V=abc$

ㄱ. $(a+b+c)^2=a^2+b^2+c^2+2(ab+bc+ca)$

즉 $\left(\dfrac{l}{4}\right)^2=L^2+S$이므로 $l^2=16(L^2+S)$이다. (×)

ㄴ. $a^3+b^3+c^3$
$=(a+b+c)(a^2+b^2+c^2-ab-bc-ca)+3abc$
$=(a+b+c)\{(a+b+c)^2-3(ab+bc+ca)\}+3abc$
$=(a+b+c)^3-3(a+b+c)(ab+bc+ca)+3abc$
$=\dfrac{1}{64}l^3-\dfrac{3}{8}lS+3V$ (○)

ㄷ. $a^2b^2+b^2c^2+c^2a^2$
$=(ab+bc+ca)^2-2abc(a+b+c)$
$=\left(\dfrac{S}{2}\right)^2-2V\times\dfrac{l}{4}$
$=\dfrac{S^2-2lV}{4}$ (×)

따라서 옳은 것은 ㄴ

06 ⑤ (1) x^5+1 (2) 0 (3) 1

GUIDE

❶ $(x+1)(x^{n-1}-x^{n-2}+\cdots-x+1)=x^n+1$ (단, n은 홀수)
❷ $x=p+\sqrt{q}$ 꼴이 있으면 $x-p=\sqrt{q}$의 양변을 제곱해서 정리한 식을 이용한다.

(1) $(x+1)(x^4-x^3+x^2-x+1)$
$=(x^5-x^4+x^3-x^2+x)+(x^4-x^3+x^2-x+1)$
$=x^5+1$

(2) $\dfrac{1+\sqrt{5}}{2}=x$에서 $2x-1=\sqrt{5}$이고, 양변을 제곱해 정리하면

$4x^2-4x+1=5$ ∴ $x^2-x-1=0$

(3) (2)에서 $\left(a+\dfrac{1}{a}\right)^2-\left(a+\dfrac{1}{a}\right)-1=0$이므로

$a^2+\dfrac{1}{a^2}+2-a-\dfrac{1}{a}-1=0$

양변에 a^2을 곱하고 정리하면

$a^4-a^3+a^2-a+1=0$

양변에 $(a+1)$을 곱하면 $a^5+1=0$, 즉 $a^5=-1$

따라서 $a^{100}=(a^5)^{20}=(-1)^{20}=1$

07 답 ⑤

GUIDE

$x^2+y^2+z^2-xy-yz-zx=\dfrac{1}{2}\{(x-y)^2+(y-z)^2+(z-x)^2\}$

임을 이용한다. 이 꼴에서 보기의 내용을 확인하기가 훨씬 더 쉽다.

$f(x, y, z)=\dfrac{1}{2}\{(x-y)^2+(y-z)^2+(z-x)^2\}$

ㄱ. $f(kx, ky, kz)$

$\quad=\dfrac{1}{2}\{(kx-ky)^2+(ky-kz)^2+(kz-kx)^2\}$

$\quad=\dfrac{1}{2}\{(x-y)^2+(y-z)^2+(z-x)^2\}\times k^2$

$\quad=k^2 f(x, y, z)\ (\bigcirc)$

ㄴ. $f(a+x, a+y, a+z)$

$\quad=\dfrac{1}{2}\{(x-y)^2+(y-z)^2+(z-x)^2\}$

$\quad=f(x, y, z)=f(z, x, y)\ (\bigcirc)$

ㄷ. $(3x-2y-2z)-(3y-2z-2x)=5x-5y,$

$(3y-2z-2x)-(3z-2x-2y)=5y-5z,$

$(3z-2x-2y)-(3x-2y-2z)=5z-5x$이므로

$f(3x-2y-2z, 3y-2z-2x, 3z-2x-2y)$

$\quad=\dfrac{1}{2}\{(5x-5y)^2+(5y-5z)^2+(5z-5x)^2\}$

$\quad=\dfrac{1}{2}\{(x-y)^2+(y-z)^2+(z-x)^2\}\times 5^2$

$\quad=25f(x, y, z)\ (\bigcirc)$

08 답 40

GUIDE

주어진 대각선과 만나는 다른 대각선을 하나 그었을 때 생기는 삼각형의 닮음을 이용한다. 이때 닮음비에서 $x-\dfrac{1}{x}$의 값을 구하는 식을 만든다.

정오각형의 한 내각 크기는 $108°$

이므로 이등변삼각형 ABE에서

$\angle ABE=\angle AEB$

$=\dfrac{1}{2}(180°-108°)$

$=36°$

마찬가지로 $\angle BAC=36°$

또한 $\triangle AFE$에서 $\angle AFE=\angle FAE=72°$이므로

$\overline{FE}=\overline{AE}=1$

이때 $\triangle ABE\backsim\triangle FAB$ (AA 닮음)이므로

$\overline{AB}:\overline{BE}=\overline{FA}:\overline{AB}$에서 $1:x=(x-1):1,$

$x^2-x-1=0$에서 양변을 x로 나누면 $x-\dfrac{1}{x}=1$

$\left(x+\dfrac{1}{x}\right)^2=\left(x-\dfrac{1}{x}\right)^2+4=5$

$\therefore x+\dfrac{1}{x}=\sqrt{5}\ (\because x>0)$

$x^3-\dfrac{1}{x^3}=\left(x-\dfrac{1}{x}\right)^3+3\left(x-\dfrac{1}{x}\right)=1^3+3\times1=4$

$x^3+\dfrac{1}{x^3}=\left(x+\dfrac{1}{x}\right)^3-3\left(x+\dfrac{1}{x}\right)=5\sqrt{5}-3\sqrt{5}=2\sqrt{5}$

$\therefore \left(x^6-\dfrac{1}{x^6}\right)\left(x+\dfrac{1}{x}\right)=4\times2\sqrt{5}\times\sqrt{5}=40$

09 답 (1) 1 (2) 24개

GUIDE

$1\times2\times3\times4\times\cdots$ 처럼 연속한 자연수의 곱에서는 소인수 5의 개수만큼 끝자리에 0이 생긴다.

(1) $a\star b=a+b+ab=(a+1)(b+1)-1$로 나타낼 수 있으므로

$(a\star b)\star c=[\{(a+1)(b+1)-1\}+1](c+1)-1$

$\qquad\qquad\quad=(a+1)(b+1)(c+1)-1$

따라서 □ 안에 들어갈 수는 1

(2) (1)의 결과를 이용하여 같은 방법으로 계속하면

$a\star b\star c\star d=(a+1)(b+1)(c+1)(d+1)-1$

$a\star b\star c\star d\star e=(a+1)(b+1)(c+1)(d+1)(e+1)-1$

이므로 $1\star2\star3\star\cdots\star99=2\times3\times\cdots\times100-1$

2 이상 100 이하 자연수 중 5의 배수는 20개, 5^2의 배수는 4개 있으므로 $2\times3\times\cdots\times100$은 끝에 연속되는 0이 24개인 자연수이다.

따라서 $2\times3\times\cdots\times100-1$은 끝에 연속되는 9가 24개

1등급 NOTE

끝에 연속되는 0의 개수는 10이 몇 번 곱해졌는지를 따져 보면 된다.

$10=2\times5$이므로 곱해진 2의 개수와 5의 개수를 파악하면 되는데,

이 문제에서는 곱해진 2의 개수가 곱해진 5의 개수보다 많으므로 5의 개수를 기준으로 삼는다.

2부터 100까지 자연수 중에는 5가 하나만 곱해진 5, 10, 15, $\cdots$ 와 같은 수도 있고, 5가 2개씩 곱해진 25, 50, $\cdots$과 같은 수도 있다.

따라서 $2\times3\times\cdots\times100$에서 곱해진 5의 개수를 구할 때 먼저 5의 배수의 개수를 세고, 5^2의 배수를 한 번 더 세어야 한다.

5^3의 배수는 없으므로 세지 않는다.

10 답 ④

GUIDE

$0\leq\alpha<1$, n이 정수일 때 $[n+\alpha]=n$이다.

$[(\sqrt{2}+1)^6+\alpha]=A$에서 $0<\alpha=(\sqrt{2}-1)^6<1$임을 이용한다.

$a=\sqrt{2}+1$, $b=\sqrt{2}-1$이라 하면 $a+b=2\sqrt{2}$, $ab=1$

$a^2+b^2=(a+b)^2-2ab=8-2=6$

$a^6+b^6=(a^2+b^2)^3-3a^2b^2(a^2+b^2)=216-18=198$

$\therefore (\sqrt{2}+1)^6+(\sqrt{2}-1)^6=198$

이때 $0<(\sqrt{2}-1)^6<1$이므로

$0<198-(\sqrt{2}+1)^6<1$, $197<(\sqrt{2}+1)^6<198$

$\therefore [(\sqrt{2}+1)^6]=197$

다른 풀이

$x=\sqrt{2}+1$에서 $(x-1)^2=2$, $x^2=2x+1$

양변을 세제곱하면 $(x^2)^3=(2x+1)^3$

차수 줄이기를 써서 정리하면 $x^6=70x+29$

따라서 $(\sqrt{2}+1)^6 ≒ 197.98$이므로 $[(\sqrt{2}+1)^6]=197$

11 답 $2+\sqrt{2}$

GUIDE

△AFH의 겉넓이를 구하려면 $\overline{AP}$ 길이를 알아야 한다. 삼각형의 넓이 조건에서 밑변의 길이 또는 삼각형의 높이를 구할 수 있다.

(모든 모서리 길이의 합)$=4(a+b+c)=16$,

(부피)$=abc=1$,

(대각선 AG의 길이)$=\sqrt{a^2+b^2+c^2}=2\sqrt{2}$

즉 $a+b+c=4$, $a^2+b^2+c^2=8$, $abc=1$이고,

$2(ab+bc+ca)=(a+b+c)^2-(a^2+b^2+c^2)=16-8=8$

∴ $ab+bc+ca=4$

사면체 A−EFH의 겉넓이를 S라 하면,

$S=△AFE+△AEH+△EFH+△AFH$

$△AFE=\dfrac{1}{2}bc$, $△AEH=\dfrac{1}{2}ac$, $△EFH=\dfrac{1}{2}ab$이므로

△AFH만 구하면 된다.

피타고라스 정리에서 $\overline{FH}=\sqrt{a^2+b^2}$

$△EFH$에서 $\dfrac{1}{2}ab=\dfrac{1}{2}\overline{EP}\times\overline{FH}$ ∴ $\overline{EP}=\dfrac{ab}{\sqrt{a^2+b^2}}$

또 $\overline{AP}^2=\overline{AE}^2+\overline{EP}^2=c^2+\left(\dfrac{ab}{\sqrt{a^2+b^2}}\right)^2$

$\qquad =c^2+\dfrac{a^2b^2}{a^2+b^2}=\dfrac{a^2b^2+b^2c^2+c^2a^2}{a^2+b^2}$

∴ $\overline{AP}=\sqrt{\dfrac{a^2b^2+b^2c^2+c^2a^2}{a^2+b^2}}$

△AFH의 넓이는

$\dfrac{1}{2}\overline{FH}\times\overline{AP}=\dfrac{1}{2}\times\sqrt{a^2+b^2}\times\sqrt{\dfrac{a^2b^2+b^2c^2+c^2a^2}{a^2+b^2}}$

$\qquad =\dfrac{1}{2}\sqrt{a^2b^2+b^2c^2+c^2a^2}$

$a^2b^2+b^2c^2+c^2a^2=(ab+bc+ca)^2-2abc(a+b+c)$

$\qquad =16-2\times1\times4=8$

따라서

$S=\dfrac{1}{2}ab+\dfrac{1}{2}bc+\dfrac{1}{2}ca+△AFH$

$\quad =\dfrac{1}{2}(ab+bc+ca)+\dfrac{1}{2}\sqrt{a^2b^2+b^2c^2+c^2a^2}$

$\quad =\dfrac{1}{2}\times4+\dfrac{1}{2}\times\sqrt{8}=2+\sqrt{2}$

1등급 NOTE

$\overline{AE}\times\overline{EP}=\overline{AP}\times\overline{EH}$를 이용해 $\overline{AP}$ 길이를 구하면 △AFH의 넓이는 $\dfrac{bc}{2}\sqrt{a^2+b^2}$이 되어 답을 구할 수 없다.

---

02 항등식과 나머지정리

STEP 1 | 1등급 준비하기
p. 20~21

01 ④	**02** ③	**03** 2	**04** ④
05 11	**06** 12	**07** 9	**08** ④
09 65	**10** ③		

01 답 ④

GUIDE

수치대입법을 이용할 만한 장점이 크지 않은 유형이다.

$2x^3+x^2-2(b-2)x+3=(x+a)(x-b)-cx^3$에서

$2x^3+x^2+(-2b+4)x+3=-cx^3+x^2+(a-b)x-ab$

이므로 $c=-2$, $-2b+4=a-b$, 즉 $a+b=4$, $ab=-3$

이때 $a^3+b^3=(a+b)^3-3ab(a+b)=100$

∴ $a^3+b^3+c^3=100+(-2)^3=92$

02 답 ③

GUIDE

좌변이 x에 대한 삼차식이고, x^3항의 계수가 2임을 이용할 수 있다.

좌변이 x에 대한 삼차식이고 최고차항의 계수가 2이므로

$f(x)=2x+k$로 놓으면

$2x^3+x^2+ax+b=(x^2+x+1)(2x+k)+x-1$

$\qquad\qquad\qquad =2x^3+(k+2)x^2+(k+3)x+k-1$

에서 $k=-1$, $a=2$, $b=-2$

∴ $a-b=4$

다른 풀이

$(x^2+x+1)f(x)=2x^3+x^2+(a-1)x+b+1$이므로

$2x^3+x^2+(a-1)x+b+1$을 x^2+x+1로 나눈 나머지가 0임을 이용할 수 있다.

03 답 2

GUIDE

우변의 최고차항이 x^4이므로 $f(x)=x+k$로 놓고 풀 수도 있지만, 좌변을 보면 수치대입법이 더 간단한 문제 유형이다.

$(x-2)(x^2-2)f(x)=x^4+ax^2+b$가 x에 대한 항등식이면

$x=2$, $x^2=2$일 때도 성립해야 한다.

$x=2$를 대입하면 $0=16+4a+b$

$x^2=2$를 대입하면 $0=4+2a+b$

∴ $a=-6$, $b=8$

따라서 $a+b=2$

04 답 ④

GUIDE

주어진 식을 x, y에 대한 항등식이라 생각할 수 있지만 $x-y=2$인 조건에 따라 한 문자로 나타낼 수 있다는 점을 생각한다.

$y=x-2$를 $ax^2+bxy+y^2+x+cy-6=0$에 대입하면
$ax^2+bx(x-2)+(x-2)^2+x+c(x-2)-6=0$
$\therefore (a+b+1)x^2-(2b-c+3)x-2c-2=0$
이때 이 식은 x에 대한 항등식이므로
$a+b+1=0$, $2b-c+3=0$, $2c+2=0$
위 세 식을 연립하여 풀면 $a=1$, $b=-2$, $c=-1$
$\therefore abc=2$

05 답 11

GUIDE

분수 꼴로 주어진 식의 값이 항상 일정하다면 그 값을 k로 놓을 수 있다.

$\dfrac{ax^2+(3-a)x+(b-2)}{x+3}=k$ (k는 상수)라 하면
$ax^2+(3-a)x+(b-2)=kx+3k$가
$x=-3$을 제외한 모든 x에 대해 성립하므로
$a=0$, $3-a=k$, $b-2=3k$
$\therefore a=0$, $k=3$, $b=11$ $\therefore a+b=11$

06 답 12

GUIDE

$f(x)=x^3+2x^2-ax+9$라 하면 $f(1)=3$에서 a값을 구할 수 있다.
이때 $Q(3)$을 생각한다.

$f(x)=x^3+2x^2-ax+9$라 하면
$f(1)=12-a=3$ $\therefore a=9$
즉 $f(x)=x^3+2x^2-9x+9=(x-1)Q(x)+3$이고,
$x=3$을 대입하면
$f(3)=27=(3-1)Q(3)+3$ $\therefore Q(3)=12$

07 답 9

GUIDE

$f(x)=(x-1)Q(x)$에 어떤 수를 대입하면 구하려는 값을 얻을 수 있는지 생각해 보자.

$f(x)$가 $x-1$로 나누어 떨어지고, 몫이 $Q(x)$이므로
$f(x)=(x-1)Q(x)$
또 $Q(x)$를 $x-4$로 나눈 나머지가 3이므로 $Q(4)=3$
이때 $f(x)$를 $x-4$로 나눈 나머지는
$f(4)=(4-1)Q(4)=9$

08 답 ④

GUIDE

$xf(x)$를 $mx+n$으로 나눈 나머지가 상수임을 이용하면
$xf(x)=(mx+n)Q'(x)+a$로 놓을 수 있다.

$f(x)=(mx+n)Q(x)+R$에서 $R=f\left(-\dfrac{n}{m}\right)$
이때 $xf(x)$를 $mx+n$으로 나눈 나머지가 상수이므로
$xf(x)=(mx+n)Q'(x)+a$로 놓을 수 있다.
$x=-\dfrac{n}{m}$을 위 등식에 대입하면
$-\dfrac{n}{m}f\left(-\dfrac{n}{m}\right)=0+a$
$\therefore a=-\dfrac{n}{m}f\left(-\dfrac{n}{m}\right)=-\dfrac{n}{m}R$

09 답 65

GUIDE

$f(x)=(x-2)(x+1)(ax+b)+ax+b$에서 조건 ㈎를 이용한다.

조건 ㈏에서
$f(x)=(x-2)(x+1)(ax+b)+ax+b$
조건 ㈎에서
$f(2)=2a+b=9$, $f(-1)=-a+b=-3$
$\therefore a=4$, $b=1$
따라서 $f(x)=(x-2)(x+1)(4x+1)+4x+1$이므로
$f(3)=1\times4\times13+13=65$

10 답 ③

GUIDE

$f(x)=(x+1)^2Q(x)+x-1$로 놓지 말고, $Q(x)$를 좀 더 분명하게 나타내 보자.

$f(x)=x^3+ax^2+bx+c$를 $(x+1)^2$으로 나누었을 때 몫을 $x+d$라 하면
$f(x)=(x+1)^2(x+d)+x-1$ ……㉠
$f(x)$를 $x+2$로 나누었을 때 나머지가 4이므로 ㉠에서
$f(-2)=(-2+1)^2(-2+d)-2-1=4$ $\therefore d=9$
$\therefore f(x)=(x+1)^2(x+9)+x-1$
따라서 $f(x)$를 $x+3$으로 나누었을 때 나머지는
$f(-3)=(-3+1)^2(-3+9)-3-1=20$

01 32	02 22	03 −16	04 ③
05 66	06 ①	07 192	08 ③
09 ①	10 3개	11 26	12 5
13 ③	14 4	15 ①	16 18
17 ⑤	18 −6	19 21	20 ⑤
21 123	22 9	23 ②	24 −8
25 −2	26 ②	27 ①	

01   답 32

GUIDE

'연산 ∘'은 '(앞과 뒤에 있는 두 수의 합)−1'과 같으므로 주어진 식을 이 규칙에 따라 정리한다. 이때 x, y에 대한 항등식 조건을 생각한다.

$a(x \circ y) + b(-y \circ x) = c(0 \circ x)$를 정리하면

$a(x+y-1) + b(-y+x-1) = c(0+x-1)$

이 식을 x, y에 대하여 정리하면

$(a+b-c)x + (a-b)y - (a+b-c) = 0$

위 식이 x, y값에 관계없이 항상 성립하려면

$a+b-c=0$, $a-b=0$

즉 $b=a$, $c=2a$를 $a^2+b^2+c^2=96$에 대입하면

$a^2+a^2+4a^2 = 6a^2 = 96$이므로

$a=b=4$, $c=8$ ($\because$ a, b, c는 자연수)

따라서 $4a+2b+c=32$

LECTURE

x, y에 대한 항등식이면 주어진 식을

( )x+( )y+( )=0 꼴로 정리해 ( )=0임을 이용한다.

02   답 22

GUIDE

항등식 문제를 풀 때, 최고차항이 몇 차인지를 결정하는 과정에서 힌트를 찾을 수 있다.

다항식 $f(x)$의 최고차항을 ax^n이라 하면 ($a \neq 0$, n은 자연수)

좌변 $f(x^2+2x-1)$의 최고차항은 $a(x^2)^n = ax^{2n}$,

우변 $(x^2+2x+2)f(x)+1$의 최고차항은 $x^2(ax^n) = ax^{n+2}$

이때 $ax^{2n} = ax^{n+2}$이므로 $2n = n+2$ $\therefore$ $n=2$

즉 $f(x)$가 이차식이므로 $f(x) = ax^2+bx+c$로 놓자.

$f(x^2+2x-1) = (x^2+2x+2)f(x)+1$

양변에 $x=0$을 대입하면

$f(-1) = 2f(0)+1$, $a-b+c = 2c+1$

$\therefore$ $a-b-c=1$ …… ㉠

양변에 $x=1$을 대입하면

$f(2) = 5f(1)+1$, $4a+2b+c = 5(a+b+c)+1$

$\therefore$ $a+3b+4c = -1$ …… ㉡

양변에 $x=-1$을 대입하면

$f(-2) = f(-1)+1$, $4a-2b+c = a-b+c+1$

$\therefore$ $3a-b=1$ …… ㉢

㉠, ㉡, ㉢에서 $a=1$, $b=2$, $c=-2$이므로

$f(x) = x^2+2x-2$ $\therefore$ $f(4)=22$

1등급 NOTE

$f(x) = ax^2+bx+c$라 놓고 항등식

$f(x^2+2x-1) = (x^2+2x+2)f(x)+1$을 보면서 계수비교법의 유혹에 빠졌다간 시간을 더 낭비하게 된다. 항등식의 미정 계수를 정하는 방법으로 수치대입법도 있다는 걸 기억하자!

03   답 −16

GUIDE

$f(x)$가 이차식이므로 $f(x) = ax^2+bx+c$로 놓고 등식에 대입한다.

$f(x) = ax^2+bx+c$ (단, $a \neq 0$)라 하면

$f(x^2) = f(x)f(-x)$에서

$ax^4+bx^2+c = (ax^2+bx+c)(ax^2-bx+c)$

$\qquad\qquad = a^2x^4 + (2ac-b^2)x^2 + c^2$

즉, $a=a^2$, $b=2ac-b^2$, $c=c^2$에서

$a \neq 0$이고, $a=a^2$이므로 $a=1$, $c=c^2$에서 $c=0$ 또는 1

(i) $c=0$일 때 $b=2ac-b^2$에서 $b=0$ 또는 −1

(ii) $c=1$일 때 $b=2ac-b^2$에서 $b=1$ 또는 −2

따라서 가능한 이차식 $f(x)$는 x^2, x^2-x, x^2+x+1,

x^2-2x+1이고, 모두 더하면 $4x^2-2x+2$이므로

$p=4$, $q=-2$, $r=2$ $\therefore$ $pqr=-16$

참고

구한 a, b, c 값을 순서쌍 (a, b, c) 꼴로 정리하면

$(1, 0, 0)$, $(1, -1, 0)$, $(1, 1, 1)$, $(1, -2, 1)$

04   답 ③

GUIDE

x에 대한 다항식에서 계수의 총합은 $x=1$을 대입한 값과 같다.

ㄱ. $f(x) = (x-1)Q_1(x)+R_1$에서 $f(1)=R_1$ (◯)

ㄴ. $f(x) = (x-3)Q_3(x)+R_3$에서 $f(1) = -2Q_3(1)+R_3$

    ㄱ에서 $f(1)=R_1$이므로 $R_1 = -2Q_3(1)+R_3$

    따라서 $Q_3(1) = \dfrac{R_3-R_1}{2}$ (×)

ㄷ. $f(x) = (x-n)Q_n(x)+R_n$에서 $x=n$을 대입하면

    $f(n) = R_n$

    또 $x=1$을 대입하면 $f(1) = (1-n)Q_n(1)+R_n$

    따라서 $Q_n(1) = \dfrac{f(1)-R_n}{1-n} = \dfrac{f(1)-f(n)}{1-n}$ (◯)

LECTURE

두 점 $(a, f(a))$, $(b, f(b))$를 지나는 직선의 기울기

$\dfrac{f(b)-f(a)}{b-a}$

05 _답 66

GUIDE

x 대신 1, 2, 3, 4를 항등식에 대입해 a, b, c, d의 값을 구한다.
e값은 최고차항의 계수와 같다는 점을 주목한다.

$2x^4 - 3x^3 + x + 5$
$= a + bf_1(x) + cf_2(x) + df_3(x) + ef_4(x)$
$= a + b(x-1) + c(x-1)(x-2) + d(x-1)(x-2)(x-3)$
$\quad + e(x-1)(x-2)(x-3)(x-4)$

x에 대한 항등식이므로 최고차항의 계수를 비교하면 $e = 2$

등식의 양변에

$x = 1$을 대입하면 $a = 5$

$x = 2$를 대입하면 $a + b = 15$이므로 $b = 10$

$x = 3$을 대입하면 $a + 2b + 2c = 89$이므로 $c = 32$

$x = 4$를 대입하면 $a + 3b + 6c + 6d = 329$이므로 $d = 17$

$\therefore a + b + c + d + e = 5 + 10 + 32 + 17 + 2 = 66$

다른 풀이

다음과 같이 연조립제법을 써서 풀어도 된다.

1	2	-3	0	1	5
		2	-1	-1	0
2	2	-1	-1	0	5
			4	6	10
3	2	3	5	10	
			6	27	
4	2	9	32		
			8		
	2	17			

$\therefore a = 5, b = 10, c = 32, d = 17, e = 2$

06 _답 ①

GUIDE

다항식의 나눗셈에서 나누는 식의 차수에 주의한다.

$f(x) = g(x)Q(x) + R(x)$ (($g(x)$의 차수) > ($R(x)$의 차수))

ㄱ. $f(x) - R(x) = g(x)Q(x)$이므로

$\quad f(x) - R(x)$는 $g(x)$로 나누어 떨어진다. (○)

ㄴ. $f(x) = g(x)Q(x) + R(x)$

$\quad = 2g(x)\left\{\dfrac{1}{2}Q(x)\right\} + R(x)$

$\quad$ 따라서 $f(x)$를 $2g(x)$로 나눈 나머지는 $R(x)$이다. (×)

ㄷ. ($Q(x)$의 차수) > ($R(x)$의 차수)인지 알 수 없다. (×)

$\quad$ 따라서 옳은 것은 ㄱ

1등급 NOTE

틀리기 쉬운 문제이다. 다항식의 나눗셈에서는 나누는 식의 차수를 늘 챙겨야 한다.

※ (ㄷ의 반례)

$\quad f(x) = x^4 + x^2 + 1, g(x) = x^3$이라 하면 $Q(x) = x, R(x) = x^2 + 1$

이때 $f(x)$를 $Q(x)$로 나누면 나머지가 1이다.

따라서 $f(x)$를 $Q(x)$로 나눈 나머지는 $R(x)$와 다르다.

07 _답 192

GUIDE

$f(x)$가 삼차식이므로 $f(x)$를 x^2의 계수가 1인 두 이차식으로 나누는 경우 몫은 일차식이고, 일차항의 계수는 같다.

$f(x) + 3$이 $x^2 + x + 1$로 나누어 떨어지므로

$f(x) + 3 = (x^2 + x + 1)(ax + b)$ $\quad$ ……㉠

또 $f(x) - 3$이 $x^2 - x + 1$로 나누어 떨어지므로

$f(x) - 3 = (x^2 - x + 1)(ax + c)$ $\quad$ ……㉡

㉠, ㉡에서 $f(x) = (x^2 + x + 1)(ax + b) - 3$

$\qquad\qquad\qquad = (x^2 - x + 1)(ax + c) + 3$

즉 $ax^3 + (a + b)x^2 + (a + b)x + (b - 3)$

$\quad = ax^3 + (-a + c)x^2 + (a - c)x + (c + 3)$

$a + b = -a + c, a + b = a - c, b - 3 = c + 3$에서

$a = -3, b = 3, c = -3$이므로

$f(x) = (x^2 + x + 1)(-3x + 3) - 3 = -3x^3$

$\therefore f(-4) = 192$

08 _답 ③

GUIDE

$(x+1)f(x) + x$를 이차식 $(x-1)(x-5)$로 나누는 경우이므로 나머지를 $ax + b$로 놓을 수 있다. 이때 $f(1), f(5)$ 값을 이용한다.

$(x+1)f(x) + x = (x-1)(x-5)Q(x) + ax + b$ $\quad$ ……㉠

$f(x+3) = f(-x+3)$의 양변에 $x = 2$를 대입하면

$f(5) = f(1) = 2$

㉠의 양변에 $x = 1, x = 5$를 각각 대입하면

$2f(1) + 1 = a + b = 5$

$6f(5) + 5 = 5a + b = 17$ $\quad \therefore a = 3, b = 2$

따라서 나머지는 $3x + 2$

참고

$f(5)$의 값을 구하라고 조건 ㈔를 준 것이기 때문에 $f(5)$가 생기는 경우를 생각한다.

09 _답 ①

GUIDE

$P(x)$가 삼차식이므로 조건 ㈔에서
$P(x) = (x^2 - 4x + 2)(ax + b) + 2x - 10$으로 놓을 수 있다.

조건 ㈎에서 $x = 1$을 대입하면 $P(1) = 0$,

$x = 7$을 대입하면 $P(5) = 0$

$P(x)$가 삼차 다항식이므로 조건 ㈔에서

$P(x) = (x^2 - 4x + 2)(ax + b) + 2x - 10$ (단, a, b는 상수)

$P(1) = 0$이므로 $-a - b - 8 = 0$ $\quad$ ……㉠

$P(5) = 0$이므로 $5a + b = 0$ $\quad$ ……㉡

⊙, ⓒ에서 $a=2$, $b=-10$

따라서 $P(x)=(x^2-4x+2)(2x-10)+2x-10$이므로

$P(4)=-6$

1등급 NOTE

조건 ⑦에서 좌변 또는 우변이 0이 되는 x값을 대입한다.

10 ⑤ 3개

GUIDE

$f(x)$가 이차식이고, $f(0)=1$이므로 $f(x)=ax^2+bx+1$ $(a\neq0)$으로 놓을 수 있다.

이차 다항식 $f(x)=ax^2+bx+1$이라 하고,

$f(x^2)$을 $f(x)$로 나눈 몫을 x^2+cx+1이라 하면

$f(x^2)=ax^4+bx^2+1$

$\qquad =(ax^2+bx+1)(x^2+cx+1)$

$\qquad =ax^4+(ac+b)x^3+(a+bc+1)x^2+(b+c)x+1$

$ac+b=0$ $\qquad$ ......⊙

$a+bc+1=b$ $\qquad$ ......ⓒ

$b+c=0$ $\qquad$ ......ⓒ

ⓒ에서 $c=-b$를 ⊙, ⓒ에 대입하고 정리하면

$b(-a+1)=0$ $\qquad$ ......ⓔ

$a+1=b^2+b$ $\qquad$ ......ⓜ

ⓔ에서 $b=0$ 또는 $a=1$

(i) $b=0$일 때 ⓜ에서 $a=-1$

(ii) $a=1$일 때 ⓜ에서 $b^2+b-2=0$ 이므로 $b=1$ 또는 $b=-2$

따라서 가능한 $f(x)$는 $f(x)=-x^2+1$, $f(x)=x^2+x+1$,

$f(x)=x^2-2x+1$로 3개이다.

11 ⑤ 26

GUIDE

$f(x)$가 삼차식이므로 $f(x)$를 $(x-1)^2$으로 나눈 몫은 일차식이다.

조건 ⒩에서

$f(x)=(x-1)^2(ax+b)+(ax+b)$ $\qquad$ ......⊙

이라 두면

$f(1)=2$이므로 $a+b=2$, $b=-a+2$

⊙에 대입하여 정리하면

$f(x)=(x-1)^2\{a(x-1)+2\}+a(x-1)+2$

$\qquad =a(x-1)^3+2(x-1)^2+a(x-1)+2$

따라서 $f(x)$를 $(x-1)^3$으로 나눈 나머지 $R(x)$는

$R(x)=2(x-1)^2+a(x-1)+2$

$R(0)=R(3)$에서 $2-a+2=8+2a+2$

$\therefore a=-2$

즉 $R(x)=2(x-1)^2-2(x-1)+2$이므로 $R(5)=26$

12 ⑤ 5

GUIDE

$f(x)$를 x^2-2x+3으로 나눈 나머지가 $2x-1$이므로

$f(x)=(x^2-2x+3)(x-1)Q(x)+ax^2+bx+c$를 x^2-2x+3으로 나눈 나머지도 $2x-1$이다. 즉 $ax^2+bx+c=a(x^2-2x+3)+2x-1$

$(x^2-2x+3)(x-1)$은 x^2-2x+3으로 나누어 떨어지므로

$f(x)$를 x^2-2x+3으로 나눈 나머지는 ax^2+bx+c를

x^2-2x+3으로 나눈 나머지와 같다.

$f(x)=(x^2-2x+3)(x-1)Q(x)+ax^2+bx+c$

$\qquad =(x^2-2x+3)(x-1)Q(x)+a(x^2-2x+3)+2x-1$

이때 $f(1)=3$이므로 $2a+1=3$ $\qquad \therefore a=1$

즉 나머지가 x^2+2이므로 $b=0$, $c=2$

$\therefore a^2+b^2+c^2=5$

13 ⑤ ③

GUIDE

$x^3f(x)=x^3(x+1)^2Q(x)+3x^4-x^3$에서 $x^3f(x)$를 $(x+1)^2$으로 나눈 나머지가 $ax+b$이면 우변에서 $x^3(x+1)^2Q(x)$가 $(x+1)^2$으로 나누어 떨어지기 때문에 $3x^4-x^3$을 $(x+1)^2$으로 나눈 나머지도 $ax+b$이다.

다항식 $f(x)$를 $(x+1)^2$으로 나눈 몫을 $Q_1(x)$라 하면,

$f(x)=(x+1)^2Q_1(x)+3x-1$ $\qquad$ ......⊙

양변에 x^3을 곱하면

$x^3f(x)=x^3(x+1)^2Q_1(x)+3x^4-x^3$ $\qquad$ ......ⓒ

이때 ⓒ을 $(x+1)^2$으로 나눈 나머지가 $ax+b$이므로

$3x^4-x^3$을 $(x+1)^2$으로 나눈 나머지도 $ax+b$이다.

$\therefore 3x^4-x^3=(x+1)^2Q_2(x)+ax+b$ $\qquad$ ......ⓒ

ⓒ의 양변에 $x=-1$을 대입하면 $b=a+4$

즉 $3x^4-x^3=(x+1)^2Q_2(x)+a(x+1)+4$에서

$3x^4-x^3-4=(x+1)^2Q_2(x)+a(x+1)$

$(x+1)(3x^3-4x^2+4x-4)=(x+1)\{(x+1)Q_2(x)+a\}$

$\therefore 3x^3-4x^2+4x-4=(x+1)Q_2(x)+a$ $\qquad$ ......ⓔ

ⓔ의 양변에 $x=-1$을 대입하면 $a=-15$, $b=-11$

$\therefore a^2+b^2=225+121=346$

다른 풀이

$f(x)=(x+1)^2Q_1(x)+3x-1$에서

$x^3f(x)=x^3(x+1)^2Q_1(x)+3x^4-x^3$

$\qquad =x^3(x+1)^2Q_1(x)+(x+1)^2Q_2(x)+ax+b$

$3x^4-x^3=(x+1)^2Q_2(x)+ax+b$

$3x^4-x^3-ax-b=(x+1)^2Q_2(x)$이므로

-1	3	-1	0	$-a$	$-b$
		-3	4	-4	$a+4$
-1	3	-4	4	$-a-4$	$\boxed{a-b+4}$
		-3	7	-11	
	3	-7	11	$\boxed{-a-15}$	

이때 $a-b+4=0$, $-a-15=0$

※ 직접 나눗셈을 해서 나머지를 구해도 된다.

14 답 4

GUIDE

❶ $g(x)$가 일차 이하의 다항식이다.

❷ $f(x)-x^2-2x$가 상수이다.

❸ x^3+3x^2+4x+2를 $f(x)$로 나눈 나머지를 직접 구한다.

x^3+3x^2+4x+2를 $f(x)$로 나눈 몫을 $Q(x)$라 하면

$x^3+3x^2+4x+2=f(x)Q(x)+g(x)$ ...... ㉠

$f(x)$가 이차식이므로 $g(x)$는 일차 이하의 다항식이다.

또한 조건 ㈏에서 x^3+3x^2+4x+2를 $g(x)$로 나눈 나머지

$f(x)-x^2-2x$는 상수이므로

$f(x)-x^2-2x=a$ (a는 상수)라 하면 $f(x)=x^2+2x+a$

직접 나눗셈을 하면

$$
\begin{array}{r}
x+1 \\
x^2+2x+a \overline{)x^3+3x^2+4x+2} \\
\underline{x^3+2x^2+ax} \\
x^2+(4-a)x+2 \\
\underline{x^2+2x+a} \\
(2-a)x+(2-a)
\end{array}
$$

즉 $g(x)=(2-a)(x+1)$이므로

$x^3+3x^2+4x+2=(2-a)(x+1)Q'(x)+a$

$x=-1$을 대입하면 $a=0$

따라서 $g(x)=2(x+1)$이므로 $g(1)=4$

15 답 ①

GUIDE

곱셈공식의 변형을 이용해 조건 ㈎, ㈏에서 a, b, c 값을 각각 구한다.

㈎에서 $a^2+b^2+c^2-ab-bc-ca$

$$=\frac{1}{2}\{(a-b)^2+(b-c)^2+(c-a)^2\}=0$$

∴ $(a-b)^2+(b-c)^2+(c-a)^2=0$

이때 a, b, c가 실수이고, (실수)$^2\geq0$이므로 $a=b=c$

이것을 ㈏에 대입하면 $a^3+b^3+c^3=3a^3=3$

∴ $a=b=c=1$

따라서 다항식 $f(x)=2x^3-3x^2+x+1$을

$x+1$로 나눈 나머지는

$f(-1)=-2-3-1+1=-5$

16 답 18

GUIDE

26과 28에 가장 가까운 자연수가 $3^3=27$임을 생각해 $3^3=x$로 놓는다.

$26=27-1=3^3-1$, $28=27+1=3^3+1$

$3^{998}+3^{999}=(3^3)^{332}\times3^2+(3^3)^{333}$

이때 $3^3=x$라 하면

$x^{333}+9x^{332}=(x-1)Q_1(x)+R_1$에서 $R_1=10$

$x^{333}+9x^{332}=(x+1)Q_2(x)+R_2$에서 $R_2=8$

∴ $R_1+R_2=18$

17 답 ⑤

GUIDE

$4\times101^2=2^2\times101^2=(2\times101)^2$이므로 $x=201$이라 하면

$4\times101^2=(x+1)^2$이다.

즉 $x^5-1=(x+1)^2Q(x)+ax+b$에서 $ax+b$가 구하려는 나머지이다.

$x=201$이라 하면 $201^5-1=x^5-1$,

$4\times101^2=(2\times101)^2=202^2=(x+1)^2$

이때 $x^5-1=(x+1)^2Q(x)+ax+b$에서

$x=-1$을 대입하면 $-2=-a+b$, 즉 $b=a-2$이므로

$x^5-1=(x+1)^2Q(x)+ax+a-2$

$x^5+1=(x+1)^2Q(x)+a(x+1)$

$(x+1)(x^4-x^3+x^2-x+1)=(x+1)^2Q(x)+a(x+1)$

$=(x+1)\{(x+1)Q(x)+a\}$

양변을 비교하면

$x^4-x^3+x^2-x+1=(x+1)Q(x)+a$

양변에 $x=-1$을 대입하면 $a=5$이고, $b=3$

즉 $x^5-1=(x+1)^2Q(x)+5x+3$이므로

$201^5-1=202^2Q(201)+5\times201+3$

따라서 201^5-1을 $202^2(=4\times101^2)$으로 나눈 나머지는 1008

참고

$$
\begin{array}{r|rrrrrr}
-1 & 1 & 0 & 0 & 0 & 0 & 1 \\
& & -1 & 1 & -1 & 1 & -1 \\
\hline
& 1 & -1 & 1 & -1 & 1 & 0 \\
\end{array}
$$

∴ $x^5+1=(x+1)(x^4-x^3+x^2-x+1)$

18 답 -6

GUIDE

$x^n(x^2+ax+b)=(x-2)^2Q(x)+2^n(x-2)$에 $x=2$를 대입하면

$b=-2a-4$

$x^n(x^2+ax+b)=(x-2)^2Q(x)+2^n(x-2)$로 놓자.

이 등식은 x에 대한 항등식이므로 $x=2$를 대입해도 성립한다.

$2^n(4+2a+b)=0$에서 $2^n\neq0$이므로 $b=-2(a+2)$, 이때

$x^2+ax+b=x^2+ax-2(a+2)$

$=(x-2)(x+2+a)$

즉 $x^n(x-2)(x+2+a)=(x-2)\{(x-2)Q(x)+2^n\}$에서

양변을 비교하면

$x^n(x+2+a)=(x-2)Q(x)+2^n$

$x=2$를 대입하면 $2^n(2+2+a)=2^n$

$2^n\neq0$이므로 $4+a=1$에서 $a=-3$, $b=2$

∴ $ab=-6$

19 답 21

GUIDE

$f(2x)g(2x)=(x-1)^2Q(x)+px+q$에서
$f(2)g(2)$, $f(-2)g(-2)$의 값을 알면 $R(x)=px+q$를 구할 수 있다.

$f(x)+g(x)=(x-2)(x+2)Q_1(x)+x+1$

$\{f(x)\}^3+\{g(x)\}^3=(x-2)(x+2)Q_2(x)+\dfrac{5}{2}x+4$

로 놓으면

$\begin{cases} f(2)+g(2)=3 \\ \{f(2)\}^3+\{g(2)\}^3=9 \end{cases}$ $\begin{cases} f(-2)+g(-2)=-1 \\ \{f(-2)\}^3+\{g(-2)\}^3=-1 \end{cases}$

$f(2)=a$, $g(2)=b$라 하면 $a+b=3$, $a^3+b^3=9$

이때 $a^3+b^3=(a+b)^3-3ab(a+b)=27-9ab=9$에서

$ab=2$

$\therefore ab=f(2)g(2)=2$ ······ ㉠

또 $f(-2)=c$, $g(-2)=d$라 하면

$c+d=-1$, $c^3+d^3=-1$

이때 $c^3+d^3=(c+d)^3-3cd(c+d)=-1+3cd=-1$에서

$cd=0$

$\therefore cd=f(-2)g(-2)=0$ ······ ㉡

$f(2x)g(2x)=(x^2-1)Q_3(x)+px+q$로 놓고

$x=1$을 대입하면 $f(2)g(2)=p+q=2$ ($\because$ ㉠)

$x=-1$을 대입하면 $f(-2)g(-2)=-p+q=0$ ($\because$ ㉡)

$\therefore p=q=1$

따라서 $R(x)=x+1$이므로 $R(20)=21$

1등급 NOTE

$f(2x)$, $g(2x)$가 있다고 $f(x)$, $g(x)$를 구하지 않도록 한다.
$f(2)g(2)$ 값과 $f(-2)g(-2)$ 값이 핵심이다.

20 답 ⑤

GUIDE

① $x^{365}-1=(x-1)^2Q(x)+ax+b$ ······ ㉠의 양변에 $x=1$을 대입
② ㉠을 정리
③ ㉠에 $x=2$를 대입

$x^{365}-1=(x-1)^2Q(x)+ax+b$

$x=1$을 대입하면 $0=a+b$, 즉 $b=-a$이고

$x^{365}-1=(x-1)(x^{364}+x^{363}+\cdots+x+1)$이므로

$(x+1)(x^{364}+x^{363}+\cdots+x+1)=(x-1)^2Q(x)+a(x-1)$
$\qquad\qquad\qquad\qquad\qquad\qquad =(x-1)\{(x-1)Q(x)+a\}$

양변을 비교하면

$x^{364}+x^{363}+\cdots+x+1=(x-1)Q(x)+a$

$x=1$을 대입하면 $a=365$이므로 $b=-a=-365$

$\therefore x^{365}-1=(x-1)^2Q(x)+365(x-1)$

위 등식에 $x=2$를 대입하면 $Q(2)=2^{365}-366$

LECTURE

자연수 n에 대하여

$x^n-1=(x-1)(x^{n-1}+x^{n-2}+\cdots+x^2+x+1)$

n이 홀수일 때

$x^n+1=(x+1)(x^{n-1}-x^{n-2}+\cdots+x^2-x+1)$

21 답 123

GUIDE

x^3+1이 x^2-x+1로 나누어 떨어지므로 $f(x)$를 x^2-x+1로 나눈 나머지는 $a(x^2-x+1)+x-6$으로 나타낼 수 있다.

조건 ㈎에서

$f(x)=(x^3+1)(x+2)+ax^2+bx+c$

조건 ㈏에서 $(x^3+1)(x+2)$, 즉 $(x+1)(x^2-x+1)(x+2)$는 x^2-x+1로 나누어 떨어지므로 $f(x)$를 x^2-x+1로 나눈 나머지는 ax^2+bx+c를 x^2-x+1로 나눈 나머지와 같다.

$f(x)=(x^3+1)(x+2)+ax^2+bx+c$
$\quad\ =(x+1)(x^2-x+1)(x+2)+a(x^2-x+1)+x-6$

조건 ㈐에서 $f(1)=-1$이므로

$6+a+1-6=-1$ $\therefore a=-2$

따라서

$f(x)=(x+1)(x^2-x+1)(x+2)-2(x^2-x+1)+x-6$

이므로 $f(3)=123$

22 답 9

GUIDE

㈎에서 $f(x)=\dfrac{1}{3}x^3+ax^2+\cdots$

㈏에서 $f(x)=\dfrac{1}{3}(x-1)(x-2)(x+p)+5$

㈎에서 $f(x)-\dfrac{1}{3}x^3$의 최고차항이 ax^2이려면
$f(x)$를 내림차순으로 정리하였을 때 다음과 같다.

$f(x)=\dfrac{1}{3}x^3+ax^2+\cdots$

㈏에서 $f(1)=f(2)=5$이므로

$f(x)=\dfrac{1}{3}(x-1)(x-2)(x+p)+5$ (p는 상수)로 놓을 수 있다.

㈐에서 $f(4)=1$이므로

$f(4)=\dfrac{1}{3}(4-1)(4-2)(4+p)+5=2p+13=1$

$\therefore p=-6$

또 $f(b)=1$에서 $f(b)=\dfrac{1}{3}(b-1)(b-2)(b-6)+5=1$

$(b-1)(b-2)(b-6)=-12$

이때 b는 자연수이고, $b-6<b-2<b-1$이므로

$-12=(-6)\times1\times2=(-2)\times2\times3=(-1)\times3\times4$에서

가능한 b값을 하나씩 찾아보면 $b=4, 5$
따라서 자연수 b값의 합은 $4+5=9$

다른 풀이 삼차방정식으로 풀기

$(b-1)(b-2)(b-6)=-12$를 정리하면
$b^3-9b^2+20b=0$, $b(b-4)(b-5)=0$에서
$b=4, 5$ ($\because$ b는 자연수)

23 답 ②

GUIDE

$f(x)=(x-\alpha)(x-\beta)(x-\gamma)-3$과 $f(x)=x^3-6x^2+3x+7$을 비교해 $\alpha+\beta+\gamma$, $\alpha\beta+\beta\gamma+\gamma\alpha$, $\alpha\beta\gamma$의 값을 각각 구한다.

$f(x)$를 각각 $x-\alpha$, $x-\beta$, $x-\gamma$로 나눈 나머지가 -3이므로
$f(x)=x^3-6x^2+3x+7=(x-\alpha)(x-\beta)(x-\gamma)-3$
$\qquad =x^3-(\alpha+\beta+\gamma)x^2+(\alpha\beta+\beta\gamma+\gamma\alpha)x-\alpha\beta\gamma-3$
따라서 $\alpha+\beta+\gamma=6$, $\alpha\beta+\beta\gamma+\gamma\alpha=3$, $\alpha\beta\gamma=-10$이므로
$\alpha^3+\beta^3+\gamma^3$
$=(\alpha+\beta+\gamma)(\alpha^2+\beta^2+\gamma^2-\alpha\beta-\beta\gamma-\gamma\alpha)+3\alpha\beta\gamma$
$=(\alpha+\beta+\gamma)\{(\alpha+\beta+\gamma)^2-3(\alpha\beta+\beta\gamma+\gamma\alpha)\}+3\alpha\beta\gamma$
$=132$

다른 풀이 삼차방정식의 근과 계수의 관계 이용

$f(\alpha)=f(\beta)=f(\gamma)=-3$이므로 α, β, γ는 삼차방정식
$x^3-6x^2+3x+7=-3$, 즉 $x^3-6x^3+3x+10=0$의 세 근이다.
따라서 삼차방정식의 근과 계수의 관계에서
$\alpha+\beta+\gamma=6$, $\alpha\beta+\beta\gamma+\gamma\alpha=3$, $\alpha\beta\gamma=-10$

24 답 -8

GUIDE

직접 나눗셈을 하거나 연조립제법을 이용한다.

다항식 ax^3+bx^2+cx-8이 $(x-1)^2$으로 나누어 떨어지므로

1	a	b	c	-8
		a	$a+b$	$a+b+c$
1	a	$a+b$	$a+b+c$	$a+b+c-8$
		a	$2a+b$	
	a	$2a+b$	$3a+2b+c$	

$\therefore$ $a+b+c-8=0$ $\cdots\cdots$ ㉠, $3a+2b+c=0$ $\cdots\cdots$ ㉡
㉡$-$㉠ : $2a+b=-8$

25 답 -2

GUIDE

$F(x)=(x+1)f(x)=(x-1)g(x)=(x-2)h(x)$라고 하면
$F(x)$는 $x+1$, $x-1$, $x-2$로 각각 나누어 떨어지는 사차식이므로
$F(x)=(x+1)(x-1)(x-2)(px+q)$ (p, q는 상수)
로 나타낼 수 있다.

$F(x)=(x+1)(x-1)(x-2)(px+q)$ (p, q는 상수)로 놓으면
$f(x)=(x-1)(x-2)(px+q)$
$g(x)=(x+1)(x-2)(px+q)$
$h(x)=(x+1)(x-1)(px+q)$
이때 $f(-1)=-1$, $g(1)=1$이므로
$-p+q=-\dfrac{1}{6}$, $p+q=-\dfrac{1}{2}$에서 $p=-\dfrac{1}{6}$, $q=-\dfrac{1}{3}$
$\therefore$ $h(x)=(x+1)(x-1)\left(-\dfrac{1}{6}x-\dfrac{1}{3}\right)$
$\qquad =-\dfrac{1}{6}(x+1)(x-1)(x+2)$
따라서 $h(2)=-\dfrac{1}{6}\times 3\times 1\times 4=-2$

26 답 ②

GUIDE

$f(k)=\dfrac{1}{k}$, 즉 $kf(k)-1=0$ (단, $k=1, 2, 3, 4$)

주어진 조건에서 $kf(k)-1=0$ (단, $k=1, 2, 3, 4$)이 성립한다.
$g(x)=xf(x)-1$이라 하면, $g(x)$는 사차식이고
$g(1)=g(2)=g(3)=g(4)=0$이므로
$g(x)=a(x-1)(x-2)(x-3)(x-4)$
$x=0$을 대입하면 $a=-\dfrac{1}{24}$
$\therefore$ $xf(x)-1=-\dfrac{1}{24}(x-1)(x-2)(x-3)(x-4)$
$x=5$를 대입하면 $f(5)=0$

27 답 ①

GUIDE

$f(x)-3x-2$가 $(x-a)^2$으로 나누어 떨어진다는 조건에서 구한 a, b값 모두에 대하여 ㄴ과 ㄷ 내용을 확인한다.

몫을 $Q(x)$라 하면
$x^3-ax^2-(b-3)x+b^2+2=(x-a)^2Q(x)+3x+2$
$\therefore$ $x^3-ax^2-bx+b^2=(x-a)^2Q(x)$
곧, $x^3-ax^2-bx+b^2$이 $(x-a)^2$으로 나누어 떨어진다.
연조립제법을 이용하면

a	1	$-a$	$-b$	b^2
		a	0	$-ab$
a	1	0	$-b$	b^2-ab
		a	a^2	
	1	a	a^2-b	

에서 $b^2-ab=0$ $\cdots\cdots$ ㉠
$a^2-b=0$ $\cdots\cdots$ ㉡
㉠에서 $b(b-a)=0$
(ⅰ) $b=0$이면 ㉡에서 $a=0$이다.

주어진 문제에 대입해 보면 "$f(x)=x^3+3x+2$를 x^2으로 나누면 $3x+2$가 남는다"이므로 성립함을 알 수 있다.

(ii) $b\neq0$이면 $a=b$

이것을 ㉡에 대입하면 $b\neq0$이므로 $b=1$ $\therefore a=1$

주어진 문제에 대입해 보면 "$f(x)=x^3-x^2+2x+3$을 $(x-1)^2$으로 나누면 $3x+2$가 남는다"이므로 성립함을 알 수 있다.

ㄱ. (i), (ii)의 경우 모두 $a^3=b^3$이 성립한다. (○)

ㄴ. (ii)의 경우는 $ab=1$이지만, (i)의 경우는 $ab=0$이므로 성립하지 않는다. (×)

ㄷ. $f(x)$를 x^2-3x+2로 나눈 나머지는 (i), (ii)의 경우를 각각 나누어서 확인해야 한다.

(i)의 경우

$x^3+3x+2=(x-1)(x-2)A(x)+px+q$라 하고

$x=1$을 대입하면, $6=p+q$

$x=2$를 대입하면, $16=2p+q$

따라서 $p=10$, $q=-4$이다. 나머지는 $10x-4$

(ii)의 경우

$x^3-x^2+2x+3=(x-1)(x-2)B(x)+rx+s$라 하고

$x=1$을 대입하면, $5=r+s$

$x=2$를 대입하면, $11=2r+s$

따라서 $r=6$, $s=-1$이다. 나머지는 $6x-1$

$f(x)$를 x^2-3x+2로 나눈 나머지는 (i), (ii)의 경우 서로 다르다. (×)

STEP 3 | 1등급 뛰어넘기　　　　　p. 28~30

01 719	**02** 5	**03** 13
04 (1) $p=5$　(2) $q=-11$	**05** ④	**06** 49
07 -2	**08** 211	**09** ④	**10** 330
11 (1) 3　(2) $n=3k$이면 3, $n\neq3k$이면 0　(3) 667		

01　📕 719

GUIDE

$S(3)=P(1)+P(2)+P(3)$
　　　$=(1+2+3)+(1\times2+2\times3+3\times1)+(1\times2\times3)$

에서 $P(1)$, $P(2)$, $P(3)$는 $(1+x)(1+2x)(1+3x)$를 전개한 항에서 각각 x, x^2, x^3의 계수와 같음을 알 수 있다.

$(1+x)(1+2x)(1+3x)\cdots(1+8x)(1+9x)$
$=1+P(1)x+P(2)x^2+P(3)x^3+\cdots+P(9)x^9$

$x=1$을 대입하면

$(1+1)(1+2)(1+3)\cdots(1+8)(1+9)$
$=1+P(1)+P(2)+P(3)+\cdots+P(9)$

$\therefore S(9)=2\times3\times4\times\cdots\times10-1$

이때 $720=2\times3\times4\times5\times6$이므로

$S(9)=720\times(7\times8\times9\times10)-1$
　　　$=720\times(7\times8\times9\times10-1)+719$

따라서 나머지 $k=719$

참고

다음 등식에 $x=1$을 대입해 $S(9)$를 구할 수도 있다.

$(x+1)(x+2)(x+3)\cdots(x+8)(x+9)$
$=x^9+P(1)x^8+P(2)x^7+\cdots+P(8)x+P(9)$

02　📕 5

GUIDE

❶ 분모의 최대공약수를 곱해 항등식을 얻는다.

❷ 계수비교법과 수치대입법을 이용하여 계수를 정한다.

$$\frac{1}{(x-1)(x-2)\cdots(x-5)}=\frac{a_1}{x-1}+\frac{a_2}{x-2}+\cdots+\frac{a_5}{x-5}$$

의 양변에 $(x-1)(x-2)\cdots(x-5)$를 곱하면

$1=a_1(x-2)(x-3)(x-4)(x-5)$
　$+a_2(x-1)(x-3)(x-4)(x-5)$
　$+\cdots+a_5(x-1)(x-2)(x-3)(x-4)$　　……㉠

㉠의 우변을 x에 대한 내림차순으로 정리하면

$1=(a_1+a_2+\cdots+a_5)x^4+\cdots$ $\therefore a_1+a_2+\cdots+a_5=0$

또 ㉠에 $x=5$를 대입하면 $1=a_5\times4\times3\times2\times1$, $a_5=\dfrac{1}{24}$

$\therefore 120(a_1+a_2+a_3+a_4+2a_5)$
　$=120(a_1+a_2+a_3+a_4+a_5+a_5)$
　$=120\times\left(0+\dfrac{1}{24}\right)=5$

1등급 NOTE

a_5만 바로 구하려면 양변에 $x-5$를 곱한다. 즉

$\dfrac{1}{(x-1)(x-2)(x-3)(x-4)}$
$=\left(\dfrac{a_1}{x-1}+\dfrac{a_2}{x-2}+\dfrac{a_3}{x-3}+\dfrac{a_4}{x-4}\right)(x-5)+a_5$

에서 $x=5$를 대입하면 $\dfrac{1}{4\times3\times2\times1}=a_5$

03　📕 13

GUIDE

복소수 범위에서 n차방정식의 해는 n개이므로 n차 방정식 $f(x)=0$의 해가 n개 보다 많으면 항등식임을 생각한다.

사차방정식 $f(x)=0$의 해 5개가 주어져 있으므로 $f(x)=0$은 항등식이다. $f(x)=0$을 내림차순으로 정리한

$(a+b+c+d+e-15)x^4+\cdots=0$에서

$a+b+c+d+e=15$이고

$f(2)=f_5(2)+f_6(2)=0$ ⇦ $f_1(2)=f_2(2)=f_3(2)=f_4(2)=0$

즉 $360e+360=0$에서 $e=-1$

$\therefore a+b+c+d+3e=(a+b+c+d+e)+2e=13$

04 답 (1) $p=5$ (2) $q=-11$

GUIDE

❶ 주어진 항등식에 $x=4$를 대입한 것과 $x=0$을 대입한 것을 더한다.

❷ $x=\dfrac{5}{2}$를 대입하고 2^{10}을 곱한 것에서 $x=\dfrac{3}{2}$을 대입하고 2^{10}을 곱한 것을 뺀다.

(1) $x=4$를 대입하면
$$9^5=a_0+2a_1+2^2a_2+2^3a_3+\cdots+2^9a_9+2^{10}a_{10} \quad \cdots\cdots ㉠$$
$x=0$을 대입하면
$$5^5=a_0-2a_1+2^2a_2-2^3a_3+\cdots-2^9a_9+2^{10}a_{10} \quad \cdots\cdots ㉡$$
$(㉠+㉡)\div2$에서
$$\frac{9^5+5^5}{2}=a_0+2^2a_2+\cdots+2^8a_8+2^{10}a_{10} \quad \therefore p=5$$

(2) $x=\dfrac{5}{2}$를 대입하면
$$\left(\frac{15}{4}\right)^5=a_0+a_1\left(\frac{1}{2}\right)+a_2\left(\frac{1}{2}\right)^2+\cdots+a_9\left(\frac{1}{2}\right)^9+a_{10}\left(\frac{1}{2}\right)^{10}$$
양변에 2^{10}을 곱하면
$$15^5=2^{10}a_0+2^9a_1+2^8a_2+\cdots+2a_9+a_{10} \quad \cdots\cdots ㉢$$
$x=\dfrac{3}{2}$을 대입하면
$$\left(\frac{11}{4}\right)^5=a_0-a_1\left(\frac{1}{2}\right)+a_2\left(\frac{1}{2}\right)^2-\cdots-a_9\left(\frac{1}{2}\right)^9+a_{10}\left(\frac{1}{2}\right)^{10}$$
양변에 2^{10}을 곱하면
$$11^5=2^{10}a_0-2^9a_1+2^8a_2-\cdots-2a_9+a_{10} \quad \cdots\cdots ㉣$$
$(㉢-㉣)\div2$에서
$$2^9a_1+2^7a_3+\cdots+2^3a_7+2a_9=\frac{15^5-11^5}{2}=\frac{15^5+(-11)^5}{2}$$
$$\therefore q=-11$$

05 답 ④

GUIDE

$\dfrac{ax^2+(b+5)x+(5b-3)}{ax^2+(3-a)x+b}$의 값이 항상 k로 일정하다고 하고, 정리한 식 $Ax^2+Bx+C=Dx^2+Ex+F$에서 항등식의 성질을 이용한다.

$\dfrac{ax^2+(b+5)x+(5b-3)}{ax^2+(3-a)x+b}=k$ (k는 상수)라 하면

$ax^2+(b+5)x+(5b-3)=k\{ax^2+(3-a)x+b\}$가
x에 대한 항등식이므로
$a=ka$, $b+5=k(3-a)$, $5b-3=kb$이다.
먼저 $a=ka$에서 $a=0$일 때와 $a\neq0$일 때로 나누어야 한다.

(i) $a=0$이면, $a=ka$는 항상 성립한다.
$b+5=3k$, $5b-3=kb$이므로
$15b-9=3kb=(b+5)b$
$b^2-10b+9=0$에서 $b=1$ 또는 $b=9$이다.

(ii) $a\neq0$이면, $a=ka$에서 $k=1$이다.
$b+5=3-a$, $5b-3=b$에서
$a=-\dfrac{11}{4}$, $b=\dfrac{3}{4}$

(i), (ii)에서 구하는 순서쌍 (a, b)는 $(0, 1)$, $(0, 9)$, $\left(-\dfrac{11}{4}, \dfrac{3}{4}\right)$

모두 3개이다.

1등급 NOTE

분수식의 값이 일정하려면 분모와 분자의 비가 일정한 것이다. 모든 실수 x에 대하여 분모와 분자의 비가 일정하려면 결국 x^2항과 x항의 계수의 비, 상수의 비가 모두 같도록 하면 된다. 그런데 이 문제는 $\dfrac{ax^2+(b+5)x+(5b-3)}{ax^2+(3-a)x+b}$에서 이차항의 계수가 같으므로 바로 비의 값이 1이라고 생각할 수 있지만, $a=0$일 수 있다는 함정이 존재한다.

즉 $a=0$일 때는 $\dfrac{b+5}{3-a}=\dfrac{5b-3}{b}$만 성립하면 되고,

$a\neq0$일 때는 $\dfrac{a}{a}=\dfrac{b+5}{3-a}=\dfrac{5b-3}{b}=1$이 성립해야 한다.

06 답 49

GUIDE

$f(x)=x^4f\left(\dfrac{1}{x}\right)$에서 $f(x)$가 사차식이므로
$f(x)=x^4+ax^3+bx^2+cx+d$로 놓고
$f(x)=x^4f\left(\dfrac{1}{x}\right)$, $f(x)=f(1-x)$를 이용한다.

$f(x)$와 $x^4f\left(\dfrac{1}{x}\right)$의 최고차항과 상수항을 비교하면
$f(x)$가 x에 대한 사차식이므로
$f(x)=x^4+ax^3+bx^2+cx+d$로 놓으면
$$x^4f\left(\frac{1}{x}\right)=x^4\left(\frac{1}{x^4}+\frac{a}{x^3}+\frac{b}{x^2}+\frac{c}{x}+\frac{d}{1}\right)$$
$$=1+ax+bx^2+cx^3+dx^4$$
$\therefore d=1$, $a=c$
$f(x)=x^4+ax^3+bx^2+ax+1$에서 $f(0)=1$이므로
$f(x)=f(1-x)$에서 $f(1)=f(0)=1$
$f(1)=1+a+b+a+1=2a+b+2=1$
$\therefore b=-2a-1$
$f(x)=x^4+ax^3-(2a+1)x^2+ax+1$
또한 $f(x)=f(1-x)$에서 $x=-1$이면 $f(-1)=f(2)$이므로
$-4a+1=2a+13 \quad \therefore a=-2$
따라서 $f(x)=x^4-2x^3+3x^2-2x+1$이므로 $f(3)=49$

1등급 NOTE

$f(x)=ax^n+\cdots+k$ (n은 자연수, k는 상수)라 하면
$f\left(\dfrac{1}{x}\right)=\dfrac{a}{x^n}+\cdots+k$이므로 $x^4f\left(\dfrac{1}{x}\right)=\dfrac{ax^4}{x^n}+\cdots+kx^4$에서

$\dfrac{ax^4}{x^n}$ 항이 다항식 $f(x)$의 항으로 존재하려면 $n\leq4$이다.

$x^4\left(\dfrac{1}{x}\right)=f(x)$에서 차수가 가장 낮은 항끼리 비교하면 $\dfrac{ax^4}{x^n}=k$

최고차항을 비교하면 $ax^n=kx^4 \quad \therefore a=k$, $n=4$

※ 다항식 $f(x)$에 대하여 $f(x)=x^\alpha f\left(\dfrac{1}{x}\right)$ (α는 자연수)가 성립하면 $f(x)$는 α차의 상반계수식이다.

07 답 −2

GUIDE

step 2의 **18**번 문제와 같은 유형이다. **18**번 풀이 방법을 두 번 적용한다.

$x^n(x^2+ax+b)=(x-3)^2Q_1(x)+3^n(x-3)$ ...... ㉠

$x=3$을 대입하면 $3^n(9+3a+b)=0$

$\therefore b=-3a-9$

이것을 다시 ㉠에 대입하면

$x^n(x^2+ax-3a-9)=x^n(x-3)(x+a+3)$

$\qquad\qquad\qquad\qquad =(x-3)\{(x-3)Q_1(x)+3^n\}$

양변을 비교하면 $x^n(x+a+3)=(x-3)Q_1(x)+3^n$

$x=3$을 대입하면 $3^n(6+a)=3^n$

$\therefore a=-5, b=6$

$f(x)=x^n(x^2-5x+6)$을 $(x-2)^2$으로 나누었을 때의 몫을 $Q_2(x)$라 하면, 나머지가 $px+q$이므로

$x^n(x^2-5x+6)=(x-2)^2Q_2(x)+px+q$

$x=2$를 대입하면 $0=2p+q$ $\qquad \therefore q=-2p$

따라서 $\dfrac{q}{p}=\dfrac{-2p}{p}=-2$

08 답 211

GUIDE

$f(m)=n$ 꼴로 주어진 예에서 $a=2, 4, 6$일 때 $m+n=10$임을 알 수 있다.

$f(x)=(x-2)(x-4)(x-6)(x-k)+10-x$로 놓으면

$f(8)=50$에서 $6\times 4\times 2\times(8-k)+2=50$

$\therefore k=7$

따라서 $f(x)=(x-2)(x-4)(x-6)(x-7)+10-x$이므로

$f(x)$를 $x-9$로 나눈 나머지는 $f(9)=7\times 5\times 3\times 2+1=211$

1등급 NOTE

연립방정식을 이용하면 시간이 많이 걸린다.

$f(2)=8, f(4)=6, f(6)=4$의 규칙성 $f(m)=10-m$을 찾아 위 풀이처럼 식을 이용하면 편하다.

09 답 ④

GUIDE

$P(x)=\dfrac{x}{x+1}$, 즉 $(x+1)P(x)-x=0$ 꼴이므로

$g(x)=(x+1)P(x)-x$라 하면 $g(0)=g(1)=\cdots=g(2n)=0$이다.

$g(x)=(x+1)P(x)-x$로 놓으면

$P(x)$가 $2n$차식이므로 $g(x)$는 $(2n+1)$차식

또 $g(0)=g(1)=\cdots=g(2n)=0$이므로

$g(x)$는 $x, x-1, \cdots, x-2n$을 인수로 가진다. 즉

$g(x)=(x+1)P(x)-x$

$\qquad =ax(x-1)(x-2)\cdots(x-2n)(a\neq 0)$

$x=-1$을 대입하면 $1=a(-1)(-2)(-3)\cdots(-2n-1)$

$\therefore a=\dfrac{-1}{1\times 2\times 3\times \cdots \times (2n+1)}$

따라서

$(x+1)P(x)-x$

$=\dfrac{-1}{1\times 2\times \cdots \times (2n+1)}x(x-1)(x-2)\cdots(x-2n)$

이므로 $x=2n+1$을 대입하면

$(2n+2)P(2n+1)-(2n+1)=-1$

$\therefore P(2n+1)=\dfrac{2n}{2n+2}=\dfrac{n}{n+1}$

10 답 330

GUIDE

❶ $f(x)=(x-1)(x-2)(x-3)Q(x)+g(x)$

❷ $f(2+x)+f(2-x)=14$를 이용하여 $f(1), f(2), f(3)$의 값을 구한다.

❸ $g(x)$가 이차 이하의 다항식임을 이용한다.

(나)에서

$f(x)=(x-1)(x-2)(x-3)Q_1(x)+g(x)$ ...... ㉠

이므로 $f(3)=g(3)=13$

(가)의 식에 $x=0$을 대입하면 $f(2)=7$이고,

$x=1$을 대입하면 $f(3)+f(1)=14$이므로

$f(1)=14-f(3)=1$

즉 $f(1)=1, f(2)=7, f(3)=13$

이때 $g(1)=1, g(2)=7, g(3)=13$이다.

$g(x)$가 이차 이하의 다항식이므로 $g(x)=ax^2+bx+c$라 하면

$g(1)=a+b+c=1$ ...... ㉡

$g(2)=4a+2b+c=7$ ...... ㉢

$g(3)=9a+3b+c=13$ ...... ㉣

㉢-㉡ : $3a+b=6$ ...... ㉤

㉣-㉢ : $5a+b=6$ ...... ㉥

㉤, ㉥에서 $a=0, b=6$이므로 $c=-5$

$\therefore g(x)=6x-5$

$f(6x)g(x)=(2x-1)(3x-1)Q_2(x)+px+q$에서

$x=\dfrac{1}{2}$을 대입하면 $f(3)g\left(\dfrac{1}{2}\right)=13\times(-2)=\dfrac{1}{2}p+q$

정리하면 $p+2q=-52$ ...... ㉦

$x=\dfrac{1}{3}$을 대입하면 $f(2)g\left(\dfrac{1}{3}\right)=7\times(-3)=\dfrac{1}{3}p+q$

정리하면 $p+3q=-63$ ...... ㉧

㉦, ㉧에서 $p=-30, q=-11$ $\qquad \therefore pq=330$

1등급 NOTE

모든 실수 x에 대하여 $y=f(x)$의 그래프가 $x=a$에 대해 대칭이면,

$f(a+x)=f(a-x)$, $f(x)=f(2a-x)$가 성립하고,

모든 실수 x에 대하여 $y=f(x)$의 그래프가 점 (a, b)에 대해 대칭이면,

$f(a+x)+f(a-x)=2b$, $f(x)+f(2a-x)=2b$가 성립한다.

조건 $f(2+x)+f(2-x)=14$에서 $y=f(x)$의 그래프가 점 $(2, 7)$에 대하여 대칭임을 알 수 있다.

11 답 (1) 3　(2) $n=3k$이면 3, $n\neq3k$이면 0　(3) 667

GUIDE

(1) $\omega^3=1$

(2) $n=3k$, $n=3k+1$, $n=3k+2$일 때 $\omega^{2n}+\omega^n+1$의 값을 구한다.

(3) $n\neq3k$일 때 $x^{2n}+x^n+1=(x^2+x+1)Q(x)$ 꼴로 나타낼 수 있다.

(1) $x^2+x+1=0$의 한 근이 ω이므로

$\omega^2+\omega+1=0$이고,

$(\omega-1)(\omega^2+\omega+1)=0$에서 $\omega^3=1$

따라서 음이 아닌 정수 k에 대하여

(ⅰ) $n=3k$일 때는

$\omega^{2n}+\omega^n+1=\omega^{6k}+\omega^{3k}+1$

$=(\omega^3)^{2k}+(\omega^3)^k+1=3$

(ⅱ) $n=3k+1$일 때는

$\omega^{2n}+\omega^n+1=\omega^{6k+2}+\omega^{3k+1}+1$

$=\omega^2(\omega^3)^{2k}+\omega(\omega^3)^k+1$

$=\omega^2+\omega+1=0$

(ⅲ) $n=3k+2$일 때는

$\omega^{2n}+\omega^n+1=\omega^{6k+4}+\omega^{3k+2}+1$

$=\omega(\omega^3)^{2k+1}+\omega^2(\omega^3)^k+1$

$=\omega+\omega^2+1=0$

따라서 $A=3$, $B=C=0$　∴ $A+B+C=3$

(2) $x^{2n}+x^n+1$을 x^2+x+1으로 나눈 몫을 $Q(x)$,

나머지를 $R(x)$라 하면

$x^{2n}+x^n+1=(x^2+x+1)Q(x)+R(x)$

위 등식은 항등식이므로 $x=\omega$일 때도 성립한다.

즉, $x=\omega$를 대입하면 $\omega^{2n}+\omega^n+1=R(\omega)$

(1)의 결과에서

$n=3k$일 때는 $\omega^{2n}+\omega^n+1=R(\omega)=3$

$n=3k+1$, $3k+2$일 때는 $\omega^{2n}+\omega^n+1=R(\omega)=0$

따라서 $n=3k$일 때 나머지는 3, $n\neq3k$일 때 나머지는 0

(3) (2)의 결과에서 n이 3의 배수가 아닐 때

$x^{2n}+x^n+1=(x^2+x+1)Q(x)$이므로

x^2+x+1은 $x^{2n}+x^n+1$의 인수이다.

$x=10$을 대입하면 n이 3의 배수가 아닐 때 111은

$10^{2n}+10^n+1$의 인수이므로 $10^{2n}+10^n+1$은 111의 배수이다.

1000 이하의 자연수 n 중 3의 배수는 $\left[\dfrac{1000}{3}\right]=333$개 있으

므로 3의 배수가 아닌 수는 667개이다.

1등급 NOTE

$x^{2n}+x^n+1=(x^2+x+1)Q(x)+$(나머지)는 x에 대한 항등식이다.

즉 어떤 x값을 대입하더라도 성립한다.

$\omega^2+\omega+1=0$이므로 위 등식의 양변에 $x=\omega$를 대입하면

$\omega^{2n}+\omega^n+1=(\omega^2+\omega+1)Q(x)+$(나머지)

따라서 나머지를 결정하는 것은 n값이고 이것은 (1)에서 구했다.

03 인수분해

STEP 1 | 1등급 준비하기

p. 34~35

01 28	**02** -3	**03** 36	**04** ③
05 ③	**06** ④	**07** ②	**08** ⑤
09 ②	**10** ⑤	**11** $4(x^2-1)\pi$	**12** 1

01 답 28

GUIDE

$x^2y+xy^2+x+y=16$에서 xy로 묶어 $x+y$ 값을 구한다.

$x^2y+xy^2+x+y=xy(x+y)+(x+y)$

$=(xy+1)(x+y)=16$

$xy=3$이므로 $x+y=4$

∴ $x^3+y^3=(x+y)^3-3xy(x+y)$

$=64-36=28$

02 답 -3

GUIDE

$(a-c)+(b-2c)=a+b-3c$이므로 주어진 식은

$X^3+Y^3-(X+Y)^3$ 꼴이다.

$a-c=X$, $b-2c=Y$로 놓으면

$(a-c)^3+(b-2c)^3-(a+b-3c)^3$

$=X^3+Y^3-(X+Y)^3$

$=-3XY(X+Y)$

$=-3(a-c)(b-2c)(a+b-3c)$

∴ $k=-3$

다른 풀이

$a-c=X$, $b-2c=Y$, $-a-b+3c=Z$로 놓으면

주어진 식은 $X^3+Y^3+Z^3$이고 $X+Y+Z=0$이므로

$X^3+Y^3+Z^3=3XYZ$를 이용할 수 있다.

03 답 36

GUIDE

$(x^2-4x+3)(x^2+10x+24)+7k$

$=(x-1)(x-3)(x+4)(x+6)+7k$

$=(x-1)(x+4)(x-3)(x+6)+7k$

두 직사각형 A와 B 넓이의 합은

$(x^2-4x+3)(x^2+10x+24)+7k$이다.

$(x^2-4x+3)(x^2+10x+24)+7k$

$=(x-1)(x-3)(x+4)(x+6)+7k$

$=(x-1)(x+4)(x-3)(x+6)+7k$

$=(x^2+3x-4)(x^2+3x-18)+7k$ (⇦ $x^2+3x=X$로 치환)

$=(X-4)(X-18)+7k$

$=X^2-22X+72+7k$

이 식이 이차식 $f(x)$의 완전제곱 꼴이려면

$72+7k=(-11)^2=121$에서 $k=7$

이때 $X^2-22X+121=(X-11)^2=(x^2+3x-11)^2$

따라서 $f(x)=x^2+3x-11$이므로 $f(5)=29$

$\therefore k+f(5)=7+29=36$

04 답 ③

GUIDE

$x^2-x-k=(x+a)(x-a-1)$ 꼴이 되는 경우이다. 즉 $k=a(a+1)$인 것을 찾는다.

x^2-x-k 꼴 다항식이 $(x+a)\{x-(a+1)\}$꼴로 인수분해 되는 경우이므로 $k=a(a+1)$이다.

$1 \le a(a+1) \le 500$이 되는 자연수 a의 개수를 구하면

$1 \times 2=2$, $2 \times 3=6$, $3 \times 4=12$, $\cdots$, $21 \times 22=462$,

$22 \times 23=506$에서 $1 \le a \le 21$이므로 21개이다.

05 답 ③

GUIDE

실수 A, B에 대하여 $A^2+B^2=0$이면 $A=0$, $B=0$임을 이용한다.

$9z^2-6z=-x^2y^2+6xy-10$에서

$9z^2-6z+x^2y^2-6xy+10=0$

$(9z^2-6z+1)+(x^2y^2-6xy+9)=0$

$(3z-1)^2+(xy-3)^2=0$

x, y, z가 실수이므로 $3z-1=0$, $xy-3=0$에서

$xyz=3 \times \dfrac{1}{3}=1$

06 답 ④

GUIDE

$3x^2-11x-4=(3x+1)(x-4)$가 됨을 이용한다.

$3x^4-11x^2y^2-4y^4=(3x^2+y^2)(x^2-4y^2)$

$\qquad\qquad\qquad =(x+2y)(x-2y)(3x^2+y^2)$

이때 상수가 아닌 인수는

$(x+2y)$, $(x-2y)$, $(3x^2+y^2)$, $(x+2y)(x-2y)$,

$(x+2y)(3x^2+y^2)$, $(x-2y)(3x^2+y^2)$,

$(x+2y)(x-2y)(3x^2+y^2)$이다.

따라서 인수가 아닌 것은 ④ x^2+4y^2

07 답 ②

GUIDE

문자 종류가 2개 이상인 다항식에서 특정 문자에 대한 식으로 정리해서 인수분해 한다.

a에 대하여 내림차순으로 정리하면

$2x^3+(4a+5)x^2+(10a+3)x+6a$

$=2(2x^2+5x+3)a+x(2x^2+5x+3)$

$=(x+2a)(x+1)(2x+3)$

따라서 $2a=1$ 또는 $2a=\dfrac{3}{2}$ 이어야 하므로

$a=\dfrac{1}{2}$ 또는 $a=\dfrac{3}{4}$ $\qquad \therefore \dfrac{1}{2}+\dfrac{3}{4}=\dfrac{5}{4}$

08 답 ⑤

GUIDE

$x^2+Ax-BC$가 두 일차식의 곱으로 인수분해 되는 경우는 $(x+B)(x-C)$ 또는 $(x-B)(x+C)$이다.

주어진 다항식은 다음 두 가지 방법으로 인수분해 할 수 있다.

(i) $x^2+ax-(y+3)(y-2)$

$=\{x-(y+3)\}\{x+(y-2)\}$

이 경우 $a=-5$이고, a가 양수인 조건에 맞지 않다.

(ii) $x^2+ax-(y+3)(y-2)$

$=\{x+(y+3)\}\{x-(y-2)\}$

이 경우 $a=5$이고, a가 양수인 조건에 맞는다.

09 답 ②

GUIDE

b에 대하여 정리한 식에서 공통인수 $(a+1)^2$을 찾아 인수분해 한 결과와 245를 소인수분해 한 것을 비교한다.

$a^2b+2ab+a^2+2a+b+1$을 b에 대하여

내림차순으로 정리하여 인수분해 하면

$(a^2+2a+1)b+a^2+2a+1=(a+1)^2(b+1)=7^2 \times 5$

a, b가 자연수이므로 $a=6$, $b=4$

$\therefore a+b=10$

10 답 ⑤

GUIDE

$(a-b)c^4-2(a^3-b^3)c^2+(a^4-b^4)(a+b)$에서 공통인수 $a-b$로 묶어 인수분해 한다.

$(a-b)c^4-2(a^3-b^3)c^2+(a^4-b^4)(a+b)$

$=(a-b)c^4-2(a-b)(a^2+ab+b^2)c^2$

$\qquad\qquad\qquad +(a+b)(a-b)(a^2+b^2)(a+b)$

$=(a-b)\{c^4-2(a^2+ab+b^2)c^2+(a^2+b^2)(a+b)^2\}$

$=(a-b)\{c^2-(a^2+b^2)\}\{c^2-(a+b)^2\}$

$=(a-b)\{c^2-(a^2+b^2)\}(c+a+b)(c-a-b)=0$

이때 $a-b \ne 0$, $c+a+b>0$, $c-a-b<0$이므로

$c^2-(a^2+b^2)=0$

따라서 빗변의 길이가 c인 직각삼각형이다.

11 답 $4(x^2-1)\pi$

GUIDE

원기둥의 부피를 나타내는 공식 $\pi r^2 h$와 x^3+x^2-5x+3을 인수분해한 식에서 높이 h와 반지름 r를 구한다.

원기둥의 반지름 길이를 r, 높이를 h라 하면

(부피)$=\pi r^2 h=(x^3+x^2-5x+3)\pi=(x-1)^2(x+3)\pi$

이므로 $r=x-1$, $h=x+3$

(겉넓이)$=2\pi r^2+2\pi rh=2r(r+h)\pi=2(x-1)(2x+2)\pi$

$=4(x^2-1)\pi$

12 답 1

GUIDE

$a+b+c=1$일 때

$(a+b)(b+c)(c+a)=(1-c)(1-a)(1-b)$

$=1-(a+b+c)+(ab+bc+ca)-abc$이다.

$ab+bc+ca=\dfrac{1}{2}\{(a+b+c)^2-(a^2+b^2+c^2)\}$

$=\dfrac{1}{2}\times(1-3)=-1$

$a^3+b^3+c^3-3abc=(a+b+c)(a^2+b^2+c^2-ab-bc-ca)$

에서 $-2-3abc=1\times(3+1)$ ∴ $abc=-2$

$(a+b)(b+c)(c+a)$

$=(1-c)(1-a)(1-b)$

$=1-(a+b+c)+(ab+bc+ca)-abc$

$=1-1-1+2=1$

STEP 2 1등급 굳히기
p. 36~38

01 0	**02** 4개	**03** ⑤	**04** ⑤
05 17	**06** 12개	**07** ④	**08** ④
09 25	**10** 1680	**11** ①	**12** ①
13 24	**14** ③	**15** 303	**16** 219
17 ④			

01 답 0

GUIDE

❶ $a^2+b^2+c^2+2ab+2bc+2ca=(a+b+c)^2$
❷ $a^2+b^2+(-c)^2+2ab-2bc-2ca=(a+b-c)^2$

$[a, b, b]+4[c, b, a]$

$=(a-b)^2+4(c-b)(c-a)$

$=a^2-2ab+b^2+4c^2-4ac-4bc+4ab$

$=a^2+b^2+4c^2+2ab-4bc-4ac$

$=a^2+b^2+(-2c)^2+2ab+2b(-2c)+2a(-2c)$

$=(a+b-2c)^2$

따라서 $p=1$, $q=1$, $r=-2$이므로 $p+q+r=0$

02 답 4개

GUIDE

❶ $a^4+a^2b^2+b^4=(a^2+ab+b^2)(a^2-ab+b^2)$
❷ $(x^4+x^2+1)=(x^2-x+1)(x^2+x+1)$

$\underline{x^{16}+x^8+1}=(x^8-x^4+1)(\underline{x^8+x^4+1})$

$\underline{x^8+x^4+1}=(x^4-x^2+1)(\underline{x^4+x^2+1})$

$\underline{x^4+x^2+1}=(x^2-x+1)(\underline{x^2+x+1})$

따라서 $x^{16}+x^8+1$에서

$x^{2n}+x^n+1$ 꼴 인수는 x^2+x+1, x^4+x^2+1,

x^8+x^4+1, $x^{16}+x^8+1$로 모두 4개이다.

참고

위와 같은 방법으로 생각하면 $x^{2^p}+x^{2^{p-1}}+1$은 $x^{2n}+x^n+1$ 꼴 인수를 p 개 가진다.

※ 특별한 제한 조건이 없다면 약수에 자기 자신도 포함되는 것처럼 다항식에서도 자기 자신은 인수가 된다.

03 답 ⑤

GUIDE

$a^3-b^3=(a-b)(a^2+ab+b^2)$이므로 $a^3-b^3-(a^2+b^2)-ab(a-b)$에서 $a-b$를 포함한 항끼리 먼저 인수분해 한다.

※ a^2을 포함한 항과 b^2을 포함한 항으로 나누어 인수분해 해도 된다.

$p=a^3$, $q=b^3$, $r=a^2$, $s=b^2$, $t=ab(a-b)$이고

$p=q+r+s+t$이므로

$a^3=b^3+a^2+b^2+ab(a-b)$

$a^3-b^3-a^2-b^2-ab(a-b)=0$

$(a-b)(a^2+ab+b^2)-(a^2+b^2)-ab(a-b)=0$

$(a-b)\{(a^2+ab+b^2)-ab\}-(a^2+b^2)=0$

$(a-b)(a^2+b^2)-(a^2+b^2)=0$

$(a^2+b^2)(a-b-1)=0$

이때 $a^2+b^2\neq0$이므로 $a-b-1=0$ ∴ $a-b=1$

04 답 ⑤

GUIDE

$(x-1)(x-2)(x+3)(x+4)-a=(x-4)(x+b)f(x)$의 양변에 $x=4$를 대입해 a값을 구한다.

$(x-1)(x-2)(x+3)(x+4)-a=(x-4)(x+b)f(x)$

의 양변에 $x=4$를 대입하면 $336-a=0$

∴ $a=336$

$(x-1)(x-2)(x+3)(x+4)-336$

$=(x-1)(x+3)(x-2)(x+4)-336$

$=(x^2+2x-3)(x^2+2x-8)-336$

이때 $x^2+2x=A$라 하면

$$(A-3)(A-8)-336=A^2-11A-312$$
$$=(A-24)(A+13)$$
$$=(x^2+2x-24)(x^2+2x+13)$$
$$=(x-4)(x+6)(x^2+2x+13)$$

따라서 $b=6$, $f(x)=x^2+2x+13$이므로 $f(6)=61$

$\therefore a+b=336+61=397$

1등급 NOTE

a값을 구하지 않고 풀면 $x^2+2x=A$라 할 때 $A^2-11A+24-a$가 되어 경우의 수가 너무 많아진다.

05 답 17

GUIDE

'약수의 개수가 3개'이면 그 수는 '소수 p의 제곱', 즉 p^2이다.

p^2의 양의 약수의 개수가 3이므로 p는 소수이다.
$$p=n^4-6n^2+25=n^4+10n^2+25-16n^2$$
$$=(n^2+5)^2-(4n)^2$$
$$=(n^2+4n+5)(n^2-4n+5)$$

p가 소수이므로 $n^2+4n+5=1$ 또는 $n^2-4n+5=1$
그런데 n이 자연수이므로 $n^2+4n+5\neq1$
즉 $n^2-4n+5=1$에서 $n=2$
따라서 $p=n^2+4n+5=2^2+4\times2+5=17$

LECTURE

약수 1개인 것 ⇨ 1
약수 2개인 것 ⇨ 소수 p, 약수는 1과 p
약수 3개인 것 ⇨ 소수 p^2, 약수는 1, p, p^2

06 답 12개

GUIDE

$n!$, $(n+1)!$, $(n+2)!$에서 공통부분은 $n!$이다.

$$n!+(n+1)!+(n+2)!=n!\{1+(n+1)+(n+1)(n+2)\}$$
$$=n!(n+2)^2$$

이때 $n!(n+2)^2$이 25의 배수가 되려면 $n+2$가 5의 배수이거나 $n!$이 5^2을 인수로 가져야 한다.

(i) $n+2$가 5의 배수인 경우 ⇨ $n=3$, 8, 13, 18

(ii) $n!$이 5^2을 인수로 가지는 경우
⇨ 10 이상 20 미만인 자연수 중 (i)에 포함된 13, 18을 제외한 것, 즉 8개

(i), (ii)에서 조건에 맞는 자연수는 $4+8=12$(개)

1등급 NOTE

❶ $[x]$가 x를 넘지 않는 가장 큰 정수일 때
1부터 n까지 자연수 중 k의 배수는 $\left[\dfrac{n}{k}\right]$, k^2의 배수는 $\left[\dfrac{n}{k^2}\right]$개이다.

❷ $n!$에서 5의 배수인 인수가 2개 이상 있어야 5^2의 배수가 된다.

❸ $\left[\dfrac{n}{5}\right]\geq2$를 생각한다.

07 답 ④

GUIDE

$f(x)=ax^4+bx^3+cx-a$라 하면 $x+1$이 $f(x)$의 인수이므로
$f(-1)=a-b-c-a=0$ $\therefore c=-b$

$f(x)=ax^4+bx^3+cx-a$라 하면
$f(-1)=0$이므로 $c=-b$, 즉
$$f(x)=ax^4+bx^3-bx-a$$
$$=a(x^4-1)+bx(x^2-1)$$
$$=(x^2-1)(ax^2+bx+a)$$
$$=(x-1)(x+1)(ax^2+bx+a)$$

따라서 $ax^2+cx+a=ax^2-bx+a$는 인수가 아니다.
그러므로 옳은 것은 ㄱ, ㄴ

08 답 ④

GUIDE

$f(x)=x^5-x^4+x^3-x^2+x-1$이라 하면 $f(1)=0$이다.

$(x^5-x^4+x^3-x^2-1)\div(x-1)$의 몫을 구하면 다음과 같다.

1	1	-1	1	-1	1	-1
		1	0	1	0	1
	1	0	1	0	1	0

$$x^5-x^4+x^3-x^2+x-1=(x-1)(x^4+x^2+1)$$
$$=(x-1)(x^2+x+1)(x^2-x+1)$$

따라서 x^2+x+1, x^3-2x^2+2x-1, x^4+x^2+1이 인수이다.

1등급 NOTE

❶ $(x-1)(x^2-x+1)=x^3-2x^2+2x-1$

❷ 다항식을 인수분해 한 결과가 ABC일 때, 1과 ABC를 제외한 인수는 A, B, C, AB, BC, AC이다.

09 답 25

GUIDE

$f(x)=6x^4+x^3+5x^2+x-1$에서 $|\alpha|\geq1$이면 $f(\alpha)\neq0$이므로 $-\dfrac{1}{2}$, $-\dfrac{1}{3}$, $\dfrac{1}{2}$, $\dfrac{1}{3}$, $\cdots$ 중에서 $f(\alpha)=0$이 되는 α를 찾는다.

$f(x)=6x^4+x^3+5x^2+x-1$이라 하면 $f\left(-\dfrac{1}{2}\right)=0$이므로

$-\dfrac{1}{2}$	6	1	5	1	-1
		-3	1	-3	1
	6	-2	6	-2	0

따라서 $f(x)=6x^4+x^3+5x^2+x-1$
$$=\left(x+\dfrac{1}{2}\right)(6x^3-2x^2+6x-2)$$
$$=(2x+1)(3x^3-x^2+3x-1)$$

이때 $a=2$이고 $g(x)=3x^3-x^2+3x-1$이므로
$g(a)=g(2)=25$

10 답 1680

GUIDE

바닥의 가로 길이를 a, 세로 길이를 b라 하고 깔리는 정사각형 타일의 한 변의 길이를 c라 하면 필요한 타일 개수는 $(a \div c) \times (b \div c)$이다.

가로 길이를 $A = x^3 - x^2 - 2x$, 세로 길이를 $B = x^4 - 7x^2 + 6x$ 라 하자.

A, B를 각각 인수분해 하면

$A = x(x^2 - x - 2) = x(x-2)(x+1)$

$B = x^4 - 7x^2 + 6x = x(x^3 - 7x + 6)$

$\quad = x(x-2)(x-1)(x+3)$

이므로 한 변의 길이가 $x(x-2)$인 타일이 가로로 $(x+1)$줄,

세로로 $(x-1)(x+3)$줄이 필요하다.

따라서 $f(x) = (x+1)(x-1)(x+3)$

$f(11) = 12 \times 10 \times 14 = 1680$

> **1등급 NOTE**
>
> (직사각형 넓이) $=$ (정사각형 넓이) $\times f(x)$이므로
>
> $(x^3 - x^2 - 2x)(x^4 - 7x^2 + 6x) = (x^2 - 2x)^2 f(x)$에서 $f(x)$를 구해도 된다.
>
> 즉 $x^2(x+1)(x-2)(x-1)(x-2)(x+3) = (x^2 - 2x)^2 f(x)$에서 $f(x) = (x+1)(x-1)(x+3)$이다.

---

11 답 ①

GUIDE

x에 대한 내림차순, 또는 y에 대한 내림차순으로 정리하여 인수분해 한다. 풀이는 x에 대한 내림차순으로 정리해서 인수분해 한 것이다.

$2x^2 + xy - 3y^2 + 4x + y + 2$

$= 2x^2 + (y+4)x - (3y^2 - y - 2)$

$= 2x^2 + (y+4)x - (y-1)(3y+2)$

$= \{x - (y-1)\}\{2x + (3y+2)\}$

$= (x - y + 1)(2x + 3y + 2)$

이므로 $f(x, y) = x - y + 1$, $g(x, y) = 2x + 3y + 2$라 하면

구하려는 교점의 좌표는 $x - y + 1 = 0$, $2x + 3y + 2 = 0$을 연립해서 푼 해와 같다.

즉 $x = -1$, $y = 0$이므로 교점의 좌표는 $(-1, 0)$

> **다른 풀이** 근의 공식을 이용해 인수분해 하기 (본문 44쪽 참고)
>
> $2x^2 + (y+4)x - (3y^2 - y - 2) = 0$이라 하면
>
> $x = \dfrac{-(y+4) \pm \sqrt{(y+4)^2 + 8(3y^2 - y - 2)}}{4}$
>
> $\quad = \dfrac{-(y+4) \pm 5y}{4}$
>
> $\therefore x = \dfrac{4y-4}{4} = y - 1$ 또는 $x = \dfrac{-6y-4}{4} = \dfrac{-3y-2}{2}$
>
> 따라서 $(x - y + 1)(2x + 3y + 2)$로 인수분해 된다.

---

12 답 ①

GUIDE

$f(a, b) + f(b, c) + f(c, a) = a^2 b - ab^2 + b^2 c - bc^2 + c^2 a - ca^2$은 a, b, c 가 모두 같은 차수이므로 a, b, c 중 어느 한 문자에 대하여 내림차순으로 정리한다.

$f(a, b) + f(b, c) + f(c, a)$

$= ab(a-b) + bc(b-c) + ca(c-a)$

$= a^2 b - ab^2 + b^2 c - bc^2 + c^2 a - ca^2$

$= (b-c)a^2 - (b^2 - c^2)a + bc(b-c)$

$= (b-c)\{a^2 - (b+c)a + bc\}$

$= (b-c)(a-b)(a-c)$

$= -(a-b)(b-c)(c-a) \qquad \cdots\cdots \ \bigcirc$

$(abc)^k f(b, a) f(c, b) f(a, c)$

$= (abc)^k \{-ab(a-b)\}\{-bc(b-c)\}\{-ca(c-a)\}$

$= -(abc)^k (abc)^2 (a-b)(b-c)(c-a) \qquad \cdots\cdots \ \bigcirc\!\bigcirc$

$\bigcirc = \bigcirc\!\bigcirc$에서 $k = -2$

---

13 답 24

GUIDE

주어진 변의 길이 중 하나는 문자로 나타낸다. 이때 자연수를 문자로 나타내면 $\sqrt{3}$을 문자로 나타내기가 불편해진다.

$\sqrt{3} = x$라 하면 색종이 A의 넓이는 x^2, 색종이 B의 넓이는 $2x$, 색종이 C의 넓이는 1이다.

이때 A 5장, B 11장, C 8장으로 만든 직사각형의 넓이는

$5x^2 + 22x + 8$이고, 인수분해 하면 $(5x+2)(x+4)$이므로

직사각형의 가로와 세로 길이는 각각 $5x+2$, $x+4$이다.

따라서 직사각형의 둘레 길이는

$2\{(5x+2) + (x+4)\} = 12x + 12$에서 $12\sqrt{3} + 12$이므로

$a = 12$, $b = 12$ $\quad \therefore a + b = 24$

> **1등급 NOTE**
>
> 문자로 계산하지 않고 직접 펼친 직사각형의 넓이 $23 + 22\sqrt{3}$을 구할 수 있지만, 이 값으로는 가로, 세로 길이를 알기 어렵다. 즉 변의 길이를 문자로 나타내는 것이 문제 풀이의 핵심이다.

---

14 답 ③

GUIDE

$x = 24$라 하고 인수분해 한 결과에 다시 24를 대입한다. 이 결과에서 소인수분해 하는 것이 필요하다.

$24^4 - 4 \times 24^3 - 3 \times 24^2 + 10 \times 24 + 8$에서 $24 = x$라 하고

$f(x) = x^4 - 4x^3 - 3x^2 + 10x + 8$로 놓으면

$f(-1) = 0$, $f(2) = 0$이므로

$$
\begin{array}{r|rrrrr}
-1 & 1 & -4 & -3 & 10 & 8 \\
   &   & -1 & 5 & -2 & -8 \\
\hline
2 & 1 & -5 & 2 & 8 & 0 \\
  &   & 2 & -6 & -8 & \\
\hline
  & 1 & -3 & -4 & 0 & \\
\end{array}
$$

$$f(x)=x^4-4x^3-3x^2+10x+8$$
$$=(x+1)(x-2)(x^2-3x-4)$$
$$=(x+1)^2(x-2)(x-4)$$
$$f(24)=(24+1)^2(24-2)(24-4)$$
$$=11\times2^3\times5^5$$

$11\times2^3\times5^5$이 $N\times10^3=N\times2^3\times5^3$과 같으므로

$N=11\times5^2=275$

15 답 303

GUIDE

복잡한 계산이 필요한 문제에서는 주어진 수를 다른 문자로 나타낸 다음 인수분해 등을 이용한다.

$$\left(\frac{101}{1000}\right)^3-\left(\frac{1}{1000}\right)^3-\frac{1}{1000}$$
$$=\left(\frac{101}{1000}\right)^3+\left(-\frac{1}{1000}\right)^3+\left(-\frac{1}{10}\right)^3$$

이때 $a=\dfrac{101}{1000}$, $b=-\dfrac{1}{1000}$, $c=-\dfrac{1}{10}$ 이라 하면

$a+b+c=0$이므로 $a^3+b^3+c^3=3abc$

$$\left(\frac{101}{1000}\right)^3-\left(\frac{1}{1000}\right)^3-\frac{1}{1000}$$
$$=3\times\frac{101}{1000}\times\left(-\frac{1}{1000}\right)\times\left(-\frac{1}{10}\right)=\frac{303}{10^7}$$

따라서 $N=303$

16 답 219

GUIDE

특정 수를 문자로 치환한다. 한 문자로 치환하기 어렵다면 두 문자를 치환에 사용한다.

$x=20$으로 생각하면

$$19\times20\times21\times22+1=(x-1)x(x+1)(x+2)+1$$
$$=(x^2+x)(x^2+x-2)+1$$
$$=(x^2+x)^2-2(x^2+x)+1$$
$$=(x^2+x-1)^2$$

따라서 $\sqrt{19\times20\times21\times22+1}=\sqrt{(20^2+20-1)^2}=419$

$y=201$로 생각하면

$$\frac{201^4+201^2+1}{201\times202+1}-201=\frac{y^4+y^2+1}{y\times(y+1)+1}-y$$
$$=\frac{(y^2+y+1)(y^2-y+1)}{y^2+y+1}-y$$
$$=y^2-2y+1$$
$$=(y-1)^2$$

따라서 $\sqrt{\dfrac{201^4+201^2+1}{201\times202+1}-201}=\sqrt{(201-1)^2}=200$

$$\therefore \sqrt{19\times20\times21\times22+1}-\sqrt{\frac{201^4+201^2+1}{201\times202+1}-201}$$
$$=419-200=219$$

1등급 NOTE

$19\times20\times21\times22$에서 $x=19$로 생각하면

$x(x+1)(x+2)(x+3)+1=(x^2+3x+1)^2$이므로

$\sqrt{19\times20\times21\times22+1}=\sqrt{(19^2+3\times19+1)^2}=419$

로 계산할 수도 있지만 $x=20$일 때가 계산이 가장 간편하다.

17 답 ④

GUIDE

주어진 각 조건을 정리해서 인수분해 한다. 차수가 낮은 것으로 정리하고, 차수가 모두 같은 경우에는 한 문자로 정리해서 인수분해 한다.

(가) $a^2b+ab^2-a^2c+b^2-abc-bc$

$=-c(a^2+ab+b)+b(a^2+ab+b)$

$=(a^2+ab+b)(b-c)=0$

이때 $a^2+ab+b>0$이므로 $b=c$

(나) $ab(a+b)=bc(b+c)+ca(c-a)$에서

$a^2b+ab^2-b^2c-bc^2-ac^2+a^2c=0$

$(b+c)a^2+(b^2-c^2)a-bc(b+c)=0$

$(b+c)\{a^2+(b-c)a-bc\}=0$

$(b+c)(a+b)(a-c)=0$

이때 a, b, c가 양수이므로 $a=c$

(가), (나)에서 $a=b=c$이므로 삼각형 ABC는 정삼각형이다.

따라서 삼각형 ABC의 넓이를 a로 나타내면 $\dfrac{\sqrt{3}}{4}a^2$

참고 한 변의 길이가 a인 정삼각형의 넓이는 $\dfrac{\sqrt{3}}{4}a^2$

STEP 3 | 1등급 뛰어넘기   p. 39~41

01 $2x^2+8$	**02** 512	**03** 5개	**04** 11개
05 ②	**06** 8개	**07** (1) 2 (2) 2 (3) 3	
08 133	**09** ⑤	**10** 11	

01 답 $2x^2+8$

GUIDE

$(x+3-\sqrt{5})(x+3+\sqrt{5})=(x+3)^2-5$이다.

마찬가지로 $(x-3+\sqrt{5})(x-3-\sqrt{5})=(x-3)^2-5$

$(x+3-\sqrt{5})(x-3+\sqrt{5})(x+3+\sqrt{5})(x-3-\sqrt{5})+35x^2$

$=(x+3-\sqrt{5})(x+3+\sqrt{5})(x-3+\sqrt{5})(x-3-\sqrt{5})+35x^2$

$=(x^2+6x+4)(x^2-6x+4)+35x^2$

이때 $x^2+6x+4=A$라 하면

$A(A-12x)+35x^2=A^2-12Ax+35x^2$

$=(A-5x)(A-7x)$

$=(x^2+x+4)(x^2-x+4)$

두 이차식이 x^2+x+4, x^2-x+4이므로 합은 $2x^2+8$이다.

❶ 켤레무리수끼리 묶어 전개하면 정수 계수의 식으로 바뀐다. 이 문제는 무리 계수를 정수 계수인 식으로 정리하는 것이 중요하다.

❷ $(x^2+6x+4)(x^2-6x+4)+35x^2=(x^2+4)^2-(6x)^2+35x^2$
$$=(x^2+x+4)(x-x+4)$$

처럼 인수분해 할 수 있다.

02 답 512

$(2a+2b-c)+(2b+2c-a)+(2c+2a-b)=3(a+b+c)$이므로
$x^3+y^3+z^3-3xyz$에 직접 대입하지 말고, 인수분해 한 것에 대입한다.

$f(x, y, z)$
$=x^3+y^3+z^3-3xyz$
$=(x+y+z)(x^2+y^2+z^2-xy-yz-zx)$
$=\dfrac{1}{2}(x+y+z)\{(x-y)^2+(y-z)^2+(z-x)^2\}$

$A=2a+2b-c, B=2b+2c-a, C=2c+2a-b$라 하면
$A+B+C=3(a+b+c), A-B=3(a-c),$
$B-C=3(b-a), C-A=3(c-b)$이므로
$f(A, B, C)$
$=\dfrac{1}{2}(A+B+C)\{(A-B)^2+(B-C)^2+(C-A)^2\}$
$=\dfrac{1}{2}\{3(a+b+c)\}\{9(a-c)^2+9(b-a)^2+9(c-b)^2\}$
$=27\times\dfrac{1}{2}(a+b+c)\{(a-b)^2+(b-c)^2+(c-a)^2\}$
$=27\times f(a, b, c)=216$
따라서 $f(a, b, c)=8$
$f(4a, 4b, 4c)$
$=\dfrac{1}{2}(4a+4b+4c)\{(4a-4b)^2+(4b-4c)^2+(4c-4a)^2\}$
$=64\times\dfrac{1}{2}(a+b+c)\{(a-b)^2+(b-c)^2+(c-a)^2\}$
$=64\times f(a, b, c)=512$

03 답 5개

(어떤 식) $\div A(x)$에서 나머지가 일차식인 $-x+4$이므로 $A(x)$는 이차 이상의 다항식이다.

$x^2 \triangle x=x^4-x^3+x^2, 2x \triangle x=4x^2-2x^2+x^2=3x^2$이므로
$(x^2 \triangle x)+(2x \triangle x)-x^2=(x^4-x^3+x^2)+(3x^2)-x^2$
$$=x^4-x^3+3x^2$$
이때 $A(x)$로 나눈 나머지가 $-x+4$이므로
$A(x)$는 $x^4-x^3+3x^2-(-x+4)$의 인수이다.
$x^4-x^3+3x^2-(-x+4)=x^4-x^3+3x^2+x-4$
$$=(x-1)(x+1)(x^2-x+4)$$

따라서 $A(x)$는 $(x-1)(x+1)$, x^2-x+4,
$(x-1)(x^2-x+4)$, $(x+1)(x^2-x+4)$,
$(x-1)(x+1)(x^2-x+4)$ 중 하나이므로 가능한 $A(x)$는 모두 5개이다.

$x^4-x^3+3x^2=A(x)Q(x)-x+4$로 나타낼 수 있으므로
$x^4-x^3+3x^2+x-4=A(x)Q(x)$, 즉 $A(x)$는 다항식
$x^4-x^3+3x^2+x-4$의 인수이다.

04 답 11개

$x^2+px+6=(x+1)(x+6)$, $x^2+px+6=(x-1)(x-6)$, ⋯ 등을 생각한다.

$ax^3+2bx^2+2(a+2b)x+12a$를 a에 대한 내림차순으로 정리하여 인수분해 하면
$ax^3+2bx^2+2(a+2b)x+12a$
$=a(x^3+2x+12)+2bx(x+2)$
$=a(x+2)(x^2-2x+6)+2bx(x+2)$
$=(x+2)\{ax^2-2(a-b)x+6a\}$
$=a(x+2)\left\{x^2-2\left(1-\dfrac{b}{a}\right)x+6\right\}$

이때 $x^2-2\left(1-\dfrac{b}{a}\right)x+6$이 $x+2$가 아닌 정수 계수의 서로 다른 두 일차식으로 인수분해 되는 경우는 다음 세 가지가 있다.

$x^2-2\left(1-\dfrac{b}{a}\right)x+6=(x+1)(x+6)=x^2+7x+6$

$x^2-2\left(1-\dfrac{b}{a}\right)x+6=(x-1)(x-6)=x^2-7x+6$

$x^2-2\left(1-\dfrac{b}{a}\right)x+6=(x-3)(x-2)=x^2-5x+6$

그런데 $-2\left(1-\dfrac{b}{a}\right)$가 $7, -7, -5$일 수 있으므로

$2b=9a$ 또는 $2b=-5a$ 또는 $2b=-3a$를 생각할 수 있지만
a, b가 모두 자연수이므로 가능한 경우는

$2b=9a$, 즉 $a=\dfrac{2}{9}b$인 경우뿐이다.

조건에서 a, b가 모두 100 이하의 자연수이므로 b는 100 이하인 9의 배수라야 한다. 가능한 b는 9, 18, ⋯, 99이므로 순서쌍 (a, b)의 개수는 11이다.

$x^2-2\left(1-\dfrac{b}{a}\right)x+6=(x+2)(x+3)$인 경우를 생각하지 않은 것은
$ax^3+2bx^2+2(a+2b)x+12a=(x+2)(ax^2-2ax+2bx+6a)$
에서 인수 $x+2$를 이미 가졌기 때문이다. 즉 p, q, r가 서로 다른 정수라는 조건에 따라야 한다.

05 답 ②

GUIDE

GUIDE

인수정리를 이용할 수 없는 다항식이므로 사차식이 인수분해 되는 여러 가지 경우 중 (이차식)×(이차식)을 생각한다.

$f(x)=x^4-x^3-9x^2+2x+2$라 하면

$f(1)$, $f(-1)$, $f(2)$, $f(-2)$ 모두 0이 아니므로 정수 계수의 일차식을 인수로 가지지 않는다. 따라서 $f(x)$는

(이차식)×(이차식)을 생각한다.

(i) $x^4-x^3-9x^2+2x+2=(x^2+ax+1)(x^2+bx+2)$인 경우

$(x^2+ax+1)(x^2+bx+2)$

$=x^4+(a+b)x^3+(ab+3)x^2+(2a+b)x+2$

이때 $a+b=-1$, $ab+3=-9$, $2a+b=2$에서

$a=3$, $b=-4$이므로

$x^4-x^3-9x^2+2x+2=(x^2+3x+1)(x^2-4x+2)$

(ii) $x^4-x^3-9x^2+2x+2=(x^2+ax-1)(x^2+bx-2)$인 경우

$(x^2+ax-1)(x^2+bx-2)$

$=x^4+(a+b)x^3+(ab-3)x^2-(2a+b)x+2$

이때 $a+b=-1$, $ab-3=-9$, $2a+b=-2$

가 되는 a, b값은 존재하지 않는다.

(i), (ii)에서 $[x^4-x^3-9x^2+2x+2]=2x^2-x+3$

1등급 NOTE

$\pm\dfrac{2}{1}$의 약수인 ±1, ±2일 때 $f(\pm1)\neq0$, $f(\pm2)\neq0$이므로 인수정리를 이용할 수 없는 식이다. 당황하지 말고 최고차항과 상수를 이용해 두 이차식의 곱으로 나타내는 걸 생각한다.

※ $a+b=-1$, $2a+b=-2$에서 $a=-1$, $b=0$

그렇지만 $ab-3=-3\neq-9$

06 답 8개

GUIDE

$3^{2160}=(3^{720})^3$, $3^{2160}=(3^{432})^5$, $3^{2160}=(3^{240})^9$과 같은 경우이다.

모든 홀수인 자연수 n에 대하여

$a^n+b^n=(a+b)(a^{n-1}-a^{n-2}b+a^{n-3}b^2-\cdots-ab^{n-2}+b^{n-1})$

즉 $3^{2160}+1=(3^p)^q+1=(3^p+1)\{(3^p)^{q-1}-(3^p)^{q-2}+\cdots+1\}$

로 나타낼 수 있는 경우는 q가 2160의 약수 중 홀수일 때이다.

$2160=2^4\times3^3\times5$이므로 홀수인 약수는 $3^3\times5$의 약수이고, 그 개수는 8이다.

따라서 $3^{2160}+1$의 약수 중에서 3^n+1(n은 자연수) 꼴로 나타낼 수 있는 것은 모두 8개

참고

❶ $1=1^{2160}$으로 생각한다.

❷ 문제의 조건에 맞는 예로 다음과 같은 것을 들 수 있다.

$3^{2160}+1=(3^{720})^3+1=(3^{720}+1)\{(3^{720})^2-3^{720}+1\}$

$=(3^{432})^5+1$

$=(3^{432}+1)\{(3^{432})^4-(3^{432})^3+\cdots-3^{432}+1\}$

❸ 문제에서 구하는 인수는

$3^{2160}+1$, $3^{720}+1$, $3^{432}+1$, $3^{240}+1$, $\cdots$, $3^{16}+1$

07 답 (1) 2 (2) 2 (3) 3

GUIDE

❶ $\overline{PT}^2=\overline{PA}\times\overline{PB}$

❷ $\angle PTA=\angle PBT$

(1) $\overline{PB}=\overline{PA}+\overline{AB}$

$=(x-1)+(x-1)(x^2-4x+5)(x^2-4x+3)$

$=(x-1)\{(x^2-4x+5)(x^2-4x+3)+1\}$

$=(x-1)\{(A+2)A+1\}$ ⇦ $A=x^2-4x+3$이라 하면

$=(x-1)(A+1)^2$

$=(x-1)(x^2-4x+4)^2$

$=(x-1)(x-2)^4$

따라서 $a=-1$, $b=-2$이므로 $ab=2$

(2) $\overline{PT}^2=\overline{PA}\times\overline{PB}=(x-1)^2(x-2)^4$

따라서 $\overline{PT}=(x-1)(x-2)^2$이므로

$c=-1$, $d=-2$ ∴ $cd=2$

(3) $\angle ATC=\angle CTB=a$, $\angle PTA=b$라 하면

$\angle PTC=a+b$ ······ ㉠

접선과 현이 이루는 각의 크기에 대한 성질에서

$\angle TBC=\angle PTA=b$

삼각형의 외각의 성질에서

$\angle PCT=\angle BTC+\angle TBA=a+b$ ······ ㉡

㉠, ㉡에서 $\angle PTC=\angle PCT$이므로 삼각형 PTC는 이등변 삼각형이다. ∴ $\overline{PC}=\overline{PT}$

이때 $\overline{AC}=\overline{PC}-\overline{PA}=\overline{PT}-\overline{PA}$이고

$\overline{PT}=(x-1)(x-2)^2$, $\overline{PA}=x-1$이므로

$\overline{AC}=(x-1)(x-2)^2-(x-1)=(x-1)^2(x-3)$

따라서 $e=-3$, $f=-1$이므로 $ef=3$

LECTURE

원의 접선과 현이 이루는 각의 크기는 그 현을 포함한 호에 대한 원주각의 크기와 같다. 즉 $\angle TBC=\angle PTA$

또 $\angle PCT=\angle PBT+\angle BTC$

$=\angle PTC$

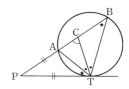

08 답 133

GUIDE

❶ $(x^4+x^2+1)(x^2-1)+5x^3+ax^2+bx+c$를 x^2-1로 나눈 나머지는 $5x^3+ax^2+bx+c$를 x^2-1로 나눈 나머지와 같다.

❷ $(x^4+x^2+1)(x^2-1)=(x^3-1)(x^3+1)$이므로

$(x^3-1)(x^3+1)+5x^3+ax^2+bx+c$를 x^3+1로 나눈 나머지가

$2x^2-6$이므로 $5x^3+ax^2+bx+c=5(x^3+1)+2x^2-6$

주어진 조건에서

$f(x)=(x^4+x^2+1)(x^2-1)+5x^3+ax^2+bx+c$ $\cdots\cdots$ ㉠

$x^4+x^2+1=(x^2+x+1)(x^2-x+1)$이므로 ㉠은 다음과 같이
변형 가능하다.

$f(x)=(x^2+x+1)(x^2-x+1)(x+1)(x-1)$
$\qquad\qquad\qquad\qquad\qquad +5x^3+ax^2+bx+c$

$\quad =(x^3+1)(x^3-1)+5x^3+ax^2+bx+c$

$\quad =(x^3+1)(x^3-1)+5(x^3+1)+2x^2-6$

$\qquad\qquad (\because x^3+1$로 나눈 나머지가 $2x^2-6)$

따라서 $5x^3+ax^2+bx+c=5(x^3+1)+2x^2-6$ $\cdots\cdots$ ㉡

이므로 $a=2, b=0, c=-1$이다.

㉠, ㉡에서 $f(x)$를 x^2-1로 나눈 나머지는

$5x^3+ax^2+bx+c=5(x^3+1)+2x^2-6$을 x^2-1으로 나눈 나
머지와 같다.

$f(x)$를 x^2-1로 나눈 나머지가 $px+q$이므로

$5(x^3+1)+2x^2-6=(x^2-1)Q(x)+px+q$에 $x=1, -1$을
각각 대입하고 정리하면 $p=5, q=1$

즉 나머지는 $5x+1$이다.

$\therefore a^3+b^3+c^3+p^3+q^3=2^3+0^3+(-1)^3+5^3+1^3=133$

09 답 ⑤

GUIDE

주어진 다항식의 계수 1, 2, 3, 3, 2, 1이 좌우 대칭이고, 최고차항의 차수
가 홀수이므로 $x+1$을 인수로 가지는 상반계수식이다.

$x^5+2x^4+3x^3+3x^2+2x+1=(x+1)(x^4+x^3+2x^2+x+1)$
이때

$x^4+x^3+2x^2+x+1=x^2\left(x^2+\dfrac{1}{x^2}+x+\dfrac{1}{x}+2\right)$

$\qquad\qquad\qquad\qquad =x^2\left\{\left(x+\dfrac{1}{x}\right)^2+\left(x+\dfrac{1}{x}\right)\right\}$

$\qquad\qquad\qquad\qquad =x^2\left(x+\dfrac{1}{x}\right)\left(x+\dfrac{1}{x}+1\right)$

$\qquad\qquad\qquad\qquad =(x^2+1)(x^2+x+1)$

$\therefore\ x^5+2x^4+3x^3+3x^2+2x+1$

$\qquad =(x+1)(x^2+1)(x^2+x+1)$

LECTURE

상반계수식의 인수분해란 계수가 대칭인 다항식을 인수분해 하는 특별
한 방법을 포함하고 있음을 뜻한다.

홀수차 상반계수식은 항상 $(x+1)$을 인수로 가지고, 조립제법으로 몫을
찾으면 짝수차 상반계수식이 된다.

짝수차 상반계수식은 x^2으로 묶은 뒤 $x+\dfrac{1}{x}=X$로 치환하여 인수분해
한다.

10 답 11

GUIDE

$x^4+6x^3+12x^2+ax+b$는 $x+1$로 나누어 떨어지고
$bx^4+ax^3+12x^2+6x+1$은 $x+\dfrac{1}{2}$로 나누어 떨어진다.

$f(x)=x^4+6x^3+12x^2+ax+b$

$g(x)=bx^4+ax^3+12x^2+6x+1$

라고 두면, 문제의 조건에서 $f(x)$는 $x+1$로 나누어 떨어지고,

$g(x)$는 $x+\dfrac{1}{2}$로 나누어 떨어진다.

$\therefore f(-1)=0$ $\cdots\cdots$ ㉠, $\quad g\left(-\dfrac{1}{2}\right)=0$ $\cdots\cdots$ ㉡

㉠에서 $f(-1)=0$을 정리하면 $a-b=7$ $\cdots\cdots$ ㉢

㉡에서 $g\left(-\dfrac{1}{2}\right)=0$을 정리하면 $2a-b=16$ $\cdots\cdots$ ㉣

㉢, ㉣에서 $a=9, b=2$

그러므로 $f(x)+g(x)=3(x^4+5x^3+8x^2+5x+1)$이고,

문제의 조건에서 한 사람이 마시는 우유 부피는

$x^4+5x^3+8x^2+5x+1=(x+p)^2(x^2+qx+r)$

위 식은 상반계수를 가진 4차 다항식이다.

$x^4+5x^3+8x^2+5x+1$

$=x^2\left(x^2+5x+8+\dfrac{5}{x}+\dfrac{1}{x^2}\right)$

$=x^2\left\{\left(x^2+\dfrac{1}{x^2}\right)+5\left(x+\dfrac{1}{x}\right)+8\right\}$

$=x^2\left\{\left(x+\dfrac{1}{x}\right)^2+5\left(x+\dfrac{1}{x}\right)+6\right\}$

$=x^2\left(x+\dfrac{1}{x}+2\right)\left(x+\dfrac{1}{x}+3\right)$

$=(x^2+2x+1)(x^2+3x+1)$

$=(x+1)^2(x^2+3x+1)$

따라서 $p=1, q=3, r=1$이다.

$\therefore p^2+q^2+r^2=1^2+3^2+1^2=11$

LECTURE

두 상반계수식의 합은 마찬가지로 상반계수식이 된다는 점을 기억해 두자.

04 복소수와 이차방정식

 | 1등급 준비하기

p. 45~46

01 $-3-2i$	**02** ⑤		**03** ㄱ, ㄴ, ㄷ, ㄹ
04 (1) 3 (2) 5	**05** 12개		**06** (1) ◯ (2) ◯ (3) ◯ (4) ×
07 3	**08** 4		**09** (1) -20 (2) 76
10 $5x^2-4x+1=0$		**11** ③	

01 답 $-3-2i$

GUIDE

복소수 z를 포함한 등식이 있으므로 $z=a+bi$, $\bar{z}=a-bi$를 대입하고 복소수가 서로 같을 조건을 이용한다.

$z=a+bi$라 하면 $\bar{z}=a-bi$이므로

$(1-i)\bar{z}+2iz=(1-i)(a-bi)+2i(a+bi)$
$\qquad\qquad\qquad =a-bi-ai-b+2ai-2b$
$\qquad\qquad\qquad =(a-3b)+(a-b)i$

즉 $(a-3b)+(a-b)i=3-i$에서

$a-3b=3$, $a-b=-1$이므로

$a=-3$, $b=-2$ $\qquad \therefore z=-3-2i$

02 답 ⑤

GUIDE

$(\alpha^2-p\alpha+3)+(\alpha^2-2\alpha-3)i=0$에서 복소수가 서로 같음을 이용한다.

α가 주어진 이차방정식의 근이므로

$(\alpha^2-p\alpha+3)+(\alpha^2-2\alpha-3)i=0$

복소수가 서로 같을 조건에서 $\begin{cases} \alpha^2-p\alpha+3=0 & \cdots\cdots ㉠ \\ \alpha^2-2\alpha-3=0 & \cdots\cdots ㉡ \end{cases}$

㉡에서 $\alpha=3$ 또는 $\alpha=-1$

㉠에서 $\alpha=3$일 때, $9-3p+3=0$이므로 $p=4$

$\alpha=-1$일 때, $4+p=0$이므로 $p=-4$

이때 $p>0$이므로 $p=4$ $\qquad \therefore \alpha p=3\times 4=12$

03 답 ㄱ, ㄴ, ㄷ, ㄹ

GUIDE

$a>0$, $b<0$이면 $\dfrac{\sqrt{a}}{\sqrt{b}}=-\sqrt{\dfrac{a}{b}}$ 임을 주의한다.

특히 $a<0$이므로 $|a|>0$이고, $|a|=-a$이다.

ㄱ. 모든 실수 x에 대하여 $(\sqrt{x})^2=x$이므로

$\quad (\sqrt{-a})^2=-a$ (◯)

ㄴ. $\dfrac{a\sqrt{a}}{\sqrt{|a|}}=a\sqrt{\dfrac{a}{|a|}}=a\sqrt{-1}=ai$ (◯)

ㄷ. $\sqrt{-a^2}=\sqrt{-1}\sqrt{a^2}=|a|i=-ai$ (◯)

ㄹ. $a<0$, $|a|>0$이므로

$\quad \dfrac{\sqrt{|a|}}{\sqrt{a}}=-\sqrt{\dfrac{|a|}{a}}=-\sqrt{-1}=-i$ (◯)

ㅁ. $\dfrac{|a|}{a^2}=\dfrac{-a}{a^2}=-\dfrac{1}{a}$ (×)

따라서 옳은 것은 ㄱ, ㄴ, ㄷ, ㄹ이다.

1등급 NOTE

$a<0$인 예, 가령 $a=-2$일 때 보기의 내용을 확인해도 된다.

04 답 (1) 3 (2) 5

GUIDE

복소수 $z=a+bi$이면 $\bar{z}=a-bi$이다. 즉 $\overline{z_1}-\overline{z_2}=\overline{z_1-z_2}=1+2i$이므로 $z_1-z_2=1-2i$, 마찬가지로 $z_1 z_2=3-2i$

(1) $\overline{z_1}-\overline{z_2}=\overline{z_1-z_2}=1-2i$이므로 $z_1-z_2=1+2i$

또 $\overline{z_1 z_2}=3+2i$이므로 $z_1 z_2=3-2i$

$\quad (z_1-1)(z_2+1)=z_1 z_2+z_1-z_2-1$
$\qquad\qquad\qquad\qquad =3-2i+1+2i-1$
$\qquad\qquad\qquad\qquad =3$

(2) $z^2=4-3i$에서 $\overline{z^2}=4+3i$이므로

$\quad (z\bar{z})^2=z^2\overline{z^2}=(4-3i)(4+3i)=25$

이때 $z=a+bi$ (단, a, b는 실수)에 대하여

$z\bar{z}=a^2+b^2\geq 0$이므로 $z\bar{z}=5$

05 답 12개

GUIDE

$\left(\dfrac{1-i}{\sqrt{2}}\right)^2=-i$이므로 $\left(\dfrac{1-i}{\sqrt{2}}\right)^{8m}=1$ (단, m은 자연수)

$\dfrac{1-i}{1+i}=\dfrac{(1-i)^2}{(1+i)(1-i)}=-i$, $\dfrac{1+i}{1-i}=i$

(ⅰ) n이 홀수일 때

$\left(\dfrac{1-i}{1+i}\right)^n+\left(\dfrac{1+i}{1-i}\right)^n=(-i)^n+i^n=-i^n+i^n=0$

(ⅱ) n이 짝수일 때

$\left(\dfrac{1-i}{1+i}\right)^n+\left(\dfrac{1+i}{1-i}\right)^n=(-i)^n+i^n=2i^n$이므로

$n=4k+2$일 때, $2i^2=-2$

$n=4k+4$일 때, $2i^4=2$ (단, k는 음이 아닌 정수)

$\left(\dfrac{1-i}{\sqrt{2}}\right)^2=-i$이므로 $\left(\dfrac{1-i}{\sqrt{2}}\right)^{8m}=1$ (단, m은 자연수)

따라서 $\left(\dfrac{1-i}{1+i}\right)^n+\left(\dfrac{1+i}{1-i}\right)^n+\left(\dfrac{1-i}{\sqrt{2}}\right)^n=3$을 만족시키는 자연수 n은 8의 배수여야 한다.

100 이하의 8의 배수는 12개

06 답 (1) ◯ (2) ◯ (3) ◯ (4) ×

GUIDE

이차방정식의 판별식에서는 계수 범위를 주의한다.

. 복소수와 이차방정식 **31**

이차방정식 $ax^2+bx+c=0$에 대하여 근의 공식, 근과 계수의 관계, 판별식의 중근 조건은 계수에 관계없이 항상 성립한다. 즉 (1), (2), (3)은 옳다.

그러나 판별식 조건에서 서로 다른 두 실근 조건 $b^2-4ac>0$, 서로 다른 두 허근 조건 $b^2-4ac<0$은 계수가 실수일 때만 성립한다. 즉 (4)는 옳지 않다.

참고

$x=\dfrac{-b\pm\sqrt{b^2-4ac}}{2a}$에서 $b^2-4ac>0$이라 해도

a, b가 실수가 아니면 $\dfrac{-b\pm\sqrt{b^2-4ac}}{2a}$가 실수라 할 수 없다.

예 $x^2+2ix-2=0$은 $b^2-4ac=4>0$이지만

두 근은 $x=1-i$ 또는 $x=-1-i$이다.

07 답 3

GUIDE

계수에 미지수를 포함한 이차방정식에서 '실근'이란 표현이 있으면 판별식 조건 $D\geq0$을 생각한다.

이차방정식 $2x^2-(5k+3)x+2=0$이 실근을 가지므로
$D=(5k+3)^2-16=(5k-1)(5k+7)\geq0$이어야 한다.

$\therefore k\leq-\dfrac{7}{5}$, $k\geq\dfrac{1}{5}$

a가 이차방정식의 근이므로 $2a^2-(5k+3)a+2=0$

양변을 a로 나누면 $2\left(a+\dfrac{1}{a}\right)=5k+3$

$a+\dfrac{1}{a}=k^2$을 대입하면

$2k^2=5k+3$에서 $k=3$ 또는 $k=-\dfrac{1}{2}$

따라서 판별식 조건에 맞는 k값은 3

08 답 4

GUIDE

두 문자에 대한 이차식이 일차식의 곱으로 인수분해 되면 (판별식의 판별식)$=0$임을 생각한다.

주어진 이차식을 x에 대한 이차방정식
$x^2+(2y+a)x-(3y^2-4y-a)=0$이라 하면
$x=\dfrac{-(2y+a)\pm\sqrt{(2y+a)^2+4(3y^2-4y-a)}}{2}$

$=\dfrac{-(2y+a)\pm\sqrt{16y^2+4(a-4)y+a^2-4a}}{2}$

주어진 이차식이 x, y에 대한 일차식의 곱으로 인수분해 되려면 x가 y에 대한 일차식으로 나타내어져야 하므로 근호 안의 식, 즉 $16y^2+4(a-4)y+a^2-4a$가 완전제곱식이어야 한다.
$16y^2+4(a-4)y+a^2-4a=0$의 판별식을 D라 하면
$\dfrac{D}{4}=4(a-4)^2-16(a^2-4a)=-4(3a+4)(a-4)=0$

따라서 정수 a값은 4이다.

LECTURE

이차방정식 $ax^2+bx+c=0$이 α, β를 두 근으로 가지면 좌변은 $a(x-\alpha)(x-\beta)$로 인수분해 된다. 즉 $ax^2+bx+c=a(x-\alpha)(x-\beta)$
이 문제에서 주어진 이차식이 x, y에 대한 일차식의 곱으로 인수분해 된다면 두 근 α, β도 y에 대한 일차식이어야 한다.
주어진 이차식이 바로 인수분해 되지는 않으므로 근의 공식을 사용하여 α, β를 구할 수 있다. 이때 α, β가 y에 대한 일차식이 되려면 근호 안의 식이 완전제곱식이어야 한다.
$\qquad\qquad\qquad\qquad\qquad\quad$└ 판별식
따라서 (판별식의 판별식)$=0$이라는 사실을 이용할 수 있다.

09 답 (1) -20 (2) 76

GUIDE

근과 계수의 관계를 이용한 식의 값 계산 문제는 곱셈공식의 변형에서 배운 것을 활용한다. 다만 두 근이 서로 다른 부호일 때는 음수의 제곱근의 성질을 이용할 수 있다는 점도 생각한다.

$x^2-4x-1=0$의 두 근이 α, β일 때 $\alpha+\beta=4$, $\alpha\beta=-1$
에서 $\alpha^2+\beta^2=(\alpha+\beta)^2-2\alpha\beta=4^2-2\times(-1)=18$
$\therefore \alpha^3+\beta^3=(\alpha+\beta)^3-3\alpha\beta(\alpha+\beta)$
$\qquad\qquad\quad =4^3-3\times(-1)\times4=76$

(1) $\left(\sqrt{\dfrac{\beta}{\alpha}}+\sqrt{\dfrac{\alpha}{\beta}}\right)^2=\dfrac{\beta}{\alpha}+\dfrac{\alpha}{\beta}+2\sqrt{\dfrac{\beta}{\alpha}}\sqrt{\dfrac{\alpha}{\beta}}$

$\qquad\qquad\qquad\quad =\dfrac{\beta^2+\alpha^2}{\alpha\beta}-2\sqrt{\dfrac{\beta}{\alpha}\times\dfrac{\alpha}{\beta}}=\dfrac{18}{-1}-2$

$\qquad\qquad\qquad\quad =-20$

(2) $\alpha^2-5\alpha-1=-\alpha$, $\beta^2-5\beta-1=-\beta$이므로

$\dfrac{\beta^2}{\alpha^2-5\alpha-1}+\dfrac{\alpha^2}{\beta^2-5\beta-1}$

$=-\dfrac{\beta^2}{\alpha}-\dfrac{\alpha^2}{\beta}=-\dfrac{\beta^3+\alpha^3}{\alpha\beta}=-\dfrac{76}{-1}=76$

참고

$\alpha\beta=-1$이므로 α와 β의 부호가 다르다. 즉 $\dfrac{\beta}{\alpha}<0$, $\dfrac{\alpha}{\beta}<0$이므로

$\sqrt{\dfrac{\beta}{\alpha}}\sqrt{\dfrac{\alpha}{\beta}}=-\sqrt{\dfrac{\beta}{\alpha}\times\dfrac{\alpha}{\beta}}=-1$

10 답 $5x^2-4x+1=0$

GUIDE

$\dfrac{1-\beta}{1+\alpha}=p$, $\dfrac{1-\alpha}{1+\beta}=q$라 하면 구하려는 이차방정식은
$5\{x^2-(p+q)x+pq\}=0$이다.

이차방정식 $2x^2-2x+1=0$의 두 근이 α, β이므로
$\alpha+\beta=1$, $\alpha\beta=\dfrac{1}{2}$

$\dfrac{1-\beta}{1+\alpha}+\dfrac{1-\alpha}{1+\beta}=\dfrac{2-\alpha^2-\beta^2}{(1+\alpha)(1+\beta)}$

$\qquad\qquad\qquad\quad =\dfrac{2-\{(\alpha+\beta)^2-2\alpha\beta\}}{1+(\alpha+\beta)+\alpha\beta}=\dfrac{4}{5}$

$\dfrac{1-\beta}{1+\alpha}\times\dfrac{1-\alpha}{1+\beta}=\dfrac{1-(\alpha+\beta)+\alpha\beta}{(1+\alpha)(1+\beta)}=\dfrac{1}{5}$

따라서 $5\left(x^2-\dfrac{4}{5}x+\dfrac{1}{5}\right)=0$, 즉 $5x^2-4x+1=0$

1등급 NOTE

$f(x)=2x^2-2x+1=2(x-\alpha)(x-\beta)$ 라 하면

$(1+\alpha)(1+\beta)=\dfrac{f(-1)}{2}=\dfrac{5}{2}$,

$\dfrac{(1-\beta)(1-\alpha)}{(1+\alpha)(1+\beta)}=\dfrac{f(1)}{f(-1)}=\dfrac{1}{5}$ 을 이용해도 된다.

11 답 ③

GUIDE

이차방정식 $f(x)=0$의 두 근이 α, β이면 $f(px+q)=0$의 두 근은 $px+q=\alpha$, $px+q=\beta$가 되는 x값이다.

$f(x)=0$의 두 근이 α, β 이므로 $3x-2=\alpha$, $3x-2=\beta$에서

$f(3x-2)=0$의 두 근은 $\dfrac{\alpha+2}{3}$, $\dfrac{\beta+2}{3}$

$$\left(\dfrac{\alpha+2}{3}\right)^2+\left(\dfrac{\beta+2}{3}\right)^2=\dfrac{\alpha^2+\beta^2+4\alpha+4\beta+8}{9}$$
$$=\dfrac{(\alpha+\beta)^2-2\alpha\beta+4(\alpha+\beta)+8}{9}$$
$$=3$$

참고

두 근이 α, β인 이차방정식은 $a(x-\alpha)(x-\beta)=0$

$f(x)=a(x-\alpha)(x-\beta)$ 라 하면

$f(3x-2)=a(3x-2-\alpha)(3x-2-\beta)=0$에서

두 근은 $x=\dfrac{\alpha+2}{3}$, $x=\dfrac{\beta+2}{3}$

STEP 2 | 1등급 굳히기 p. 47~53

01 ④	**02** $-2i$	**03** $\dfrac{1}{7}$	**04** ③
05 ③	**06** $\dfrac{1\pm\sqrt{7}i}{4}$	**07** 6개	**08** 0
09 27	**10** ④	**11** ⑤	**12** ⑤
13 -1	**14** ①	**15** 1002	**16** 15
17 -2	**18** ③	**19** ⑤	**20** ①
21 -2	**22** 8	**23** ②	**24** ④
25 10	**26** ②	**27** 3	**28** -1
29 ④	**30** ③	**31** ⑤	**32** ①
33 (가) $\overline{BC}$ (나) $\triangle DCB$ (다) $\sqrt{c}$			

01 답 ④

GUIDE

❶ $z_1=a+bi$, $z_2=c+di$(단, a, b, c, d는 실수)로 놓는다.

❷ $z_1+z_2=(a+c)+(b+d)i$가 실수이므로 $b+d=0$

❸ $z_1z_2=(ac-bd)+(ad+bc)i$가 실수이므로 $ad+bc=0$

---

① z_1+z_2, z_1z_2가 실수이면 $z_1^2+z_2^2=(z_1+z_2)^2-2z_1z_2$은 실수이다.

② $z_1^4+z_2^4=(z_1^2+z_2^2)^2-2(z_1z_2)^2$이므로 $z_1^4+z_2^4$도 실수이다.

a, b, c, d가 실수일 때 $z_1=a+bi$, $z_2=c+di$라 두면

$z_1+z_2=(a+c)+(b+d)i$가 실수이므로

$b+d=0$ $\quad\therefore d=-b$

이때 $z_1z_2=(a+bi)(c-bi)=(ac+b^2)+(c-a)bi$ 가 실수이므로 $b=0$ 또는 $c=a$

(i) $b=0$, 즉 z_1이 실수일 때 $d=-b=0$이므로 z_2도 실수이다.

(③)

(ii) $b\neq0$, 즉 z_1이 실수가 아닐 때 $c=a$, $d=-b$이므로

$\quad z_1-z_2=a+bi-(a-bi)=2bi$ 는 실수가 아니다. (⑤)

④ [반례] $a=0$, 즉 $z_1=bi$ (단, $b\neq0$)이면 $c=a=0$, 즉

$$z_2=-bi$$ 이므로 $\dfrac{z_1}{z_2}=-1$

따라서 옳지 않은 것은 ④

02 답 $-2i$

GUIDE

❶ z^3+w^3의 값을 구하기 위해 zw값을 구해야 함을 안다.

❷ $z\bar{z}$, $w\bar{w}$, $z+w$의 값을 이용해 zw의 값을 구한다.

❸ z^3+w^3의 값을 구한다.

$z\bar{z}=1$, $w\bar{w}=1$에서 $\bar{z}=\dfrac{1}{z}$, $\bar{w}=\dfrac{1}{w}$이고

$z+w=2i$이므로 $\bar{z}+\bar{w}=\dfrac{1}{z}+\dfrac{1}{w}=\dfrac{z+w}{zw}=-2i$에서

$zw=-1$

$\therefore z^3+w^3=(z+w)^3-3zw(z+w)=-8i+6i=-2i$

03 답 $\dfrac{1}{7}$

GUIDE

❶ $z^3=-1$에서 $z+\bar{z}$와 $z\bar{z}$의 값을 각각 구한다.

❷ $z=\dfrac{3w-1}{w-1}$ 을 w에 대해 정리해 $w\bar{w}$를 구한다.

$z^3+1=0$에서 $(z+1)(z^2-z+1)=0$이므로

$z^2-z+1=0$ $(\because z\neq-1)$

$\therefore z+\bar{z}=1$, $z\bar{z}=1$

이때 $z=\dfrac{3w-1}{w-1}$에서 $w=\dfrac{z-1}{z-3}$이므로

$w\bar{w}=\dfrac{z-1}{z-3}\times\dfrac{\bar{z}-1}{\bar{z}-3}=\dfrac{z\bar{z}-(z+\bar{z})+1}{z\bar{z}-3(z+\bar{z})+9}=\dfrac{1}{7}$

04 답 ③

GUIDE

ㄱ의 내용을 이용한다. 즉 $|z|^2=a^2+b^2=z\bar{z}$이므로

$|z_1+z_2|^2=(z_1+z_2)\overline{(z_1+z_2)}$

ㄱ. $z\bar{z}=(a+bi)(a-bi)=a^2+b^2=|z|^2$ (○)

ㄴ. $|\bar{z}|^2=a^2+(-b)^2=|z|^2$ (○)

ㄷ. $|z_1+z_2|^2=(z_1+z_2)\overline{(z_1+z_2)}$
$$=(z_1+z_2)(\bar{z_1}+\bar{z_2})$$
$$=z_1\bar{z_1}+z_2\bar{z_2}+z_1\bar{z_2}+\bar{z_1}z_2$$
$$=|z_1|^2+|z_2|^2+z_1\bar{z_2}+\bar{z_1}z_2$$
$$\neq|z_1|^2+|z_2|^2+2z_1z_2 \ (\times)$$

따라서 옳은 것은 ㄱ, ㄴ이다.

LECTURE

a,b,c,d가 실수이고 $z_1=a+bi$, $z_2=c+di$일 때
$z_1z_2=ac-bd+(ad+bc)i$이고
$z_1\bar{z_2}=ac+bd+(bc-ad)i$이므로 $z_1z_2\neq z_1\bar{z_2}$이다.
마찬가지로 $z_1z_2\neq\bar{z_1}z_2$이다.

---

05 답 ③

GUIDE

❶ $\left(z_1+\dfrac{1}{z_2}\right)\left(z_2+\dfrac{1}{z_1}\right)=2$에서 z_1z_2를 구한다.

❷ $(\overline{z_1z_2})^2=\overline{(z_1z_2)^2}$을 이용한다.

$\left(z_1+\dfrac{1}{z_2}\right)\left(z_2+\dfrac{1}{z_1}\right)=2$이므로 $z_1z_2+\dfrac{1}{z_1z_2}+2=2$

양변에 z_1z_2를 곱하면 $(z_1z_2)^2=-1$이므로

$(\overline{z_1z_2})^2=\overline{(z_1z_2)^2}=\overline{-1}=-1$

LECTURE

$z=a+bi$ (a,b는 실수)라 할 때
$\overline{z^2}=\overline{a^2-b^2+2abi}=a^2-b^2-2abi$
$(\bar{z})^2=(a-bi)^2=a^2-b^2-2abi$ ∴ $\overline{z^2}=(\bar{z})^2$

※ ❶ $\overline{z^n}=(\bar{z})^n$이 성립한다.

❷ $(\overline{z_1z_2})^2=\overline{(z_1z_2)^2}$

❸ 켤레복소수의 성질에서 $\overline{z_1z_2}=\bar{z_1}\,\bar{z_2}$이므로
$\overline{z^2}=\overline{z\cdot z}=\bar{z}\,\bar{z}=(\bar{z})^2$임을 알 수 있다.

---

06 답 $\dfrac{1\pm\sqrt{7}i}{4}$

GUIDE

$\dfrac{z}{1+2z^2}=p$, $\dfrac{z^2}{1-z}=q$ (p,q는 실수)로 놓고, 두 등식에서 구한 결과를 이용한다.

$\dfrac{z}{1+2z^2}=p$, $\dfrac{z^2}{1-z}=q$ (p,q는 실수)라 하면

$z=p+2pz^2$, $z^2=q-qz$

따라서 $z=p+2pq-2pqz$, 즉 $(1+2pq)z=p+2pq$

복소수가 서로 같을 조건에서 $1+2pq=0$, $p+2pq=0$

∴ $pq=-\dfrac{1}{2}$, $p=1$

$p=1$을 $\dfrac{z}{1+2z^2}=p$에 대입하면 $2z^2-z+1=0$

∴ $z=\dfrac{1\pm\sqrt{7}i}{4}$

참고

위 문제에서 $z=a+bi$ (a,b는 실수, $a\neq0$)라 하면
$(1+2pq)z=p+2pq$
즉 $(1+2pq)(a+bi)=p+2pq$
$\{a(1+2pq)-(p+2pq)\}+(1+2pq)bi=0$
∴ $a(1+2pq)=p+2pq$, $1+2pq=0$
따라서 $pq=-\dfrac{1}{2}$, $p=1$

※ a,b는 실수이고, z는 실수 아닌 복소수(허수)일 때
$az+b=0$이면 $a=b=0$

---

07 답 6개

GUIDE

$z=a+bi$에서 $a=0$, $b\neq0$이면 z는 순허수이다. 이때 $z^2<0$이다.
z^4이 음의 실수이면 z^2이 순허수임을 생각한다.

---

z^4이 음수이면 z^2이 순허수이다.
$z=a+bi$ (단, a,b는 실수)에서
$z^2=(a^2-b^2)+2abi$이므로 $a^2-b^2=0$, $2ab\neq0$
즉 $a^2=b^2$이면서 $ab\neq0$이다.
또 $a\neq b$이므로 a와 b는 절댓값이 같고 부호가 다르다.
따라서 가능한 순서쌍 (a,b)는
$(-3,3)$, $(-2,2)$, $(-1,1)$, $(1,-1)$, $(2,-2)$, $(3,-3)$
이므로 모두 6개

---

08 답 0

GUIDE

$z=\sqrt{a}+i$ 꼴이면 양변을 제곱한 $z^2=(a-1)+2\sqrt{a}i$에서
$\{z^2-(a-1)\}^2=-4a$임을 이용한다.

$x^2+\sqrt{3}x+1=0$에서 $x=\dfrac{-\sqrt{3}\pm i}{2}$이고

$x^2=\dfrac{1\mp\sqrt{3}i}{2}$이므로 $2x^2-1=\mp\sqrt{3}i$ (복부호는 같은 순서)

제곱해서 정리하면 $x^4-x^2+1=0$

양변에 x^2+1을 곱하면

$(x^2+1)(x^4-x^2+1)=0$이므로 $x^6=-1$

∴ $\alpha^6=\beta^6=-1$, $\alpha^4-\alpha^2+1=0$

따라서 $\alpha^{40}+\beta^{50}=\alpha^4\times\alpha^{12\times3}+\beta^2\times\beta^{12\times4}=\alpha^4+\beta^2$

이때 $\alpha+\beta=-\sqrt{3}$, $\alpha\beta=1$이므로

$\alpha^4+\beta^2=(\alpha^2-1)+\beta^2=(\alpha+\beta)^2-2\alpha\beta-1=3-2-1=0$

다른 풀이

$x^2+\sqrt{3}x+1=0$의 양변에 $x^2-\sqrt{3}x+1$을 곱하면
$(x^2+1+\sqrt{3}x)(x^2+1-\sqrt{3}x)=0$

$(x^2+1)^2-3x^2=x^4-x^2+1=0$

양변에 x^2+1을 곱하면 $x^6=-1$

$\alpha^{40}+\beta^{50}=\alpha^4+\beta^2=\dfrac{\alpha^6+\beta^2\alpha^2}{\alpha^2}=\dfrac{\alpha^6+1}{\alpha^2}=0 \ (\because \ \alpha\beta=1)$

α^{40}과 β^{50}의 차수가 다르므로 근과 계수의 관계뿐 아니라 x^n값이 간단한 수가 되는 자연수 n도 찾는다.

09 답 27

GUIDE

α^2, α^3, $\cdots$을 구해 규칙을 찾아본다. α와 β 사이에는 어떤 관계가 있는지 확인한다.

$\alpha=\dfrac{\sqrt{3}+i}{2}$에서 $\alpha^2=\dfrac{1+\sqrt{3}i}{2}=\beta$, $\alpha^3=i$ $\qquad \therefore \ \alpha^{12}=1$

따라서 $\alpha^m\beta^n=\alpha^{m+2n}=i$이려면

$m+2n=12l+3$이어야 하므로 (단, l은 0 이상의 정수)

$m+2n$의 값은 3, 15, 27, 39, $\cdots$

$m+2n\le30$에서 최댓값은 27

다른 풀이

$\alpha\beta=\left(\dfrac{\sqrt{3}+i}{2}\right)\left(\dfrac{1+\sqrt{3}i}{2}\right)=i$이므로 $(\alpha\beta)^5=i$, $(\alpha\beta)^9=i$

즉 $\alpha^m\beta^n=i$가 되는 10 이하의 자연수 m, n에서 $m+2n$의 최댓값은 $m=n=9$일 때 $m+2n=9+18=27$

10 답 ④

GUIDE

z_2, z_3, z_4, $\cdots$를 차례로 구하면서 규칙을 찾아 $z_{n+k}=z_n$이 되는 k값을 정한다.

$z_1=-1+i$이고 $f(z)=(z+z_0)i+z_0=zi+(1+i)z_0=zi+2$ 이므로

$z_2=f(z_1)=(-1+i)i+2=1-i$

$z_3=f(z_2)=(1-i)i+2=3+i$

$z_4=f(z_3)=(3+i)i+2=1+3i$

$z_5=f(z_4)=(1+3i)i+2=-1+i=z_1$

$\therefore z_{n+4}=z_n \ (n=1, 2, 3, \cdots)$

ㄱ. $z_{1000}=z_4=1+3i\ne3+i$ (×)

ㄴ. $z_1+z_2+z_3+z_4=(-1+i)+(1-i)+(3+i)+(1+3i)$
$\qquad\qquad\qquad\quad =4(1+i)$

$\qquad\therefore z_1+z_2+\cdots+z_{4n}=4n(1+i)$ (○)

ㄷ. $z_1+z_3=z_5+z_7=\cdots=z_{4n-3}+z_{4n-1}=2(1+i)$

$z_2+z_4=z_6+z_8=\cdots=z_{4n-2}+z_{4n}=2(1+i)$

따라서 $z_1+z_3+\cdots+z_{4n-3}+z_{4n-1}$
$\qquad\qquad =z_2+z_4+\cdots+z_{4n-2}+z_{4n}=2n(1+i)$ (○)

따라서 옳은 것은 ㄴ, ㄷ이다.

11 답 ⑤

GUIDE

예를 들어 2^4의 약수는 1, 2, 2^2, 2^3, 2^4이므로 $f(2^4)=i+i^2+i^4+i^8+i^{16}=2+i$이다. 2^{2m}의 약수 중 1, 2를 제외한 나머지 약수는 4의 배수임을 생각한다.

ㄱ. 12의 약수는 1, 2, 3, 4, 6, 12이므로
$\qquad f(12)=i+i^2+i^3+i^4+i^6+i^{12}=0$ (○)

ㄴ. 2^{2m}의 약수는 $2m+1$개이며, 1, 2, 2^2, 2^3, 2^4, $\cdots$, 2^{2m}이고 그중 2^2, 2^3, 2^4, $\cdots$, 2^{2m}은 4의 배수이므로
$\qquad f(2^{2m})=i+i^2+i^4\times(2m-1)$
$\qquad\qquad\quad =i-1+2m-1=i+2m-2$ (○)

ㄷ. 10^{2m}의 약수는 $(2m+1)^2$개이며 다음과 같다.

	1	2	2^2	2^3	$\cdots$	2^{2m}
1	1×1	2×1	$2^2\times1$	$2^3\times1$		$2^{2m}\times1$
5	1×5	2×5	$2^2\times5$	$2^3\times5$		$2^{2m}\times5$
5^2	1×5^2	2×5^2	$2^2\times5^2$	$2^3\times5^2$		$2^{2m}\times5^2$
5^3	1×5^3	2×5^3	$2^2\times5^3$	$2^3\times5^3$		$2^{2m}\times5^3$
$\vdots$	$\vdots$	$\vdots$	$\vdots$	$\vdots$		$\vdots$
5^{2m}	1×5^{2m}	2×5^{2m}	$2^2\times5^{2m}$	$2^3\times5^{2m}$	$\cdots$	$2^{2m}\times5^{2m}$

이 중에서 4로 나눌 때 나머지가 1인 것은

1×1, 1×5, 1×5^2, $\cdots$, 1×5^{2m}으로 $2m+1$개

4로 나눌 때 나머지가 2인 것은

2×1, 2×5, $\cdots$, 2×5^{2m}으로 $2m+1$개

즉 4로 나누어 떨어지는 것의 개수는

$(2m+1)^2-(2m+1)-(2m+1)=(2m+1)(2m-1)$

따라서

$f(10^{2m})$
$=(2m+1)i+(2m+1)\times(-1)+(2m+1)(2m-1)\times1$
$=(2m+1)i+(2m+1)(2m-2)$ (○)

참고

$10^{2m}=2^{2m}\times5^{2m}$의 약수는 모두 $(2m+1)(2m+1)$, 즉 $(2m+1)^2$개이므로 4로 나누어 떨어지는 것은 4로 나눈 나머지가 1인 것과 4로 나누어 나머지가 2인 것을 빼면 된다.

※ 10^{2m}의 약수 중에서 4로 나눈 나머지가 3인 것은 없다.

12 답 ⑤

GUIDE

❶ $x^2+px+q=0$의 한 근이 $w=\dfrac{1+i}{\sqrt{2}}$이므로 $\overline{w}=\dfrac{1-i}{\sqrt{2}}$

❷ $(x-\sqrt{2})^{96}=f(x)Q(x)+ax+b$에서 $f(w)=0$을 이용한다.

이차방정식 $f(x)=0$은 계수가 실수이므로 두 근은 w, $\overline{w}$이고 $\overline{w}=\dfrac{1-i}{\sqrt{2}}$이므로 $-p=w+\overline{w}=\sqrt{2}$, $q=w\overline{w}=1$

$\therefore f(x)=x^2-\sqrt{2}x+1$

$(x-\sqrt{2})^{96}=f(x)Q(x)+ax+b$로 놓으면 (단, a, b는 실수)

$(w-\sqrt{2})^{96}=aw+b\ (\because f(w)=0)$

이때 $(w-\sqrt{2})^{96}=\left(\dfrac{-1+i}{\sqrt{2}}\right)^{96}=(-i)^{48}=1$이므로

$aw+b=1$

즉 $a=0$, $b=1$이므로 $R(x)=1$

$\therefore f(\sqrt{2})+R(1)=1+1=2$

참고

❶ $f(w)=\left(\dfrac{1+i}{\sqrt{2}}\right)^2+\left(\dfrac{1+i}{\sqrt{2}}\right)p+q=0$에서

복소수가 서로 같을 조건을 이용해 $p=-\sqrt{2}$, $q=1$을 구할 수도 있다.

❷ $aw+b=1$, 즉 $a\left(\dfrac{1+i}{\sqrt{2}}\right)+b=1$을 정리하면

$\left(\dfrac{a}{\sqrt{2}}+b\right)+\dfrac{a}{\sqrt{2}}i=1$ $\therefore a=0$, $b=1$

13 ⑬ -1

GUIDE

$\alpha^4+\alpha^3\beta+\alpha^2\beta^2+\alpha\beta^3+\beta^4$에서 공통인수로 적당히 묶어 $\alpha+\beta=-1$, $\alpha\beta=2$를 대입할 수 있도록 변형한다.

이차방정식 $x^2+x+2=0$의 두 근을 α, β라 할 때,

$\alpha+\beta=-1$, $\alpha\beta=2$, $\alpha^2+\beta^2=(-1)^2-2\times2=-3$

$\alpha^4+\alpha^3\beta+\alpha^2\beta^2+\alpha\beta^3+\beta^4$

$=(\alpha^4+\beta^4)+\alpha\beta(\alpha^2+\beta^2)+(\alpha\beta)^2$

$=(\alpha^2+\beta^2)^2-2(\alpha\beta)^2+\alpha\beta(\alpha^2+\beta^2)+(\alpha\beta)^2$

$=(\alpha^2+\beta^2)^2-(\alpha\beta)^2+\alpha\beta(\alpha^2+\beta^2)$

$=(-3)^2-2^2+2\times(-3)=-1$

14 ⑬ ①

GUIDE

이차방정식 $f(x)=0$에 대하여 $f(\alpha)=k$, $f(\beta)=k$이면 α, β는 이차방정식 $f(x)=k$의 두 근이다.

$f(\alpha)=1$, $f(\beta)=1$에서 α, β는 이차방정식 $x^2-2x+4=1$, 즉 $x^2-2x+3=0$의 두 근이므로

근과 계수의 관계에서 $\alpha+\beta=2$, $\alpha\beta=3$

$\therefore \alpha^3+\beta^3=(\alpha+\beta)^3-3\alpha\beta(\alpha+\beta)=8-18=-10$

15 ⑬ 1002

GUIDE

근과 계수의 관계에서 구한 $\alpha_n+\beta_n=6n+8$, $\alpha_n\beta_n=n^2$을 이용한다.

$x^2-(6n+8)x+n^2=0$의 두 근이 α_n, β_n이므로

$\alpha_n+\beta_n=6n+8$, $\alpha_n\beta_n=n^2$

$\sqrt{(\alpha_n+1)(\beta_n+1)}=\sqrt{\alpha_n\beta_n+\alpha_n+\beta_n+1}$

$\qquad\qquad\qquad\quad=\sqrt{n^2+6n+9}$

$\qquad\qquad\qquad\quad=n+3$

따라서 $\sqrt{(\alpha_{999}+1)(\beta_{999}+1)}=999+3=1002$

16 ⑬ 15

GUIDE

주어진 조건에서 $|\alpha|+|\beta|=6$이고, 근과 계수의 관계에서 $\alpha+\beta=4$이 므로, α, β의 부호는 서로 다르다.

$3x^2-12x-k=0$의 두 실근을 α, β라 하면,

$\alpha+\beta=4$, $|\alpha|+|\beta|=6$이므로 α, β의 부호는 서로 다르다.

$\alpha>\beta$라 하면 $\beta<0$이므로 $\begin{cases}\alpha+\beta=4\\\alpha-\beta=6\end{cases}$ $\therefore \alpha=5$, $\beta=-1$

따라서 $\alpha\beta=-5=-\dfrac{k}{3}$이므로 $k=15$

다른 풀이

$|\alpha|+|\beta|=6$의 양변을 제곱하면

$\alpha^2+\beta^2+|2\alpha\beta|=36$, 즉 $(\alpha+\beta)^2-2\alpha\beta+2|\alpha\beta|=36$

이때 $\alpha\beta<0$이므로 $16-4\alpha\beta=36$에서

$\qquad\qquad\quad$ └ $\alpha\beta>0$이면 위 식이 성립하지 않는다.

$\alpha\beta=-\dfrac{k}{3}=-5$ $\therefore k=15$

1등급 NOTE

$\alpha<\beta$라 생각하고 풀어도 $\alpha\beta=-5$이다. 즉 이 문제를 풀 때 α, β의 부호가 서로 다르다는 걸 알고 절댓값 기호를 없애는 스킬이 중요하다.

17 ⑬ -2

GUIDE

실수 조건에서 최댓값, 최솟값을 구하는 문제이면 판별식을 생각한다.

$3x^2+4kx+2k^2-2=0$을 k에 대한 이차방정식

$2k^2+4xk+3x^2-2=0$으로 바꾸면 k가 실수이므로

$\dfrac{D}{4}=4x^2-2(3x^2-2)\geq0$, $x^2\leq2$ $\therefore -\sqrt{2}\leq x\leq\sqrt{2}$

따라서 α의 최댓값은 $\sqrt{2}$, β의 최솟값은 $-\sqrt{2}$이므로 두 수의 곱은 -2

18 ⑬ ③

GUIDE

"~이면 ~이다." 꼴 내용이 옳은지 확인하는 형태이므로 "~이면"에 해당하는 내용을 "~이다."에 대입해 확인한다. 이렇게 하기 어려우면 반례를 찾아본다.

ㄱ. $ax^2+bx+c=0$이 중근을 가지면 $D=b^2-4ac=0$

$\qquad\therefore ac=\dfrac{1}{4}b^2$

이때 $ax^2+2bx+c=0$에서

$\qquad\dfrac{D}{4}=b^2-ac=\dfrac{3}{4}b^2\geq0\ (\because b$는 실수$)$

따라서 실근을 갖는다. (○)

ㄴ. [반례] 이차방정식 $x^2-3x+1=0$은 양의 실근 두 개를 가지지만 이차방정식 $x^2-\dfrac{3}{2}x+1=0$은 허근을 갖는다. (×)

ㄷ. $x=1$이 두 이차방정식의 공통근이므로

$$\begin{cases} a+b+c=0 \\ a+2b+c=0 \end{cases}$$ 에서 $b=0$, $a+c=0$

두 이차방정식에 $x=-1$을 대입하면

$$\begin{cases} a-b+c=0 \\ a-2b+c=0 \end{cases}$$ 이 성립하므로

$x=-1$은 두 이차방정식의 공통근이다. ($\bigcirc$)

따라서 옳은 것은 ㄱ, ㄷ

19 답 ⑤

GUIDE

$x^2-3x+q=0$의 두 근을 α, β라 하면

$(x-p)^2-3(x-p)+q=0 \Rightarrow x-p=\alpha, \beta$

$(x-p)^2-3|x-p|+q=0 \Rightarrow |x-p|=\alpha, \beta$

$f(x)=x^2-3x+q=0$의 두 근을 α, β라 하면 $\alpha+\beta=3$

$f(x-p)=0$의 두 근은 $\alpha+p$, $\beta+p$이므로

$\alpha+\beta+2p=7$에서 $p=2$

$f(x)=0$의 두 근 α, β는 합과 곱이 모두 양수이므로

α, β는 모두 양수이다.

또 $f(|x-p|)=0$, 즉 $f(|x-2|)=0$에서

$|x-2|=\alpha$, $|x-2|=\beta$이므로 방정식의 근은

$x=2+\alpha$, $x=2-\alpha$, $x=2+\beta$, $x=2-\beta$

$(2+\alpha)+(2-\alpha)+(2+\beta)+(2-\beta)=8$

참고

$f(x)=x^2-3x+q$라 하면 $(x-p)^2-3(x-p)+q=0 \Rightarrow f(x-p)=0$

또 $(x-p)^2-3|x-p|+q=0 \Rightarrow f(|x-p|)=0$

1등급 NOTE

$f(x)=x^2-3x+q$일 때

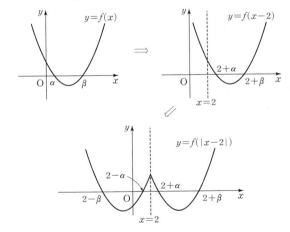

따라서 $f(|x-2|)=0$의 근은 $2-\beta$, $2-\alpha$, $2+\alpha$, $2+\beta$이다.

※ ❶ $y=f(|t|)$의 그래프는 $y=f(t)$의 그래프에서 $t<0$인 부분은 없애고, $t\geq0$인 부분과 이 부분을 y축에 대하여 대칭이동한 것을 함께 나타낸 것과 같다.

❷ $y=f(|x-2|)$의 그래프는 $y=f(x-2)$의 그래프에서 $x<2$인 부분을 없애고, $x\geq2$인 부분과 이 부분을 $x=2$에 대하여 대칭이동한 것을 함께 나타낸 것과 같다.

20 답 ①

GUIDE

$|x|=t$라 두면 $t\geq0$에서 $t^2-(2a+1)t+a^2-1=0$의 실근이 존재하는 경우를 생각한다.

$x^2=|x|^2$이므로 $|x|^2-(2a+1)|x|+a^2-1=0$

$|x|=t$ $(t\geq0)$라 두면 $t^2-(2a+1)t+a^2-1=0$

$t\geq0$인 실근이 적어도 하나 존재하는 경우이므로

(ⅰ) 실근을 가질 조건에서

$$D=(2a+1)^2-4a^2+4=4a+5\geq0 \qquad \therefore a\geq-\frac{5}{4}$$

(ⅱ) 적어도 하나의 $t\geq0$인 실근을 갖는다는 것은 두 근 모두 음수인 경우를 제외한 것과 같다. 두 근 모두 음수일 조건은

(두 근의 합)$=2a+1<0 \qquad \therefore a<-\frac{1}{2}$ …… ㉠

(두 근의 곱)$=a^2-1>0$

$\therefore a<-1$ 또는 $a>1$ …… ㉡

㉠, ㉡에서 공통 범위가 $a<-1$이므로 두 근 모두 음수인 경우를 제외한 범위는 $a\geq-1$

(ⅰ), (ⅱ)에서 공통 범위는 $a\geq-1$

21 답 -2

GUIDE

❶ 근과 계수의 관계에서 $\alpha+\beta$, $\alpha\beta$, $|\alpha|+|\beta|$, $|\alpha\beta|$를 구한다.

❷ $\alpha\beta\geq0$, $\alpha\beta<0$인 경우로 나누어 생각한다.

$$\begin{cases} \alpha+\beta=-p \\ \alpha\beta=q \end{cases}$$ 이고, $$\begin{cases} |\alpha|+|\beta|=p-q \\ |\alpha\beta|=4p+q \end{cases}$$ 이므로

$$\begin{cases} |\alpha|+|\beta|=-\alpha-\beta-\alpha\beta & \cdots\cdots ㉠ \\ |\alpha\beta|=-4\alpha-4\beta+\alpha\beta & \cdots\cdots ㉡ \end{cases}$$

$\alpha\beta\geq0$이면 ㉡에서 $\alpha+\beta=0$이므로 $p=0$

이때 $$\begin{cases} |\alpha|+|\beta|=-q \\ |\alpha\beta|=q \end{cases}$$

$|\alpha|+|\beta|\geq0$, $|\alpha\beta|\geq0$이므로 $q=0$

즉 $\alpha=\beta=0$이므로 $\alpha\neq\beta$에 모순이다. $\therefore \alpha\beta<0$

$\alpha>\beta$, 즉 $\alpha>0$, $\beta<0$으로 놓으면 ㉠, ㉡은

$$\begin{cases} \alpha-\beta=-\alpha-\beta-\alpha\beta & \cdots\cdots ㉢ \\ -\alpha\beta=-4\alpha-4\beta+\alpha\beta & \cdots\cdots ㉣ \end{cases}$$

㉢에서 $2\alpha=-\alpha\beta$이므로 $\beta=-2$

㉣에서 $\alpha=1$

$\therefore p=-\alpha-\beta=1$, $q=\alpha\beta=-2$

따라서 $pq=1\times(-2)=-2$

22 답 8

GUIDE

❶ ㈎에서 $P(\alpha)=\beta+1$이고 ㈏에서 $P(\beta)=\alpha+1$이지만 $P(\alpha)$를 α에 대해서, $P(\beta)$는 β에 대해서 나타내 본다.

❷ 이차방정식 $f(x)=0$의 두 근이 α, β이다.

$\Rightarrow f(x)=a(x-\alpha)(x-\beta)$

근과 계수의 관계에서 $\alpha+\beta=1$, $\alpha\beta=-3$

즉 $\alpha=1-\beta$, $\beta=1-\alpha$이고, 조건 (가), (나)에서

$P(\alpha)=\beta+1=2-\alpha$, $P(\beta)=\alpha+1=2-\beta$이므로

방정식 $P(x)+x-2=0$의 두 근이 α, β이다.

$\therefore P(x)+x-2=a(x-\alpha)(x-\beta)=a(x^2-x-3)$

조건 (다)에서 $P(1)=-8$이므로

$-8+1-2=-3a$ $\therefore a=3$

$P(x)+x-2=3(x^2-x-3)$

따라서 $P(x)=3x^2-4x-7$이므로 $P(3)=8$

23 답 ②

$x^2-x+1=0$의 두 근 α, β에 대하여 $\alpha+\beta=1$임을 이용해

$f(x)+ax+b=0$ 꼴 방정식을 구한다.

$\alpha+\beta=1$이므로 $\beta=1-\alpha$, $\alpha=1-\beta$에서

$f(\alpha)=2\beta-1=2(1-\alpha)-1=-2\alpha+1$

$f(\beta)=2\alpha-1=2(1-\beta)-1=-2\beta+1$

$f(\alpha)+2\alpha-1=0$, $f(\beta)+2\beta-1=0$

즉 이차방정식 $f(x)+2x-1=0$의 두 근이 α, β이므로

$f(x)+2x-1=(x-\alpha)(x-\beta)=x^2-x+1$

따라서 $f(x)=x^2-3x+2$이므로 $f(10)=72$

24 답 ④

$g(x)=x^2+x+2$라 하면 $g(\alpha)=g(\beta)=0$이므로

$f(x)=g(x)Q(x)+R(x)$로 나타내면 $f(\alpha)=R(\alpha)$, $f(\beta)=R(\beta)$

근과 계수의 관계에서 $\alpha+\beta=-1$, $\alpha\beta=2$이고

$f(x)=(x^2+x+2)(x+2)-x+3$이므로

$f(\alpha)=3-\alpha$, $f(\beta)=3-\beta$

$f(\alpha)f(\beta)=(3-\alpha)(3-\beta)=\alpha\beta-3(\alpha+\beta)+9=14$

$\alpha+\beta=-1$, $\alpha\beta=2$를 이용하는 것은 변함 없지만

$f(x)=x^3+3x^2+3x+7$를 보는 순간 $f(x)=(x+1)^3+6$을 이용하고

싶은 생각이 들 수 있다. 이 경우 $\alpha+1=-\beta$, $\beta+1=-\alpha$이므로

$f(\alpha)f(\beta)=(-\beta^3+6)(-\alpha^3+6)=\alpha^3\beta^3-6(\alpha^3+\beta^3)+36$

이 되어 위 풀이보다 조금 더 복잡하긴 하지만 답은 구할 수 있다.

그렇지만 위 풀이처럼 $\alpha^2+\alpha+2=0$, $\beta^2+\beta+2=0$을 이용하는 것이 더

좋은 스킬이다.

25 답 10

$f(\alpha^2)=-4\alpha$, $f(\beta^2)=-4\beta$이므로 $x^2+x+1=0$을 이용해 α^2과 β^2을

각각 더 간단한 꼴로 나타내 본다.

이 과정을 거쳐 $f(x)+ax+b=0$ 꼴 방정식을 구한다.

α, β가 이차방정식 $x^2+x+1=0$의 두 근이므로

$\alpha^2+\alpha+1=0$이고, $\alpha+\beta=-1$

이때 $\alpha+1=-\beta$이므로 $\alpha^2=-(\alpha+1)=\beta$

마찬가지로 생각하면 $\beta^2=-(\beta+1)=\alpha$

$f(\alpha^2)=f(\beta)=-4\alpha=-4(-\beta-1)=4\beta+4$,

$f(\beta^2)=f(\alpha)=-4\beta=-4(-\alpha-1)=4\alpha+4$이므로

$f(\beta)-4\beta-4=0$, $f(\alpha)-4\alpha-4=0$

즉 이차방정식 $f(x)-4x-4=0$의 두 근이 α, β이고

$f(x)$의 최고차항의 계수가 1이므로

$f(x)-4x-4=(x-\alpha)(x-\beta)=x^2+x+1$

따라서 $f(x)=x^2+5x+5$이므로 $p=5$, $q=5$ $\therefore p+q=10$

$f(\alpha^2)+4\alpha=0$, $f(\beta^2)+4\beta=0$에서 α, β가 사차방정식

$f(x^2)+4x=0$의 근이다. 즉 $f(x^2)+4x$가

$(x-\alpha)(x-\beta)=x^2+x+1$로 나누어 떨어지므로

x^4+px^2+4x+q를 x^2+x+1로 나눈 나머지가 0임을 이용하면

$p=q=5$

26 답 ②

$q\alpha-5=A$, $q\beta-5=B$라 하면 A, B를 두 근으로 가지고 이차항의 계

수가 1인 이차방정식은 $x^2-(A+B)x+AB=0$이다.

$x^2+px+5=0$의 두 근이 α, β이므로 $\alpha+\beta=-p$, $\alpha\beta=5$

이때 $(q\alpha-5)+(q\beta-5)=q(\alpha+\beta)-10=-pq-10$

$(q\alpha-5)(q\beta-5)=q^2\alpha\beta-5q(\alpha+\beta)+25=5q^2+5pq+25$

따라서 $q\alpha-5$, $q\beta-5$를 두 근으로 가지는 이차방정식은

$x^2+(pq+10)x+5q^2+5pq+25=0$

위 식과 $x^2+5x+p=0$이 같으므로

$pq+10=5$, $5q^2+5pq+25=p$에서 $pq=-5$, $5q^2=p$

즉 $q=-1$, $p=5$이므로 $p-q=6$

이차방정식 $f(x)=0$에 대하여 $q\alpha-5$, $q\beta-5$를 두 근으로 하는

이차방정식은 $f\left(\dfrac{x+5}{q}\right)=0$, 즉 $\left(\dfrac{x+5}{q}\right)^2+p\left(\dfrac{x+5}{q}\right)+5=0$

에서 $x^2+(pq+10)x+25+5pq+5q^2=0$

위 식과 $x^2+5x+p=0$이 같으므로 $pq=-5$, $5q^2=p$를 위 풀

이처럼 푼다.

27 답 3

❶ 이차방정식 조건을 이용해 $\beta\neq0$임을 밝힌다.

❷ $q\beta^2-3p\beta+p=0$의 양변을 β^2으로 나누어 $\dfrac{1}{\beta}$이 주어진 이차방정식의

근임을 밝힌다.

❸ 근과 계수의 관계에서 $\alpha+\dfrac{1}{\beta}$의 값을 구한다.

β가 $qx^2-3px+p=0$의 근이므로 $q\beta^2-3p\beta+p=0$

이때 $\beta=0$이면 $p=0$이 되어 $px^2-3px+q=0$이 이차방정식이라는 조건에 어긋난다. $\therefore \beta\neq0$

$q\beta^2-3p\beta+p=0$의 양변을 β^2으로 나누면

$$p\left(\frac{1}{\beta}\right)^2-3p\left(\frac{1}{\beta}\right)+q=0$$

즉 $\dfrac{1}{\beta}$은 이차방정식 $px^2-3px+q=0$의 다른 한 근이다.

$$\left(\because \alpha\beta\neq1\text{이므로 }\alpha\neq\frac{1}{\beta}\right)$$

따라서 α, $\dfrac{1}{\beta}$이 $px^2-3px+q=0$의 두 근이므로

근과 계수의 관계에서 $\alpha+\dfrac{1}{\beta}=-\dfrac{-3p}{p}=3$

28 답 -1

GUIDE

두 정수 A, B에 대하여 이차방정식의 근 $A+\sqrt{B}$가 정수이려면 B가 완전제곱수라야 한다. 이 조건과 B값의 범위를 생각한다.

근의 공식에서 구한 근 $x=m\pm\sqrt{-m^2-m+2}$가 정수이려면 $-m^2-m+2$가 완전제곱수라야 한다.

$-m^2-m+2=-\left(m+\dfrac{1}{2}\right)^2+\dfrac{9}{4}\leq\dfrac{9}{4}$에서

$\dfrac{9}{4}$ 이하인 완전제곱수는 0, 1

(ⅰ) $-m^2-m+2=0$일 때
  $(m-1)(m+2)=0$에서 $m=1$ 또는 $m=-2$

(ⅱ) $-m^2-m+2=1$일 때
  이 등식을 만족시키는 정수 m은 없다.

따라서 모든 정수 m 값의 합은 $1+(-2)=-1$

29 답 ④

GUIDE

a가 자연수임을 이용해 $x^2-(a+1)x+3a-1=0$을 a에 대하여 정리한 다음 구한 것이 자연수임을 이용한다.

※ 다른 풀이처럼 정수 조건의 부정방정식을 이용해도 된다.

자연수인 두 근 α, β의 곱 $\alpha\beta=3a-1$ 역시 자연수이므로 a는 자연수이다. $x^2-(a+1)x+3a-1=0$에서

$(3-x)a+x^2-x-1=0$

$\therefore a=\dfrac{x^2-x-1}{x-3}=x+2+\dfrac{5}{x-3}$이고

$\dfrac{5}{x-3}$가 자연수여야 하므로 $x-3=1$ 또는 $x-3=5$

따라서 $x=4$ 또는 8이고, 이때 $a=11$

참고

$(x^2-x-1)\div(x-3)$에서 몫은 $x+2$이고 나머지가 5이므로

$x^2-x-1=(x-3)(x+2)+5$

$$\frac{x^2-x-1}{x-3}=\frac{(x-3)(x+2)+5}{x-3}=x+2+\frac{5}{x-3}$$

다른 풀이

이차방정식 $x^2-(a+1)x+3a-1=0$의 두 근을 α, β $(\alpha\geq\beta)$라 하면 근과 계수의 관계에서

$\begin{cases} \alpha+\beta=a+1 & \cdots\cdots\ \bigcirc \\ \alpha\beta=3a-1 & \cdots\cdots\ \bigcirc\!\!\!\!\!\!\bigcirc \end{cases}$

$\bigcirc\!\!\!\!\!\!\bigcirc-3\times\bigcirc$에서 $\alpha\beta-3\alpha-3\beta=-4$

즉 $(\alpha-3)(\beta-3)=5$이므로

$(\alpha-3,\ \beta-3)=(5,\ 1)$ 또는 $(-1,\ -5)$

따라서 순서쌍 $(\alpha,\ \beta)$는 $(8,\ 4)$ 또는 $(2,\ -2)$이고, 이 중에서 자연수인 것은 $(8,\ 4)$이므로 $8+4=a+1$ $\therefore a=11$

30 답 ③

GUIDE

$2kx^2+(k-3)x+1=0$에 α를 대입한 결과에서 복소수가 서로 같을 조건을 이용한다.

$2kx^2+(k-3)x+1=0$의 한 허근을 α라 하면

$2k\alpha^2+(k-3)\alpha+1=0$, $(2k\alpha^2+1)+(k-3)\alpha=0$

이때 α^2이 실수이므로 복소수가 서로 같을 조건에서 $k=3$

따라서 주어진 이차방정식은 $6x^2+1=0$이고, 두 근의 곱은 $\dfrac{1}{6}$

다른 풀이

α가 허수이고 α^2이 실수이므로 α는 순허수이다.

즉 $\overline{\alpha}=-\alpha$에서 $\alpha+\overline{\alpha}=0$

실수 계수인 이차방정식이 허근 α를 가질 때, $\overline{\alpha}$도 근이므로

$\alpha+\overline{\alpha}=-\dfrac{k-3}{2k}=0$ $\therefore k=3$

따라서 $2kx^2+(k-3)x+1=0 \Longleftrightarrow 6x^2+1=0$

31 답 ⑤

GUIDE

❶ 정수를 기준으로 경우를 나누어 푸는 유형임을 안다.

❷ $0\leq x\leq2$에서 $0\leq x^2\leq4$이므로 $\langle x^2\rangle$은 0, 1, 2, 3, 4를 기준으로 경우를 나눈다.

❸ 각 경우에 따라 주어진 방정식에서 x값이 존재하는지 알아본다.

$\langle x^2\rangle$을 0, 1, 2, 3, 4를 기준으로 경우를 나누면

(ⅰ) $x=0$일 때 $0-\langle 0\rangle=0-\langle 0\rangle$
  주어진 방정식이 성립하므로 $x=0$은 근이다.

(ⅱ) $0<x\leq1$일 때 $x^2-1=x-1$에서
  $x^2-x=0$ $\therefore x=0$ 또는 $x=1$
  범위에 속하는 x값은 1

(ⅲ) $1<x\leq\sqrt{2}$일 때
  $x^2-2=x-2$에서 $x^2-x=0$ $\therefore x=0$ 또는 $x=1$
  범위에 속하는 x값은 없다.

(iv) $\sqrt{2}<x\le\sqrt{3}$일 때 $x^2-3=x-2$에서

$x^2-x-1=0$ $\therefore x=\dfrac{1\pm\sqrt{5}}{2}$

범위에 속하는 x값은 $\dfrac{1+\sqrt{5}}{2}$

(v) $\sqrt{3}<x\le2$일 때 $x^2-4=x-2$에서

$x^2-x-2=0$ $\therefore x=-1$ 또는 $x=2$

범위에 속하는 x값은 2

따라서 근은 모두 4개이고, 모든 근의 합은

$0+1+\dfrac{1+\sqrt{5}}{2}+2=\dfrac{7+\sqrt{5}}{2}$ $\therefore p=4,\ q=\dfrac{7+\sqrt{5}}{2}$

32 답 ①

GUIDE

① 유리수 근을 $\alpha=\dfrac{q}{p}$ (p,q는 서로소인 정수)로 놓고 방정식에 대입한다.

② 대입한 결과에서 $\dfrac{q^2}{p}=-(aq+bp)$를 얻는다.

③ $-(aq+bp)$가 정수이므로 $\dfrac{q^2}{p}$이 정수임을 생각한다.

$\dfrac{q^2}{p}=-(aq+bp)$에서 a,b,p,q가 모두 정수이므로

$\dfrac{q^2}{p}$은 (개 정수)이고, p와 q^2은 서로소이므로

$\dfrac{q^2}{p}$이 정수이기 위해서는 (내 $p=\pm1$)이어야 한다.

33 답 (개 $\overline{BC}$ (내 $\triangle DCB$ (대 $\sqrt{c}$

GUIDE

① $x^2-bx+c=0$의 두 근을 α,β라 하면
$\alpha+\beta=b,\ \alpha\beta=c$임을 생각한다.

② 오른쪽 그림과 같은 경우 직각삼각형의
닮음에서 $h^2=xy$가 성립함을 이용한다.

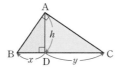

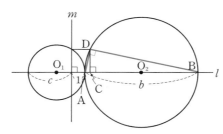

위 그림에서 $\alpha=\overline{AC},\ \beta=\overline{BC}$ 라 하면 $\overline{AC}+\overline{BC}=b$이고,
두 직각삼각형 $\triangle ACD$와 $\triangle DCB$가 닮음이므로

$\dfrac{\overline{AC}}{\sqrt{c}}=\dfrac{\sqrt{c}}{\overline{BC}}$에서 $\overline{AC}\times\overline{BC}=(\sqrt{c}\,)^2$

따라서 $\overline{AC},\ \overline{BC}$의 합은 b, 곱은 c이므로

$\alpha+\beta=b,\ \alpha\beta=c$를 만족시키는 α,β를 두 근으로 가지는

이차방정식은 $x^2-bx+c=0$

그러므로 $x^2-bx+c=0$의 해는 $\overline{AC},\overline{BC}$임을 알 수 있다.

$\therefore$ (개 $\overline{BC}$, (내 $\triangle DCB$, (대 $\sqrt{c}$

$\overline{CD}$의 길이는 오른쪽 그림에서 색으로
나타낸 선분의 길이와 같으므로

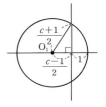

① $\overline{CD}=\sqrt{\left(\dfrac{c+1}{2}\right)^2-\left(\dfrac{c-1}{2}\right)^2}=\sqrt{c}$

② $\triangle ADB$에서 $\overline{AB}$가 원 O_2의 지름이므로
$\angle ADB=90\degree$
따라서 $\triangle ADB$는 직각삼각형이다.

③ 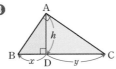 $\Rightarrow$

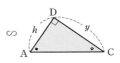

$x:h=h:y$에서 $h^2=xy$

STEP 3 | 1등급 뛰어넘기 p. 54~56

01 ②	02 (1) 3 (2) -8	03 ③
04 (1) 3 (2) $\dfrac{1}{3}$	05 13	06 $\dfrac{1-\sqrt{3}i}{2}$	07 -4
08 ②	09 0	10 3개	11 ㄴ, ㄷ
12 (1) 풀이 참조	(2) $-\dfrac{3}{2}\le x<-\dfrac{1}{2}$ 또는 $\dfrac{1}{2}\le x<\dfrac{3}{2}$		

01 답 ②

GUIDE

$\dfrac{1+i}{1-i}=i$이고, $\dfrac{1}{i}=-i$임을 생각한다.

즉 $a^3+\dfrac{1}{a^3}=0$에서 $a+\dfrac{1}{a}$을 구한다.

$a^3=\dfrac{1+i}{1-i}=i$이고 $\dfrac{1}{a^3}=-i$이므로

$a^3+\dfrac{1}{a^3}=\left(a+\dfrac{1}{a}\right)^3-3\left(a+\dfrac{1}{a}\right)=0$

이때 $a+\dfrac{1}{a}=0$ 또는 $\sqrt{3}$ 또는 $-\sqrt{3}$

그런데 a의 실수부분이 양수이므로 $a+\dfrac{1}{a}=\sqrt{3}$

$a+\dfrac{1}{a}=k$ (k는 실수) 꼴에서 $a^2-ka+1=0$의 두 근은 $a,\overline{a}$

이때 $a,\overline{a}$의 실수부분이 양수이면 $a+\overline{a}$, 즉 k가 양수이다.

02 (1) 3 (2) −8

GUIDE

❶ $zw=k$ (단, k는 실수)라 놓고 w를 구한다. 이때 $z\bar{z}$가 실수인 점을 생각하고 $w=l\bar{z}$를 $3z+w=2$에 대입한다.

❷ $w+\bar{w}$, $w\bar{w}$를 구해 w, $\bar{w}$가 두 근인 이차방정식을 작성해 본다.

(1) $zw=k$ (단, k는 실수)라 하면 실수 l에 대하여

$$w=\frac{k}{z}=\frac{k}{z\bar{z}}\times\bar{z}=l\bar{z}\ (\because z\bar{z}\text{는 실수})\ 꼴로\ 나타낼\ 수\ 있다.$$

이때 $z=a+bi$ (단, a, b는 실수, $b\neq0$)라 하면

$3z+w=2$이고 $w=l\bar{z}$이므로

$3z+l\bar{z}=3(a+bi)+l(a-bi)=(3+l)a+(3-l)bi=2$

복소수가 서로 같을 조건에서 $3-l=0$이므로 $l=3$

(2) (1)에서 $w=3\bar{z}$이므로 $3z+w=2$, $9z\bar{z}=4$에

$w=3\bar{z}$, $3z=\bar{w}$를 대입하면 $w+\bar{w}=2$, $w\bar{w}=4$

이때 w, $\bar{w}$를 두 근으로 갖는 이차방정식은

$x^2-2x+4=0$ ······ ㉠

㉠의 양변에 $x+2$를 곱하면 $x^3+8=0$ ······ ㉡

w가 방정식 ㉡의 근이므로 $w^3=-8$

03 ③

GUIDE

❶ $\overline{\alpha\beta}=3$이면 그 켤레복소수를 생각해 본다. 즉 $\alpha\beta=3$이다.
마찬가지로 $\alpha-\beta=\sqrt{3}i$이므로 $\bar{\alpha}-\bar{\beta}=-\sqrt{3}i$임을 생각한다.

❷ $\alpha-\beta$와 $\alpha\beta$의 값 ⇨ $\alpha^2+\beta^2$의 값 ⇨ $\alpha^4+\beta^4$의 값

$\overline{\alpha\beta}=3$에서 $\alpha\beta=3$이고, $\bar{\alpha}=\dfrac{3}{\beta}$, $\bar{\beta}=\dfrac{3}{\alpha}$, 즉 $\bar{\alpha}-\bar{\beta}=\dfrac{3}{\beta}-\dfrac{3}{\alpha}$

또 $\alpha-\beta=\sqrt{3}i$이므로 $\bar{\alpha}-\bar{\beta}=-\sqrt{3}i$

따라서 $\bar{\alpha}-\bar{\beta}=\dfrac{3}{\beta}-\dfrac{3}{\alpha}=\dfrac{3(\alpha-\beta)}{\alpha\beta}=-\sqrt{3}i$에서

$\alpha\beta=\dfrac{3(\alpha-\beta)}{-\sqrt{3}i}=\dfrac{3\sqrt{3}i}{-\sqrt{3}i}=-3$이므로

$\alpha^2+\beta^2=(\alpha-\beta)^2+2\alpha\beta=-3-6=-9$,

$\alpha^4+\beta^4=(\alpha^2+\beta^2)^2-2(\alpha\beta)^2=81-18=63$

04 (1) 3 (2) $\dfrac{1}{3}$

GUIDE

❶ 상수에 주목해 주어진 두 식을 연립해서 푼다.

❷ ❶에서 구한 z_2를 주어진 식에 대입해 z_1에 대한 이차방정식을 구한다.

(1) $z_1+\dfrac{1}{z_2}=1$ ······ ㉠, $z_2+\dfrac{1}{z_1}=3$ ······ ㉡으로 놓으면

㉠$\times3-$㉡ : $(3z_1-z_2)\Big(1+\dfrac{1}{z_1z_2}\Big)=0$

만약 $1+\dfrac{1}{z_1z_2}=0$이면 $z_1=-\dfrac{1}{z_2}$

즉 $z_1+\dfrac{1}{z_2}=0$이 되어 주어진 조건에 어긋난다.

따라서 $3z_1-z_2=0$에서 $z_2=3z_1$ ∴ $k=3$

(2) $z_2=3z_1$이므로 $z_1+\dfrac{1}{3z_1}=1$에서 $3z_1{}^2-3z_1+1=0$

즉 z_1은 이차방정식 $3x^2-3x+1=0$의 한 근이고,

이때 다른 한 근은 $\bar{z_1}$이므로 근과 계수의 관계에서 $z_1\bar{z_1}=\dfrac{1}{3}$

채점 기준	배점
(1) k값 구하기	60%
(2) (1)을 이용해 $z_1\bar{z_1}$의 값 구하기	40%

1등급 NOTE

47쪽 **05**번 문제에서 $z_1+\dfrac{1}{z_2}=1$, $z_2+\dfrac{1}{z_1}=2$일 때 두 식을 변변 곱해 답을 구했는데, 이 방법을 위 문제에 그대로 적용하면 답을 구하기 어렵다. 거꾸로 위 문제 풀이에 이용한 상수를 없애는 스킬은 적용할 수 있다. 즉 이런 유형에서는 상수 없애기를 기본으로 생각한다.

05 13

GUIDE

$\alpha-\beta=1$, $\alpha^2+\beta^2=3+6i$를 이용해
$\alpha\beta$의 값 구하기 ⇨ $\alpha+\beta$의 값 구하기 ⇨ α값, β값 구하기

$\alpha-\beta=1$, $\alpha^2+\beta^2=3+6i$에서

$2\alpha\beta=\alpha^2+\beta^2-(\alpha-\beta)^2=2+6i$, 즉 $\alpha\beta=1+3i$

$\alpha^3+\beta^3=(\alpha+\beta)(\alpha^2-\alpha\beta+\beta^2)$

$\qquad\quad=(\alpha+\beta)(3+6i-1-3i)$

$\qquad\quad=(\alpha+\beta)(2+3i)=13i$

따라서 $\alpha+\beta=\dfrac{13i}{2+3i}=(2-3i)i=3+2i$

즉 $\alpha-\beta=1$, $\alpha+\beta=3+2i$에서 $\alpha=2+i$, $\beta=1+i$

이때 $\alpha-2=i$의 양변을 제곱하면 $\alpha^2=4\alpha-5$

$\alpha^3=4\alpha^2-5\alpha=4(4\alpha-5)-5\alpha=11\alpha-20=2+11i$

마찬가지 방법으로 $\beta^3=2\beta-4=-2+2i$

∴ $k\alpha^3+l\beta^3=(2k-2l)+(11k+2l)i=26$

따라서 $2k-2l=26$이므로 $k-l=13$

06 $\dfrac{1-\sqrt{3}i}{2}$

GUIDE

$\dfrac{2z}{z^2+1}=k$, $\dfrac{1-z}{\bar{z}}=m$ (단, k, m은 실수)로 놓고 정리한 z에 대한 이차방정식의 두 근이 z, $\bar{z}$임을 이용한다.

$\dfrac{2z}{z^2+1}=k$ (단, k는 실수)라 하면 $kz^2-2z+k=0$ ······ ㉠

이므로 계수가 실수인 이차방정식 ㉠의 두 근은 z, $\bar{z}$

근과 계수의 관계에서 $z\bar{z}=1$, $\dfrac{1}{z}=z$

또 $\dfrac{1-z}{\bar{z}}=m$ (단, m은 실수)라 하면

$\dfrac{1-z}{\bar{z}}=\dfrac{1}{z}(1-z)=z-z^2=m$, 즉 $z^2-z+m=0$ ...... ㉡

이 이차방정식의 두 근도 z, $\bar{z}$

㉠, ㉡의 두 근이 같으므로 $z\bar{z}=1=m$

따라서 이차방정식 $x^2-x+1=0$의 두 근이 z, $\bar{z}$이다.

이때 두 근 $\dfrac{1\pm\sqrt{3}\,i}{2}$ 중 허수부분이 양수인 것이

$z=\dfrac{1+\sqrt{3}\,i}{2}$ 이므로 $\bar{z}=\dfrac{1-\sqrt{3}\,i}{2}$

07 ▣ -4

GUIDE

$z^3+1=-i$의 양변을 제곱해서 정리한 $z^6+2z^3+2=0$을 이용한다.

$z^3=-1-i$에서 $(z^3+1)^2=-1$

$\therefore z^6+2z^3+2=0$ ...... ㉠

㉠의 양변을 z^2으로 나누면 $z^4+2z+\dfrac{2}{z^2}=0$

또 ㉠의 양변을 z^3으로 나누면 $z^3+2+\dfrac{2}{z^3}=0$

$z^6+z^4+3z^3+2z+\dfrac{2}{z^2}+\dfrac{4}{z^3}$

$=\left(z^6+3z^3+\dfrac{4}{z^3}\right)+\left(z^4+2z+\dfrac{2}{z^2}\right)$

$=\left\{(-2z^3-2)+3z^3+\dfrac{4}{z^3}\right\}+0$

$=z^3+\dfrac{4}{z^3}-2=\left(z^3+2+\dfrac{2}{z^3}\right)-4+\dfrac{2}{z^3}=-4+\dfrac{2}{z^3}$

$=-4+\dfrac{2}{-1-i}=-5+i$

$\therefore a+b=(-5)+1=-4$

08 ▣ ②

GUIDE

$x^2+4px-65p=0$의 근 $x=-2p\pm\sqrt{4p^2+65p}$가 유리수이려면 $4p^2+65p$가 제곱수이고, $4p^2+65p=p(4p+65)$임을 이용한다.

$x^2+4px-65p=0$에서 $x=-2p\pm\sqrt{4p^2+65p}$

이때 두 근이 모두 유리수이므로 $4p^2+65p$가 제곱수여야 한다.

$4p^2+65p$, 즉 $p(4p+65)$가 제곱수이기 위해서는

$4p+65$가 pk^2 꼴이어야 하므로 (단, k는 유리수)

$p(k^2-4)=65=5\times13$

이때 $p=5$, $k^2-4=13$이면 $k^2=17$이 되어

k가 유리수인 가정에 모순이다.

따라서 $p=13$, $k^2-4=5$이면 $k^2=9$가 되어 조건에 맞다.

$\therefore p=13$

09 ▣ 0

GUIDE

두 근이 α, β인 이차방정식은 $p(x-\alpha)(x-\beta)=0$이다. 주어진 이차방정식에서 이차항의 계수가 6이므로 $p=6$이다.

$(x-a)(x-b)+2(x-b)(x-c)+3(x-c)(x-a)=0$

의 두 근이 α, β일 때,

$(x-a)(x-b)+2(x-b)(x-c)+3(x-c)(x-a)$
$=6(x-\alpha)(x-\beta)$

는 x에 대한 항등식이다.

$x=a$를 대입하면 $2(a-b)(a-c)=6(a-\alpha)(a-\beta)$

$x=b$를 대입하면 $3(b-c)(b-a)=6(b-\alpha)(b-\beta)$

$x=c$를 대입하면 $(c-a)(c-b)=6(c-\alpha)(c-\beta)$이므로

$\dfrac{2}{(a-\alpha)(a-\beta)}+\dfrac{3}{(b-\alpha)(b-\beta)}+\dfrac{1}{(c-\alpha)(c-\beta)}$

$=\dfrac{6}{(a-b)(a-c)}+\dfrac{6}{(b-c)(b-a)}+\dfrac{6}{(c-a)(c-b)}$

$=\dfrac{-6(b-c)-6(c-a)-6(a-b)}{(a-b)(b-c)(c-a)}=0$

10 ▣ 3개

GUIDE

$\omega=\dfrac{1+\sqrt{3}\,i}{2}$에서 ω^2, ω^3, ω^4, $\cdots$을 구해 보면서 규칙을 찾는다.

ㄱ. 점 A의 좌표는 $\left(\dfrac{1}{2},\ \dfrac{\sqrt{3}}{2}\right)$

점 B의 좌표는 점 A와 y축 대칭이므로 $\left(-\dfrac{1}{2},\ \dfrac{\sqrt{3}}{2}\right)$

점 C의 좌표는 $(-1,\ 0)$

점 D의 좌표는 점 A와 원점 대칭(점 B와 x축 대칭)이므로

$\left(-\dfrac{1}{2},\ -\dfrac{\sqrt{3}}{2}\right)$

점 E의 좌표는 점 A와 x축 대칭이므로 $\left(\dfrac{1}{2},\ -\dfrac{\sqrt{3}}{2}\right)$

점 F의 좌표는 $(1,\ 0)$

$\omega=\dfrac{1+\sqrt{3}\,i}{2}$에서 $2\omega-1=\sqrt{3}\,i$의 양변을 제곱하여 정리하면

$\omega^2-\omega+1=0$, $\omega^2=\omega-1=\dfrac{-1+\sqrt{3}\,i}{2}$

또한 $(\omega+1)(\omega^2-\omega+1)=\omega^3+1=0$이므로 $\omega^3=-1$

$\omega^4=\omega^3\times\omega=-\omega=\dfrac{-1-\sqrt{3}\,i}{2}$

$\omega^5=\omega^3\times\omega^2=-\omega^2=\dfrac{1-\sqrt{3}\,i}{2}$

$\omega^6=(\omega^3)^2=1$

따라서 ω, ω^2, ω^3, ω^4, ω^5, ω^6에 대응하는 점은 각각

A, B, C, D, E, F이다. (○)

ㄴ. ω^m이 점 D에 대응하고, ω^n이 점 A에 대응하므로

$m=6\alpha+4$, $n=6\beta+1$ (단, α, β는 음이 아닌 정수)

따라서 $\omega^{m+n}=\omega^{6(\alpha+\beta)+5}=\omega^5$이므로 점 E에 대응한다. (○)

ㄷ. ω^n과 ω^{n+3}에 대응하는 두 점은 서로 원점 대칭이다.

$$(\because \omega^{n+3}=\omega^3\times\omega^n=-\omega^n)$$

이 두 점을 X_1, X_2라 하고, ω^m에 대응하는 점을 X_3이라 하면 $\overline{X_1X_2}$는 원의 지름으로 그 길이가 일정하고, X_3는 X_1, X_2가 아닌 어느 점에 있든 $\overline{X_1X_2}$에 이르는 거리가 같다. 따라서 $S(m, n)$은 일정하다. (○)

그러므로 옳은 것은 ㄱ, ㄴ, ㄷ으로 3개

1등급 NOTE

가로축이 실수, 세로축이 허수인 좌표평면을 복소평면이라 한다. 방정식 $x^n=1$의 근은 복소평면에서 중심이 원점이고 반지름 길이가 1인 원(단위원)에 내접하는 정n각형의 꼭짓점에 대응한다. 또 $1^n=1$이므로 모든 정다각형의 한 꼭짓점은 $(1, 0)$이다.

예를 들어 $x^3=1$의 세 근 1, $\dfrac{-1+\sqrt{3}i}{2}$, $\dfrac{-1-\sqrt{3}i}{2}$ 를 복소평면 위에 나타내면, 중심이 원점이고 단위원에 내접하는 정삼각형의 세 꼭짓점이 된다. 거꾸로 단위원에 내접하고 점 $(1, 0)$이 한 꼭짓점인 정삼각형을 그리면 다른 두 꼭짓점의 좌표는 $x^3=1$의 해를 나타낸다.

11 답 ㄴ, ㄷ

GUIDE

ㄱ. 근과 계수의 관계에서 구한 $\alpha+\beta=1$, $\alpha\beta=-1$을 이용해 $\alpha^2-\beta^2$, $\alpha^3-\beta^3$의 값을 직접 구한다.

ㄴ. $\alpha^2-\alpha-1=0$, $\beta^2-\beta-1=0$을 이용한다.

ㄷ. 직접 구하기보다는 ㄴ의 결과를 이용한다.

ㄱ. 근과 계수의 관계에서 $\alpha+\beta=1$, $\alpha\beta=-1$이므로

$(\alpha-\beta)^2=(\alpha+\beta)^2-4\alpha\beta=5$

$\therefore \alpha-\beta=\sqrt{5}\ (\because \alpha>\beta)$

$\alpha^2-\beta^2=(\alpha-\beta)(\alpha+\beta)=\sqrt{5}$

$\alpha^3-\beta^3=(\alpha-\beta)^3+3\alpha\beta(\alpha-\beta)=2\sqrt{5}$ (×)

ㄴ. $\alpha^n(\alpha^2-\alpha-1)-\beta^n(\beta^2-\beta-1)=0$이므로

$\alpha^{n+2}-\alpha^{n+1}-\alpha^n-(\beta^{n+2}-\beta^{n+1}-\beta^n)=0$

즉 $\alpha^{n+2}-\beta^{n+2}-\alpha^{n+1}+\beta^{n+1}-\alpha^n+\beta^n=0$

$\alpha^{n+2}-\beta^{n+2}=\alpha^{n+1}-\beta^{n+1}+\alpha^n-\beta^n$ (○)

ㄷ. $\alpha^n-\beta^n=a_n$이라 하면 (ㄴ에서 $a_{n+2}=a_{n+1}+a_n$이므로)

$a_4=a_3+a_2=3\sqrt{5}$, $a_5=a_4+a_3=5\sqrt{5}$,

$a_6=a_5+a_4=8\sqrt{5}$, $a_7=a_6+a_5=13\sqrt{5}$

따라서 $\alpha^7-\beta^7=13\sqrt{5}$ (○)

그러므로 옳은 것은 ㄴ, ㄷ

12 답 (1) 풀이 참조 (2) $-\dfrac{3}{2}\leq x<-\dfrac{1}{2}$ 또는 $\dfrac{1}{2}\leq x<\dfrac{3}{2}$

GUIDE

❶ $n\leq x<n+1$일 때 $n\leq x<n+\dfrac{1}{2}$, $n+\dfrac{1}{2}\leq x<n+1$인 경우로 나누어 $x+\dfrac{1}{2}$, $2x$의 범위를 구해 $\left[x+\dfrac{1}{2}\right]$, $[2x]$를 정한다.

❷ $[x]=n$일 때, 정수 k에 대하여 $[x+k]=n+k$와 (1)을 이용한다.

(1) $[x]=n$일 때 실수 x는 어떤 정수 n에 대하여 $n\leq x<n+1$

(i) $n\leq x<n+\dfrac{1}{2}$일 때

$n+\dfrac{1}{2}\leq x+\dfrac{1}{2}<n+1$에서 $\left[x+\dfrac{1}{2}\right]=n$이고,

$2n\leq 2x<2n+1$에서 $[2x]-[x]=2n-n=n$

$\therefore \left[x+\dfrac{1}{2}\right]=[2x]-[x]$

(ii) $n+\dfrac{1}{2}\leq x<n+1$일 때

$n+1\leq x+\dfrac{1}{2}<n+\dfrac{3}{2}$에서 $\left[x+\dfrac{1}{2}\right]=n+1$이고,

$2n+1\leq 2x<2n+2$에서

$[2x]-[x]=2n+1-n=n+1$

$\therefore \left[x+\dfrac{1}{2}\right]=[2x]-[x]$

(2) $2[2x]-2[x+1]=2[2x]-2([x]+1)$

$=2([2x]-[x])-2$

$=2\left[x+\dfrac{1}{2}\right]-2\ (\because (1))$

이때 $\left[x+\dfrac{1}{2}\right]=t$로 놓으면

$(t-1)^2+2t-2=0$에서 $t^2=1$ $\therefore t=\pm 1$

$\left[x+\dfrac{1}{2}\right]=-1$일 때 $-1\leq x+\dfrac{1}{2}<0$이므로 $-\dfrac{3}{2}\leq x<-\dfrac{1}{2}$

$\left[x+\dfrac{1}{2}\right]=1$일 때 $1\leq x+\dfrac{1}{2}<2$이므로 $\dfrac{1}{2}\leq x<\dfrac{3}{2}$

따라서 $-\dfrac{3}{2}\leq x<-\dfrac{1}{2}$ 또는 $\dfrac{1}{2}\leq x<\dfrac{3}{2}$

채점 기준	배점
(1) $\left[x+\dfrac{1}{2}\right]=[2x]-[x]$임을 보이기	50%
(2) (1)을 이용해 주어진 방정식 풀기	50%

LECTURE

• $[x]=n \iff n\leq x<n+1 \iff [x]<x<[x]+1$
$\iff x=n+h\ (0\leq h<1) \iff x-[x]=h\ (0\leq h<1)$
$\iff [x]=x-h\ (0\leq h<1)$

• $[x+n]=[x]+n$ (단, n은 정수)

05 이차방정식과 이차함수

STEP 1 | 1등급 준비하기   p. 60~61

01 ⑤	**02** 3	**03** -3	**04** 5
05 2	**06** ③	**07** ③	**08** ㄱ, ㄴ, ㄷ
09 $2\sqrt{14}$	**10** -1	**11** ④	

01 답 ⑤

GUIDE

함수 $f(x)$에 대하여 $f(a-x)=f(b+x)$가 성립하면
함수 $f(x)$의 그래프는 $x=\dfrac{a+b}{2}$에 대하여 대칭이다.

$f(2-x)=f(2+x)$에서 함수 $y=f(x)$의 그래프는
$x=2$에 대하여 대칭이므로 꼭짓점의 x좌표는 2
$\therefore f(x)=a(x-2)^2+q=ax^2-4ax+4a+q$
이차항의 계수와 상수항이 같으므로 $a=4a+q$
즉 $f(x)=ax^2-4ax+a$이고, 점 $(1, 6)$을 지나므로
$6=-2a$ $\therefore a=-3, q=9$
따라서 이차함수 $f(x)$의 최댓값은 9

02 답 3

GUIDE

$y=x^2-4x+|x-2|+7=(x-2)^2+|x-2|+3$
에서 $|x-2|=t$로 치환한다.

$|x-2|=t$로 치환하면 $t\geq 0$
$y=(x-2)^2+|x-2|+3=t^2+t+3=\left(t+\dfrac{1}{2}\right)^2+\dfrac{11}{4}$

$t\geq 0$이므로 $t=0$일 때 최솟값 3

03 답 -3

GUIDE

$t=x^2-2x+3$으로 놓고 $-2\leq x\leq 2$에서 t값의 범위를 구한다.

$t=x^2-2x+3=(x-1)^2+2$라 하면
$-2\leq x\leq 2$에서 t값의 범위는 $2\leq t\leq 11$
따라서 $y=(x^2-2x+3)^2-2(x^2-2x+3)-3$은
$y=t^2-2t-3$, 즉 $y=(t-1)^2-4 \ (2\leq t\leq 11)$이므로
최솟값은 $t=2$일 때 -3

04 답 5

GUIDE

$x^2=|x|^2$이므로 $y=|x|^2-4|x|+k=(|x|-2)^2+k-4$
이때 $|x|\geq 0$임을 주의한다.

$y=x^2-4|x|+k=|x|^2-4|x|+k=(|x|-2)^2+k-4$
$-3\leq x\leq 3$에서 $0\leq |x|\leq 3$이므로
최솟값은 $|x|=2$일 때 $k-4$, 최댓값은 $|x|=0$일 때 k
따라서 $(k-4)+k=6$이므로 $k=5$

05 답 2

GUIDE

$y=x^2-6x+a+9=(x-3)^2+a$이므로 포물선의 축이 $x=3$이다.
따라서 (i) 3이 $a+2$보다 큰 경우 (ii) 3이 a와 $a+2$ 사이에 있는 경우
(iii) 3이 a보다 작은 경우로 나누어서 생각한다.

$y=x^2-6x+a+9=(x-3)^2+a$이므로 축이 $x=3$이다.

(i) $a+2<3$, 즉 $a<1$이면
    최솟값은 $x=a+2$일 때이므로
    $(a+2-3)^2+a=3, a^2-a-2=0$
    $a<1$인 정수 a값은 -1

(ii) $a\leq 3\leq a+2$, 즉 $1\leq a\leq 3$이면
    최솟값은 $x=3$일 때 a이므로 $a=3$

(iii) $3<a$이면
    최솟값은 $x=a$일 때이므로
    $a^2-5a+9=3, a^2-5a+6=0$
    즉 $a=2$ 또는 $a=3$이지만 모두 $3<a$에 속하지 않는다.

(i), (ii), (iii)에서 정수 a값은 -1, 3이므로 합은 2

06 답 ③

GUIDE

직선 AB의 식을 구해 x^2+2y^2을 x에 대하여 나타낸다.

직선 AB의 방정식은 $y=-x$이고,
선분 AB 위를 움직이므로 $-1\leq x\leq 3$
이때 $x^2+2y^2=x^2+2(-x)^2=3x^2$이므로
최댓값은 $x=3$일 때 27

07 답 ③

GUIDE

방정식 $f(x)=0$의 근이 α이면 방정식 $f(2x-n)=0$의 근은
$2x-n=\alpha$이다.

$f(x)=0$의 두 근이 -3, 5이므로 $f(2x-n)=0$에서
$2x-n=-3$ 또는 $2x-n=5$
즉 $f(2x-n)=0$의 두 근은 $x=\dfrac{n-3}{2}$ 또는 $x=\dfrac{n+5}{2}$
이때 두 근의 합이 6이므로 $\dfrac{n-3}{2}+\dfrac{n+5}{2}=6$ $\therefore n=5$

다른 풀이

$f(x)=a(x+3)(x-5) \ (a$는 0이 아닌 실수$)$에서
$f(2x-n)=a(2x-n+3)(2x-n-5)$
$\qquad\qquad =4a\left(x-\dfrac{n-3}{2}\right)\left(x-\dfrac{n+5}{2}\right)$

따라서 $f(2x-n)=0$의 근은 $x=\dfrac{n-3}{2}$ 또는 $x=\dfrac{n+5}{2}$

08 ㄱ, ㄴ, ㄷ

GUIDE

$ax^2+bx+c=mx+n$의 두 근이 α, δ이므로 $\alpha\delta=\dfrac{c-n}{a}$

$ax^2+bx+c=0$의 두 근이 β, γ이므로 $\beta\gamma=\dfrac{c}{a}$

ㄱ. 방정식 $f(x)=0$의 두 근이 β, γ이므로 방정식 $f(-x)=0$의
두 근은 $x=-\beta$ 또는 $x=-\gamma$ (◯)

ㄴ. 방정식 $f(x)=g(x)$, 즉 $ax^2+bx+c=mx+n$의 두 근이
α, δ이므로 $ax^2+(b-m)x+c-n=0$에서 $\alpha\delta=\dfrac{c-n}{a}$

이때 방정식 $f(-x)=g(x)$는
$ax^2-bx+c=mx+n$, 즉 $ax^2-(b+m)x+c-n=0$
두 근의 곱은 $\dfrac{c-n}{a}=\alpha\delta$ (◯)

ㄷ. 방정식 $ax^2+bx+c=0$의 두 근이 β, γ이므로 $\beta\gamma=\dfrac{c}{a}$

ㄴ에서 $\alpha\delta=\dfrac{c-n}{a}=\dfrac{c}{a}-\dfrac{n}{a}$이고, $a<0$, $n<0$이므로

$\dfrac{c}{a}>\dfrac{c}{a}-\dfrac{n}{a}$ $\therefore \beta\gamma>\alpha\delta$ (◯)

따라서 옳은 것은 ㄱ, ㄴ, ㄷ

---

09 $2\sqrt{14}$

GUIDE

방정식 $f(x)=g(x)$는 계수가 유리수이므로 한 근이 $1+\sqrt{7}$인 것에서 다른 근을 구한다.

두 점 A, B의 x좌표는 이차방정식 $x^2-ax+b=x+4$,
즉 $x^2-(a+1)x+b-4=0$의 두 근이다.
또 이차방정식의 계수가 모두 유리수이고
점 B의 x좌표가 $1+\sqrt{7}$이므로 점 A의 x좌표는 $1-\sqrt{7}$
따라서 A$(1-\sqrt{7}, 5-\sqrt{7})$, B$(1+\sqrt{7}, 5+\sqrt{7})$이므로
$\overline{AB}=\sqrt{(2\sqrt{7})^2+(2\sqrt{7})^2}=2\sqrt{14}$

1등급 NOTE

두 점 A, B의 x좌표의 차가 $2\sqrt{7}$이고, $y=g(x)$의 기울기가 1이므로
피타고라스 정리에서 $\overline{AB}=\sqrt{2}\times 2\sqrt{7}=2\sqrt{14}$

---

10 -1

GUIDE

이차함수의 그래프와 직선이 접하면 이차함수와 직선의 식을 연립한 방정식이 중근을 갖는다.

이차방정식 $x^2+ax+b=x$의 해가 $x=1$뿐이므로
$x^2+(a-1)x+b=0$은 $(x-1)^2=0$,
즉 $x^2-2x+1=0$과 같다.
따라서 $a=-1$, $b=1$이므로 $ab=-1$

---

11 ④

GUIDE

이차방정식 $f(x)=0$의 두 근 α, β 사이에 -2와 1이 있는 경우를 그림으로 나타내 본다.

$f(x)=x^2+2ax+a-8$이라 하면
$x^2+2ax+a-8=0$의 두 근 사이
에 -2와 1이 있어야 하므로
$y=f(x)$의 그래프는 오른쪽 그림
과 같은 꼴이어야 한다.
즉 $f(-2)<0$, $f(1)<0$에서

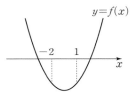

$f(-2)=-3a-4<0$ $\therefore a>-\dfrac{4}{3}$

$f(1)=3a-7<0$ $\therefore a<\dfrac{7}{3}$

따라서 $-\dfrac{4}{3}<a<\dfrac{7}{3}$에 속하는 정수 a값은 $-1, 0, 1, 2$이고
합은 2

STEP 2 | 1등급 굳히기   p. 62~66

01 ③	02 15	03 ④	04 ③
05 1	06 280원	07 20π	08 360
09 $0<k<4-2\sqrt{3}$		10 4	11 ⑤
12 ㄱ, ㄴ	13 ②	14 ⑤	15 2
16 36	17 ㄱ, ㄴ	18 -25	19 ①
20 -33	21 105	22 2	

---

01 ③

GUIDE

$y=x^2-6x+10$의 그래프에서 $x=3$일 때 최솟값 1이 확정되어 있으므로 축을 기준으로 a와 $a+2$의 위치를 생각한다.

$a\le x\le a+2$에서 이차함수
$y=x^2-6x+10$, 즉 $y=(x-3)^2+1$
의 최댓값과 최솟값의 합이 최소가 되
려면 오른쪽 그림과 같아야 한다.
즉 $3-a=(a+2)-3$에서
$\therefore a=2$

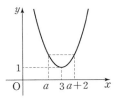

참고

$a=2$, 즉 $2\le x\le 4$일 때 (최댓값)$+$(최솟값)$=2+1=3$

---

02 15

GUIDE

이차함수 $y=f(x)$에서 $f(9)=f(10)$이므로 이 이차함수의 그래프는
$x=\dfrac{9+10}{2}$을 기준으로 대칭이다. 즉 포물선의 축이 $x=\dfrac{19}{2}$이므로
$f(x)=4\left(x-\dfrac{19}{2}\right)^2+q$로 놓을 수 있다.

$f(x)=4\left(x-\dfrac{19}{2}\right)^2+q$라 하면 $f(9)=1+q=16$에서 $q=15$

$\therefore f(x)=4\left(x-\dfrac{19}{2}\right)^2+15$

따라서 주어진 이차함수의 최솟값은 15

다른 풀이

$f(x)$를 x축 방향으로 평행이동해도 최솟값은 그대로이므로

$f(x+9)=g(x)=4x^2+cx+d$라 하면

$g(0)=g(1)=16$이고 축은 $x=\dfrac{1}{2}$이다.

즉 $g(x)=4\left(x-\dfrac{1}{2}\right)^2+q$에서 $g(0)=16$이므로 $q=15$

따라서 최솟값은 15

LECTURE

이차함수의 그래프는 축에 대하여
대칭이다. 즉 이차함수 $y=f(x)$에서
$f(a)=f(b)$이면 오른쪽 그림처럼
축의 방정식은 $x=\dfrac{a+b}{2}$

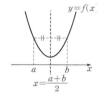

03 ④

GUIDE

$1\le x\le 3$이므로 축이 $x=2$인 경우를 기준으로 생각한다. 이때 t값의 범위는 (i) $t=2$인 경우, (ii) $t<2$인 경우, (iii) $t>2$인 경우로 나누어 생각할 수 있다.

$f(x)=x^2-2tx+t^2-t^2-3=(x-t)^2-t^2-3$에서

(i) $t=2$인 경우 $f(x)=(x-2)^2-7$이므로

　최댓값 $g(t)=f(1)=f(3)=-6\neq 0$

　즉 $t\neq 2$이다.

(ii) $t<2$이면 $x=3$일 때
　최댓값을 가지므로
　$g(t)=f(3)=6-6t=0$
　에서 $t=1$

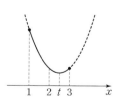

(iii) $t>2$이면 $x=1$일 때
　최댓값을 가지므로
　$g(t)=f(1)=-2t-2=0$
　에서 $t=-1$
　이것은 $t>2$에 어긋난다.

(i), (ii), (iii)에서 $t=1$

참고

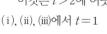

❶ $t<2$인 경우는 t가 $1\le x\le 3$ 밖, 즉 $t<1$인 범위를 포함한다.
❷ $t>2$인 경우도 t가 $1\le x\le 3$ 밖, 즉 $t>3$인 범위를 포함한다.

04 ③

GUIDE

$f(x)=x^2+ax-2a-4$라 놓고 다음과 같이 축의 위치(꼭짓점의 x좌표)에 따라 나누어 생각한다.

(i) $-\dfrac{a}{2}\le -1$, (ii) $-1<-\dfrac{a}{2}<1$, (iii) $-\dfrac{a}{2}\ge 1$

$-1\le x\le 1$에서 $x^2+ax+5\ge 2a+9$,

즉 $x^2+ax-2a-4\ge 0$이 항상 성립하려면
최솟값이 0 이상이어야 한다.

$f(x)=x^2+ax-2a-4=\left(x+\dfrac{a}{2}\right)^2-\dfrac{a^2}{4}-2a-4$

에서 축의 위치에 따라 나누어 생각할 수 있다.

(i) $-\dfrac{a}{2}\le -1$,

　즉 $a\ge 2$일 때 최솟값
　$f(-1)=-3a-3\ge 0$에서
　$a\le -1$
　그런데 $a\ge 2$이면서 $a\le -1$인 a값은 없다.

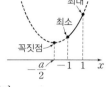

(ii) $-1<-\dfrac{a}{2}<1$,

　즉 $-2<a<2$일 때 최솟값
　$f\left(-\dfrac{a}{2}\right)=-\dfrac{a^2}{4}-2a-4\ge 0$에서
　$(a+4)^2\le 0$
　그런데 $a=-4$는 $-2<a<2$에 속하지 않는다.

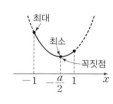

(iii) $-\dfrac{a}{2}\ge 1$, 즉 $a\le -2$일 때

　최솟값 $f(1)=-a-3\ge 0$에서
　$a\le -3$
　$a\le -2$이면서 $a\le -3$인 a값의
　범위는 $a\le -3$

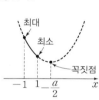

(i), (ii), (iii)에서 $a\le -3$

다른 풀이

$g(x)=x^2+ax+5=\left(x+\dfrac{a}{2}\right)^2-\dfrac{a^2}{4}+5$라 두고

(i)에서 최솟값 $g(-1)\ge 2a+9$

(ii)에서 최솟값 $g\left(-\dfrac{a}{2}\right)\ge 2a+9$

(iii)에서 최솟값 $g(1)\ge 2a+9$

를 풀어도 위와 같은 답을 얻는다.

1등급 NOTE

x값의 범위는 $-1<x<1$로 정해져 있다.

축의 방정식 $x=-\dfrac{a}{2}$에서 a값이
변하므로 오른쪽 그림과 같이
$-\dfrac{a}{2}$가 -1과 1을 기준으로
어느 범위에 속하는지 따로 따져야 한다.

05 답 1

GUIDE

$y=(x-k)^2-k^2+k-3$이므로 꼭짓점의 x좌표인 k가 주어진 범위인 $-1\le x\le3$에 포함되는 경우와 포함되지 않는 경우로 나누어 생각한다.

$f(x)=(x-k)^2-k^2+k-3\ (-1\le x\le3)$

(i) $k<-1$일 때 최솟값은 $f(-1)=3k-2$

$3k-2=-5$ $\therefore k=-1 \Rightarrow$ 범위 밖

(ii) $-1\le k\le3$일 때 꼭짓점에서 최소이므로

최솟값은 $f(k)=-k^2+k-3$

$-k^2+k-3=-5$ $\therefore k=-1, 2 \Rightarrow$ 범위 안

(iii) $k>3$일 때 최솟값은 $f(3)=-5k+6$

$-5k+6=-5$ $\therefore k=\dfrac{11}{5} \Rightarrow$ 범위 밖

(i), (ii), (iii)에서 k는 -1과 2이므로 합은 1

06 답 280원

GUIDE

판매가격을 $200+10x$, 순이익을 y라 하면
$y=(200+10x)(1200-50x)-120(1200-50x)$이다.

귤 하나의 구입 가격은 $6000\div50=120$(원)

판매가격을 $10x$원 올리면 판매량이 $50x$개씩 감소하므로
순이익 y원은

$y=(200+10x)(1200-50x)-120(1200-50x)$

$=(80+10x)(1200-50x)$

$=500(-x^2+16x+192)$

$=500\{-(x-8)^2+256\}$

따라서 $x=8$일 때 순이익이 최대이므로 판매가격은 280원

07 답 20π

GUIDE

작은 원의 반지름 길이를 x로 놓고, 정사각형 EFGH의 한 변 길이와 큰 원의 지름 길이가 서로 같음을 이용한다.

오른쪽 그림처럼 작은 원의 반지름 길이를 x라 하고, 각 선분의 길이를 x로 나타내면 정사각형 EFGH의 한 변 길이가 $10-2x$이므로 큰 원의 반지름 길이는 $5-x$

따라서 $a+4b$의 값을 y라 하면

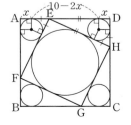

$y=\pi(5-x)^2+4\pi x^2=(5x^2-10x+25)\pi$

$=\{5(x-1)^2+20\}\pi$

따라서 최솟값은 20π

LECTURE

오른쪽 그림처럼 생각하면
$\overline{EI}=\overline{EJ}=\overline{HL}$,
$\overline{EK}=\overline{EL}$이므로
$\overline{EH}=\overline{EL}+\overline{HL}$
$\quad=\overline{EK}+\overline{EI}$
$\quad=10-2x$

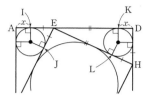

08 답 360

GUIDE

점 P에서 $\overline{BC}$, $\overline{AB}$에 수선의 발을 내려 구한 삼각형이 $\triangle$ABC와 닮음임을 이용한다.

두 원의 접점을 T, 점 P에서 $\overline{BC}$, $\overline{AB}$에 내린 수선의 발을 각각 H_1, H_2라 하고 원 O_1의 반지름의 길이를 r (단, $0<r<6$)라 하자.

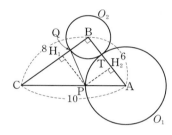

$\triangle AH_2P \backsim \triangle ABC$이므로

$\overline{BH_1}=\overline{PH_2}=\dfrac{4}{5}r$

또한 $\overline{BQ}=\overline{BT}=6-r$이므로

$\overline{QH_1}=|\overline{BH_1}-\overline{BQ}|=\left|\dfrac{4}{5}r-(6-r)\right|=\left|\dfrac{9}{5}r-6\right|$

$\triangle PH_1C \backsim \triangle ABC$, $\overline{CP}=10-r$이므로 $\overline{PH_1}=\dfrac{3}{5}(10-r)$

$\therefore \overline{PQ}^2=\overline{PH_1}^2+\overline{QH_1}^2$

$\quad=\left\{\dfrac{3}{5}(10-r)\right\}^2+\left(\dfrac{9}{5}r-6\right)^2$

$\quad=\dfrac{18}{5}(r-4)^2+\dfrac{72}{5}$

즉 $\overline{PQ}^2$은 $r=4$일 때 최솟값 $\dfrac{72}{5}$

따라서 $\dfrac{b}{a}=\dfrac{72}{5}$에서 $a=5$, $b=72$이므로 $ab=360$

참고

위 풀이 과정에서 $\overline{OQ_1}=|\overline{BH_1}-\overline{BQ}|$라고 표현하는 것이 정확하다. $0<r<6$이므로 O_1과 O_2 중 어느 원이 더 큰지 알 수 없다. 위 그림은 수많은 경우 중 하나일 뿐이다.

09 답 $0<k<4-2\sqrt{3}$

GUIDE

$f(x)-kx-2k=0$이 서로 다른 네 개의 실근을 가지므로 $y=f(x)$의 그래프와 점 $(-2, 0)$을 지나는 직선 $y=k(x+2)$가 서로 다른 네 점에서 만나는 경우를 생각한다.

$y=k(x+2)$는 점 $(-2, 0)$을 지나고 기울기가 k인 직선이므로
$y=f(x)$의 그래프와 함께 나타내면 다음과 같다.

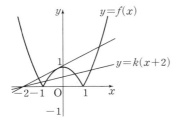

(i) 기울기가 양수이어야 하므로 $k>0$

(ii) $y=-x^2+1$과 $y=k(x+2)$가 접할 때보다 기울기가 작아야
한다.

접할 때의 k값은 $x^2+kx+2k-1=0$에서
$D=k^2-4(2k-1)=0$이므로 $k=4\pm2\sqrt{3}$

(i), (ii)에서 $0<k<4-2\sqrt{3}$

> **참고**
> (ii)에서 $k=4+2\sqrt{3}$일 때의 접점은 $y=-x^2+1$의 그래프 중 그림에 나
> 타나지 않는 부분에 있다.

10 달 4

> **GUIDE**
> ❶ $(x-a)(x-c)=-(x-b)$로 놓고 포물선과 직선의 교점 개수를 구
> 한다. 또 $(x-a)(x-c)=-(x-b)(x-d)$로 놓고 두 포물선의 교
> 점 개수를 생각한다.
> ❷ 판별식을 이용하면 복잡하므로 간단한 예를 이용한다.

㉮ $(x-a)(x-c)=-(x-b)$

에서 $a<b<c$이므로 오른쪽
그림처럼 생각할 수 있다.
따라서 서로 다른 실근의 개
수는 두 그래프의 교점 개수
와 같은 2

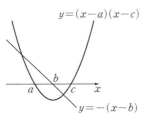

㉯ $(x-a)(x-c)=-(x-b)(x-d)$에서 $a<b<c<d$이므로
다음 그림처럼 생각할 수 있다.

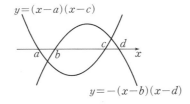

따라서 서로 다른 실근의 개수는 두 그래프의 교점 개수와 같
은 2

그러므로 빈칸에 들어갈 수의 합은 4

11 달 ⑤

> **GUIDE**
> ㄱ. $\alpha^2-3\alpha-1=0$, $\beta^2-3\beta-1=0$을 이용한다.
> ㄴ. 근과 계수의 관계, 즉 $\alpha+\beta=3$, $\alpha\beta=-1$을 이용한다.
> ㄷ. $x^2-3x=t$로 놓고 생각한다.

ㄱ. $\alpha^2-3\alpha-1=0$, $\beta^2-3\beta-1=0$이므로
$(\alpha^2-3\alpha+1)(\beta^2-3\beta+1)=2\times2=4$ (◯)

ㄴ. $(1+\alpha)(1-\beta)=1+\alpha-\beta-\alpha\beta$에서
$\alpha+\beta=3$, 즉 $\beta=3-\alpha$, $\alpha\beta=-1$이므로
$1+\alpha-\beta-\alpha\beta=1+\alpha-(3-\alpha)+1=2\alpha-1$
따라서 $(1+\alpha)(1-\beta)=2\alpha-1$ (◯)

ㄷ. $f(x^2-3x)=-3$에서 $x^2-3x=t$라 하면
$f(t)=t^2-3t-1$이므로
$t^2-3t-1=-3$, $(t-1)(t-2)=0$
따라서 $t=1$ 또는 $t=2$
(i) $t=x^2-3x=1$에서 두 근의 합은 3
(ii) $t=x^2-3x=2$에서 두 근의 합은 3
따라서 모든 해의 합은 6이다. (◯)

그러므로 옳은 것은 ㄱ, ㄴ, ㄷ

> **참고**
> 주어진 방정식 $f(x^2-3x)=-3$은 $(x^2-3x-1)(x^2-3x-2)=0$이다.

12 달 ㄱ, ㄴ

> **GUIDE**
> 이차방정식 $x^2+mx-1=x+1$의 두 근이 x_1, x_2이므로 근과 계수의 관
> 계에서 $x_1+x_2=1-m$, $x_1x_2=-2$를 이용한다.

ㄱ. $x_1x_2=-2$ (◯)

ㄴ. $y_1=x_1+1$, $y_2=x_2+1$에서
$y_1y_2=(x_1+1)(x_2+1)$
$=x_1x_2+x_1+x_2+1$
$=-2+(1-m)+1=5$
$\therefore m=-5$ (◯)

ㄷ. $\overline{AB}=4\sqrt{2}$이면 $y=x+1$의 기울기가 1이므로
$|x_1-x_2|=4$
이때 $(x_1-x_2)^2=(x_1+x_2)^2-4x_1x_2$에서
$16=(1-m)^2+8$, 즉 $m^2-2m-7=0$이므로
모든 m값의 곱은 -7 (×)

따라서 옳은 것은 ㄱ, ㄴ

> **1등급 NOTE**
> 두 점 $A(x_1, y_1)$, $B(x_2, y_2)$ 사이의 거리
> $\overline{AB}=\sqrt{(x_2-x_1)^2+(y_2-y_1)^2}$
> $\quad=\sqrt{(x_2-x_1)^2+\{(x_2+1)-(x_1+1)\}^2}$
> $\quad=\sqrt{2(x_2-x_1)^2}$
> $\quad=\sqrt{2\{(x_1+x_2)^2-4x_1x_2\}}$
> $\quad=\sqrt{2\{(1-m)^2+8\}}$
> 즉 $4\sqrt{2}=\sqrt{2\{(1-m)^2+8\}}$ 에서 양변을 정리하여
> $m^2-2m-7=0$
> 으로 푸는 것보다 위 풀이처럼 기울기 1을 이용해 피타고라스 정리에서
> $|x_1-x_2|=4$를 바로 이끌어내는 것이 더 간편하다는 것을 알 수 있다.

13 ⊕ ②

GUIDE

"적어도 ~"라는 조건이 있으므로 '적어도'에 해당하지 않는 경우, 즉 두 근 모두 $x^2+3x=0$의 근인 -3, 0의 사이가 아닌 '$x\leq-3$, $x\geq0$'의 범위에 있는 k값의 범위를 구해 그 범위를 제외한다.

※ $x^2+2x+k=0$의 실근이 존재하는 k값의 범위가 우선이다.

(ⅰ) $x^2+2x+k=0$의 실근이 존재할 조건에서

$\dfrac{D}{4}=1-k\geq0$, 즉 $k\leq1$

(ⅱ) 실근이 존재할 때, 이차방정식 $x^2+2x+k=0$의 두 근이 모두 $x^2+3x=0$의 두 근 사이에 있지 않으려면 함수 $y=x^2+2x+k$의 그래프가 다음 그림과 같은 꼴이어야 한다.

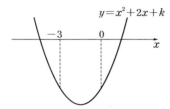

$f(x)=x^2+2x+k$라 하면

$f(0)\leq0$에서 $k\leq0$,

$f(-3)\leq0$에서 $9-6+k\leq0$, 즉 $k\leq-3$

이때 공통범위는 $k\leq-3$

따라서 (ⅰ)의 조건 $k\leq1$과 (ⅱ)의 반대 조건 $k>-3$의 공통 범위는 $-3<k\leq1$

1등급 NOTE

오른쪽 그림과 같은 경우 역시 $x^2+2x+k=0$의 두 근 모두 $x^2+3x=0$의 두 근 사이에 있지 않다. 이 경우는 $y=x^2+2x+k$의 꼭짓점의 (y좌표)$=k-1>0$, 즉 $k>1$일 때이 므로 문제의 조건을 만족시키려면 $k\leq1$이어야 한다. 이것은 두 실근(중근 포함)을 가지는 판별식 조건과 같다. 즉 판별식 조건을 생각하지 않고 문제를 풀었다면 위 그림과 같은 경우까지 생각해야 옳은 답을 얻는다.

---

14 ⊕ ⑤

GUIDE

구하려는 직선 $y=mx+n$이 두 포물선에 각각 접한다고 생각한다. 이때 얻은 판별식을 이용한다.

두 이차함수의 그래프에 모두 접하는 접선의 방정식을 $y=mx+n$이라 하면

(ⅰ) $y=x^2$에 접할 때 $x^2=mx+n$, $x^2-mx-n=0$

$D=m^2+4n=0$ …… ㉠

(ⅱ) $y=-x^2+4x-5$에 접할 때

$-x^2+4x-5=mx+n$, $x^2+(m-4)x+n+5=0$

$D=(m-4)^2-4n-20=0$ …… ㉡

㉠에서 구한 $4n=-m^2$을 ㉡에 대입하여 정리한 $m^2-4m-2=0$에서 두 근의 곱 $\dfrac{-2}{1}=-2$가 두 직선의 기울기 곱이다.

---

15 ⊕ 2

GUIDE

$y=-x^2+ax+b$의 그래프와 직선 $y=2x+c$의 그래프가 만나는 점의 x좌표는 $-x^2+ax+b=2x+c$의 두 근과 같다.

이때 (중점의 x좌표)$=\dfrac{(두 근의 합)}{2}=0$

$-x^2+ax+b=2x+c$, 즉 $x^2+(2-a)x+c-b=0$

의 두 근의 합이 0이므로 $2-a=0$ ∴ $a=2$

이때 $y=-x^2+2x+b$의 그래프 위의 점 $(0, b)$에서 접하는 직선의 방정식을 $y=mx+b$라 하면

$-x^2+2x+b=mx+b$

즉 $x^2+(m-2)x=0$이 중근을 가지므로

$D=(m-2)^2=0$ ∴ $m=2$

---

16 ⊕ 36

GUIDE

❶ 이차함수 $y=x^2-4x+p$의 그래프의 x절편이 A, B이다.

❷ 포물선이 $x=2$에 대칭이고, $\overline{AB}=8$이다. ∴ A$(-2, 0)$, B$(6, 0)$

$y=(x-2)^2-4+p$에서
그래프는 $x=2$에 대하여
대칭이고 $\overline{AB}=8$이므로
A$(-2, 0)$, B$(6, 0)$

∴ $p=-12$

직선 $y=x+q$가 점 A를 지나므로

$q=2$

이때 $x^2-4x-12=x+2$에서 $x^2-5x-14=0$

$(x+2)(x-7)=0$이므로 C$(7, 9)$

따라서 $\triangle$ABC$=\dfrac{1}{2}\times8\times9=36$

---

17 ⊕ ㄱ, ㄴ

GUIDE

이차함수 $f(x)$에서 $f(5-x)=f(5+x)$이 성립하므로 꼭짓점의 x좌표는 5이다. 따라서 $f(x)=a(x-5)^2+q$로 놓고, 조건 (나)를 이용해 $f(x)$를 확정한다.

$f(x)=a(x-5)^2+q$로 놓고, 두 점 $(-1, 4)$, $(9, 24)$를 지나는 조건에서

$4=36a+q$, $24=16a+q$이므로 $a=-1$, $q=40$

∴ $f(x)=-(x-5)^2+40$

ㄱ. $f(x)=0$, 즉 $x^2-10x-15=0$에서
$\alpha+\beta=10$, $\alpha\beta=-15$

따라서 $\dfrac{1}{\alpha}+\dfrac{1}{\beta}=\dfrac{\alpha+\beta}{\alpha\beta}=-\dfrac{2}{3}$ (◯)

ㄴ. 축이 $x=5$이므로 $3\leq x\leq 8$에서 최솟값은 $f(8)=31$ (◯)

ㄷ. $g(x)=-f(x+5)=x^2-40$이므로 $x=0$일 때 최솟값을 갖는다. (×)

그러므로 옳은 것은 ㄱ, ㄴ

18 ⊜ −25
GUIDE

$x^2-6x+5=0$이 되는 x값은 1, 5이므로 $0\leq x\leq 6$에서 1, 5를 기준으로 경우를 나누어 $f(x)$를 구한다.

$f(x)=|x^2-6x+5|-x^2+4x+5$에서

(i) $0\leq x<1$일 때 $f(x)=-2x+10$

(ii) $1\leq x<5$일 때 $f(x)=-2x^2+10x=-2\left(x-\dfrac{5}{2}\right)^2+\dfrac{25}{2}$

(iii) $5\leq x\leq 6$일 때 $f(x)=-2x+10$

즉 $0\leq x\leq 6$에서 $y=f(x)$의 그래프 개형은 다음과 같다.

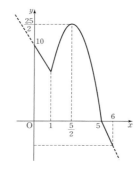

$f(0)=10$, $f\left(\dfrac{5}{2}\right)=\dfrac{25}{2}$, $f(6)=-2$이므로

최댓값은 $\dfrac{25}{2}$, 최솟값은 $f(6)=-2$

따라서 최댓값과 최솟값의 곱은 -25

19 ⊜ ①
GUIDE

ㄱ. $f(-1+x)-f(-1-x)=0$ ⇨ 꼭짓점의 x좌표는 -1

ㄴ. $\dfrac{f(\alpha)-3}{\alpha+1}$ ⇨ $(-1, 3)$, $(\alpha, f(\alpha))$를 지나는 직선의 기울기

ㄷ. $\dfrac{b}{a}=\dfrac{d}{c}$ ⇨ 원점과 (a, b), 원점과 (c, d)를 지나는 직선의 기울기

ㄱ. $y=f(x)$의 그래프는 $x=-1$에 대하여 대칭이므로
$f(-1+x)=f(-1-x)$,
즉 $f(-1+x)-f(-1-x)=0$ (◯)

ㄴ. 그래프에서 $f(\alpha)-f(-1)<0$, $\alpha-(-1)<0$이므로
$\dfrac{f(\alpha)-f(-1)}{\alpha-(-1)}=\dfrac{f(\alpha)-3}{\alpha+1}>0$ (×)

※ $a<-1$일 때 점 $(\alpha, f(\alpha))$와 $(-1, 3)$을 지나는 직선의 기울기 부호는 항상 양이다.

ㄷ. $ad-bc=0$, $ad=bc$이면 $ac\neq 0$일 때 $\dfrac{b}{a}=\dfrac{d}{c}$

$\dfrac{b}{a}$ 는 점 $P(a, b)$와 원점을 지나는 직선의 기울기이고,

$\dfrac{d}{c}$ 는 점 $Q(c, d)$와 원점을 지나는 직선의 기울기이다.

이때 두 점 P, Q가 원점을 지나며 $y=f(x)$와 두 점에서 만나는 직선 위의 점이면 $ad-bc=0$이 성립한다. 그러나 점 P가 y축 위에 있을 때는 조건에 맞는 점 Q가 존재하지 않는다. (×)

따라서 옳은 것은 ㄱ이다.

1등급 NOTE

오른쪽 그림처럼 원점을 지나는 직선을 그으면 포물선과 항상 두 점에서 만나므로 $\dfrac{b}{a}=\dfrac{d}{c}$가 성립한다고 생각할 수 있다.

하지만 예외가 있다. 이미 그어져 있어서 빠뜨리기 쉬운 원점을 지나는 두 축이다.

x축은 포물선과 두 점에서 만나지만, y축은 포물선과 한 점에서만 만난다. 따라서 ㄷ은 거짓이다.

20 ⊜ −33
GUIDE

$|x^2-x-2|-\dfrac{1}{2}x+k=0$을 $|x^2-x-2|=\dfrac{1}{2}x-k$로 놓고

$y=|x^2-x-2|$의 그래프와 기울기가 $\dfrac{1}{2}$인 직선에서 생각한다.

※ 직선과 포물선이 접할 때는 판별식 조건을 이용한다.

$|x^2-x-2|=\dfrac{1}{2}x-k$로 생각하면 $y=\dfrac{1}{2}x-k$의 그래프가

㉠과 ㉡ 사이에 있어야 서로 다른 네 점에서 만난다.

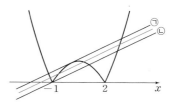

㉠일 때 $-x^2+x+2=\dfrac{1}{2}x-k$,

즉 $2x^2-x-2k-4=0$이 중근을 가져야 하므로

$D=16k+33=0$ $\therefore k=-\dfrac{33}{16}$

㉡일 때 $y=\dfrac{1}{2}x-k$가 점 $(-1, 0)$을 지나므로

$0=-\dfrac{1}{2}-k$ $\therefore k=-\dfrac{1}{2}$

따라서 $-\dfrac{33}{16}<k<-\dfrac{1}{2}$에서 $\alpha=-\dfrac{33}{16}$, $\beta=-\dfrac{1}{2}$이므로

$\dfrac{\alpha}{\beta^4}=-33$

LECTURE

$y=|x^2-x-2|$의 그래프는 [그림1]처럼 $y=x^2-x-2$의 그래프를 그린 다음, $y>0$인 부분은 그대로 두고 $y<0$인 부분만 x축에 대하여 대칭이동하여 [그림 2]처럼 완성한다.

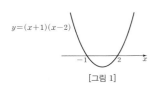
[그림 1]

[그림 2]

21 답 105

GUIDE

두 이차함수 모두 꼭짓점의 x좌표가 5이므로 $x=5$에 대칭이다. 또 정사각형 조건, 즉 (가로 길이)=(세로 길이)가 기본 방정식이다.

점 B의 x좌표를 t라 하면 $y=x^2-10x+26$의 그래프는 $x=5$에 대하여 대칭이므로 $\overline{BC}=2(5-t)$
$\overline{AB}=(-t^2+10t+26)-(t^2-10t+26)=-2t^2+20t$
$\overline{AB}=\overline{BC}$에서 $-2t^2+20t=2(5-t)$
즉 $t^2-11t+5=0$을 풀면 $t=\dfrac{11-\sqrt{101}}{2}$ $(\because t<5)$
$\therefore \overline{BC}=-1+\sqrt{101}$
이때 정사각형 ABCD의 둘레 길이는 $-4+4\sqrt{101}$이므로
$a=4$, $b=101$ $\therefore a+b=105$

22 답 2

GUIDE

변 AB는 변하지 않으므로 높이가 최대일 때를 생각한다. 직선 AB와 기울기가 같은 직선이 포물선에 접하는 점이 C일 때이다.

$\overline{AB}$를 밑변으로 생각하면 점 C는 $\overline{AB}$에서 최대한 멀리 위치해야 한다. 직선 AB의 기울기가 2이므로 오른쪽 그림처럼 기울기가 2인 접선이 접하는 점이 C이다.
기울기 2인 접선을 $y=2x+n$이라 하면
$x^2-2x-4=2x+n$, 즉 $x^2-4x-4-n=0$
중근을 가져야 하므로 $\dfrac{D}{4}=(-2)^2+4+n=0$
$\therefore n=-8$
즉 $x^2-4x+4=0$에서 $x=2$
따라서 점 C의 x좌표는 2

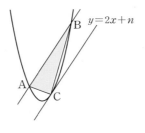

STEP 3 | 1등급 뛰어넘기   p.67~69

01 ④   02 1
03 (1) 풀이 참조   (2) $d<\alpha<a<b<\beta<c$ 04 1
05 4   06 3   07 $-\dfrac{5}{4}<m<-1$
08 16   09 $\dfrac{\sqrt{14}}{4}$

01 답 ④

GUIDE

포물선 $y=f(x)$의 축을 $x=m$이라 하면 $f(x)=a(x-m)^2+n$으로 놓을 수 있다. 이때 점 B의 x좌표는 $m+1$이고, 점 D의 x좌표는 $m+3$이므로 $f(m+1)=0$, $f(m+3)=16$이다.

$f(x)=a(x-m)^2+n$으로 놓으면
$f(m+1)=0$에서 $a+n=0$ $\therefore n=-a$
$f(m+3)=16$에서 $9a+n=16$
$\therefore a=2$, $n=-2$
즉 $f(x)=2(x-m)^2-2$이고, $f(0)=6$에서
$2m^2-2=6$, $m^2=4$ $\therefore m=2$ $(\because m>0)$
따라서 $f(x)=2(x-2)^2-2=2x^2-8x+6$이므로
$a=2$, $b=-8$ $\therefore ab=-16$

다른 풀이

이차방정식 $ax^2+bx+c=0$의 두 근을 α, β라 할 때,
$|\alpha-\beta|=\dfrac{\sqrt{D}}{|a|}$이다. (단, $D=b^2-4ac$) 이 사실을 이용해 보자.
$y=ax^2+bx+6$의 그래프가 x축과 만날 때 두 근의 차가 2이므로 이차방정식 $ax^2+bx+6=0$의 두 근의 차가 2이다.
즉 $\dfrac{\sqrt{b^2-24a}}{a}=2$에서 $b^2=4a^2+24a$ $\cdots\cdots$ ㉠
또 $y=ax^2+bx+6$의 그래프가 $y=16$과 만날 때 두 근의 차가 6이므로 이차방정식 $ax^2+bx+6=16$의 두 근의 차가 6이다.
즉 $\dfrac{\sqrt{b^2+40a}}{a}=6$에서 $b^2=36a^2-40a$ $\cdots\cdots$ ㉡
㉠, ㉡을 연립해서 풀면 $32a(a-2)=0$에서 $a=2$ $(\because a\ne0)$
이때 $b=-8$ $(\because b<0)$
$\therefore ab=-16$

02 답 1

GUIDE

절댓값 기호를 없애 구한 x에 대한 이차식이 최대, 최소가 될 때의 a값 범위를 생각한다. 그래프에서 생각하면 더 분명하다.

$y=(x-1)|x|-ax+1$ $(-1\le x\le 1)$에서
(i) $x\ge0$, 즉 $0\le x\le1$일 때
$\quad y=(x-1)x-ax+1$
$\quad =\left(x-\dfrac{a+1}{2}\right)^2-\dfrac{(a+1)^2}{4}+1$

(ii) $x<0$, 즉 $-1\le x<0$일 때

$$y=(x-1)(-x)-ax+1$$

$$=-\left(x-\frac{1-a}{2}\right)^2+\frac{(1-a)^2}{4}+1$$

이때 $1\le a\le 3$에서 $1\le\frac{a+1}{2}\le 2$, $-1\le\frac{1-a}{2}\le 0$

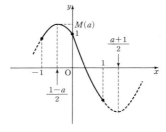

따라서 $x=\frac{1-a}{2}$일 때,

최댓값 $M(a)=\frac{(1-a)^2}{4}+1=\frac{1}{4}(a-1)^2+1$이므로

$1\le a\le 3$에서 $M(a)$의 최솟값은 $a=1$일 때, 1

채점 기준	배점
① x값의 범위에 따른 이차함수의 식 구하기	40%
② $M(a)$ 구하기	40%
③ $M(a)$의 최솟값 구하기	20%

03 답 (1) 풀이 참조   (2) $d<\alpha<a<b<\beta<c$

GUIDE

$d<a<b<c$를 이용해 $f(a)$, $f(b)$, $f(c)$, $f(d)$ 각각의 부호를 알아보고, 이에 맞게 아래로 볼록한 포물선을 그려 본다.

(1) $f(x)=(x-a)(x-c)+(x-b)(x-d)$라 하면

$d<a<b<c$이므로

$$f(a)=(a-b)(a-d)<0$$

$$f(b)=(b-a)(b-c)<0$$

$$f(c)=(c-b)(c-d)>0$$

$$f(d)=(d-a)(d-c)>0$$

위 결과를 그림으로 나타내면 다음과 같다.

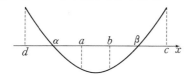

따라서 $f(x)=0$은 서로 다른 두 실근을 가진다.

(2) 위 그림에서 $d<\alpha<a<b<\beta<c$이다.

채점 기준	배점
(1) 두 실근이 각각 d와 a 사이, b와 c 사이에 있음을 보이기	80%
(2) 대소를 나타내기	20%

04 답 1

GUIDE

❶ 조건 ㈎에서 $f(-1)<0$이다.

❷ 포물선의 꼭짓점 C에서 x축에 내린 수선의 발을 M이라 하고 조건 ㈏를 오른쪽 그림처럼 나타내 보면 축의 성질에서 M이 선분 AB의 중점이므로 $\overline{AC}=\overline{BC}$이다.

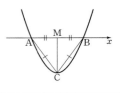

$f(x)=x^2+2mx+n$일 때

조건 ㈎에서 $f(-1)=1-2m+n<0$ …… ㉠

이차함수 $y=f(x)$의 그래프의 x절편은

이차방정식 $x^2+2mx+n=0$의 두 근과 같으므로

두 근을 α, β라 하면

$\alpha+\beta=-2m$, $\alpha\beta=n$

$\overline{AB}^2=(\beta-\alpha)^2=(\alpha+\beta)^2-4\alpha\beta=4(m^2-n)$

또 $\triangle AMC$가 직각삼각형이고,

$f(x)=x^2+2mx+n=(x+m)^2+n-m^2$에서

꼭짓점 C의 좌표는 $(-m,\ n-m^2)$이다. 이때

$\overline{AC}^2=\left(\frac{\overline{AB}}{2}\right)^2+\overline{MC}^2=m^2-n+(n-m^2)^2$

또 $\overline{BC}=\overline{AC}$이므로

$\overline{AB}^2+\overline{AC}^2+\overline{BC}^2=2(n-m^2)^2+6(m^2-n)=8$

이때 $m^2-n=t$라 하면

$2t^2+6t=8$, $(t-1)(t+4)=0$

$\therefore\ t=1$ 또는 $t=-4$

(i) $m^2-n=1$, 즉 $n=m^2-1$일 때

㉠에서 $m^2-2m<0$, 즉 $m(m-2)<0$

이 범위에 속하는 정수 m값은 1이고 이때 $n=0$

(ii) $m^2-n=-4$, 즉 $n=m^2+4$일 때

㉠에서 $m^2-2m+5<0$, 즉 $(m-1)^2+4<0$

이를 만족시키는 정수 m값은 없다.

따라서 $m=1$, $n=0$이므로 $m+n=1$

05 답 4

GUIDE

주어진 내용을 모두 그림으로 나타내면 너무 복잡하므로 교점 A, B와 포물선 $y=x^2+6$만 그려 놓고 생각하자. 또 삼각형 PAB의 넓이를 직접 구하기가 어려우므로 평행선에서 넓이가 같은 삼각형을 만들어 보자.

두 점 A, B는 $y=x^2$의 그래프와 $y=-x^2+4x+6$의 그래프의 교점이므로 $x^2=-x^2+4x+6$에서 $(x+1)(x-3)=0$

따라서 교점의 좌표는 $(-1,\ 1)$, $(3,\ 9)$이다.

이때 삼각형 PAB의 밑변을 $\overline{AB}$라 하면

높이는 점 P와 직선 AB 사이의 거리이다.

점 P에서 y축과 평행한 직선을 그어 선분 AB와 만나는 점을 Q라 하자. 또 점 Q에서 x축과 평행한 직선을 그어 $x=-1$, $x=3$과 만나는 점을 차례로 A′, B′이라 하자.

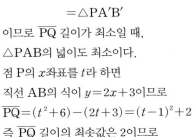

이때 $\triangle PAB = \triangle PAQ + \triangle PBQ$
$= \triangle PA'Q + \triangle PB'Q$
$= \triangle PA'B'$

이므로 $\overline{PQ}$ 길이가 최소일 때, $\triangle PAB$의 넓이도 최소이다.

점 P의 x좌표를 t라 하면
직선 AB의 식이 $y=2x+3$이므로
$\overline{PQ} = (t^2+6) - (2t+3) = (t-1)^2+2$
즉 $\overline{PQ}$ 길이의 최솟값은 2이므로
($\triangle PAB$의 넓이의 최솟값) $= \dfrac{1}{2} \times 4 \times 2 = 4$

LECTURE

오른쪽 그림과 같이 평행선 사이에 있는 삼각형끼리 밑변 길이가 같으면 그 넓이도 같다.
즉 $\triangle ABC = \triangle A'BC$
$= \triangle A''BC = \dfrac{1}{2}ah$

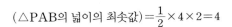

참고

삼각형 PAB의 넓이가 최소가 되는 점 P는 $\overline{AB}$와 평행하고 $y=x^2+6$에 접하는 직선의 접점인 점 $(1, 7)$이다.

다른 풀이

$\overline{AB}$의 길이가 $4\sqrt{5}$이므로 삼각형 PAB의 넓이가 최소이려면 높이가 최소여야 한다. 오른쪽 그림과 같이 함수 $y=x^2+6$의 접선 중 직선 AB와 평행한 접선이 접하는 점이 P일 때 높이가 최소이고, 직선 AB의 기울기가 2이므로 접선의 방정식을 $y=2x+k$라 하면
$x^2+6 = 2x+k$, $x^2-2x+6-k=0$
$\dfrac{D}{4} = (-1)^2-(6-k)=0$ ∴ $k=5$

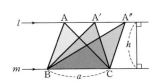

점 P와 직선 AB 사이의 거리는 직선 $y=2x+5$와 직선 AB 사이의 거리와 같으므로 점 $A(-1, 1)$과 직선 $2x-y+5=0$ 사이의 거리를 구하면
$$\dfrac{|2 \times (-1) -1 +5|}{\sqrt{2^2+(-1)^2}} = \dfrac{2\sqrt{5}}{5}$$
따라서 삼각형 PAB 넓이의 최솟값은
$$\dfrac{1}{2} \times 4\sqrt{5} \times \dfrac{2\sqrt{5}}{5} = 4$$

---

06 답 3

GUIDE

$l \perp m$이므로 $\square CADB = \dfrac{1}{2}\overline{AB} \times \overline{CD}$

$l \perp m$이므로 사각형 CABD의 두 대각선이 서로 수직이다. 따라서
$\square CABD = \dfrac{1}{2}\overline{AB} \times \overline{CD}$

직선 l의 방정식이 $y=x-1+k$이므로 $x^2=x-1+k$,
즉 $x^2-x+1-k=0$의 두 근을 α, β라 하면

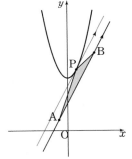

$\alpha+\beta=1$, $\alpha\beta=1-k$
$\overline{AB} = \sqrt{2}|\beta-\alpha| = \sqrt{2}\sqrt{(\alpha+\beta)^2-4\alpha\beta} = \sqrt{2}\sqrt{4k-3}$
또 직선 m의 방정식은 $y=-x+1+k$이므로
$x^2=-x+1+k$, 즉 $x^2+x-1-k=0$의 두 근을 γ, δ라 하면 $\gamma+\delta=-1$, $\gamma\delta=-1-k$
$\overline{CD} = \sqrt{2}|\delta-\gamma| = \sqrt{2}\sqrt{(\gamma+\delta)^2-4\gamma\delta} = \sqrt{2}\sqrt{4k+5}$
이때 사각형 CADB의 넓이가 $3\sqrt{17}$이므로
$$\dfrac{1}{2} \times \sqrt{2}\sqrt{4k-3} \times \sqrt{2}\sqrt{4k+5} = 3\sqrt{17}$$
$16k^2+8k-168=0$, $(k-3)(2k+7)=0$
∴ $k=3$ ($\because k>0$)

---

07 답 $-\dfrac{5}{4} < m < -1$

GUIDE

❶ 포물선이 x축과 서로 다른 두 점에서 만난다.
❷ $m=1$이면 두 이차방정식은 서로 같은 방정식이 된다. ∴ $m \neq 1$

$x^2+2mx+1=0$ ······ ㉠
$x^2+2x+m=0$ ······ ㉡

이때 ㉠, ㉡이 모두 서로 다른 두 실근을 가지므로
$$\dfrac{D_1}{4} = m^2-1 > 0, \quad \dfrac{D_2}{4} = 1-m > 0$$
공통 범위는 $m < -1$ ······ ㉢
$f(x)=x^2+2mx+1$, $g(x)=x^2+2x+m$이라 하면
$y=f(x)$와 $y=g(x)$의 교점의 x좌표는
$x^2+2mx+1 = x^2+2x+m$, 즉 $2(m-1)x = m-1$에서
$m=1$이면 두 이차방정식이 같아지므로 $m \neq 1$
따라서 $x = \dfrac{1}{2}$
$y=f(x)$와 $y=g(x)$의 그래프 개형이 다음과 같을 때 문제의 조건이 성립한다.

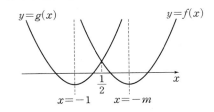

$f\left(\dfrac{1}{2}\right)=g\left(\dfrac{1}{2}\right)=m+\dfrac{5}{4}>0 \qquad \therefore m>-\dfrac{5}{4} \qquad \cdots\cdots$ ㉣

㉢, ㉣에서 m값의 범위는 $-\dfrac{5}{4}<m<-1$

1등급 NOTE

㉢에서 $m<-1$이므로 $-m>1$

즉 $y=f(x)$의 축 $x=-m$은 $y=g(x)$의 축 $x=-1$보다

오른쪽에 있으므로 위 그림과 같은 모양이 된다.

08 답 16

GUIDE

❶ $\overline{AP}:\overline{BQ}=1:2$이므로 $\overline{AP}:\overline{BR}$를 구할 수 있으면 $\triangle BAP$와 $\triangle DRB$가 서로 닮음임을 이용해 $\triangle DRB$의 넓이를 구할 수 있다.

❷ 포물선과 직선이 만나는 경우, 교점의 x좌표는 이차방정식, (이차함수의 식)=(직선의 식)의 해와 같다.

$x^2-a=mx$의 두 근을 α, $\beta\,(\alpha<\beta)$라 하면 $y=x^2-mx-a$의 그래프는 오른쪽 그림처럼

축 $x=\dfrac{m}{2}$에 대칭이므로

$\left|\alpha-\dfrac{m}{2}\right|=\left|\beta-\dfrac{m}{2}\right| \qquad \cdots\cdots$ ㉠

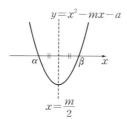

$x^2-b=mx$의 두 근을 γ, $\delta\,(\gamma<\delta)$라 하면 마찬가지로 축

$x=\dfrac{m}{2}$에 대칭이므로

$\left|\gamma-\dfrac{m}{2}\right|=\left|\delta-\dfrac{m}{2}\right| \qquad \cdots\cdots$ ㉡

㉠, ㉡에서 $|\gamma-\alpha|=|\delta-\beta|$

즉 $\overline{AP}=\overline{QR}$

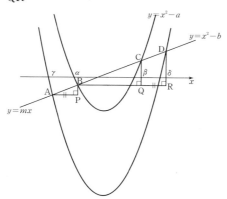

두 삼각형 BAP와 CBQ는 닮음이고 넓이비가 $1:9$이므로 닮음비는 $1:3$이다.

$\therefore \overline{BQ}=3\overline{AP}$

이때 $\overline{BR}=\overline{BQ}+\overline{QR}=3\overline{AP}+\overline{AP}=4\overline{AP}$

따라서 두 삼각형 BAP와 DBR의 닮음비가 $1:4$이므로

삼각형 DBR의 넓이는 16

$\left|\alpha-\dfrac{m}{2}\right|=\left|\beta-\dfrac{m}{2}\right|$, $\left|\gamma-\dfrac{m}{2}\right|=\left|\delta-\dfrac{m}{2}\right|$일 때

$|\gamma-\alpha|=|\delta-\beta|$이 성립하는 이유를 다음과 같이 생각할 수 있다.

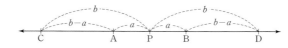

위 그림처럼 $\overline{AP}=\overline{PB}=a$, $\overline{CP}=\overline{PD}=b$라 하면

$\overline{CA}=b-a$, $\overline{BD}=b-a \qquad \therefore \overline{CA}=\overline{BD}$

09 답 $\dfrac{\sqrt{14}}{4}$

GUIDE

좌표평면을 생각하면 포물선 P_1의 식을 구할 수 있다. 이때 정사각형의 중심을 원점으로 생각하면 더 간단한 식이 생긴다.

※ P_1을 반시계방향으로 $90°$만큼 회전한 것이 P_2이다.

주어진 문제를 좌표평면 위에 나타내면 다음 그림과 같다.

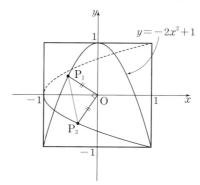

포물선 P_1은 세 점 $(0,1)$, $(1,-1)$, $(-1,-1)$을 지나므로 그 방정식은 $y=-2x^2+1$이다.

t초 후 두 점의 위치를 각각 P_1, P_2라 하자.

이때 P_2는 원점을 중심으로 P_1을 $90°$ 회전한 점과 같으므로 두 점 사이 거리 $\overline{P_1P_2}=\sqrt{2}\,\overline{OP_1}$

따라서 두 점 사이의 거리가 최소일 때는 원점과 P_1 사이의 거리가 최소일 때이다.

즉 $P_1(t,-2t^2+1)$에서

$\overline{OP_1}=\sqrt{t^2+(-2t^2+1)^2}=\sqrt{4\left(t^2-\dfrac{3}{8}\right)^2+\dfrac{7}{16}}$

따라서 $\overline{OP_1}$의 최솟값은 $\dfrac{\sqrt{7}}{4}$이므로

이때 $\overline{P_1P_2}=\sqrt{2}\,\overline{OP_1}=\dfrac{\sqrt{14}}{4}$

06 여러 가지 방정식

01 답 ②

> **GUIDE**
> 방정식의 좌변을 $(x-p)(x^2+ax+b)$ 꼴로 인수분해 한 다음 어떤 경우에 중근이 될지 따져 본다.

$x^3+x^2+kx-k-2=(x-1)(x^2+2x+k+2)=0$
이므로 다음과 같이 두 가지로 나누어서 생각한다.

(i) $x^2+2x+k+2=0$이 중근을 가질 때

$\dfrac{D}{4}=1-k-2=0$에서 $k=-1$

(ii) $x^2+2x+k+2=0$이 1을 근으로 가질 때

$1+2+k+2=0$에서 $k=-5$

따라서 k값의 합은 $-1+(-5)=-6$

02 답 2

> **GUIDE**
> 삼차방정식의 세 근이 α, β, γ라는 언급이 있으면
> $a(x-\alpha)(x-\beta)(x-\gamma)=0$을 생각한다.

$x^3+4x^2+x+2=(x-\alpha)(x-\beta)(x-\gamma)$이므로
양변에 $x=i$를 대입하면
(좌변)$=-i-4+i+2=-2$
(우변)$=(i-\alpha)(i-\beta)(i-\gamma)$
따라서 $(\alpha-i)(\beta-i)(\gamma-i)=2$

03 답 9

> **GUIDE**
> $\dfrac{x-1}{2}$을 t로 치환하면 $f(t)=0$이므로 $t=\alpha, \beta, \gamma$이다.

$\dfrac{x-1}{2}=t$ 라 하면 $f(t)=0$이 되는 t가 α, β, γ이므로

$\dfrac{x-1}{2}=\alpha, \beta, \gamma$에서 $x=2\alpha+1, 2\beta+1, 2\gamma+1$

따라서 세 근의 합은 $2(\alpha+\beta+\gamma)+3=9$

04 답 -10

> **GUIDE**
> $\dfrac{\alpha}{\beta\gamma}+\dfrac{\beta}{\gamma\alpha}+\dfrac{\gamma}{\alpha\beta}=\dfrac{\alpha^2+\beta^2+\gamma^2}{\alpha\beta\gamma}$ 이므로 곱셈공식의 변형을 이용해 $\alpha^2+\beta^2+\gamma^2$의 값을 구한다.

$x^3-2x^2-3x+1=0$의 세 근이 α, β, γ일 때, 삼차방정식의 근과 계수의 관계에서
$\alpha+\beta+\gamma=2, \alpha\beta+\beta\gamma+\gamma\alpha=-3, \alpha\beta\gamma=-1$이므로

$$\dfrac{\alpha}{\beta\gamma}+\dfrac{\beta}{\gamma\alpha}+\dfrac{\gamma}{\alpha\beta}=\dfrac{\alpha^2+\beta^2+\gamma^2}{\alpha\beta\gamma}$$
$$=\dfrac{(\alpha+\beta+\gamma)^2-2(\alpha\beta+\beta\gamma+\gamma\alpha)}{\alpha\beta\gamma}$$
$$=\dfrac{2^2-2\times(-3)}{-1}=-10$$

05 답 ②

> **GUIDE**
> $\alpha(\alpha^2-\beta\gamma+2)+\beta(\beta^2-\alpha\gamma+2)+\gamma(\gamma^2-\alpha\beta+2)$
> $=(\alpha^3+\beta^3+\gamma^3)-3\alpha\beta\gamma+2(\alpha+\beta+\gamma)$
> 에서 $\alpha^3+\beta^3+\gamma^3$이 있으므로 $\alpha+\beta+\gamma=0$인지 확인한다.

삼차방정식의 근과 계수의 관계에서
$\alpha+\beta+\gamma=0$이므로 $\alpha^3+\beta^3+\gamma^3=3\alpha\beta\gamma$
$\alpha(\alpha^2-\beta\gamma+2)+\beta(\beta^2-\alpha\gamma+2)+\gamma(\gamma^2-\alpha\beta+2)$
$=(\alpha^3+\beta^3+\gamma^3)-3\alpha\beta\gamma+2(\alpha+\beta+\gamma)$
$=3\alpha\beta\gamma-3\alpha\beta\gamma+2(\alpha+\beta+\gamma)$
$=2(\alpha+\beta+\gamma)=0$

06 답 -3

> **GUIDE**
> $\alpha+\beta+\gamma=0, \alpha\beta\gamma=-2$가 되는 정수 α, β, γ를 생각한다.

$x^3+px+2=0$의 정수인 세 근을 α, β, γ라 하면
삼차방정식의 근과 계수의 관계에서
$\alpha+\beta+\gamma=0, \alpha\beta\gamma=-2$이므로 세 정수 α, β, γ는 순서에 상관없이 1, 1, -2이다.
따라서 $p=\alpha\beta+\beta\gamma+\gamma\alpha=-3$

07 답 2

> **GUIDE**
> 계수가 실수인 삼차방정식의 한 허근이 α이면 $\bar{\alpha}$도 근이다.

$x^3+x+2=(x+1)(x^2-x+2)=0$에서
α가 이차방정식 $x^2-x+2=0$의 한 근이므로 이 이차방정식의 다른 한 근은 $\bar{\alpha}$이다. $\therefore \alpha+\bar{\alpha}=1, \alpha\bar{\alpha}=2$
따라서 $\alpha^2\bar{\alpha}+\alpha\bar{\alpha}^2=\alpha\bar{\alpha}(\alpha+\bar{\alpha})=2\times1=2$

08 답 2

> **GUIDE**
> 계수 a, b, c가 모두 실수이므로 조건에서 삼차방정식 $f(x)=0$의 세 근은 4, $2i, -2i$이다.

$f(x)$는 $x-4$를 인수로 가지고, 계수가 실수인 삼차방정식 $f(x)=0$의 한 근이 $2i$이므로 $-2i$도 근이다.

즉 $f(x)=(x-4)(x+2i)(x-2i)$

이때 $f(2x)=8(x-2)(x+i)(x-i)$

$f(2x)=0$의 세 근이 2, $-i$, i이므로 세 근의 곱은 2

09 답 -11

GUIDE

자연수 n에 대하여 ω^n 꼴이 있으므로 $n=3k+1, 3k+2, 3k+3$의 세 가지 경우로 나누어 $f(n)$을 구한다.

$\omega^3=1$이므로 $n=3k+1, 3k+2, 3k+3$ 세 가지 경우를 생각한다. 또 허근 ω가 $x^2+x+1=0$의 근이므로

$\omega^2+\omega+1=0$에서 $\omega^2=-\omega-1$, $\omega=-\omega^2-1$이다.

0 이상의 정수 k에 대하여

(i) $n=3k+1$일 때 $\omega^{3k+1}=\omega$이므로

$$\frac{\omega^{2(3k+1)}}{\omega^{3k+1}+1}=\frac{\omega^2}{\omega+1}=\frac{-\omega-1}{\omega+1}=-1$$

(ii) $n=3k+2$일 때 $\omega^{3k+2}=\omega^2$이므로

$$\frac{\omega^{2(3k+2)}}{\omega^{3k+2}+1}=\frac{\omega}{\omega^2+1}=\frac{-\omega^2-1}{\omega^2+1}=-1$$

(iii) $n=3k+3$일 때 $\omega^{3k+3}=1$이므로 $\dfrac{\omega^{2(3k+3)}}{\omega^{3k+3}+1}=\dfrac{1}{2}$

$\therefore f(1)+f(2)+\cdots+f(20)$

$$=7\times(-1)+7\times(-1)+6\times\frac{1}{2}=-11$$

10 답 ㄱ, ㄴ

GUIDE

$x+\dfrac{1}{x}=-1$을 정리하면 $x^2+x+1=0$이므로 $x^3-1=0$을 얻는다.

즉 $\omega^3=1$이고, $x^2+x+1=0$의 두 근이 ω, $\overline{\omega}$이다.

$x+\dfrac{1}{x}=-1$의 양변에 x를 곱하여 정리하면

$x^2+x+1=0$, $x^3=1$

따라서 $\omega^2+\omega+1=0$, $\omega^3=1$

ㄱ. $\omega^6=(\omega^3)^2=1$ (◯)

ㄴ. $x^2+x+1=0$의 두 근이 ω, $\overline{\omega}$이므로

근과 계수의 관계에서 $\omega+\overline{\omega}=-1$, $\omega\overline{\omega}=1$

$(\omega+1)(\overline{\omega}+1)=\omega\overline{\omega}+(\omega+\overline{\omega})+1$

$=1-1+1=1$ (◯)

ㄷ. [반례] $n=3k$ (k는 자연수)일 때

$\omega^{2n}+\omega^n+1=\omega^{6k}+\omega^{3k}+1=3$ (✕)

그러므로 옳은 것은 ㄱ, ㄴ

11 답 $x=5, y=-6$

GUIDE

연립방정식의 각 식에 반복되는 부분이 있으면 치환을 생각한다.

이 문제에서는 $\dfrac{1}{x-3}=A$, $\dfrac{1}{y+2}=B$로 놓을 수 있다.

$\dfrac{1}{x-3}=A$, $\dfrac{1}{y+2}=B$로 치환하면

$\begin{cases} 2A+B=\dfrac{3}{4} \\ 3A+2B=1 \end{cases}$ 에서 $A=\dfrac{1}{2}$, $B=-\dfrac{1}{4}$이므로

$\dfrac{1}{x-3}=\dfrac{1}{2}$, $\dfrac{1}{y+2}=-\dfrac{1}{4}$ $\qquad \therefore x=5, y=-6$

12 답 -6

GUIDE

$x+y$, xy가 있는 연립방정식은 치환하여 $x+y$와 xy의 값을 구하고, $t^2-(x+y)t+xy=0$의 두 근이 x, y임을 이용한다.

$x+y=A$, $xy=B$로 치환하면 $\begin{cases} A+B=-1 \\ AB=-20 \end{cases}$

이때 A, B가 이차방정식 $X^2+X-20=0$의 두 근이므로

$X=-5$ 또는 $X=4$

(i) $A=-5$, $B=4$, 즉 $\begin{cases} x+y=-5 \\ xy=4 \end{cases}$ 일 때

x, y는 이차방정식 $t^2+5t+4=0$의 두 근이므로

$x=-1, y=-4$ 또는 $x=-4, y=-1$

(ii) $A=4$, $B=-5$, 즉 $\begin{cases} x+y=4 \\ xy=-5 \end{cases}$ 일 때

x, y는 이차방정식 $t^2-4t-5=0$의 두 근이므로

$x=-1, y=5$ 또는 $x=5, y=-1$

(i), (ii)에서 $x-y$의 최솟값은 $x=-1, y=5$일 때 -6

13 답 26

GUIDE

주어진 조건에서 참석 인원수는 변하는 값이고, 준비한 연필 개수는 고정된 값이다. 연필 개수를 n과 a를 포함한 등식으로 나타낸다.

주어진 조건에서 준비한 전체 연필 개수를 나타내는 식은 조건에 따라 다음 세 가지로 세울 수 있다.

(i) n명에게 a자루씩 나눠 주는 경우 $\Rightarrow na$

(ii) $(n-5)$명에게 $(a+2)$자루씩 나눠 주는 경우

$\Rightarrow (n-5)(a+2)$

(iii) $(n+4)$명에게 $(a-1)$자루씩 나눠 주는 경우

$\Rightarrow (n+4)(a-1)$

$\therefore na=(n-5)(a+2)=(n+4)(a-1)$

$na=(n-5)(a+2)$에서 $2n-5a=10$ $\qquad$ ……㉠

$na=(n+4)(a-1)$에서 $n-4a=-4$ $\qquad$ ……㉡

㉠, ㉡을 연립해서 풀면 $a=6, n=20$이므로 $n+a=26$

14 답 253

GUIDE

예를 들어 임원 A에게 주어진 암호로 방정식 $f(-2)=1$을 만들 수 있다.

각 임원에게 주어진 암호로 다음 방정식이 만들어진다.

A : $4a-2b+c=1$, B : $a-b+c=0$, C : $c=3$

D : $a+b+c=10$, E : $4a+2b+c=21$

임원 C에게 주어진 $c=3$을 이용하면

B에서 $a-b=-3$ ······ ㉠

D에서 $a+b=7$ ······ ㉡

㉠, ㉡을 연립해서 풀면 $a=2$, $b=5$

따라서 암호는 253

15 답 5

GUIDE

실수 조건의 부정방정식은 (실수)$^2 \geq 0$을 이용한다.

$5x^2-12xy+10y^2-6x-4y+13$
$=(x-3)^2+(y-2)^2+(2x-3y)^2=0$

이때 x, y가 실수이므로

$x-3=0$, $y-2=0$, $2x-3y=0$

따라서 $x=3$, $y=2$이므로 $x+y=5$

다른 풀이

주어진 방정식을 x에 대해 정리하면

$5x^2-6(2y+1)x+10y^2-4y+13=0$ ······ ㉠

x가 실수이므로 $\dfrac{D}{4}=9(2y+1)^2-50y^2+20y-65 \geq 0$

즉 $(y-2)^2 \leq 0$이므로 $y=2$

㉠에 대입하여 정리하면 $5x^2-30x+45=0$, $(x-3)^2=0$

$\therefore x=3$

따라서 $x+y=5$

16 답 68명

GUIDE

사람 수는 자연수임을 생각한다. 즉 자연수 조건의 부정방정식을 푼다.
남자 수를 x, 여자 수를 y, 어린이 수를 z라 하고 방정식을 세워 보자.

남자 수를 x, 여자 수를 y, 어린이 수를 z라 하면

$\begin{cases} x+y+z=100 & \cdots\cdots ㉠ \\ 3x+2y+\dfrac{1}{2}z=100 & \cdots\cdots ㉡ \end{cases}$

㉡$\times 2-$㉠ : $5x+3y=100$ $\therefore y=\dfrac{100-5x}{3}$

x, y, z가 자연수이고 y가 최대이므로 $x=2$, $y=30$

$\therefore z=68$(명)

17 답 8

GUIDE

두 정수 근을 α, $\beta (\alpha \geq \beta)$라 하면
$\alpha+\beta=m+1$, $\alpha\beta=-m-4$에서 $\alpha\beta=-\alpha-\beta+1-4$

두 정수 근을 α, $\beta (\alpha \geq \beta)$라 하면

$\alpha+\beta=m+1$, $\alpha\beta=-m-4$

따라서 $\alpha+\beta+\alpha\beta=-3$에서 $(\alpha+1)(\beta+1)=-2$

$\therefore \begin{cases} \alpha+1=1 \\ \beta+1=-2 \end{cases}$ 또는 $\begin{cases} \alpha+1=2 \\ \beta+1=-1 \end{cases}$

이때 $m=\alpha+\beta-1$이므로 $m=-4$ 또는 $m=-2$

따라서 구하려는 값은 $-4 \times (-2)=8$

1등급 NOTE

두 정수 근 α, β의 대소를 가정하지 않고 풀면 답을 구하는 것은 가능하지만 더 많은 경우를 생각해야 한다.

STEP 2 | 1등급 굳히기 p. 75~79

01 -6	02 ②	03 1	04 18
05 25	06 -1	07 ④	08 ⑤
09 22	10 1	11 $-\dfrac{40}{7}$	12 ④
13 0	14 4개	15 6	16 -1
17 ⑤	18 7	19 ③	20 1
21 25	22 4	23 ⑤	24 ④

01 답 -6

GUIDE

❶ 주어진 방정식에서 $x+\dfrac{1}{x}=t$로 치환하고 방정식을 푼다.

❷ 네 개의 근 중 실근을 찾는다.

$x+\dfrac{1}{x}=t$라 하면 $x^2+\dfrac{1}{x^2}+5\left(x+\dfrac{1}{x}\right)-4=t^2-2+5t-4$

즉 $t^2+5t-6=0$에서 $t=1$ 또는 $t=-6$

(i) $x+\dfrac{1}{x}=1$일 때

양변에 x를 곱하여 정리한 $x^2-x+1=0$은 두 허근을 갖는다.

(ii) $x+\dfrac{1}{x}=-6$일 때

$x^2+6x+1=0$이고, 이 방정식은 두 실근을 갖는다.

근과 계수의 관계에서 두 실근의 합은 -6

02 📘 ②

GUIDE

$f(x)=x^4-3x^3+4x^2-3x+1$
이라 하면 $f(1)=0$이므로
오른쪽과 같이 연조립제법을
써서 인수분해 할 수 있다.

$$
\begin{array}{r|rrrrr}
1 & 1 & -3 & 4 & -3 & 1 \\
  &   & 1 & -2 & 2 & -1 \\
\hline
1 & 1 & -2 & 2 & -1 & \boxed{0} \\
  &   & 1 & -1 & 1 & \\
\hline
  & 1 & -1 & 1 & \boxed{0} &
\end{array}
$$

$x^4-3x^3+4x^2-3x+1$
$=(x-1)^2(x^2-x+1)$

$x^4-3x^3+4x^2-3x+1=(x-1)^2(x^2-x+1)$이므로
$x^2-x+1=0$에서 허근을 갖는다.
따라서 $\alpha^2-\alpha+1=0$이고 $\alpha^3=-1$
$\therefore 1+\alpha+\alpha^2+\alpha^3+\alpha^4+\alpha^5$
$\quad =(1+\alpha+\alpha^2)+\alpha^3(1+\alpha+\alpha^2)=0$

다른 풀이

상반계수 방정식이므로 사차방정식의 양변을 x^2으로 나누면
$\left(x+\dfrac{1}{x}\right)^2-3\left(x+\dfrac{1}{x}\right)+2=0$
$\left(x+\dfrac{1}{x}-1\right)\left(x+\dfrac{1}{x}-2\right)=0$
$\therefore x+\dfrac{1}{x}=1$ 또는 $x+\dfrac{1}{x}=2$
$x+\dfrac{1}{x}=1$, 즉 $x^2-x+1=0$에서 허근을 가지므로
$\alpha^2-\alpha+1=0$에서 $\alpha^3=-1$을 이용한다.

---

03 📘 1

GUIDE

$x^4+x^3+x^2+x+1=0$의 한 근이 z이므로 $z^4+z^3+z^2+z+1=0$
양변에 $z-1$을 곱하면 $z^5-1=0$

$z^4+z^3+z^2+z+1=0$의 양변에 $z-1$을 곱하면 $z^5=1$
$(1+z)(1+z^2)(1+z^3)(1+z^4)$
$=\{(1+z)(1+z^2)\}\{(1+z^3)(1+z^4)\}$
$=(1+z+z^2+z^3)(1+z^3+z^4+z^7)$
$=(-z^4)(1+z^3+z^4+z^2)$ $(\because z^4+z^3+z^2+z+1=0,\ z^5=1)$
$=(-z^4)(-z)$
$=z^5=1$

---

04 📘 18

GUIDE

$k=1,\,2,\,3$에 대하여 방정식 $f(k)=2k$를 생각할 수 있다.

삼차방정식 $f(x)=2x$의 세 근이 $1,\,3,\,4$이므로
$f(x)=(x-1)(x-3)(x-4)+2x$
따라서 $f(5)=4\times2\times1+2\times5=18$

---

05 📘 25

GUIDE

삼차항의 계수가 1이고 $\dfrac{1}{\alpha},\dfrac{1}{\beta},\dfrac{1}{\gamma}$이 세 근인 삼차방정식은
$$x^3-\left(\dfrac{1}{\alpha}+\dfrac{1}{\beta}+\dfrac{1}{\gamma}\right)x^2+\left(\dfrac{1}{\alpha\beta}+\dfrac{1}{\beta\gamma}+\dfrac{1}{\gamma\alpha}\right)x-\dfrac{1}{\alpha\beta\gamma}=0$$

$x^3-4x^2+6x+1=0$의 세 근이 $\alpha,\,\beta,\,\gamma$이므로
$\alpha+\beta+\gamma=4,\ \alpha\beta+\beta\gamma+\gamma\alpha=6,\ \alpha\beta\gamma=-1$
삼차항의 계수가 1이고 $\dfrac{1}{\alpha},\dfrac{1}{\beta},\dfrac{1}{\gamma}$이 세 근인 삼차방정식은
$$x^3-\left(\dfrac{1}{\alpha}+\dfrac{1}{\beta}+\dfrac{1}{\gamma}\right)x^2+\left(\dfrac{1}{\alpha\beta}+\dfrac{1}{\beta\gamma}+\dfrac{1}{\gamma\alpha}\right)x-\dfrac{1}{\alpha\beta\gamma}=0$$
즉 $x^3-\left(\dfrac{\alpha\beta+\beta\gamma+\gamma\alpha}{\alpha\beta\gamma}\right)x^2+\dfrac{\alpha+\beta+\gamma}{\alpha\beta\gamma}x-\dfrac{1}{\alpha\beta\gamma}=0$에서
$x^3+6x^2-4x+1=0$
따라서 $f(x)=x^3+6x^2-4x+1$에서 $f(2)=25$

다른 풀이

α가 삼차방정식 $x^3-4x^2+6x+1=0$의 한 근이므로
$\alpha^3-4\alpha^2+6\alpha+1=0$
$\alpha\neq0$이므로 양변을 α^3으로 나누면 $1-\dfrac{4}{\alpha}+\dfrac{6}{\alpha^2}+\dfrac{1}{\alpha^3}=0$
식을 정리하면 $\left(\dfrac{1}{\alpha}\right)^3+6\left(\dfrac{1}{\alpha}\right)^2-4\left(\dfrac{1}{\alpha}\right)+1=0$
따라서 $\dfrac{1}{\alpha}$은 최고차항의 계수가 1인 x에 대한 삼차방정식
$x^3+6x^2-4x+1=0$의 한 근이다.
같은 방법으로 생각하면 $\dfrac{1}{\beta},\dfrac{1}{\gamma}$도 근이므로
$f(x)=x^3+6x^2-4x+1$ $\quad\therefore f(2)=25$

---

06 📘 -1

GUIDE

❶ $ax^3+bx^2+bx+a=0$의 좌변을 인수분해 하여 세 실근의 부호 조건을 파악한다.
❷ 판별식과 두 근의 합과 곱의 부호를 이용한다.

$ax^3+bx^2+bx+a=(x+1)\{ax^2+(b-a)x+a\}$
이므로 $ax^2+(b-a)x+a=0$의 두 근이 양수이어야 한다.
$D=(b-a)^2-4a^2=b^2-2ab-3a^2\geq0$ $\quad\cdots\cdots\ \ominus$
$(\text{두 근의 합})=\dfrac{a-b}{a}=1-\dfrac{b}{a}>0$에서 $\dfrac{b}{a}<1$ $\quad\cdots\cdots\ \ominus$
$(\text{두 근의 곱})=\dfrac{a}{a}=1>0$
$\ominus$의 양변을 a^2으로 나누면
$\left(\dfrac{b}{a}\right)^2-2\left(\dfrac{b}{a}\right)-3\geq0,\ \left(\dfrac{b}{a}-3\right)\left(\dfrac{b}{a}+1\right)\geq0$
즉 $\dfrac{b}{a}\leq-1,\ \dfrac{b}{a}\geq3$이고, 이것과 $\ominus$의 공통 범위는 $\dfrac{b}{a}\leq-1$
따라서 $\dfrac{b}{a}$의 최댓값은 -1이다.

---

07 답 ④

GUIDE

$x^3-5x^2+(k-9)x+k-3=0$의 한 근이 $x=-1$임을 이용해 인수분해 한 식에서 생각한다.

$x^3-5x^2+(k-9)x+k-3=(x+1)(x^2-6x+k-3)$

이때 $x=-1$은 1보다 작은 근이므로 $x^2-6x+k-3=0$은 1보다 큰 서로 다른 두 실근을 가져야 한다.

$f(x)=x^2-6x+k-3$이라 하면

$\dfrac{D}{4}=9-k+3>0$에서 $k<12$ ...... ㉠

또 $f(1)=1-6+k-3>0$에서 $k>8$ ...... ㉡

㉠, ㉡에서 $8<k<12$이므로

정수 k는 9, 10, 11이고, 모든 정수 k값의 합은 30

1등급 NOTE

이차방정식의 해의 범위를 생각할 때 그래프를 활용하면 편리하다.
$x^2-6x+k-3=0$의 두 근이 모두 1보다 크므로 축이 $x=3$인
$y=x^2+6x+k-3$의 그래프에서 $D>0$이고, $f(1)>0$이 성립하면 된다는 것을 알 수 있다.

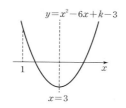

08 답 ⑤

GUIDE

복이차식 꼴 사차방정식에서 $x^2=t$로 치환한 t에 대한 이차방정식의 한 근은 음수, 한 근은 0임을 생각한다.

$x^2=t$로 놓으면 $t^2+at+a^2-3a-4=0$

이 이차방정식의 두 근을 α, β라 할 때, x에 대한 사차방정식이 두 허근과 중근인 실근을 가지려면 α, β 중 하나는 음수, 하나는 0이다.

이때 $\alpha\beta=0$이므로 $a^2-3a-4=0$에서 $a=4$ 또는 $a=-1$

(ⅰ) $a=4$일 때 $t^2+4t=t(t+4)=0$ ∴ $t=0$, -4

(ⅱ) $a=-1$일 때 $t^2-t=t(t-1)=0$ ∴ $t=0$, 1

　이것은 하나는 음수인 조건에 어긋난다.

따라서 $a=4$

1등급 NOTE

최고차항의 계수가 1인 사차방정식이 두 허근과 중근인 실근을 가진다면 $(x+k)^2(x^2+px+q)=0$ (k, p, q는 실수, $p^2-4q<0$) 꼴로 나타낼 수 있다.

이때 주어진 방정식(복이차식 꼴)은 삼차항과 일차항의 계수가 0이므로

삼차항의 계수 $2k+p=0$ ∴ $p=-2k$

또 일차항의 계수 $2kq+k^2p=0$이고,

$p=-2k$를 대입하면 $2k(q-k^2)=0$

(ⅰ) $k=0$: $x^2(x^2+q)=0$ ⇨ 중근 0, 두 허근 $\pm\sqrt{q}i$

(ⅱ) $q=k^2$: $(x+k)^2(x-k)^2=0$ ⇨ 중근인 실근 k

(ⅰ), (ⅱ)에서 복이차식 꼴 사차방정식이 두 허근과 중근인 실근을 가지려면 그 중근은 반드시 0이 됨을 알 수 있다.

09 답 22

GUIDE

$x^3+x-2=0$을 인수분해 해서 허근을 가지는 이차방정식을 찾는다.

$x^3+x-2=(x-1)(x^2+x+2)=0$에서 한 허근이 z이므로
$x^2+x+2=0$의 두 근이 z, $\bar{z}$이다.

이때 $z^3+z-2=0$, $z^2+z+2=0$, $z+\bar{z}=-1$, $z\bar{z}=2$이므로

$(z+z^3+z^4)(\bar{z}+\bar{z}^3+\bar{z}^4)$

$=(2+z^4)(2+\bar{z}^4)$ ($\because z^3+z=2$)

$=(2+2z-z^2)(2+2\bar{z}-\bar{z}^2)$ ($\because z^4=2z-z^2$)

$=(3z+4)(3\bar{z}+4)$ ($\because z^2=-z-2$)

$=9z\bar{z}+12(z+\bar{z})+16$

$=9\times2+12\times(-1)+16=22$

1등급 NOTE

차수 줄이기를 이용한다.

10 답 1

GUIDE

$x+y+z$, $xy+yz+zx$, xyz값을 각각 구해 세 근이 x, y, z인 삼차방정식을 푼다.

$x^2+y^2+z^2=(x+y+z)^2-2(xy+yz+zx)=4$

∴ $xy+yz+zx=-2$

$x+y+z=0$이므로 $x^3+y^3+z^3=3xyz=-3$에서 $xyz=-1$

따라서 세 근이 x, y, z (단, $x\leq y\leq z$)인 삼차방정식은

$t^3-2t+1=0$, 즉 $(t-1)(t^2+t-1)=0$에서

$x=\dfrac{-1-\sqrt{5}}{2}$, $y=\dfrac{-1+\sqrt{5}}{2}$, $z=1$

11 답 $-\dfrac{40}{7}$

GUIDE

$x^3+10x^2+mx-12=0$과 $x^3+2x^2+nx+2=0$의 공통근을 α, β, 나머지 한 근을 각각 다른 문자로 놓고 근과 계수의 관계를 이용한다.

$x^3+10x^2+mx-12=0$ ...... ㉠

$x^3+2x^2+nx+2=0$ ...... ㉡

㉠, ㉡의 두 공통근을 α, β, 즉 ㉠의 세 근을 α, β, a, ㉡의 세 근을 α, β, b라 하면

$\alpha+\beta+a=-10$, $\alpha+\beta+b=-2$이므로

$a-b=-8$ ...... ㉢

또 $\alpha\beta a=12$, $\alpha\beta b=-2$이므로

$\dfrac{a}{b}=-6$에서 $a=-6b$ ...... ㉣

㉢, ㉣을 연립해서 풀면 $a=-\dfrac{48}{7}$, $b=\dfrac{8}{7}$이므로

$a+b=-\dfrac{48}{7}+\dfrac{8}{7}=-\dfrac{40}{7}$

12 답 ④

GUIDE

$x^n-1=(x-1)(x^{n-1}+x^{n-2}+\cdots+x+1)$이므로
$x^{n-1}+x^{n-2}+\cdots+x+1=0$의 근이 $\alpha_1, \alpha_2, \alpha_3, \cdots, \alpha_{n-1}$이다.

$x^{n-1}+x^{n-2}+\cdots+x+1=0$의 근이 $\alpha_1, \alpha_2, \alpha_3, \cdots, \alpha_{n-1}$이므로
ㄱ. 근과 계수의 관계에서 $\alpha_1+\alpha_2+\alpha_3+\cdots+\alpha_{n-1}=-1$ (○)
ㄴ. [반례] $n=4$일 때 $x^4=1$의 근이 $1, \alpha_1, \alpha_2, \alpha_3$이므로
　　$\alpha_1, \alpha_2, \alpha_3$는 방정식 $x^3+x^2+x+1=0$의 근이다.
　　이때 $\alpha_1\times\alpha_2\times\alpha_3=-1$이므로
　　항상 $\alpha_1\times\alpha_2\times\alpha_3\times\cdots\times\alpha_{n-1}=1$인 것은 아니다. (×)
ㄷ. $x^{n-1}+x^{n-2}+\cdots+x+1$
　　$=(x-\alpha_1)(x-\alpha_2)(x-\alpha_3)\cdots(x-\alpha_{n-1})$
　　양변에 $x=1$을 대입하면
　　$n=(1-\alpha_1)(1-\alpha_2)(1-\alpha_3)\cdots(1-\alpha_{n-1})$ (○)
따라서 옳은 것은 ㄱ, ㄷ

LECTURE

$ax^n+px^{n-1}+\cdots+qx+r=0$의 근이 $\alpha_1, \alpha_2, \alpha_3, \cdots, \alpha_n$일 때
$$\alpha_1+\alpha_2+\alpha_3+\cdots+\alpha_n=-\frac{p}{a}$$
$$\alpha_1\times\alpha_2\times\alpha_3\times\cdots\times\alpha_n=(-1)^n\frac{r}{a}$$

13 답 0

GUIDE

두 허근 $\alpha, -\alpha^2$이 서로 켤레복소수이므로 $\overline{\alpha}=-\alpha^2, \overline{-\alpha^2}=\alpha$이다.
이때 $\overline{-\alpha^2}=-\overline{\alpha^2}=-(\overline{\alpha})^2$임을 이용한다.

계수가 실수인 방정식의 두 허근 $\alpha, -\alpha^2$은 서로 켤레복소수이므
로 $\overline{\alpha}=-\alpha^2, \overline{-\alpha^2}=\alpha$
이때 $\alpha=\overline{-\alpha^2}=-(\overline{\alpha})^2=-(-\alpha^2)^2=-\alpha^4$　　∴ $\alpha^3=-1$
즉 $\alpha, -\alpha^2$은 이차방정식 $x^2-x+1=0$의 두 근이다.
또 $x^3+ax^2+bx-5=0$의 실근을 p라 하면
근과 계수의 관계에서 $\alpha\times(-\alpha^2)\times p=5$　　∴ $p=5$
따라서 $x^3+ax^2+bx-5=(x-5)(x^2-x+1)$이므로
등식에 $x=1$을 대입하면 $1+a+b-5=-4$
∴ $a+b=0$

1등급 NOTE

개념서에는 잘 나오지 않지만 문제 풀이에서 자주 사용하는 성질이
$\overline{-\alpha}=-\overline{\alpha}, \overline{z^2}=(\overline{z})^2$이다.
이것과 $\overline{\alpha}=-\alpha^2, \alpha=\overline{-\alpha^2}$을 이용하면
$\alpha=\overline{-\alpha^2}=-(\overline{\alpha})^2=-(\alpha^2)^2=-\alpha^4$
※ 이 내용은 다음과 같이 확인할 수 있다.
$\alpha=x+yi$라 하면 $-\alpha^2=-(x^2-y^2)-2xyi$이므로
$\overline{-\alpha^2}=-(x^2-y^2)+2xyi$이다.
또 $\overline{\alpha^2}=(x^2-y^2)-2xyi$이므로 $-\overline{\alpha^2}=-(x^2-y^2)+2xyi$
∴ $\overline{-\alpha^2}=-\overline{\alpha^2}$

14 답 4개

GUIDE

$x^3=1$의 한 허근이 ω이면 $\omega^3=1$
또 $\omega^2+\omega+1=0$에서 $\omega+\overline{\omega}=-1, \omega\overline{\omega}=1, \omega^2=-\omega-1$

$x^3=1$, 즉 $(x-1)(x^2+x+1)=0$에서
$\omega^3=1, \omega^2+\omega+1=0, \omega+\overline{\omega}=-1, \omega\overline{\omega}=1$,
$\omega^2=-\omega-1, \omega=-\omega^2-1$이므로
ㄱ. $\omega\overline{\omega}+\omega+\overline{\omega}=1+(-1)=0$ (○)
ㄴ. $\dfrac{1}{\omega}+\dfrac{1}{\overline{\omega}}=\dfrac{\omega+\overline{\omega}}{\omega\overline{\omega}}=\dfrac{-1}{1}=-1$ (○)
ㄷ. $\dfrac{1+\omega}{\omega^2}+\dfrac{1+\omega^2}{\omega}=\dfrac{-\omega^2}{\omega^2}+\dfrac{-\omega}{\omega}$
　　　　　　　　　$=(-1)+(-1)=-2$ (×)
ㄹ. $\dfrac{2}{\omega^3+3\omega^2+\omega}=\dfrac{2}{2\omega^2}=\dfrac{2\omega}{2\omega^3}=\omega$ (○)
ㅁ. $(1+\omega)(1+\omega^2)(1+\omega^3)=(-\omega^2)\times(-\omega)\times2$
　　　　　　　　　　　　　　$=2\omega^3=2$ (○)
ㅂ. $(1+\omega)(1+\omega^2)(1+\omega^3)\cdots(1+\omega^{100})$
　　에서 $1+\omega^n\neq0$(n은 자연수)이므로
　　$(1+\omega)(1+\omega^2)(1+\omega^3)\cdots(1+\omega^{100})\neq0$ (×)
따라서 옳은 것은 ㄱ, ㄴ, ㄹ, ㅁ으로 모두 4개

참고

$(1+\omega)(1+\omega^2)(1+\omega^3)=2$
$(1+\omega^4)(1+\omega^5)(1+\omega^6)=2$
　　　　　⋮
$(1+\omega^{97})(1+\omega^{98})(1+\omega^{99})=2$
변변 곱하면
$(1+\omega)(1+\omega^2)(1+\omega^3)\cdots(1+\omega^{99})=2^{33}$
∴ $(1+\omega)(1+\omega^2)(1+\omega^3)\cdots(1+\omega^{100})=2^{33}(1+\omega)$

15 답 6

GUIDE

$\omega^2-\omega+1=0$이므로 $\omega^2=\omega-1$을 $f(\omega)=6\omega$에 대입한다.

$x^3+1=0$, 즉 $(x+1)(x^2-x+1)=0$에서
$\omega^2-\omega+1=0$
$f(\omega)=6\omega$에서 $3\omega^2+a\omega+b=6\omega$
$3(\omega-1)+a\omega+b=6\omega$
복소수가 서로 같을 조건에서 $a+3=6, b-3=0$
따라서 $a+b=3+3=6$

참고

이 문제에서는 $\omega^2-\omega+1=0$, 즉 $\omega^2=\omega-1$이므로
$\omega^3=-1$과 함께 사용하면 ω^n을 포함한 어떤 식이라도 $a\omega+b$ 꼴로 나타
낼 수 있다.
예 $3+2\omega^5=3-2\omega^2=3-2(\omega-1)=-2\omega+5$

16 답 -1

GUIDE

주어진 연립방정식을 이용해 $a^n=1$, $b^n=1$이 되는 n을 찾는다.

$b=-a-1$을 $a^2+b^2=-1$에 대입하면
$a^2+(-a-1)^2=-1$, $a^2+a+1=0$ $\quad\therefore a^3=1$
마찬가지 방법에서 $b^3=1$이므로 $a^{23}+b^{20}=a^2+b^2=-1$

1등급 NOTE

❶ $a+b=-1$, $ab=1 \Rightarrow x^2+x+1=0$의 두 허근 a, b
❷ $a+b=1$, $ab=1 \Rightarrow x^2-x+1=0$의 두 허근 a, b
❸ $a+b=-1$, $a^2+b^2=-1 \Rightarrow x^2+x+1=0$의 두 허근 a, b
※ $a+b=-1$, $a^2+b^2=-1$일 때
$$ab=\frac{1}{2}\{(a+b)^2-(a^2+b^2)\}=1$$이므로
❸으로 주어진 조건과 ❶로 주어진 조건은 서로 같다.

17 답 ⑤

GUIDE

$x^3-x^2-x-2=0$은 $(x-2)(x^2+x+1)=0$과 같다.
따라서 α, β는 방정식 $x^2+x+1=0$의 두 근이다.

$x^3-x^2-x-2=0$, $(x-2)(x^2+x+1)=0$
즉 α, β가 $x^2+x+1=0$의 두 허근이므로
$\alpha^2+\alpha+1=0$, $\beta^2+\beta+1=0$, 이때 $\alpha^3=\beta^3=1$
$$\therefore \frac{1}{\alpha^7+\alpha^{32}}+\frac{1}{\beta^{10}+\alpha^{35}}=\frac{1}{\alpha+\alpha^2}+\frac{1}{\beta+\beta^2}$$
$$=\frac{1}{-1}+\frac{1}{-1}=-2$$

18 답 7

GUIDE

❶ 원에서 두 현이 오른쪽 그림처럼 한 점에서
만날 때 다음이 성립한다.
$$\overline{AP}\times\overline{PB}=\overline{CP}\times\overline{PD}$$
❷ 직각삼각형이 있으면 피타고라스 정리를
생각한다.

피타고라스 정리에서 $x^2+y^2=25$ ······ ㉠
원의 두 현이 한 점에서 만나므로
$\overline{AE}\times\overline{BE}=\overline{CE}\times\overline{DE}$에서 $x(x-1)=(y+1)y$ ······ ㉡
㉡을 정리하면 $(x+y)(x-y-1)=0$
$x>0$, $y>0$이므로 $x-y-1=0$, 즉 $y=x-1$ ······ ㉢
㉢을 ㉠에 대입해 정리하면 $(x+3)(x-4)=0$
$x+3>0$이므로 $x=4$, $y=3$ $\quad\therefore x+y=7$

19 답 ③

GUIDE

❶ 삼각형 ABC의 넓이를 나타내는 두 가지 방법을 이용해 방정식을 세운다.
❷ 삼각형 ABC의 둘레 길이 조건과 피타고라스 정리를 이용한다.

오른쪽 그림처럼 $\overline{AB}=x$, $\overline{BC}=a$,
$\overline{CA}=b$라 하자.
삼각형 ABC의 넓이에서
$\frac{1}{2}ab=\frac{1}{2}x$이므로 $ab=x$ ······ ㉠

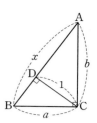

또 삼각형 ABC의 둘레 길이가 5이므로
$a+b+x=5$, 즉 $a+b=5-x$ ······ ㉡
피타고라스 정리에서 $a^2+b^2=x^2$이므로
$x^2=(a+b)^2-2ab$에 ㉠과 ㉡을 대입하면
$x^2=(5-x)^2-2x$ $\quad\therefore x=\frac{25}{12}$

20 답 1

GUIDE

❶ $x\geq y$일 때 $\max(x,y)=x$, $\min(x,y)=y$
$x<y$일 때 $\max(x,y)=y$, $\min(x,y)=x$
❷ $x\geq y$일 때와 $x<y$일 때로 나누어 생각한다.

(i) $x\geq y$일 때 $x=x^2+y^2$, $y=x+2y-2$에서
$y=-x+2$를 $x=x^2+y^2$에 대입하면
$x=x^2+(-x+2)^2$, 즉 $2x^2-5x+4=0$
이때 $D<0$이므로 해가 없다.
(ii) $x<y$일 때 $y=x^2+y^2$, $x=x+2y-2$에서 $y=1$이므로
$x^2=0$에서 $x=0$
(i), (ii)에서 $x=0$, $y=1$

21 답 25

GUIDE

$xy-2y-5-x^2=0$에서 $y(x-2)=x^2+5$, 즉
$$y=\frac{x^2+5}{x-2}=\frac{x^2-4+9}{x-2}=\frac{(x-2)(x+2)+9}{x-2}=x+2+\frac{9}{x-2}$$
에서 x가 자연수이므로 $x-2$가 9의 약수일 때, y도 자연수가 된다.

$y=\dfrac{x^2+5}{x-2}=x+2+\dfrac{9}{x-2}$이고, y가 자연수이므로
$x-2$는 9의 약수이다.
x가 자연수이므로 $x-2$는 -1, 1, 3, 9가 가능하다.
이때 x, y의 값은 다음 표와 같다.

x	1	3	5	11
y	-6	14	10	14

따라서 가능한 순서쌍 (x, y)는 $(3, 14)$, $(5, 10)$, $(11, 14)$이므로 $x+y$의 최댓값은 $x=11$, $y=14$일 때 25

다른 풀이

인수 $x-2$를 얻기 위해 $xy-2y-5-x^2=0$을 변형하면
$xy-2y-x^2+4=9$, $y(x-2)-(x-2)(x+2)=9$
$(x-2)(y-x-2)=9$

이때 $x-2$로 가능한 값은 -1, 1, 3, 9이므로 다음과 같이 해를 구할 수 있다.

$x-2$	-1	1	3	9
$y-x-2$	-9	9	3	1

각 경우에서 (x, y)를 구하면 $(3, 14)$, $(5, 10)$, $(11, 14)$

22 답 4

GUIDE

서로 다른 네 개를 뽑는 모든 경우에서 문자로 표현되는 부분끼리, 수로 표현되는 부분끼리 곱을 생각한다.

서로 다른 4개를 뽑아 곱한 다섯 가지 경우를
$a \times b \times c \times d = A$, $a \times b \times c \times e = B$, $a \times b \times d \times e = C$,
$a \times c \times d \times e = D$, $b \times c \times d \times e = E$라 하면
A, B, C, D, E의 값이 3, 4, 6, 12, 24 중 하나이므로
$A \times B \times C \times D \times E = 3 \times 4 \times 6 \times 12 \times 24$
즉 $(a \times b \times c \times d \times e)^4 = (2^2 \times 3)^4$에서
$a \times b \times c \times d \times e = 12$ ($\because a, b, c, d, e$가 양수)
따라서 a, b, c, d, e의 값은 각각
$12 \div 3 = 4$, $12 \div 4 = 3$, $12 \div 6 = 2$, $12 \div 12 = 1$, $12 \div 24 = \dfrac{1}{2}$
중 하나이므로 가장 큰 수는 4

1등급 NOTE

❶ $\{a, b, c\} = \{1, 2, 3\}$과 같은 조건이면 $a \le b \le c$를 이용하거나 $a \times b \times c = 1 \times 2 \times 3$, $a + b + c = 1 + 2 + 3$을 생각할 수 있다.

❷ 24번처럼 곱셈으로 주어진 순환형 연립방정식이므로 변변 곱해서 연립방정식을 푼다.

23 답 ⑤

GUIDE

방바닥의 가로 길이가 m, 세로 길이가 n이라 하고 오른쪽 그림처럼 생각하면 벽에 접하는 타일 개수는 $2m + 2(n-2)$이다.

직사각형 바닥의 가로 길이를 m, 세로 길이를 n이라 하면
필요한 전체 타일 개수는 mn이고,
벽에 접하는 타일 개수는 $2m + 2(n-2)$이므로
$mn = 2(2m + 2n - 4)$, 즉 $(m-4)(n-4) = 8$

$m-4$	1	2	4	8
$n-4$	8	4	2	1

따라서 순서쌍 (m, n)으로 가능한 것은
$(5, 12)$, $(6, 8)$, $(8, 6)$, $(12, 5)$이고,
이 중에서 가장 넓은 직사각형의 넓이는 60이다.

참고

$(m-4)(n-4) = 8$에서 $m-4 = -1$, -2, -4, -8도 생각할 수 있지만 이 경우 모두 m, n이 자연수인 조건에 어긋난다.

24 답 ④

GUIDE

정수 조건을 이용할 수 있는 꼴로 바꾼다. 예를 들어 $xy - 2x - y = 4$는 $(x-1)(y-2) - 2 = 4$에서 $(x-1)(y-2) = 6$처럼 고쳐 쓸 수 있다. 이렇게 하면 $AB = p$, $BC = q$, $CA = r$ 꼴이 생기고 각 방정식을 변변 곱한다.

주어진 식을 고치면 $\begin{cases} (x-1)(y-2) = 6 \\ (y-2)(z-3) = 15 \\ (z-3)(x-1) = 10 \end{cases}$

변끼리 곱하면 $(x-1)^2(y-2)^2(z-3)^2 = 2^2 \times 3^2 \times 5^2$에서
$(x-1)(y-2)(z-3) = \pm 2 \times 3 \times 5$이므로
$x-1 = \pm 2$, $y-2 = \pm 3$, $z-3 = \pm 5$ (복부호는 같은 순서)
로 놓아도 된다.
따라서 $x+y+z$의 값 중 양수인 것은
$x = 3$, $y = 5$, $z = 8$일 때 $x+y+z = 16$

참고

$(x-1)$, $(y-2)$, $(z-3)$ 중 어느 두 개를 골라 곱해도 양수이므로 세 개 모두 양수이거나 세 개 모두 음수이다.

1등급 NOTE

❶ x, y, z값에 제한이 없으므로 $x = 6$, $y = 5$, $z = 5$도 가능한 값이다. 그렇지만 모든 경우를 생각하면 시간만 걸릴 뿐이지 $x+y+z = 16$은 항상 같다. 이럴 때 $x \le y \le z$라 생각하고 푸는 것이 좋다.

❷ $A+B = p$, $B+C = q$, $C+A = r$ 꼴 연립방정식은 변변 더하고, $A \times B = p$, $B \times C = q$, $C \times A = r$ 꼴 연립방정식은 변변 곱해서 푼다.

STEP 3 | 1등급 뛰어넘기　　　　　p. 80~82

01 ③	**02** 1	**03** (1) -1　(2) 100
04 (1) $g(x) = x^3 + kx - 1$　(2) -2		
05 ②	**06** 가로 60 m, 세로 15 m	**07** 12
08 52	**09** 1	**10** 10개　**11** 3가지

01 답 ③

GUIDE

❶ $az^2 + bz + c = 0$이면 $\overline{az^2 + bz + c} = 0$
❷ 복소수 z에 대하여 $\overline{iz} = -i\bar{z}$를 이용한다.

$c_4 z^4 + i c_3 z^3 + c_2 z^2 + i c_1 z + c_0 = 0$이면
$\overline{c_4 z^4 + i c_3 z^3 + c_2 z^2 + i c_1 z + c_0} = 0$, 즉
$c_4 \overline{z}^4 - i c_3 \overline{z}^3 + c_2 \overline{z}^2 - i c_1 \overline{z} + c_0 = 0$이 성립하므로
$c_4 (-\overline{z})^4 + i c_3 (-\overline{z})^3 + c_2 (-\overline{z})^2 + i c_1 (-\overline{z}) + c_0 = 0$
따라서 $-\overline{z} = -\overline{(a+bi)} = -a + bi$도 근이다.

참고

$z = a + bi$일 때
$\overline{iz} = \overline{i(a+bi)} = \overline{ai - b} = -ai - b = -i(a - bi) = -i\bar{z}$

02 답 1

GUIDE

❶ $f(2x+1)=8x^3+4x+2$에 $x=\dfrac{t-1}{2}$을 대입해 구한 $f(t)$에서

$f(t)=0$의 해가 α, β, γ이다.

❷ 삼차방정식 $f(x)=0$의 세 근이 α, β, γ이면

$f(x)=a(x-\alpha)(x-\beta)(x-\gamma)$ (단, a는 상수)

$2x+1=t$로 놓으면 $x=\dfrac{t-1}{2}$

$f(2x+1)=8x^3+4x+2$의 양변에 x 대신 $\dfrac{t-1}{2}$을 대입하면

$f(t)=8\left(\dfrac{t-1}{2}\right)^3+4\left(\dfrac{t-1}{2}\right)+2$

$\quad\quad=(t-1)^3+2(t-1)+2$

$\quad\quad=t^3-3t^2+5t-1$

즉 $x^3-3x^2+5x-1=0$의 세 근이 α, β, γ이므로

$x^3-3x^2+5x-1=(x-\alpha)(x-\beta)(x-\gamma)$

위 등식에 $x=p$를 대입하면

$p^3-3p^2+5p-1=(p-\alpha)(p-\beta)(p-\gamma)=2$

즉 $p^3-3p^2+5p-3=(p-1)(p^2-2p+3)=0$에서

실수 $p=1$

참고

$p^2-2p+3=(p-1)^2+2>0$이므로 방정식 $p^2-2p+3=0$의 실수 해는 없다.

---

03 답 (1) -1 (2) 100

GUIDE

❶ α가 $x^3+x^2+x+1=0$의 해이므로 $\alpha^3+\alpha^2+\alpha+1=0$이다.

따라서 $\alpha^3+\alpha^2+\alpha+1=0$을 이용해 $\alpha+\alpha^2+\alpha^3+\cdots+\alpha^{101}$을 나타낸다. β, γ에 대해서도 마찬가지이다.

❷ $f(1)+f(2)+f(3)+\cdots+f(101)$

$=(\alpha_1+\alpha_1{}^2+\alpha_1{}^3+\cdots+\alpha_1{}^{101})+(\alpha_2+\alpha_2{}^2+\alpha_2{}^3+\cdots+\alpha_2{}^{101})$

$\quad+\cdots+(\alpha_5+\alpha_5{}^2+\alpha_5{}^3+\cdots+\alpha_5{}^{101})$

---

(1) $x^4-1=(x-1)(x^3+x^2+x+1)=0$의 1이 아닌 세 근이 α, β, γ이므로 α, β, γ는 $x^3+x^2+x+1=0$의 세 근이다.

이때 $\alpha^4=1$, $\alpha^3+\alpha^2+\alpha+1=0$이므로

$\alpha+\alpha^2+\alpha^3+\cdots+\alpha^{101}$

$\quad=-1+\alpha^4(1+\alpha+\alpha^2+\alpha^3)+\cdots+\alpha^{96}(1+\alpha+\alpha^2+\alpha^3)$

$\quad\quad+\alpha^{100}(1+\alpha)$

$\quad=-1+1+\alpha=\alpha$

마찬가지로 생각하면

$\beta+\beta^2+\beta^3+\cdots+\beta^{101}=\beta$, $\gamma+\gamma^2+\gamma^3+\cdots+\gamma^{101}=\gamma$

따라서 (주어진 식)$=\alpha+\beta+\gamma=-\dfrac{1}{1}=-1$

(2) $x^5-1=(x-1)(x^4+x^3+x^2+x+1)=0$에서

이때 $\alpha_5=1$이고, α_1, α_2, α_3, α_4를 허근이라 하면

$\alpha_1{}^4+\alpha_1{}^3+\alpha_1{}^2+\alpha_1+1=0$이다.

α_2, α_3, α_4에 대해서도 마찬가지로 성립한다.

$f(1)+f(2)+f(3)+\cdots+f(101)$

$=\alpha_1+\alpha_2+\alpha_3+\alpha_4+\alpha_5$

$\quad+\alpha_1{}^2+\alpha_2{}^2+\alpha_3{}^2+\alpha_4{}^2+\alpha_5{}^2$

$\quad+\alpha_1{}^3+\alpha_2{}^3+\alpha_3{}^3+\alpha_4{}^3+\alpha_5{}^3$

$\quad\quad\quad\quad\vdots$

$\quad+\alpha_1{}^{101}+\alpha_2{}^{101}+\alpha_3{}^{101}+\alpha_4{}^{101}+\alpha_5{}^{101}$

$=(\alpha_1+\alpha_1{}^2+\alpha_1{}^3+\cdots+\alpha_1{}^{101})$

$\quad+(\alpha_2+\alpha_2{}^2+\alpha_2{}^3+\cdots+\alpha_2{}^{101})$

$\quad+(\alpha_3+\alpha_3{}^2+\alpha_3{}^3+\cdots+\alpha_3{}^{101})$

$\quad+(\alpha_4+\alpha_4{}^2+\alpha_4{}^3+\cdots+\alpha_4{}^{101})$

$\quad+(\alpha_5+\alpha_5{}^2+\alpha_5{}^3+\cdots+\alpha_5{}^{101})$

에서

$\alpha_1+\alpha_1{}^2+\alpha_1{}^3+\cdots+\alpha_1{}^{101}$

$=\alpha_1+\alpha_1{}^2+\alpha_1{}^3+\alpha_1{}^4+\alpha_1{}^5(1+\alpha_1+\alpha_1{}^2+\alpha_1{}^3+\alpha_1{}^4)$

$\quad+\alpha_1{}^{10}(1+\alpha_1+\alpha_1{}^2+\alpha_1{}^3+\alpha_1{}^4)$

$\quad+\cdots+\alpha_1{}^{95}(1+\alpha_1+\alpha_1{}^2+\alpha_1{}^3+\alpha_1{}^4)+\alpha_1{}^{100}+\alpha_1{}^{101}$

$=-1+\alpha_1{}^{100}+\alpha_1{}^{101}=\alpha_1$

마찬가지로 계산하면

$\alpha_2+\alpha_2{}^2+\alpha_2{}^3+\cdots+\alpha_2{}^{101}=\alpha_2$

$\alpha_3+\alpha_3{}^2+\alpha_3{}^3+\cdots+\alpha_3{}^{101}=\alpha_3$

$\alpha_4+\alpha_4{}^2+\alpha_4{}^3+\cdots+\alpha_4{}^{101}=\alpha_4$

$\alpha_5+\alpha_5{}^2+\alpha_5{}^3+\cdots+\alpha_5{}^{101}=1+1+1+\cdots+1=101$

$\therefore f(1)+f(2)+f(3)+\cdots+f(101)$

$\quad=\alpha_1+\alpha_2+\alpha_3+\alpha_4+101$

$\quad=-1+101=100$ ($\because \alpha_1+\alpha_2+\alpha_3+\alpha_4+\alpha_5=0$)

---

04 답 (1) $g(x)=x^3+kx-1$ (2) -2

GUIDE

(1) $\alpha\beta\gamma=1$이므로 $g(x)=0$의 세 근 $\alpha\beta$, $\beta\gamma$, $\gamma\alpha$는 각각 $\dfrac{1}{\gamma}$, $\dfrac{1}{\alpha}$, $\dfrac{1}{\beta}$이다.

(2) 공통근을 $f(x)=0$과 $g(x)=0$에 대입해서 얻은 연립방정식을 푼다.

---

(1) $\alpha\beta\gamma=1$이므로 $g(x)=0$의 세 근은 $\dfrac{1}{\alpha}$, $\dfrac{1}{\beta}$, $\dfrac{1}{\gamma}$

즉 $g(x)=f\left(\dfrac{1}{x}\right)=0$ $\therefore \left(\dfrac{1}{x}\right)^3-k\left(\dfrac{1}{x}\right)^2-1=0$

양변에 x^3을 곱하여 정리하면 $x^3+kx-1=0$

$\therefore g(x)=x^3+kx-1$

(2) 두 방정식 $f(x)=x^3-kx^2-1=0$과 $g(x)=x^3+kx-1=0$의 공통근을 p라 하면 $p^3-kp^2-1=0$, $p^3+kp-1=0$

두 식을 변끼리 빼면 $-kp^2-kp=0$, $kp(p+1)=0$

즉 $k=0$ 또는 $p=0$ 또는 $p=-1$

그런데 $p=0$이면 $p^3-kp^2-1\neq0$, $p^3+kp-1\neq0$이므로

$p\neq0$

$p=-1$일 때 $k=-2$

$k=0$ 또는 $k=-2$에서 k값의 합은 $0+(-2)=-2$

채점 기준	배점
(1) $g(x)$ 구하기	40%
(2) $p \neq 0$임을 밝히고 k값 구하기	60%

참고

(1)에서 세 근을 $\alpha\beta$, $\beta\gamma$, $\gamma\alpha$로 놓고 근과 계수의 관계를 이용해도 된다.

05 답 ②

GUIDE

$x^4+3x^2+4=x^4+4x^2+4-x^2=(x^2-x+2)(x^2+x+2)=0$에서

ㄱ. $x^2-x+2=0$을 이용한다.

ㄴ. $x^4+3x^2+4=x^4-4x^2+4+7x^2$으로 변형할 수 있다.

$x^4+3x^2+4=(x^2-x+2)(x^2+x+2)=0$

ㄱ. $x^2-x+2=0$에 근 α를 대입하고 양변을 α로 나누면

$$\alpha-1+\frac{2}{\alpha}=0 \quad \therefore \alpha+\frac{2}{\alpha}=1 \ (\bigcirc)$$

ㄴ. $x^4-4x^2+4+7x^2$

$=(x^2-2)^2-(\sqrt{7}ix)^2$

$=(x^2-2-\sqrt{7}ix)(x^2-2+\sqrt{7}ix)=0$

즉 $\alpha^2-\sqrt{7}i\alpha-2=0$인 α가 존재한다. ($\bigcirc$)

ㄷ. 네 근, 즉 α가 될 수 있는 값은 $\dfrac{-1\pm\sqrt{7}i}{2}$, $\dfrac{1\pm\sqrt{7}i}{2}$이고,

$(\alpha+k)^2$이 음수이려면 $\alpha+k$가 순허수여야 한다.

이때 $k=\dfrac{1}{2}$ 또는 $k=-\dfrac{1}{2}$

즉 k값이 하나뿐인 것은 아니다. (×)

따라서 옳은 것은 ㄱ, ㄴ

참고

❶ $\alpha^2-\sqrt{7}i\alpha-2=0$에서 $\alpha^2-2=\sqrt{7}i\alpha$

양변을 제곱하면 $\alpha^4+3\alpha^2+4=0$이므로 $\alpha^2-\sqrt{7}i\alpha-2=0$은 옳다.

❷ x^4+3x^2+4를 $(x^2-x+2)(x^2+x+2)$와 $(x^2-\sqrt{7}ix-2)(x^2+\sqrt{7}ix-2)$, 즉 두 가지 방법으로 인수분해 할 수 있지만 구해지는 네 근은 같다.

06 답 가로 60 m, 세로 15 m

GUIDE

직사각형의 가로와 세로 길이를 각각 x m, y m로 놓으면 3 m 간격으로 나무를 심는 경우를 다음 그림처럼 생각할 수 있다.

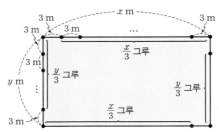

3 m 간격으로 심을 때 필요한 나무 그루 수는 $\dfrac{2(x+y)}{3}$이다.

마찬가지로 생각하면 5 m 간격으로 심을 때 필요한 나무는 모두 $\dfrac{2(x+y)}{5}$ 그루이다.

따라서 주어진 조건에 맞도록 연립방정식을 세우면

$$\begin{cases} xy=900 & \cdots\cdots \text{㉠} \\ \dfrac{2(x+y)}{3}=\dfrac{2(x+y)}{5}\times 2-10 & \cdots\cdots \text{㉡} \end{cases}$$

㉡을 간단히 하면 $x+y=75$, 즉 $y=75-x$ $\quad\cdots\cdots$ ㉢

㉢을 ㉠에 대입해 정리하면

$x^2-75x+900=0$에서 $x=15$ 또는 $x=60$

즉 $x=15$일 때 $y=60$, $x=60$일 때 $y=15$

그런데 $x>y$이므로 $x=60$, $y=15$이다.

07 답 12

GUIDE

$\overline{BP}=x$, $\overline{CQ}=y$로 놓고 $\triangle PQA$가 정삼각형이라는 것과 피타고라스 정리를 이용해 연립이차방정식을 세운다.

$\overline{AP}=\overline{AQ}$이고, $\angle PAQ=60°$이므로 $\triangle PQA$는 정삼각형이다. $\overline{BP}=x$, $\overline{CQ}=y$라 하면 다음 그림처럼 생각할 수 있다. ($x>y$)

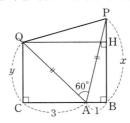

$\overline{AP}=\overline{AQ}$에서 $x^2+1^2=y^2+3^2$

$\therefore x^2-y^2=8 \quad\cdots\cdots$ ㉠

$\overline{PQ}=\overline{AQ}$에서 $(x-y)^2+4^2=y^2+3^2$

$\therefore x^2-2xy=-7 \quad\cdots\cdots$ ㉡

㉠, ㉡을 연립해서 풀면 $(3x+y)(5x-7y)=0$

$x>0$, $y>0$이므로 $5x=7y \quad \therefore 5\overline{BP}=7\overline{CQ}$

따라서 $m=5$, $n=7$이므로 $m+n=12$

참고

상수를 없애 ㉠, ㉡을 연립해서 푼다.

즉 ㉠×7+㉡×8에서 $15x^2-16xy-7y^2=0$을 얻는다.

08 답 52

GUIDE

$|x+2y+3z+1|^2$, 즉 $\{(x+2y+3z)+1\}^2$의 결과와 주어진 연립방정식을 비교한다.

$$\begin{cases} x^2+12yz+6z=n^2-1 & \cdots\cdots \text{㉠} \\ 2y^2+3zx+x=n & \cdots\cdots \text{㉡} \\ 9z^2+4xy+4y=1 & \cdots\cdots \text{㉢} \end{cases}$$

$\bigcirc + 2 \times \bigcirc + \bigcirc$를 하면

$x^2 + 12yz + 6z + 4y^2 + 6zx + 2x + 9z^2 + 4xy + 4y = n^2 + 2n$

$(x^2 + 4y^2 + 9z^2 + 4xy + 12yz + 6zx) + 2(x + 2y + 3z) + 1$
$= n^2 + 2n + 1$

$(x + 2y + 3z)^2 + 2(x + 2y + 3z) + 1 = (n+1)^2$

$(x + 2y + 3z + 1)^2 = (n+1)^2$

$\therefore |x + 2y + 3z + 1| = n + 1$

$f(1) - f(2) + f(3) - f(4) + \cdots + f(99) - f(100) + f(101)$
$= \{f(1) - f(2)\} + \{f(3) - f(4)\}$
$\quad + \cdots + \{f(99) - f(100)\} + f(101)$
$= -1 \times 50 + 102 = 52$

1등급 NOTE

$|x + 2y + 3z + 1|$을 구해야 한다. x^2, $9z^2$이 있으므로 $4y^2$을 생각할 수 있다. 이런 이유로 $\bigcirc + 2 \times \bigcirc + \bigcirc$을 생각했다.

09 ⓐ 1

GUIDE

학생 5명이 생각한 수를 a, b, c, d, e라 하고 좌우에 있는 학생이 생각한 수의 평균 3, 5, 8, 4, 7도 이 순서대로 생각한다.

다음 그림과 같이 둥글게 앉아 있는 학생 5명이 생각한 수를 시계 방향으로 차례로 a, b, c, d, e라 하자.

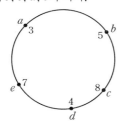

그리고 이 순서대로 평균을 3, 5, 8, 4, 7이라 말했다면 다음과 같은 방정식이 만들어진다.

$b + e = 6$, $a + c = 10$, $b + d = 16$, $c + e = 8$, $a + d = 14$

따라서 변끼리 더하여 정리하면

$a + b + c + d + e = 27$에서

$a = 3$, $b = 5$, $c = 7$, $d = 11$, $e = 1$

이때 평균이 7이라고 말한 학생이 생각한 수는 e이므로 구하려는 답은 1

10 ⓐ 10개

GUIDE

x, y, z가 크기 조건이 없는 자연수이므로 $x \leq y \leq z$라 생각하고 x가 될 수 있는 자연수를 구한다.

$x \leq y \leq z$라 하면 $\dfrac{1}{x} \geq \dfrac{1}{y} \geq \dfrac{1}{z}$이므로

$\dfrac{3}{z} \leq \dfrac{1}{x} + \dfrac{1}{y} + \dfrac{1}{z} \leq \dfrac{3}{x}$, 즉 $\dfrac{3}{z} \leq 1 \leq \dfrac{3}{x}$에서 $x \leq 3$, $z \geq 3$

$x = 1$이면 $\dfrac{1}{y}$, $\dfrac{1}{z}$ 모두 0이 되어야 하므로 $x \neq 1$이다.

(i) $x = 2$일 때

$\dfrac{1}{y} + \dfrac{1}{z} = \dfrac{1}{2}$에서 $2y + 2z = yz$, 즉

$(y-2)(z-2) = 4$에서 $z = 4$, $y = 4$ 또는 $z = 6$, $y = 3$

(ii) $x = 3$일 때

$\dfrac{1}{y} + \dfrac{1}{z} = \dfrac{2}{3}$에서 $3y + 3z = 2yz$, 즉

$(2y-3)(2z-3) = 9$에서 $y = 3$, $z = 3$

$x \leq y \leq z$인 순서쌍 (x, y, z)는 $(2, 4, 4)$, $(2, 3, 6)$, $(3, 3, 3)$이므로 크기 조건이 없을 때 x, y, z가 각각 2, 4, 4 중 하나인 경우는 3가지, 각각 2, 3, 6인 경우는 6가지, 각각 3, 3, 3인 경우는 1가지이다.

따라서 순서쌍 (x, y, z)는 모두 10개

참고

$(2y-3)(2z-3) = 9$에서 $2y-3 = 1$, $2z-3 = 9$라 하면

$y = 2$, $z = 6$

이 경우 $x = 3$이므로 $x \leq y$ 조건에 어긋난다.

11 ⓐ 3가지

GUIDE

자연수 m, n에 대하여 $\dfrac{1}{p^2} = \dfrac{1}{m} + \dfrac{1}{n}$로 나타낼 수 있으므로 자연수 부정방정식 $p^2(m+n) = mn$을 푼다.

자연수 m, n에 대하여 방정식 $\dfrac{1}{p^2} = \dfrac{1}{m} + \dfrac{1}{n}$에서

$p^2(m+n) = mn$, 즉 $(m - p^2)(n - p^2) = p^4$이다.

$m - p^2$	1	p	p^2
$n - p^2$	p^4	p^3	p^2
m	$1 + p^2$	$p + p^2$	$2p^2$
n	$p^2 + p^4$	$p^2 + p^3$	$2p^2$

m, n의 순서가 바뀌는 것은 의미가 없으므로 순서쌍은 $(1 + p^2,\ p^2 + p^4)$, $(p + p^2,\ p^2 + p^3)$, $(2p^2,\ 2p^2)$의 3가지 경우가 존재한다.

참고

예를 들어 $p = 2$일 때 $\dfrac{1}{4} = \dfrac{1}{5} + \dfrac{1}{20}$과 $\dfrac{1}{4} = \dfrac{1}{20} + \dfrac{1}{5}$은 서로 같으므로 위 풀이에서 순서가 바뀐 것은 따로 생각하지 않았다.

07 여러 가지 부등식

STEP 1 | 1등급 준비하기   p. 86~87

01 ⑤	**02** ㄱ, ㄴ	**03** ⑤	**04** $x>2$
05 ②	**06** ①	**07** $5<k\le6$	**08** $-3\le a<2$
09 ②	**10** $0\le a\le1$		

01 답 ⑤

GUIDE

부등식과 실수의 성질을 이용해 양수와 음수를 찾는다. $a<b<c$와 $ab>bc$에서 b의 부호를 정할 수 있다.

$a<c$이고 $ab>bc$이므로 $b<0$
또 $a<b$이므로 $a<0$
한편 $a<0$, $b<0$에서 $a+b+c=0$이려면 $c>0$
$\therefore a<0$, $b<0$, $c>0$

02 답 ㄱ, ㄴ

GUIDE

$(a+1)(a-2)x\ge a+1$이므로 먼저 $a=-1$, $a=2$일 때를 생각한다.
또 $a\ne-1$, $a\ne2$일 때는 $(a+1)(a-2)$가 양수인 경우와 음수인 경우로 나누어 생각한다.

$(a^2-a-2)x\ge a+1$, 즉 $(a+1)(a-2)x\ge a+1$에서
ㄱ. $a=-1$이면 $0\times x\ge0$이므로 해는 모든 실수이다. (◯)
ㄴ. $a=2$이면 $0\times x\ge3$이 되는 x는 없다. (◯)
ㄷ. $a\ne-1$, $a\ne2$일 때

   $(a+1)(a-2)>0$이면 $x\ge\dfrac{1}{a-2}$이고,

   $(a+1)(a-2)<0$이면 $x\le\dfrac{1}{a-2}$ (×)

따라서 옳은 것은 ㄱ, ㄴ

03 답 ⑤

GUIDE

$0\times x<(0$ 이하의 실수$)$ 꼴인 경우 해가 존재하지 않는다.
※ 등호 조건에서 부등식이 성립하는지 따진다.

$2x-a<bx+3$, 즉 $(2-b)x<a+3$의 해가 존재하지 않으려면
$0\times x<(0$ 이하의 실수$)$ 꼴이어야 하므로
$2-b=0$, $a+3\le0$ $\therefore a\le-3$, $b=2$

04 답 $x>2$

GUIDE

$ax<-b$의 양변을 a로 나눈 것이 $x>-5$이므로 $a<0$이다.

$ax+b<0$, $ax<-b$에서 양변을 a로 나눈 결과가
$x>-5$이므로 $a<0$이고, $x>-\dfrac{b}{a}=-5$에서 $\dfrac{b}{a}=5$, 즉 $b=5a$

따라서 $(a-b)x+3a+b>0$은 $-4ax+8a>0$이므로
$x>\dfrac{-8a}{-4a}$에서 $x>2$ $(\because -4a>0)$

05 답 ②

GUIDE

$||x-1|-2|<3$은 $-3<|x-1|-2<3$, $-1<|x-1|<5$처럼 생각할 수 있다.

$||x-1|-2|<3$은 $-3<|x-1|-2<3$, $-1<|x-1|<5$
모든 실수 x에 대하여 $|x-1|\ge0$이므로
$|x-1|>-1$은 항상 성립한다. 즉
$-1<|x-1|<5$는 $|x-1|<5$와 같다.
$|x-1|<5$에서 $-5<x-1<5$ $\therefore -4<x<6$

06 답 ①

GUIDE

$x^2-4x\le0$의 해 $0\le x\le4$와 $|x-a|\le2b$의 해 $a-2b\le x\le a+2b$를 비교한다.

$x^2-4x\le0$, 즉 $x(x-4)\le0$의 해는 $0\le x\le4$이고
$|x-a|\le2b$의 해는 $a-2b\le x\le a+2b$이므로
$\begin{cases}a-2b=0\\a+2b=4\end{cases}$에서 $a=2$, $b=1$ $\therefore a^2+b^2=5$

07 답 $5<k\le6$

GUIDE

각 부등식의 해를 수직선에 나타낸다. 이때 $k>2$에서 등호에 유의하여 k의 범위를 구한다.

$\begin{cases}x^2>4x & \cdots\cdots \text{㉠}\\x^2-(k+2)x+2k<0 & \cdots\cdots \text{㉡}\end{cases}$

㉠에서 $x(x-4)>0$이므로 $x<0$ 또는 $x>4$
㉡에서 $(x-k)(x-2)<0$
$k\le2$이면 ㉠과 ㉡의 공통 범위에서 정수 5는 없다.
$\therefore k>2$
$k>2$에서 그림처럼 생각하면
$5<k\le6$일 때 ㉠과 ㉡의 공통
범위에서 정수가 5뿐이다.

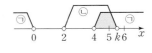

08 답 $-3\le a<2$

GUIDE

$-a=-2$, $-a=3$일 때 두 부등식 해의 공통 범위에 포함된 정수가 -2뿐인지 따져 본다.

$$\begin{cases} x^2-x-2>0 \\ 2x^2+(5+2a)x+5a<0 \end{cases}$$

즉 $\begin{cases} (x+1)(x-2)>0 \\ (2x+5)(x+a)<0 \end{cases}$의 해 중에서 정수가 -2뿐이려면

그림과 같을 때이다.

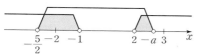

$-2<-a\leq3$ $\quad\therefore -3\leq a<2$

1등급 NOTE

이 문제를 풀면서 $-a$의 위치를 정할 때 -1 때문에 다음과 같이 생각하기 딱 좋다. 그래서 $1\leq a<2$라는 오답을 구하게 된다.

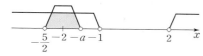

이렇게 생각하면 틀린다는 점을 조심, 또 조심하자.

※ $a=3$일 때 문제의 조건이 성립하는지 따로 생각해도 된다.

09 답 ②

GUIDE

이차식 형태의 절대부등식 문제는 조건에 맞는 그림을 그려 놓고 이차방정식의 판별식을 생각한다.

㈎ $y=x^2-2kx+4$의 그래프가
x축과 만나지 않아야 하므로

$\dfrac{D}{4}=k^2-4<0$

$(k+2)(k-2)<0$

$\therefore -2<k<2$ $\quad\cdots\cdots$ ㉠

㈏ $y=x^2-2kx+4k$의 그래프가 x축과 서로
다른 두 점에서 만나지 않아야 하므로

$\dfrac{D}{4}=k^2-4k\leq0,\ k(k-4)\leq0$

$\therefore 0\leq k\leq4$ $\quad\cdots\cdots$ ㉡

㉠, ㉡에서 $0\leq k<2$

참고

$x^2-2kx+4k<0$인 실수 x는 없다.

$\iff$ 모든 실수 x에 대하여 $x^2-2kx+4k\geq0$이다.

10 답 $0\leq a\leq1$

GUIDE

$\sqrt{f(x)}$가 실수이려면 $f(x)\geq0$이어야 한다. $a=0,\ a>0$일 때로 나누어 생각한다.

※ $a<0$이면 $ax^2-4ax+a+3<0$인 경우가 항상 있다.

$\sqrt{ax^2-4ax+a+3}$에서 $ax^2-4ax+a+3\geq0$이어야 하므로

(i) $a=0$이면 $\sqrt{ax^2-4ax+a+3}=\sqrt{3}$이므로 실수이다.

(ii) $a>0$일 때 $y=ax^2-4ax+a+3$의 그래프가
x축과 서로 다른 두 점에서 만나지 않아야 하므로

$\dfrac{D}{4}=4a^2-a^2-3a\leq0,\ a^2-a\leq0$

$a(a-1)\leq0$에서 $0\leq a\leq1$ $\quad\therefore 0<a\leq1$

(iii) $a<0$이면 $ax^2-4ax+a+3<0$인 경우가 항상 있다.
즉 $a<0$이면 모든 실수 x에서 성립하지 않는다.

(i), (ii), (iii)에서 $0\leq a\leq1$

STEP 2 | 1등급 굳히기

p. 88~92

01 2개	**02** $0<b<10$	**03** 4	**04** ④
05 $\sqrt{3}<a<2$	**06** 2개	**07** $x<-\dfrac{1}{2}$ 또는 $x>1$	
08 ①	**09** 5 시간 이상 7 시간 이하		**10** ②
11 ④	**12** -1	**13** $-\dfrac{8}{3}\leq a\leq1-2\sqrt{2}$	
14 $2\sqrt{2}$	**15** $-\dfrac{1}{2}\leq x<\dfrac{3}{2}$		**16** ①
17 ①	**18** $\dfrac{11}{4}$	**19** $1-\sqrt{2}\leq p\leq1+\sqrt{2}$	
20 12	**21** $-1\leq a\leq0$		**22** 5개
23 -8	**24** ⑤	**25** $-2<m<2$	
26 ②	**27** 8개	**28** ③	

01 답 2개

GUIDE

ㄱ. $a,\ b$ 모두 음수일 때를 생각한다.

ㅂ. a는 양수, b는 음수일 때를 생각한다.

ㄱ. $a+b<0$이면 $a^2<b^2$ (×)

ㄴ. $c>d$이므로 $-c<-d$ (○)

ㄷ. $a=2,\ b=0,\ c=1,\ d=0$이면 $a-c>b-d$ (×)

ㄹ. 큰 수끼리 더하면 작은 수끼리 더한 것보다 크다. (○)

ㅁ. $a=2,\ b=-1,\ c=-1,\ d=-2$이면 $ac<bd$ (×)

ㅂ. $b<0<a$이면 $\dfrac{1}{a}>\dfrac{1}{b}$ (×)

02 답 $0<b<10$

GUIDE

부등식을 변형하여 a를 없애는 방법을 생각한다.

$1<a+b<4$에서 $2<2a+2b<8$ $\quad\cdots\cdots$ ㉠

$-2<2a+b<2$에서 $-2<-2a-b<2$ $\quad\cdots\cdots$ ㉡

㉠+㉡에서 $0<b<10$

03 답 4

GUIDE

$\overline{AC}+\overline{BC}$를 절댓값 기호를 포함한 식으로 나타낸 다음 x의 범위에 따라 절댓값 기호를 없앤다.

$\overline{AC}=|x-(-1)|=|x+1|$, $\overline{BC}=|x-3|$이므로

(i) $x<-1$일 때

$\quad |x+1|+|x-3|=-2x+2>4$

(ii) $-1\leq x<3$일 때 $|x+1|+|x-3|=4$

(iii) $x\geq 3$일 때 $|x+1|+|x-3|=2x-2>4$

(i), (ii), (iii)에서 $|x+1|+|x-3|\geq 4$이므로

$|x+1|+|x-3|<k$의 해가 없기 위한 정수 k의 최댓값은 4

다른 풀이

점 C가 선분 AB 위에 있으면

$\overline{AC}+\overline{BC}=4$ ······ ㉠

점 C가 선분 $\overline{AB}$ 밖에 있으면

$\overline{AC}+\overline{BC}>4$ ······ ㉡

㉠, ㉡에서 $\overline{AC}+\overline{BC}\geq 4$

따라서 $\overline{AC}+\overline{BC}<4$인 경우는 없으므로 $\overline{AC}+\overline{BC}<k$인 x값이 존재하지 않도록 하는 k의 최댓값은 4

04 답 ④

GUIDE

ㄴ. $ac<0$이면 항상 $D=b^2-4ac>0$이다.

ㄷ. $2a=b=2c$이면 부등식은 $ax^2+2ax+a>0$

$ax^2+bx+c>0$이 이차부등식이므로 $a\neq 0$

ㄱ. $a<0$이고 $D\leq 0$이면 해가 없다. (○)

ㄴ. $ac<0$이면 $ax^2+bx+c=0$에서

$\quad D=b^2-4ac>0$이고, $y=ax^2+bx+c$의 그래프가 x축과 두 점에서 만나므로 해가 항상 존재한다. (○)

ㄷ. $2a=b=2c$이면 $a(x+1)^2>0$의 해는

$\quad a>0$일 때 : 해는 $x\neq -1$

$\quad a<0$일 때 : 해가 없다. (×)

ㄹ. $x=t$일 때, $at^2+bt+c>0$의 해가 존재하면

$\quad x=t+2$, 즉 $t=x-2$일 때도 해가 존재한다.

$\quad a(x-2)^2+b(x-2)+c>0$의 해도 존재한다. (○)

따라서 옳은 것은 ㄱ, ㄴ, ㄹ

05 답 $\sqrt{3}<a<2$

GUIDE

$a<0$인 경우는 문제 조건에 맞지 않는다는 걸 이용한다.

즉 $0<a<1$일 때 해는 $a^2<x<a$이고, $a>1$일 때 해는 $a<x<a^2$

$a(x-a)(x-a^2)<0$이 2와 3 이외의 정수해가 없어야 하므로 $a>0$이어야 하고, $1\leq a<2$, $3<a^2\leq 4$여야 한다.

$\therefore \sqrt{3}<a<2$

1등급 NOTE

$a<0$이면, 예를 들어 $a=-2$이면

$-2(x+2)(x-4)<0$, 즉 $x<-2$, $x>4$가 되어 정수해가 2, 3뿐이라는 조건에 어긋난다.

또 $0<a<1$이면 해는 $a^2<x<a$이고, 이 범위에 있는 정수가 없다.

따라서 $a>1$인 경우를 생각해야 한다.

단, $a^2>4$이면 4도 정수해가 된다는 점을 주의한다.

06 답 2개

GUIDE

$A>0$일 때 모든 x에 대하여 $0\times x<A$ 꼴 부등식은 항상 성립한다.

$(2a-b)x<2b-3a$가 항상 성립하므로

$2a-b=0$, $2b-3a>0$

즉 $b=2a$이고, $a>0$

이때 $(4a-3b)x^2+\dfrac{1}{2}bx+(a+b)>0$은

$-2ax^2+ax+3a>0$과 같고,

양변을 $-a$로 나누면 $2x^2-x-3<0$,

즉 $(2x-3)(x+1)<0$이므로 $-1<x<\dfrac{3}{2}$

이 범위에 있는 정수는 0, 1이므로 2개

07 답 $x<-\dfrac{1}{2}$ 또는 $x>1$

GUIDE

이차부등식 $a(x-\alpha)(x-\beta)>0$의 해가 $\alpha<x<\beta$이면
이차부등식 $a(x-\alpha)(x-\beta)<0$의 해는 $x<\alpha$ 또는 $x>\beta$이다.
문제의 부등식에서 $2x-1$이 반복해서 있으므로 치환을 생각한다.

부등식 $ax^2+bx+c>0$의 해가 $-1<x<2$이므로

부등식 $a(2x-1)^2-b(2x-1)+c<0$에서

$-(2x-1)=t$라 하면 $at^2+bt+c<0$의 해는

$t<-1$ 또는 $t>2$이다.

즉 $-(2x-1)<-1$ 또는 $-(2x-1)>2$

$\therefore x<-\dfrac{1}{2}$ 또는 $x>1$

다른 풀이

주어진 조건에서 $a<0$이고

$ax^2+bx+c=a(x+1)(x-2)=ax^2-ax-2a$

$\therefore b=-a$, $c=-2a$

$a(2x-1)^2-b(2x-1)+c<0$에서

$a(2x-1)^2+a(2x-1)-2a<0$

$(2x-1)^2+(2x-1)-2>0$, $(2x+1)(x-1)>0$

$\therefore x<-\dfrac{1}{2}$ 또는 $x>1$

08 <답 ①>

GUIDE

이차부등식 $ax^2+bx+c>0$의 해가 $\alpha<x<\beta$
$\Rightarrow a<0$이고, $ax^2+bx+c=a(x-\alpha)(x-\beta)$

$ax^2+bx+c>0$의 해가 $\alpha<x<\beta$이므로
$a<0$이고, $a(x-\alpha)(x-\beta)>0$이다.
즉 $b=-a(\alpha+\beta)$, $c=a\alpha\beta$
따라서 이차부등식 $cx^2-bx+a>0$은
$a\alpha\beta x^2+a(\alpha+\beta)x+a>0$과 같고, 양변을 a로 나누면
$\alpha\beta x^2+(\alpha+\beta)x+1<0$, $(\alpha x+1)(\beta x+1)<0$
$\therefore -\dfrac{1}{\alpha}<x<-\dfrac{1}{\beta}$

주의

$a\alpha\beta x^2+a(\alpha+\beta)x+a>0$의 양변을 a로 나눌 때 부등호 방향이 바뀐다.
또 $\dfrac{1}{\alpha}>\dfrac{1}{\beta}$이므로 $-\dfrac{1}{\alpha}<-\dfrac{1}{\beta}$이다.

---

09 <답 5 시간 이상 7 시간 이하>

GUIDE

사용 시간이 $x(x\geq2)$시간일 때, A 요금제에서 추가 사용 시간은 $(x-1)$
시간이고, B 요금제에서 추가 사용 시간은 $(x-2)$시간으로 생각한다.

사용 시간을 $x(x\geq2)$라 할 때 비용(단, 단위는 백원)은
(비용 A)$=60+2(x-1)^2+28(x-1)=2x^2+24x+34$
(비용 B)$=75+(x-2)^2+40(x-2)=x^2+36x-1$
A 요금제 사용 요금이 B 요금제보다 많지 않아야 하므로
$2x^2+24x+34\leq x^2+36x-1$, 즉 $x^2-12x+35\leq0$
$\therefore 5\leq x\leq7$

---

10 <답 ②>

GUIDE

$f(x)<0$의 해가 $-1<x<2$이므로 $f\left(\dfrac{|x-a|}{2}\right)<0$의 해는
$-1<\dfrac{|x-a|}{2}<2$이다.

부등식 $f\left(\dfrac{|x-a|}{2}\right)<0$의 해는 $-1<\dfrac{|x-a|}{2}<2$
즉 $-2<|x-a|<4$에서 $|x-a|<4$와 같으므로
$a-4<x<a+4$와 $-3<x<5$가 서로 같다.　　$\therefore a=1$
따라서 $f(x+1)\leq0$의 해는 $-1\leq x+1\leq2$
즉 $-2\leq x\leq1$이므로 $\alpha\beta=-2$

참고

$|x-a|\geq0$이므로 $|x-a|>-2$가 항상 성립한다.
따라서 $-2<|x-a|<4$는 $|x-a|<4$와 같다.

---

11 <답 ④>

GUIDE

$f(x)\leq0$의 해가 $0\leq x\leq4$이므로
❶ $f(x^2-2x)\leq0$의 해는 $0\leq x^2-2x\leq4$이다.
❷ $f(2x-2)\geq0$의 해는 $2x-2\leq0$ 또는 $2x-2\geq4$이다.

$f(x)\leq0$의 해가 $0\leq x\leq4$이므로
(i) $f(x^2-2x)\leq0$에서 $0\leq x^2-2x\leq4$
　$0\leq x^2-2x \Rightarrow x\leq0$ 또는 $x\geq2$
　$x^2-2x\leq4 \Rightarrow 1-\sqrt5\leq x\leq1+\sqrt5$
　$\therefore 1-\sqrt5\leq x\leq0$ 또는 $2\leq x\leq1+\sqrt5$
(ii) $0\leq f(2x-2)$에서 $2x-2\leq0$ 또는 $2x-2\geq4$이므로
　$x\leq1$ 또는 $x\geq3$　→ 공통 범위(그리고)
(i), (ii)에서 부등식 $f(x^2-2x)\leq0\leq f(2x-2)$의 해가
$1-\sqrt5\leq x\leq0$ 또는 $3\leq x\leq1+\sqrt5$이므로
이 범위에 있는 정수는 -1, 0, 3
$\therefore (-1)+0+3=2$

---

12 <답 -1>

GUIDE

부등식 $x^2-(a+3)x-a+2>0$을 $x^2-3x+2>a(x+1)$로 나타내면
포물선 $y=x^2-3x+2$와 점 $(-1, 0)$을 지나는 직선을 생각할 수 있다.
이때 포물선이 직선 위에 있어야 한다.

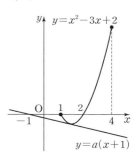

$1\leq x\leq4$에서 $x^2-(a+3)x-a+2>0$, 즉
$x^2-3x+2>a(x+1)$이므로
오른쪽 그림처럼 생각하면
$y=x^2-3x+2$에 $y=a(x+1)$이
접하는 경우보다 직선의 기울기가
작아야 한다.
$x^2-3x+2=a(x+1)$, 즉
$x^2-(3+a)x+2-a=0$의 판별
식 $D=(3+a)^2-4(2-a)=0$에
서 $a=-5+2\sqrt6 \fallingdotseq -0.1$이므로
$a<-5+2\sqrt6$에서 가장 큰 정수는 -1

---

13 <답 $-\dfrac{8}{3}\leq a\leq1-2\sqrt2$>

GUIDE

$1\leq x\leq3$에서 $x^2+ax+1=$(직선 AB의 방정식)의 근이 적어도 하나
존재한다.

두 점 A, B를 지나는 직선의 방정식은 $y=x-1$이므로
$x^2+ax+1=x-1$, 즉 $x^2+(a-1)x+2=0$이
$1\leq x\leq3$에서 적어도 한 근을 가지면 된다.
$f(x)=x^2+(a-1)x+2$라 하면
(i) $1\leq x\leq3$에서 근이 하나만 있을 때

$f(1) \times f(3) \leq 0$, 즉 $(a+2)(3a+8) \leq 0$

$\therefore -\dfrac{8}{3} \leq a \leq -2$

(ii) $1 \leq x \leq 3$에서 두 근 모두 있을 때

$f(1) \geq 0$　　$\therefore a \geq -2$　　…… ㉠

$f(3) \geq 0$　　$\therefore a \geq -\dfrac{8}{3}$　　…… ㉡

축의 위치에서 $1 \leq -\dfrac{a-1}{2} \leq 3$

$\therefore -5 \leq a \leq -1$　　…… ㉢

또 $D = (a-1)^2 - 8 \geq 0$에서 $a^2 - 2a - 7 \geq 0$

$\therefore a \leq 1 - 2\sqrt{2}$ 또는 $a \geq 1 + 2\sqrt{2}$　　…… ㉣

㉠~㉣에서 $-2 \leq a \leq 1 - 2\sqrt{2}$

(i), (ii)에서 $-\dfrac{8}{3} \leq a \leq 1 - 2\sqrt{2}$
→ 합 범위(또는)

1등급 NOTE

이차방정식의 두 근 모두 $a < x < b$ 사이에
있는 경우는 그림을 그려 생각한다.
이때 $f(a)$, $f(b)$의 부호 외에도 축의 위치,
$D \geq 0$도 빠뜨리지 않아야 한다.

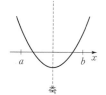

※ 문제의 조건이 서로 다른 두 근이 아니므로
　$D > 0$이 아니라 $D \geq 0$임을 주의한다.

14 답 $2\sqrt{2}$

GUIDE

$x^2 - 4x$가 공통으로 있으므로 $x^2 - 4x = t$로 치환한 부등식을 푼다.

$|x^2 - 4x| \geq |x^2 - 4x + 4|$에서

$x^2 - 4x = t$라 하면 $|t| \geq |t+4|$

이 부등식을 풀면 $t \leq -2$

즉 $x^2 - 4x \leq -2$에서 $(x - 2 + \sqrt{2})(x - 2 - \sqrt{2}) \leq 0$

$2 - \sqrt{2} \leq x \leq 2 + \sqrt{2}$

$\therefore M - m = 2 + \sqrt{2} - (2 - \sqrt{2}) = 2\sqrt{2}$

참고

-4, 0을 기준으로 t값의 범위를 나누어 $|t| \geq |t+4|$를 푼다.

(i) $t < -4$일 때 $-t \geq -t - 4$는 항상 성립

(ii) $-4 \leq t < 0$일 때 $-t \geq t + 4$　　$\therefore -4 \leq t \leq -2$

(iii) $t \geq 0$일 때 $t \geq t + 4$에서 해는 없다.

(i), (ii), (iii)에서 $t \leq -2$

15 답 $-\dfrac{1}{2} \leq x < \dfrac{3}{2}$

GUIDE

$\{x\}^2 - \{x\} - 2 < 0$을 풀어 정수 $\{x\}$를 구한다.

$(\{x\} + 1)(\{x\} - 2) < 0$에서 $-1 < \{x\} < 2$

이때 $\{x\}$는 정수이므로 $\{x\} = 0$ 또는 1

(i) $\{x\} = 0$일 때 $-\dfrac{1}{2} \leq x < \dfrac{1}{2}$

(ii) $\{x\} = 1$일 때 $\dfrac{1}{2} \leq x < \dfrac{3}{2}$

(i), (ii)에서 $-\dfrac{1}{2} \leq x < \dfrac{3}{2}$
→ 합 범위(또는)

16 답 ①

GUIDE

한 근은 양수, 다른 한 근은 음수인 경우만 생각하지 말고, 한 근은 양수, 다른 한 근은 0인 경우도 생각해야 한다.

이차방정식 $x^2 + ax + |a^2 - 1| - 3 = 0$의 한 근만 양수가 되는 경우는

(i) 한 근이 양수, 다른 한 근이 0일 때
　근과 계수의 관계에서 (두 근의 합) $= -a > 0$이고
　(두 근의 곱) $= |a^2 - 1| - 3 = 0$이므로 $a = -2$

(ii) 한 근이 양수, 다른 한 근이 음수
　(두 근의 곱) $= |a^2 - 1| - 3 < 0$, $-2 < a^2 < 4$
　$\therefore -2 < a < 2$

(i), (ii)에서 정수 a값은 $-2, -1, 0, 1$이므로 합은 -2
→ 합 범위(또는)

17 답 ①

GUIDE

$ax^2 + bx + c \geq 0$의 해가 $x = 4$뿐인 경우는
오른쪽 그림과 같을 때이다.
즉 $a < 0$이고 $ax^2 + bx + c = a(x-4)^2$

$ax^2 + bx + c \geq 0$의 해가 $x = 4$뿐이려면

$a < 0$이고, $a(x-4)^2 \geq 0$인 경우이다.

이때 $b = -8a$, $c = 16a$를 $bx^2 + cx + 8a - b < 0$에 대입하면

$-8ax^2 + 16ax + 8a + 8a < 0$

양변을 양수인 $-8a$로 나누면

$x^2 - 2x - 2 < 0$, $1 - \sqrt{3} < x < 1 + \sqrt{3}$

따라서 이 범위에 속하는 정수는 $0, 1, 2$로 3개

18 답 $\dfrac{11}{4}$

GUIDE

❶ 모든 실수 x에서 $Ax + B \geq 0$이려면 $A = 0$, $B \geq 0$이다.

❷ 모든 실수 x에서 $x^2 + Ax + B \geq 0$이려면 $D = A^2 - 4B \leq 0$이다.

$0 \leq (a-2)x + b$가 모든 실수 x에 대해 성립하려면

$a = 2$, $b \geq 0$　　…… ㉠

또 $(a-2)x + b \leq x^2 + 3x + 5$,

즉 $x^2 + 3x + 5 - b \geq 0$이 모든 실수 x에 대해 성립하려면

$D = 9 - 20 + 4b \leq 0$에서 $b \leq \dfrac{11}{4}$　　…… ㉡

㉠, ㉡에서 $a = 2$, $0 \leq b \leq \dfrac{11}{4}$이므로

$a+b$의 최댓값 M은 $\dfrac{19}{4}$, 최솟값 m은 2

$$\therefore M-m=\dfrac{11}{4}$$

19 답 $1-\sqrt{2}\leq p\leq 1+\sqrt{2}$

GUIDE

($f(x)$의 최솟값)$\geq$($g(x)$의 최댓값)이면 문제의 조건이 성립한다.

임의의 두 실수 $a,\ b$에 대해 성립해야 하므로
($f(x)$의 최솟값)$\geq$($g(x)$의 최댓값)이어야 한다.
$f(x)=(x-p)^2-p^2+3p$, $g(x)=-(x-2)^2+p-1$
에서 $-p^2+3p\geq p-1$, 즉 $p^2-2p-1\leq 0$
따라서 $1-\sqrt{2}\leq p\leq 1+\sqrt{2}$

20 답 12

GUIDE

❶ 모든 실수 x에서 $x^2+Ax+B\geq 0$이려면 $D=A^2-4B\leq 0$이다.
❷ 모든 실수 x에서 $Ax+B\leq 0$이려면 $A=0,\ B\leq 0$이다.

$x^2+4(y+1)x+4y^2+ay+b\geq 0$이
모든 실수 x에 대해 성립하려면
$\dfrac{D}{4}=4(y+1)^2-4y^2-ay-b\leq 0$
즉 $(8-a)y+4-b\leq 0$
위 부등식이 모든 실수 y에 대하여 성립하려면
$8-a=0$, $4-b\leq 0$, 즉 $a=8,\ b\geq 4$이므로
$a+b$의 최솟값은 12

21 답 $-1\leq a\leq 0$

GUIDE

부등식 $ax>1$을 풀려면 $a>0,\ a=0,\ a<0$인 경우로 나누어 각 부등식의 해에서 공통 범위가 존재하지 않을 때를 구한다.

$a>0,\ a=0,\ a<0$인 경우로 나누어 생각하면
(ⅰ) $a>0$일 때
$\begin{cases} x>a \\ x>\dfrac{1}{a} \end{cases}$ 의 해는 항상 존재한다.

(ⅱ) $a=0$일 때
$ax>1$의 해가 존재하지 않는다.

(ⅲ) $a<0$일 때
$\begin{cases} x>a \\ x<\dfrac{1}{a} \end{cases}$ 에서

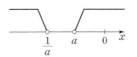

$\dfrac{1}{a}\leq a$일 때 해가 없다.
즉 $1\geq a^2$에서 $-1\leq a<0$
따라서 연립부등식의 해가 없는 a값의 범위는 $-1\leq a\leq 0$

22 답 5개

GUIDE

$|a|\geq 0$임을 생각해 정수 해가 존재하지 않도록 하는 $|a|$값을 구한다.

$(x+2)(x-1)>0$이고, $(x-1)(x-|a|)<0$에서
$|a|\geq 0$이고 a가 정수이므로
연립부등식의 정수 해가 존재하지 않으려면
$|a|=0$ 또는 $|a|=1$ 또는 $|a|=2$
따라서 a값은 $-2,\ -1,\ 0,\ 1,\ 2$로 모두 5개

참고

$|a|=2$일 때를 빠뜨리지 않도록 한다.
실제로 $|a|=2$일 때
$(x-1)(x-|a|)<0$의 해는
$1<x<2$이므로 정수 해가 없다.

23 답 -8

GUIDE

$x\leq m,\ x\geq n$과 $p\leq x\leq q$의 공통 부분이 $-3\leq x\leq -1$ 또는 $x=2$가 되도록 수직선 위에서 $m,\ n,\ p,\ q$의 값을 각각 구한다.

공통 범위가 $-3\leq x\leq -1$ 또는
$x=2$인 두 부등식의 해를 수직선
위에 나타내면 오른쪽 그림과 같
은 모양이어야 하므로

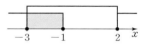

$x^2+ax+b\geq 0$의 해는 $x\leq -1$ 또는 $x\geq 2$
$$\therefore x^2+ax+b=(x+1)(x-2)$$
$x^2+cx+d\leq 0$의 해는 $-3\leq x\leq 2$
$$\therefore x^2+cx+d=(x+3)(x-2)$$
따라서 $a=-1,\ b=-2,\ c=1,\ d=-6$이므로
$a+b+c+d=-8$

참고

$x\leq m,\ x\geq n$을 수직선 위에
나타내면 오른쪽 그림과 같다.
이때 $p\leq x\leq q$와 공통 부분이 생기려면
$p\leq m$이어야 한다.
이때 공통 부분에서 $x=n$ 꼴이 있으면
$q=n$임을 생각할 수 있다.

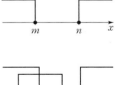

24 답 ⑤

GUIDE

❶ 가우스 기호를 포함한 부등식을 풀어 $[x]=$(정수)임을 이용해 $[x]$값을 구한다.
❷ $x^2+|x|-6\geq 0$은 $|x|=t\ (t\geq 0)$로 놓고 $t^2+t-6\geq 0$을 푼다.

$2[x]^2+7[x]-4<0$, $(2[x]-1)([x]+4)<0$에서
$-4<[x]<\dfrac{1}{2}$, 즉 $[x]=-3,-2,-1,0$

따라서 $-3 \le x < 1$ ······ ㉠

$x^2 + |x| - 6 \ge 0$, $(|x|+3)(|x|-2) \ge 0$에서 $|x| \ge 2$

따라서 $x \le -2$ 또는 $x \ge 2$ ······ ㉡

㉠, ㉡에서 공통 범위가 $-3 \le x \le -2$이므로

이 범위에 있는 정수는 -3, -2이다.

따라서 그 곱은 6

25 답 $-2 < m < 2$

GUIDE

모든 실수 x에서 $x^2 - x + 1 > 0$이므로 $\left| \dfrac{x^2 - mx + m}{x^2 - x + 1} \right| < 2$는

$-2(x^2 - x + 1) < x^2 - mx + m < 2(x^2 - x + 1)$과 같다.

$\left| \dfrac{x^2 - mx + m}{x^2 - x + 1} \right| < 2$에서 $|x^2 - mx + m| < 2(x^2 - x + 1)$

즉 $\begin{cases} x^2 - mx + m < 2x^2 - 2x + 2 \\ -2x^2 + 2x - 2 < x^2 - mx + m \end{cases}$

두 부등식 모두 모든 실수 x에서 성립해야 하므로

$x^2 - mx + m < 2x^2 - 2x + 2$,

즉 $x^2 + (m-2)x + 2 - m > 0$에서

$D = (m-2)^2 - 4(2-m) < 0$

$\therefore -2 < m < 2$ ······ ㉠

또 $-2x^2 + 2x - 2 < x^2 - mx + m$,

즉 $3x^2 - (m+2)x + m + 2 > 0$에서

$D = (m+2)^2 - 12(m+2) < 0$

$\therefore -2 < m < 10$ ······ ㉡

㉠, ㉡에서 공통 범위는 $-2 < m < 2$

참고

$x^2 - x + 1$처럼 모든 실수 x에 대하여 항상 양이 되는 식의 유형을 기억하고 활용한다.

26 답 ②

GUIDE

$-2 \le x \le 2$에서 $y = \dfrac{1}{2}x^2$을 그려 놓고 $y = \dfrac{1}{2}x + b$와 $y = x + a$를 움직여 가면서 조건에 맞는 경우를 생각한다.

$-2 \le x \le 2$인 모든 x에 대해 주어진 연립부등식이 성립하는 것은 다음 그림과 같은 경우이다.

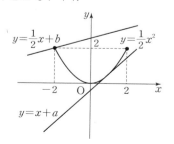

포물선의 왼쪽 끝점 지나거나 위쪽

$y = \dfrac{1}{2}x + b$는 포물선의 왼쪽 끝점 $(-2, 2)$를 지나거나 포물선 위쪽에 있어야 하므로 $x = -2$일 때 $y \ge 2$이어야 한다.

$\therefore b \ge 3$

또 $y = x + a$는 포물선과 접하거나 만나지 않아야 하므로

$\dfrac{1}{2}x^2 = x + a$, 즉 $x^2 - 2x - 2a = 0$에서

$\dfrac{D}{4} = 1 + 2a \le 0$ $\therefore a \le -\dfrac{1}{2}$

따라서 $b - a$의 최솟값은 $b = 3$, $a = -\dfrac{1}{2}$일 때이므로

$k = 3 - \left(-\dfrac{1}{2} \right) = \dfrac{7}{2}$ $\therefore 10k = 35$

1등급 NOTE

부등식을 직접 풀기 어려운 경우에는 그래프를 활용하는 것을 생각한다.

27 답 8개

GUIDE

인수분해를 이용해 주어진 연립부등식을 푼다. 연립부등식의 해를 구할 때 n이 자연수임을 생각한다.

$\begin{cases} x^2 - (3n-2)x \ge 0 & \cdots\cdots ㉠ \\ x^2 - (n^2 + n + 2)x + n^3 + 2n < 0 & \cdots\cdots ㉡ \end{cases}$

㉠에서 $x(x - 3n + 2) \ge 0$이므로

$x \le 0$ 또는 $x \ge 3n - 2$ ($\because$ n은 자연수)

㉡에서 $(x-n)(x-n^2-2) < 0$이므로

$n < x < n^2 + 2$ ($\because$ $n < n^2 + 2$)

이때 연립부등식의 해는

(i) $n = 1$일 때 $1 < x < 3$ $\therefore f(1) = 1$

(ii) $n > 1$일 때 $3n - 2 \le x < n^2 + 2$ ($\because$ $n < 3n - 2 < n^2 + 2$)

즉 $f(n) = n^2 - 3n + 4$ $(n > 1)$이므로

$n^2 - 3n + 4 \le 44$에서 $1 < n \le 8$

(i), (ii)에서 자연수 n은 $1, 2, 3, \cdots, 8$로 8개

참고

❶ $n^2 - 3n + 4 > 0$이 모든 자연수 n에 대하여 성립함은 판별식 $D = 9 - 16 < 0$에서 알 수 있다.

따라서 $n^2 + 2 > 3n - 2$가 항상 성립한다.

❷ $1 \le n < 9$인 정수 n은 모두 $9 - 1 = 8$(개)이다. 마찬가지 방법으로 $3n - 2 \le x < n^2 + 2$인 정수 x는 $n^2 + 2 - (3n-2) = n^2 - 3n + 4$(개)

28 답 ③

GUIDE

$x^2 + px + q = 0$의 해를 α, β $(\alpha < \beta)$라 하고, 연립부등식의 해를 이용해 α, β의 값 또는 범위를 정한 다음 p, q 각각의 부호를 정한다.

$x^2 + 2x \ge 0$에서 $x \le -2$ 또는 $x \ge 0$

주어진 연립부등식의 해가 $0 \le x < 3$이므로

이차방정식 $x^2+px+q=0$의 두 근 α, β $(\alpha<\beta)$는

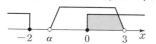

$-2\leq\alpha<0$, $\beta=3$이어야 한다.

$x^2+px+q=0$에 $x=3$을 대입하면 $q=-3p-9$

또 (두 근의 합)$=-p>0$, (두 근의 곱)$=q<0$

따라서 $|p|+|q|=-p-q=-p+3p+9=5$이므로

$p=-2$, $q=-3$ $\therefore p-q=1$

STEP 3 | **1등급 뛰어넘기**   p. 93~95

01 ②	**02** ④	**03** ④	**04** 35
05 ②	**06** ③	**07** 7개	**08** ②

09 (1) $a[a]=11$, $b[b]=5$ (2) 5 (3) 6

10 $\dfrac{2}{3}\leq a\leq 2\sqrt{2}-2$ 또는 $1<a\leq 2$

---

01 답 ②

GUIDE

a, b, c의 부호를 정하고 같은 부호인 수끼리 대소를 정한다. 이렇게 한 다음 결과에 맞는 간단한 수를 ①~⑤에 대입해도 된다.

$a^3>b^3$에서 $(a-b)(a^2+ab+b^2)>0$

이때 $a^2+ab+b^2>0$이므로 $a-b>0$, 즉 $a>b$

그런데 $a^2<b^2$이므로 $b<0<a$이고 $|b|>|a|$

따라서 $ab<0$이고, 또 $abc<0$이므로 $c>0$

한편 $bc<ab$에서 $a<c$ $(\because b<0)$

따라서 $b<0<a<c$이다.

결국 $\dfrac{a}{b}$, $\dfrac{b}{a}$, $\dfrac{b}{c}$, $\dfrac{c}{a}$, $\dfrac{a}{c}$ 중 양수는 $\dfrac{c}{a}$, $\dfrac{a}{c}$이다.

따라서 $\dfrac{b}{a}<\dfrac{a}{b}<0$이고, $\dfrac{b}{a}<\dfrac{b}{c}<0$이므로 가장 작은 수는 $\dfrac{b}{a}$

참고

$a^3>b^3$이지만 $a^2<b^2$이므로 a와 b의 부호가 서로 다름을 알 수 있다. 이 사실에서 $ab<0$을 이용해도 된다.

---

02 답 ④

GUIDE

$a^2x^2-3a^2x+2a^2\geq abx^2-3abx+2ab$를 정리하면

$(a^2-ab)x^2-3(a^2-ab)x+2(a^2-ab)\geq0$

즉 $(a^2-ab)(x^2-3x+2)\geq0$

$a^2x^2-3a^2x+2a^2\geq abx^2-3abx+2ab$를 정리하면

$a(a-b)(x-1)(x-2)\geq0$이므로

$a(a-b)>0$이고, $(x-1)(x-2)\geq0$이거나

$a(a-b)<0$이고, $(x-1)(x-2)\leq0$이다.

따라서 이 조건에 맞는 것은 ④

참고

①에서 $a<0$이면 $a(a-b)>0$이므로 $(x-1)(x-2)\geq0$이어야 한다.

⑤는 $a=0$이면 참이지만, $b=0$일 때는 항상 참이라 할 수 없다.

---

03 답 ④

GUIDE

$x^2-2ax+a^2-3<0$의 해 $a-\sqrt{3}<x<a+\sqrt{3}$에 포함된 정수는 0을 포함할 경우 최대 4개까지 가능하다.

$x^2-2ax+a^2-3<0$, 즉 $(x-a+\sqrt{3})(x-a-\sqrt{3})<0$의 해는

$a-\sqrt{3}<x<a+\sqrt{3}$

이때 $2\sqrt{3}=3.\times\times\times\cdots$이므로 이 범위에 들어갈 수 있는 연속한 정수는 3개 또는 4개뿐이고, 그중 합이 2가 되는 경우는 -1, 0, 1, 2만 $a-\sqrt{3}<x<a+\sqrt{3}$에 포함될 때이다.

따라서 $a-\sqrt{3}<-1$, $a+\sqrt{3}>2$에서

$2-\sqrt{3}<a<\sqrt{3}-1$이므로 $(2-\sqrt{3})+(\sqrt{3}-1)=1$

---

04 답 35

GUIDE

$|x^2-3nx+2n^2|\geq0$임을 감안해 $(x-10)|x^2-3nx+2n^2|<0$이 성립하는 경우를 생각한다.

$(x-10)|x^2-3nx+2n^2|<0$, 즉

$(x-10)|(x-n)(x-2n)|<0$에서

$x\neq n$, $x\neq 2n$이면 $|x^2-3nx+2n^2|>0$이므로

부등식의 해는 $x<10$, $x\neq n$, $x\neq 2n$이다.

자연수 해가 8개가 되려면 $n\leq9$, $2n>9$일 때이므로

조건에 맞는 자연수 $n=5$, 6, 7, 8, 9

따라서 합은 $5+6+7+8+9=35$

참고

$n=1$일 때 : $x<10$과 $x\neq1$, $x\neq2$에서 자연수 x는 7개

마찬가지로 $2n<10$인 $n=2$, 3, 4일 때도 자연수 x는 7개

$n=5$일 때 : $x<10$과 $x\neq5$, $x\neq10$에서 자연수 x는 8개

마찬가지로 $n=6$, 7, 8, 9일 때 자연수 x는 8개

$n=10$일 때 : $x<10$과 $x\neq10$, $x\neq20$에서 자연수 x는 9개

즉 $n\geq10$이면 위 부등식의 자연수 해는 항상 9개이다.

---

05 답 ②

GUIDE

❶ 교점의 x좌표가 방정식 $f(x)=x+n$의 근이다.

❷ α, β가 두 근이고, 이차항의 계수가 1이면 $(x-\alpha)(x-\beta)=0$

$y=f(x)$의 그래프와 직선 $y=x+n$의 교점의 x좌표가 1, 9이므로 이차방정식 $f(x)=x+n$의 근이 1, 9이다.
$f(x)$의 2차항의 계수가 1이므로
$f(x)-x-n=(x-1)(x-9)$에서
$f(x)=(x-1)(x-9)+x+n=x^2-9x+9+n$
이때 부등식 $f(x)<f(3)-2$의 해가 $\alpha<x<\beta$이므로
$x^2-9x+9+n<9-27+9+n-2$
즉 $x^2-9x+20<0$에서 $4<x<5$ $\quad\therefore \alpha=4,\ \beta=5$
따라서 $\alpha\beta=20$

06 답 ③

GUIDE
이차방정식 $f(x)-g(x)=0$의 실근이 항상 존재하는 경우이므로 $D\geq0$임을 생각한다.

방정식 $f(x)=g(x)$가 k값에 관계없이 실근을 가지므로
$2(x-1)(x-2)=k(x-a)+a^2-1$,
즉 $2x^2-(k+6)x-a^2+ka+5=0$에서
$D=(k+6)^2-8(-a^2+ka+5)\geq0$
$k^2-4(2a-3)k+8a^2-4\geq0$
이 부등식이 k값에 관계없이 항상 성립해야 하므로
$\dfrac{D}{4}=4(2a-3)^2-8a^2+4\leq0$에서
$a^2-6a+5\leq0$ $\quad\therefore 1\leq a\leq5$
따라서 a의 최댓값과 최솟값의 합은 $5+1=6$

다른 풀이

$g(x)=k(x-a)+a^2-1$은 k값에 관계없이 $(a,\ a^2-1)$을 지난다.
이때 $(a,\ a^2-1)$이 오른쪽 그림처럼 $f(x)=2(x-1)(x-2)$의 그래프 또는 위쪽에 존재할 경우 항상 교점을 가지게 된다. 즉 $a^2-1\geq2(a-1)(a-2)$에서
$a^2-6a+5\leq0$ $\quad\therefore 1\leq a\leq5$
따라서 a의 최댓값과 최솟값의 합은 $5+1=6$

07 답 7개

GUIDE
$\left[\dfrac{x}{3}\right]^2-\dfrac{2x}{3}\left[\dfrac{x}{3}\right]+\dfrac{x^2}{9}\leq0\iff\left(\left[\dfrac{x}{3}\right]-\dfrac{x}{3}\right)^2\leq0$ $\quad\therefore \left[\dfrac{x}{3}\right]=\dfrac{x}{3}$

$(x-1)^2-14|x-1|-24\leq0$에서 $|x-1|=t$로 놓으면
$t^2-14t-24\leq0$ $\quad\therefore (t-2)(t-12)\leq0$
즉 $2\leq|x-1|\leq12$ $\quad\therefore -11\leq x\leq-1,\ 3\leq x\leq13$
$\left[\dfrac{x}{3}\right]^2-\dfrac{2x}{3}\left[\dfrac{x}{3}\right]+\dfrac{x^2}{9}=\left(\left[\dfrac{x}{3}\right]-\dfrac{x}{3}\right)^2\leq0$에서

$\left[\dfrac{x}{3}\right]=\dfrac{x}{3}=$ (정수)이므로 x는 3의 배수
따라서 연립부등식의 해는 $-9,\ -6,\ -3,\ 3,\ 6,\ 9,\ 12$이므로 정수는 모두 7개

08 답 ②

GUIDE
두 포물선 $y=-x^2+3x+2$와 $y=x^2-x+4$가 어떤 위치에 있는지 생각한다.

$-x^2+3x+2=x^2-x+4$에서 $(x-1)^2=0$
따라서 $y=-x^2+3x+2$와 $y=x^2-x+4$의 그래프가 점 $(1,\ 4)$에서 접하므로 주어진 부등식이 모든 실수 x에 대해 성립하려면 오른쪽 그림처럼 $y=mx+n$의 그래프가 점 $(1,\ 4)$에서 두 함수의 그래프와 접해야 한다.

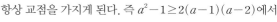

(i) $y=mx+n$이 점 $(1,\ 4)$를 지난다. $\Rightarrow 4=m+n$
(ii) $-x^2+3x+2=mx+n$의 판별식 $D=0$
　　즉 $x^2+(m-3)x+n-2=0$에서
　　$D=(m-3)^2-4(n-2)$
　　　$=(m-3)^2-4(2-m)$
　　　$=(m-1)^2=0$
따라서 $m=1,\ n=3$이므로 $m^2+n^2=10$

참고

$f(x)=-x^2+3x+2,\ g(x)=x^2-x+4$라 할 때
이차방정식 $f(x)=g(x)$에 대하여
❶ 서로 다른 실근을 가진다. $\Rightarrow$ 두 포물선의 교점이 2개
❷ 중근을 가진다. $\Rightarrow$ 두 포물선은 서로 접한다.
❸ 실근이 없다. $\Rightarrow$ 두 포물선은 만나지 않는다.
두 포물선이 만나는 점을 구하려면 방정식을 풀어야 한다.
$-x^2+3x+2=x^2-x+4$, 즉 $(x-1)^2=0$에서 중근 $x=1$을 가지므로 $y=-x^2+3x+2$의 그래프와 $y=x^2-x+4$의 그래프는 서로 접한다.
또 $x=1$일 때 두 포물선의 y좌표는 모두 4이므로 접점의 좌표는 $(1,\ 4)$이다.

09 답 (1) $a[a]=11,\ b[b]=5$ (2) 5 (3) 6

GUIDE
(1) $a[a]=p,\ b[b]=q$라 하면 부등식 $|x-a[a]|<b[b]$는 $|x-p|<q$처럼 생각할 수 있으므로 $p-q<x<p+q$와 같다.
(2) $a-1<[a]\leq a$이므로 $a(a-1)<a[a]\leq a^2$

(1) $-b[b]<x-a[a]<b[b]$이므로 $a[a]-b[b]<x<a[a]+b[b]$
　　이것이 $6<x<16$과 같으므로
　　$a[a]-b[b]=6,\ a[a]+b[b]=16$
　　$\therefore a[a]=11,\ b[b]=5$

(2) $a-1<[a]\le a$이므로

$a(a-1)<a[a]=11\le a^2$에서 a의 정수 부분은 3

마찬가지 방법으로

$b(b-1)<b[b]=5\le b^2$에서 b의 정수 부분은 2

따라서 a와 b의 정수 부분의 합은 5

(3) $[a]=3$이므로 $a[a]=a\times 3=11$에서 $a=\dfrac{11}{3}$

$[b]=2$이므로 $b[b]=b\times 2=5$에서 $b=\dfrac{5}{2}$

따라서 $3a-2b=11-5=6$

참고

연립부등식 $a(a-1)<11\le a^2$의 해를 구하면 $\sqrt{11}\le a<\dfrac{1+3\sqrt5}{2}$이다.

$\sqrt{11}\fallingdotseq3.31$, $\dfrac{1+3\sqrt5}{2}\fallingdotseq3.85$이므로 a의 정수 부분은 3이다.

---

10 🔑 $\dfrac{2}{3}\le a\le2\sqrt2-2$ 또는 $1<a\le2$

GUIDE

$\cdots,-2,-1,0,1,2,3,\cdots$에서 정수를 기준으로 범위를 나누어 정수 $[x]$를 구해 $y=(x-[x])^2$의 그래프를 그리고, 정점 $(0,-1)$을 지나는 직선을 생각한다.

$x-[x]$는 x의 소수 부분이므로

$-2\le x<-1$일 때 $(x-[x])^2=(x+2)^2$

$-1\le x<0$일 때 $(x-[x])^2=(x+1)^2$

$0\le x<1$일 때 $(x-[x])^2=x^2$

$1\le x<2$일 때 $(x-[x])^2=(x-1)^2$

$\vdots$

$y=(x-[x])^2$의 그래프는 아래 그림과 같다.

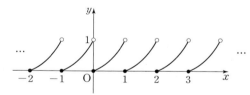

이때 직선 $y=ax-1$은 기울기 a에 관계없이 $(0,-1)$을 지나므로 부등식의 해가 $x<\alpha$ 꼴로 나타나는 경우는

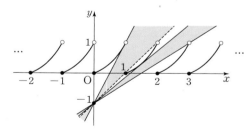

(i) 직선 $y=ax-1$이 $(3,1)$을 지나는 때부터

$y=(x-1)^2$에 접할 때까지이다.

(ii) 직선 $y=ax-1$이 $(1,0)$을 지날 때보다 기울기가 크고

$y=x^2$에 접할 때보다 기울기가 작거나 같을 때이다.

(i), (ii)에서 조건에 맞는 a값은

$\dfrac{2}{3}\le a\le2\sqrt2-2$ 또는 $1<a\le2$

참고

❶ 직선 $y=ax-1$이 $y=(x-1)^2$의 그래프에 접할 때의 기울기는

$(x-1)^2=ax-1$, 즉 $x^2-(a+2)x+2=0$의 판별식에서

$(a+2)^2-8=0$ $\quad\therefore a=-2+2\sqrt2$ $\left(\because a>\dfrac{2}{3}\right)$

마찬가지로 직선 $y=ax-1$이 $y=x^2$의 그래프에 접할 때의 기울기를 구하면 $x^2-ax+1=0$의 판별식에서 $a=2$

❷ 다음 그림에서 ①과 같은 경우 $(x-[x])^2\ge ax-1$의 해는 $x<2$이고 ②와 같은 경우 포물선과 직선의 접점이 $(1,1)$이므로 $(x-[x])^2\ge ax-1$의 해는 $x<1$이다.

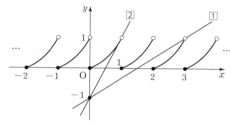

❸ 다음 그림에서 ③과 같은 경우 $(x-[x])^2\ge ax-1$의 해는 $x<2$, $p\le x<3$이므로 $x<\alpha$ 꼴이 아니다. 또 ④와 같은 경우 부등식의 해는 $q\le x<-1$, $x\ge r$이므로 $x<\alpha$ 꼴이 아니다.

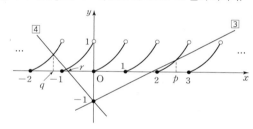

❹ $a=1$일 때 $1<x<2$인 범위에서 $ax-1>(x-[x])^2$이 되어 부등식이 성립하지 않음을 확인한다.

08 점과 직선

STEP 1 | 1등급 준비하기
p. 98~99

01 ②	**02** 16	**03** ⑤	**04** 7
05 $-\dfrac{1}{5}<m<1$	**06** $\dfrac{9}{4}$	**07** $\dfrac{8}{3}$	
08 ③	**09** 1	**10** -12	

01 답 ②

GUIDE

선분 AB, AC와 점 P, Q, D를 문제의 조건에 맞게 평면 위에 나타내 본다. 삼각형의 넓이를 비교할 때, 넓이를 직접 구하지 않고 밑변의 길이 비와 높이 비를 이용한다.

점 P가 선분 AB를 1 : 3으로
내분하는 점이므로 $\overline{AP}=\dfrac{1}{4}\overline{AB}$

점 Q가 선분 AB를 1 : 3으로 외분하는 점이므로

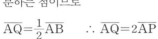

$\overline{AQ}=\dfrac{1}{2}\overline{AB}$ ∴ $\overline{AQ}=2\overline{AP}$

점 D가 선분 AC를 2 : 1로 외분하는 점이므로 $\overline{CD}=\overline{AC}$

$S_2=\triangle AQD=2\triangle AQC=2\times2\triangle APC=4S_1$

∴ $\dfrac{S_2}{S_1}=4$

02 답 16

GUIDE

$x=\dfrac{3a+2c}{5}$와 $y=\dfrac{3b+2d}{5}$가 선분의 내분점과 어떤 관련이 있는지 생각해 본다.

$5x=3a+2c$에서 $x=\dfrac{3a+2c}{5}=\dfrac{2c+3a}{2+3}$

$5y=3b+2d$에서 $y=\dfrac{3b+2d}{5}=\dfrac{2d+3b}{2+3}$

따라서 점 P는 선분 AB를
2 : 3으로 내분하므로

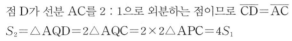

$\overline{AP}=\dfrac{2}{5}\overline{AB}=\dfrac{2}{5}\times40=16$

03 답 ⑤

GUIDE

직선 $2x-3y+k=0$을 표준형으로 바꾸어 직선의 기울기를 구하고, 이 직선과 기울기가 같고 두 점 A, B를 지나는 직선을 각각 구하여 k값의 범위를 따져 본다.

$2x-3y+k=0$, 즉 $y=\dfrac{2}{3}x+\dfrac{k}{3}$는 기울기가 $\dfrac{2}{3}$인 직선이다.

(i) 주어진 직선이 점 A$(-1, 4)$를 지날 때 k값이 최대이다.

$2\times(-1)-3\times4+k=0$ ∴ $k=14$

(ii) 주어진 직선이 점 B$(2, 1)$을 지날 때 k값이 최소이다.

$2\times2-3\times1+k=0$

∴ $k=-1$

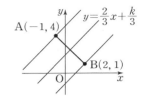

(i), (ii)에서 k값의 범위는

$-1\leq k\leq14$이므로

이 범위에 있는 정수 k는 $-1, 0, 1, \cdots, 13, 14$로 16개

04 답 7

GUIDE

두 점 C, A에서 x축에 수선의 발을 내리고, 합동인 두 직각삼각형을 찾아서 점 A의 좌표를 이용해 점 C의 좌표를 구한다.

점 A와 C에서 x축에 내린 수선의 발을 각각 D, E라 하면

$\triangle AOD\equiv\triangle OCE$이므로

점 C의 좌표는 $(-2, 1)$

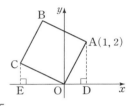

또 기울기가 2이므로 직선 BC의 방정식은 $y-1=2(x+2)$, 즉 $y=2x+5$

따라서 $a+b=7$

05 답 $-\dfrac{1}{5}<m<1$

GUIDE

직선 $x+y-3=0$이 제1사분면 위를 지나는 부분을 알아보고, 직선 $mx-y+2m+1=0$이 이 부분을 지나갈 때 m값의 범위를 구한다.

$mx-y+2m+1=0$, $m(x+2)-y+1=0$에서 직선은 정점 $(-2, 1)$을 지난다.

두 직선이 제1사분면에서만 만나기 위해서는 두 직선의 교점이 직선 $x+y-3=0$ 위 두 점 $(0, 3)$과 $(3, 0)$ 사이에 있어야 한다.

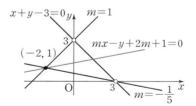

$m(x+2)-y+1=0$이 $(0, 3)$을 지날 때 $m=1$

$(3, 0)$을 지날 때 $m=-\dfrac{1}{5}$

따라서 $-\dfrac{1}{5}<m<1$

참고

축은 사분면에 포함되지 않는다. 따라서 $m\neq-\dfrac{1}{5}$, $m\neq1$임을 주의한다.

06 답 $\dfrac{9}{4}$

Guide

삼각형 DCA의 넓이가 삼각형 BOA 넓이의 $\dfrac{1}{2}$이므로 두 삼각형의 밑변의 길이 비와 높이 비를 이용해 n값을 먼저 구한다.

$\triangle \text{BOA}=3$이므로 $\triangle \text{DCA}=\dfrac{3}{2}=\dfrac{1}{2}\times 2n$ $\quad \therefore n=\dfrac{3}{2}$

직선 AB가 $\dfrac{x}{3}+\dfrac{y}{2}=1$이므로 $\dfrac{m}{3}+\dfrac{n}{2}=1$에서 $m=\dfrac{3}{4}$

따라서 $m+n=\dfrac{3}{4}+\dfrac{3}{2}=\dfrac{9}{4}$

07 답 $\dfrac{8}{3}$

GUIDE

삼각형의 중선의 길이를 구해 점 A의 좌표를 구한다. 또 점 A의 좌표가 (a, a)이므로 점 A는 직선 $y=x$ 위에 있다.

변 BC의 중점을 M이라 하면

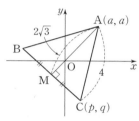

$\overline{\text{AM}}=\dfrac{\sqrt{3}}{2}\times 4=2\sqrt{3}$

$\overline{\text{OA}}=\dfrac{2}{3}\times\overline{\text{AM}}=\dfrac{4}{3}\sqrt{3}$

따라서 $a=\dfrac{1}{\sqrt{2}}\times\dfrac{4}{3}\sqrt{3}=\dfrac{2}{3}\sqrt{6}$

또 $\overline{\text{OM}}=\dfrac{1}{3}\times\overline{\text{AM}}=\dfrac{2}{3}\sqrt{3}$이고, 점 M이 직선 $y=x$ 위에 있으므로 점 M의 좌표는 $\left(-\dfrac{\sqrt{6}}{3}, -\dfrac{\sqrt{6}}{3}\right)$

이때 직선 BC는 기울기가 -1이므로 $y=-x-\dfrac{2}{3}\sqrt{6}$이고,

점 C가 이 직선 위에 있으므로 $q=-p-\dfrac{2}{3}\sqrt{6}$

즉 $p+q=-\dfrac{2}{3}\sqrt{6}$이므로 $(p+q)^2=\dfrac{8}{3}$

다른 풀이

두 점 B, C가 직선 $y=x$에 대하여 대칭이므로 $\text{B}(q, p)$

선분 BC의 중점이 M이므로 x좌표에서 $\dfrac{q+p}{2}=-\dfrac{\sqrt{6}}{3}$

따라서 $p+q=-\dfrac{2}{3}\sqrt{6}$이므로 $(p+q)^2=\dfrac{8}{3}$

08 답 ③

GUIDE

이등변삼각형의 내심은 밑변의 수직이등분선 위에 있다. 또 내심의 y좌표와 내심에서 직선 OB까지의 거리가 같음을 이용한다.

이등변삼각형의 내심은 꼭지각에서 밑변에 내린 수선 위에 있으므로 $a=2$

또 직선 OB의 방정식은 $2x-y=0$

내심을 $\text{I}(2, b)$라 하면

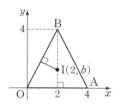

내심에서 각 변까지 거리가 같으므로

$b=\dfrac{|4-b|}{\sqrt{5}}$, $5b^2=(4-b)^2$, $b^2+2b-4=0$

이때 $b>0$이므로 $b=-1+\sqrt{5}$

따라서 $a+b=2-1+\sqrt{5}=\sqrt{5}+1$

09 답 1

GUIDE

각의 이등분선 위의 점의 좌표를 임의로 놓고 점과 직선 사이의 거리를 이용해 만든 등식에서 x좌표와 y좌표의 관계식을 구한다.

좌표평면에서 두 직선
$x+2y-1=0$,
$2x+y+1=0$까지 거리가 같은
점의 좌표를 (p, q)라 하면

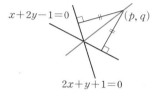

$\dfrac{|p+2q-1|}{\sqrt{5}}=\dfrac{|2p+q+1|}{\sqrt{5}}$

$p+2q-1=\pm(2p+q+1)$

$p-q+2=0$ 또는 $p+q=0$

이 중 기울기가 양수인 것은 $p-q+2=0$, 즉 $x-y+2=0$

따라서 $a+b=-1+2=1$

10 답 -12

GUIDE

세 직선이 한 점에서 만나거나 어느 두 직선이 평행한 경우를 따져 본다.

직선 $x+y=0$과 $x-y-4=0$의 교점의 좌표는 $(2, -2)$이고, 직선 $2x-ky-10=0$은 k의 값에 관계없이 항상 점 $(5, 0)$을 지난다.

세 직선이 삼각형을 이루지 않는 경우는 다음과 같다.

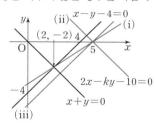

(ⅰ) $2x-ky-10=0$이 $(2, -2)$를 지날 때 $k=3$

(ⅱ) $2x-ky-10=0$이 $x+y=0$과 평행할 때 $k=-2$

(ⅲ) $2x-ky-10=0$이 $x-y-4=0$과 평행할 때 $k=2$

따라서 모든 k값의 곱은 $3\times(-2)\times 2=-12$

01 ④	**02** ④	**03** $6\sqrt{2}$	**04** 5
05 (1) $4ab$	(2) $xy=-3$ $(x>0, y<0)$		
06 ①	**07** ①	**08** 점 B는 선분 AC의 중점이다.	
09 $\dfrac{10\sqrt{3}}{3}$	**10** ③	**11** -56	**12** ②
13 ④	**14** $\sqrt{3}$	**15** $\sqrt{3}$	**16** -3
17 ②	**18** 6	**19** $x+2y-20=0$	
20 ②	**21** ④	**22** ⑤	**23** $2\sqrt{5}$
24 8	**25** ③	**26** 제3사분면	**27** ③

01 ⑤ ④

❶ 직선과 곡선의 교점의 x좌표를 α, β $(\alpha<\beta)$라 하고 $\alpha+\beta$, $\alpha\beta$의 값을 구한다.

❷ 직선의 기울기를 이용하여 직각삼각형에서 피타고라스 정리를 쓴다.

직선과 곡선의 교점의 x좌표를 α, β $(\alpha<\beta)$라 하면 α, β는 $x^2-6x+12=2x+k$, 즉 $x^2-8x+12-k=0$의 두 근이다.

따라서 $\alpha+\beta=8$, $\alpha\beta=12-k$

이때 직선의 기울기가 2이므로 $\beta-\alpha=m$이라 하면

$m^2+(2m)^2=(6\sqrt{5})^2$ $\therefore m=\beta-\alpha=6$

$(\alpha+\beta)^2-4\alpha\beta=(\alpha-\beta)^2$에서

$8^2-4(12-k)=6^2$ $\therefore k=5$

참고

이차방정식의 근과 계수의 관계에서 $ax^2+bx+c=0$의 두 근을 α, β $(\alpha<\beta)$라 하면 $\beta-\alpha=\dfrac{\sqrt{b^2-4ac}}{|a|}$ 임을 이용할 수 있다.

02 ⑤ ④
GUIDE

❶ 정수 조건의 부정방정식을 이용하여 (x, y)의 순서쌍을 구한다.

❷ 삼각형의 두 변의 길이의 합은 항상 다른 한 변보다 크다는 성질을 이용한다.

$xy+x+y-1=0$에서 $(x+1)(y+1)=2$

이 방정식의 정수 해 순서쌍을 $A(1, 0)$, $B(0, 1)$, $C(-3, -2)$, $D(-2, -3)$라 하자.

이때 사각형 ABCD에서 $\overline{PA}+\overline{PC}\geq\overline{AC}$, $\overline{PB}+\overline{PD}\geq\overline{BD}$ 이므로

$\overline{PA}+\overline{PB}+\overline{PC}+\overline{PD}$
$\geq\overline{AC}+\overline{BD}$
$=2\sqrt{5}+2\sqrt{5}=4\sqrt{5}$

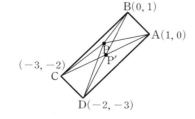

점 P가 두 대각선의 교점일 때, $\overline{PA}+\overline{PB}+\overline{PC}+\overline{PD}$의 값이 최소이다. 위 문제에서는 점 P가 P′의 위치 있을 때, 그 값이 최소이다.

03 ⑤ $6\sqrt{2}$
GUIDE

❶ 점 P에서 변 AB, BC까지 거리를 각각 a, b로 놓는다.

❷ $a+b=8$을 이용하여 이차함수의 식을 세우고 최솟값을 구한다.

점 P에서 변 AB, BC까지 거리를 각각 a, b라 하면 $a+b=8$

$\overline{DP}^2=(10-a)^2+(10-b)^2$
$=(10-a)^2+(2+a)^2$
$=2a^2-16a+104$
$=2(a-4)^2+72$

$0<a<8$이므로 $\overline{DP}$의 최솟값은 $a=4$일 때, $\sqrt{72}=6\sqrt{2}$

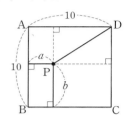

04 ⑤ 5
GUIDE

부채꼴 OAB가 원점이 O인 좌표평면 위에 있다고 생각한다. 이때 오른쪽 그림과 같은 삼각형에서 $\overline{AC}=2\sin 30°=1$, $\overline{BC}=2\cos 30°=\sqrt{3}$임을 이용한다.

오른쪽 그림처럼 좌표평면을 생각해 $A(2, 0)$, $B(0, 2)$라 하면 $P(\sqrt{3}, 1)$이 된다.

이때 $Q(x, 0)$으로 놓으면 (단, $0<x<2$)

$\overline{OQ}^2+\overline{PQ}^2=x^2+(x-\sqrt{3})^2+1^2$
$=2x^2-2\sqrt{3}x+4$
$=2\left(x-\dfrac{\sqrt{3}}{2}\right)^2+\dfrac{5}{2}$

따라서 $x=\dfrac{\sqrt{3}}{2}$일 때, $\overline{OQ}^2+\overline{PQ}^2$의 최솟값, 즉 $m=\dfrac{5}{2}$

$\therefore 2m=5$

05 ⑤ (1) $4ab$ (2) $xy=-3$ $(x>0, y<0)$
GUIDE

좌표평면에 평행사변형을 그려 점 X의 위치를 따져 x, y의 관계식을 구한다. 이때 x, y의 부호를 정확히 살핀다.

(1) (평행사변형의 넓이)
$=3a\times 3b-2\times\dfrac{1}{2}\times 2a\times 2b$
$-2\times\dfrac{1}{2}\times a\times b$
$=4ab$

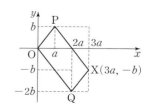

(2) (평행사변형의 넓이)$=4ab=4$이므로 $ab=1$

$X(3a, -b)$에서 $x=3a$, $y=-b$

$xy=-3ab=-3$ $(x>0, y<0)$

참고

평행사변형에서 각 대각선의 중점은 서로 같으므로

$\dfrac{x}{2}=\dfrac{a+2a}{2}$, $\dfrac{y}{2}=\dfrac{b-2b}{2}$ $\quad \therefore X(3a, -b)$

06 답 ①

GUIDE

❶ 점 P에 대하여 삼각형 ABC의 넓이는 삼각형 PBC 넓이의 두 배임을 이용한다.

❷ 삼각형의 중점 연결 정리를 이용한다.

❸ 평행선 위에서 넓이가 같은 삼각형을 생각한다.

점 P가 △ABC 내부의 점이고,

△PBC=△APC+△ABP이므로

△PBC=$\dfrac{1}{2}$△ABC

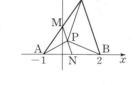

따라서 점 P는 $\overline{AC}$, $\overline{AB}$의 중점

M, N을 잇는 선분 위에 있다.

$M\left(0, \dfrac{3}{2}\right)$, $N\left(\dfrac{1}{2}, 0\right)$이므로 점 P가 그리는 도형의 길이는

$\overline{MN}=\sqrt{\dfrac{1}{4}+\dfrac{9}{4}}=\dfrac{\sqrt{10}}{2}$

LECTURE

△ABC에서 두 점 M, N이 각각

$\overline{AB}$, $\overline{AC}$의 중점일 때

$\overline{MN} /\!/ \overline{BC}$ (중점 연결 정리)이고

△NBC=$\dfrac{1}{2}$△ABC

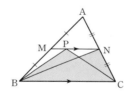

따라서 $\overline{MN}$ 위의 임의의 점 P에 대하여

△PBC=△NBC=$\dfrac{1}{2}$△ABC

07 답 ①

GUIDE

각각의 수가 수직선 위에서 $\sqrt{2}$와 $\sqrt{3}$이 나타내는 두 점을 이은 선분을 몇 대 몇으로 내분한 점인지 따져 본다.

수직선 위에서 $\sqrt{2}$를 나타내는 점을 A, $\sqrt{3}$을 나타내는 점을 B라 하면

① $\dfrac{\sqrt{2}+\sqrt{3}}{2}$ ⇨ $\overline{AB}$를 1 : 1로 내분한 점의 좌표

② $\dfrac{2\sqrt{2}+\sqrt{3}}{3}$ ⇨ $\overline{AB}$를 1 : 2로 내분한 점의 좌표

③ $\dfrac{3\sqrt{2}+\sqrt{3}}{4}$ ⇨ $\overline{AB}$를 1 : 3으로 내분한 점의 좌표

④ $\dfrac{4\sqrt{2}+\sqrt{3}}{5}$ ⇨ $\overline{AB}$를 1 : 4로 내분한 점의 좌표

⑤ $\dfrac{5\sqrt{2}+\sqrt{3}}{6}$ ⇨ $\overline{AB}$를 1 : 5로 내분한 점의 좌표

따라서 $\dfrac{\sqrt{2}+\sqrt{3}}{2}$이 맨 오른쪽에 있고, 가장 큰 수이다.

08 답 점 B는 선분 AC의 중점이다.

GUIDE

세 점 A, B, C가 한 직선 위에 있지 않을 때 문제의 조건을 만족시킬 수 있는지 따져 본다.

세 점 A, B, C가 한 직선 위에 있지 않을 때, 오른쪽 그림처럼 점 $(A\circ B)\circ C$와 점 $(B\circ C)\circ A$는 일치할 수 없다.

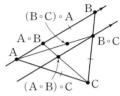

즉 세 점 A, B, C가 한 직선 위에 있으므로 수직선 위에서 세 점의 좌표를 $A(a)$, $B(b)$, $C(c)$로 놓고 생각해도 된다. 이때

$A\circ B$의 좌표는 $\dfrac{2a+b}{3}$, $(A\circ B)\circ C$의 좌표는 $\dfrac{4a+2b+3c}{9}$

$B\circ C$의 좌표는 $\dfrac{2b+c}{3}$, $(B\circ C)\circ A$의 좌표는 $\dfrac{3a+4b+2c}{9}$

점 $(A\circ B)\circ C$와 점 $(B\circ C)\circ A$가 일치하므로

$\dfrac{4a+2b+3c}{9}=\dfrac{3a+4b+2c}{9}$에서 $b=\dfrac{a+c}{2}$

따라서 점 B는 선분 AC의 중점이다.

참고

간단한 경우에서 생각해 보자.

예를 들어 $A(0, 3)$, $B(0, 0)$, $C(a, b)$에서 $(A\circ B)\circ C$를 P라 하고

P의 x좌표를 구하면 $\dfrac{a}{3}$이다.

이때 $B\circ C$를 Q라 하고 Q의 x좌표를 구하면 마찬가지로 $\dfrac{a}{3}$이다.

따라서 $(B\circ C)\circ A$와 점 P가 일치한다면 점 A는 두 점 P, Q를 이은 직선 위에 있어야 하고, $\overline{PA}=2\overline{PQ}$이다. 그런데 점 P의 x좌표와 점 A의 x좌표가 서로 다르므로 세 점 A, P, Q는 한 직선 위의 점이 아니다.

따라서 세 점 A, B, C가 같은 직선 위에 있지 않으면 문제의 조건이 성립하지 않는다.

※ $A(0, 3)$, $B(0, 0)$, $C(a, b)$에서 $(A\circ B)\circ C$와 $(B\circ C)\circ A$가 서로 일치하려면 $(A\circ B)\circ C ⇨ \left(\dfrac{a}{3}, \dfrac{b+4}{3}\right)$, $(B\circ C)\circ A ⇨ \left(\dfrac{2a}{9}, \dfrac{9+2b}{9}\right)$ 에서 $a=0$, $b=-3$일 때이다. 즉 점 B가 두 점 A, C를 이은 선분 AC의 중점이 된다.

09 답 $\dfrac{10\sqrt{3}}{3}$

GUIDE

한 변의 길이가 2인 정삼각형의 중선의 길이를 구하고, 무게중심은 중선을 꼭짓점으로부터 2 : 1로 내분하는 것을 이용한다.

정삼각형의 한 변의 길이가 2이므로 중선의 길이는 $\sqrt{3}$이다.
따라서 정삼각형 ABC 무게중심의 y좌표는

$$3 \times \sqrt{3} + \dfrac{\sqrt{3}}{3} = \dfrac{10\sqrt{3}}{3}$$

10 답 ③

GUIDE

점 P의 좌표를 $P(x, y)$로 놓고 $\overline{PA}^2 + \overline{PB}^2 + \overline{PC}^2$의 식을 정리하여 값이 최소가 되는 x, y의 조건을 찾는다.

$\triangle ABC$의 세 꼭짓점의 좌표를 각각 $A(x_1, y_1)$, $B(x_2, y_2)$, $C(x_3, y_3)$이라 하고, 점 P의 좌표를 $P(x, y)$라 하면
$$\overline{PA}^2 + \overline{PB}^2 + \overline{PC}^2$$
$$= (x-x_1)^2 + (y-y_1)^2 + (x-x_2)^2 + (y-y_2)^2$$
$$\quad + (x-x_3)^2 + (y-y_3)^2$$
$$= 3x^2 - 2(x_1+x_2+x_3)x + x_1^2 + x_2^2 + x_3^2$$
$$\quad + 3y^2 - 2(y_1+y_2+y_3)y + y_1^2 + y_2^2 + y_3^2$$
$$= 3\left(x - \dfrac{x_1+x_2+x_3}{3}\right)^2 + 3\left(y - \dfrac{y_1+y_2+y_3}{3}\right)^2$$
$$\quad + x_1^2 + x_2^2 + x_3^2 + y_1^2 + y_2^2 + y_3^2$$
$$\quad - \dfrac{(x_1+x_2+x_3)^2}{3} - \dfrac{(y_1+y_2+y_3)^2}{3}$$

따라서 $x = \dfrac{x_1+x_2+x_3}{3}$, $y = \dfrac{y_1+y_2+y_3}{3}$일 때
$\overline{PA}^2 + \overline{PB}^2 + \overline{PC}^2$의 값이 최소이므로
점 P는 $\triangle ABC$의 무게중심이다.

11 답 -56

GUIDE

삼각형 ABC와 삼각형 DEF의 무게중심이 같음을 이용한다.

삼각형 ABC의 무게중심은 삼각형 DEF의 무게중심과 같으므로
$\left(\dfrac{5+a+b}{3}, \dfrac{a^2+b^2+1}{3}\right)$은 $(1, 7)$과 같다.
즉 $a+b = -2$, $a^2+b^2 = 20$에서
$ab = \dfrac{1}{2}\{(a+b)^2 - (a^2+b^2)\} = -8$이므로
$a^3 + b^3 = (a+b)^3 - 3ab(a+b) = -56$

LECTURE

삼각형 ABC의 세 변 AB, BC, CA를 $m : n$으로 내분하는 점을 각각 D, E, F라 할 때
$$D\left(\dfrac{mx_2+nx_1}{m+n}, \dfrac{my_2+ny_1}{m+n}\right),$$
$$E\left(\dfrac{mx_3+nx_2}{m+n}, \dfrac{my_3+ny_2}{m+n}\right),$$
$$F\left(\dfrac{mx_1+nx_3}{m+n}, \dfrac{my_1+ny_3}{m+n}\right)$$이고,

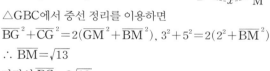

세 점 D, E, F의 x좌표의 합과 y좌표의 합은
각각 $x_1+x_2+x_3$, $y_1+y_2+y_3$로 세 점 A, B, C의 x좌표의 합, y좌표의 합과 같으므로 두 삼각형 ABC, DEF의 무게중심의 좌표는
$\left(\dfrac{x_1+x_2+x_3}{3}, \dfrac{y_1+y_2+y_3}{3}\right)$으로 같다.

12 답 ②

GUIDE

세 선분 AM, BN, CL은 삼각형 ABC의 중선이므로 세 선분이 만나는 점은 삼각형 ABC의 무게중심이다.

$\triangle ABC$의 무게중심을 G라 하면, 세 변 AM, BN, CL은 무게중심 G에서 만난다. 중선의 성질에서
$$\overline{BG} = \dfrac{2}{3}\overline{BN} = \dfrac{2}{3} \times \dfrac{9}{2} = 3,$$
$$\overline{CG} = \dfrac{2}{3}\overline{CL} = \dfrac{2}{3} \times \dfrac{15}{2} = 5,$$
$$\overline{GM} = \dfrac{1}{3}\overline{AM} = \dfrac{1}{3} \times 6 = 2$$

$\triangle GBC$에서 중선 정리를 이용하면
$$\overline{BG}^2 + \overline{CG}^2 = 2(\overline{GM}^2 + \overline{BM}^2), \quad 3^2 + 5^2 = 2(2^2 + \overline{BM}^2)$$
$$\therefore \overline{BM} = \sqrt{13}$$
따라서 $\overline{BC} = 2\sqrt{13}$

13 답 ④

GUIDE

❶ 계수가 정해진 두 직선의 교점을 구한다.
❷ 세 직선이 평면을 6개 영역으로 나누는 경우를 찾는다.

두 직선 $x+3y-5=0$, $x-3y+7=0$은
$(-1, 2)$에서 만나며, 직선 $mx+y=0$은 원점을 지난다.
세 직선이 평면을 6개 영역으로 나누는 경우는 다음과 같다.

(i) $mx+y=0$이 $x+3y-5=0$과 평행한 경우 $m = \dfrac{1}{3}$

(ii) $mx+y=0$이 $x-3y+7=0$과 평행한 경우 $m = -\dfrac{1}{3}$

(iii) $mx+y=0$이 $(-1, 2)$를 지나는 경우 $m = 2$
따라서 m값의 합은 2

서로 다른 세 직선은 평면을 4개, 6개 또는 7개로 나눈다.

(i) 4개로 나누는 경우 : 세 직선이 평행할 때 (교점 0개)

(ii) 6개로 나누는 경우 : 세 직선이 한 점에서 만나거나 (교점 1개)

　　　　　　　　　　　　세 직선 중 두 직선만 평행할 때 (교점 2개)

(iii) 7개로 나누는 경우 : (i), (ii) 이외 (교점 3개)

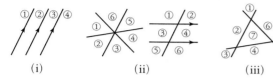

(i)　　　　　　(ii)　　　　　　(iii)

14 답 $\sqrt{3}$

GUIDE

❶ 점 A, C의 좌표를 정한다.

❷ 점 B, D의 좌표를 구한다.

점 A의 좌표를 $(a, 3a)$라 하고, 점 C의 좌표를 (b, b)라 하면

점 B의 좌표는 (a, b), 점 D의 좌표는 $(b, 3a)$

이때 세 점 O, B, D가 한 직선 위에 있으므로

$$\frac{b}{a}=\frac{3a}{b},\ b^2=3a^2\qquad \therefore \frac{b}{a}=\sqrt{3}\ (\because a>0,\ b>0)$$

15 답 $\sqrt{3}$

GUIDE

❶ l_2의 기울기를 m이라 놓는다.

❷ 삼각형에서 각의 이등분선의 성질을 이용한다.

l_2의 기울기를 m이라 하면

l_1의 기울기는 $3m$

이때 l_2가 각의 이등분선이므로

오른쪽 그림에서

$$\sqrt{1+9m^2}:1=2m:m=2:1$$

$$\therefore m=\frac{\sqrt{3}}{3}$$

따라서 l_1의 기울기는 $\sqrt{3}$

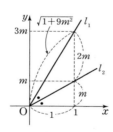

16 답 -3

GUIDE

이등변삼각형을 이루는 네 가지 경우 중에서 직선 $l : ax+by=0$이 $ab=0$인 경우, 즉 x축 또는 y축이 되는 경우를 제외한다.

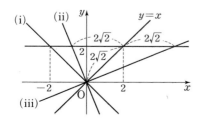

(i) $ax+by=0$이 $(-2, 2)$를 지날 때 $y=-x$

(ii) $ax+by=0$이 $(2-2\sqrt{2}, 2)$를 지날 때

$$y=\frac{2}{2-2\sqrt{2}}\,x,\ \text{즉}\ y=-(1+\sqrt{2})x$$

(iii) $ax+by=0$이 $(2+2\sqrt{2}, 2)$를 지날 때

$$y=\frac{2}{2+2\sqrt{2}}\,x,\ \text{즉}\ y=(\sqrt{2}-1)x$$

따라서 세 직선의 기울기 합은

$$(-1)+(-1-\sqrt{2})+(\sqrt{2}-1)=-3$$

1등급 NOTE

두 직선 $y=2$와 $y=x$의 교점을 A라 할 때 다음 세 가지 경우를 모두 생각해야 답을 구할 수 있다.

(i) $\overline{OA}=\overline{OB}$ ⇨ 점 B가 제2사분면 위에 있다. [그림 1]

(ii) $\overline{AB}=\overline{AO}$ ⇨ 점 B가 제2사분면 위에 있다. [그림 2]

(iii) $\overline{AO}=\overline{AB}$ ⇨ 점 B가 제1사분면 위에 있다. [그림 3]

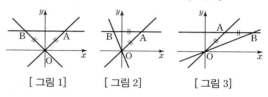

[그림 1]　　　[그림 2]　　　[그림 3]

17 답 ②

GUIDE

❶ 색칠한 부분이 정팔각형이므로 8개로 나눈 삼각형을 생각한다.

❷ 정사각형을 좌표평면에 놓고, 값을 구하기 쉬운 삼각형의 꼭짓점 좌표를 구한다.

꼭짓점 B를 원점으로 하는 정사각형 ABCD를 좌표평면 위에 놓으면 정사각형 ABCD의 한 변의 길이가 2이므로

$$B(0, 0), A(0, 2), C(2, 0), D(2, 2)$$

이때 선분 AB, BC, CD, DA의 중점을 각각 P, Q, R, S라 하면

직선 PD의 방정식은 $y=\frac{1}{2}x+1$　　……㉠

직선 BS의 방정식은 $y=2x$　　……㉡

직선 AQ의 방정식은 $y=-2x+2$　　……㉢

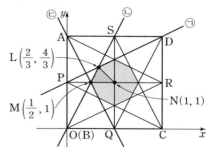

두 직선 ㉠, ㉡의 교점의 좌표를 $L\left(\frac{2}{3}, \frac{4}{3}\right)$,

두 직선 ㉡, ㉢의 교점의 좌표를 $M\left(\frac{1}{2}, 1\right)$,

또 직선 PR와 직선 QS의 교점을 $N(1, 1)$이라 하면

$$\triangle \text{LMN} = \frac{1}{2}\left(1-\frac{1}{2}\right)\left(\frac{4}{3}-1\right) = \frac{1}{12}$$

이때 색칠한 부분의 넓이는 $\triangle \text{LMN}$ 넓이의 8배이므로

$$(\text{색칠한 부분의 넓이}) = 8 \times \frac{1}{12} = \frac{2}{3}$$

18 <small>답</small> 6

GUIDE

제곱해서 실수가 되는 수는 실수 또는 순허수이므로 실수부분과 허수부분의 조건을 따져 본다.

z^2이 실수이려면 z가 실수이거나
순허수이므로
$x+y-2=0$ 또는 $4x+y-8=0$
따라서 점 $\text{P}(x, y)$가 나타내는 도형은
그림과 같이 두 직선
$x+y-2=0$, $4x+y-8=0$이고, 이
두 직선과 y축으로 둘러싸인 부분의
넓이는 $\frac{1}{2} \times 6 \times 2 = 6$

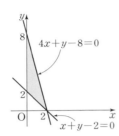

LECTURE

복소수 $z=a+bi$ (a와 b는 실수)에 대하여
$z^2 = (a+bi)^2 = a^2 - b^2 + 2abi$이므로 z^2이 실수이기 위한 필요충분조건
은 $2ab=0$, 즉 $a=0$ 또는 $b=0$
(i) $a=0$, $b \neq 0$이면 z^2은 음수
(ii) $a \neq 0$, $b=0$이면 z^2은 양수
(iii) $a=0$, $b=0$이면 $z^2=0$

19 <small>답</small> $x+2y-20=0$

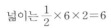

GUIDE

선분 PQ의 길이를 구하고, 직선 PQ의 기울기를 구해 원점으로부터 떨어진 거리를 이용해 직선 PQ의 방정식을 구한다.

직선 $y=2x+6$과 직선 $y=2x-9$
사이 거리는 $\frac{|6-(-9)|}{\sqrt{5}} = 3\sqrt{5}$
이므로 $\overline{\text{PQ}} = 3\sqrt{5}$
원점 O에서 $\overline{\text{PQ}}$에 내린 수선의 발을
H라 하면
$$\triangle \text{OPQ} = \frac{1}{2} \times \overline{\text{PQ}} \times \overline{\text{OH}}$$
$$30 = \frac{1}{2} \times 3\sqrt{5} \times \overline{\text{OH}}$$
$$\therefore \overline{\text{OH}} = 4\sqrt{5}$$
직선 PQ의 기울기가 $-\frac{1}{2}$이므로 직선 PQ의 방정식을
$x+2y-k=0$ $(k>0)$이라 하면
$$\overline{\text{OH}} = \frac{|-k|}{\sqrt{5}} = 4\sqrt{5} \qquad \therefore k=20$$
따라서 직선 PQ의 방정식은 $x+2y-20=0$

참고

평행한 두 직선 $ax+by+c=0$과 $ax+by+c'=0$ 사이의 거리는

$$d = \frac{|c-c'|}{\sqrt{a^2+b^2}}$$

20 <small>답</small> ②

GUIDE

❶ 주어진 직선이 k값에 관계없이 지나는 정점을 구한다.
❷ 정점을 지나는 직선 중에서 원점에서 거리가 최대일 때는 원점과 정점을 연결한 선분이 직선에 수직일 때임을 이용한다.

$(k+1)x+(1-k)y-2k-4=0$은
$(x+y-4)+k(x-y-2)=0$이고, k의 값에 관계없이
$x+y-4=0$, $x-y-2=0$의 교점인 점 $(3, 1)$을 지난다.
정점 $(3, 1)$을 지나는 직선 중에서
원점에서 거리가 최대인 것은 원점에서
직선에 내린 수선의 발이 점 $(3, 1)$일 때,
즉 직선의 기울기가 -3일 때이므로
$M = \sqrt{1^2+3^2} = \sqrt{10}$

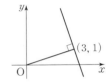

또 기울기에서 $-\frac{k+1}{1-k} = -3$ $\qquad \therefore k = \frac{1}{2}$

따라서 $kM = \frac{1}{2} \times \sqrt{10} = \frac{\sqrt{10}}{2}$

참고

오른쪽 그림처럼 생각하면 점 A에서
점 B를 지나는 직선까지의 최대 거리는
점 A와 $\overline{\text{AB}}$에 수직인 직선 사이의
거리임을 알 수 있다.
$\overline{\text{AB}} > \overline{\text{AC}}$, $\overline{\text{AB}} > \overline{\text{AC'}}$

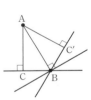

1등급 NOTE

$$f(k) = \frac{|-2k-4|}{\sqrt{(k+1)^2+(1-k)^2}} = \frac{\sqrt{2}|k+2|}{\sqrt{k^2+1}}$$

이지만, 이 함수식을 이용하기가 너무 복잡하다.

21 <small>답</small> ④

GUIDE

❶ $\overline{\text{OA}}$의 길이를 이용해 원점 O에서 직선 AB까지의 거리 h를 구한다.
❷ 점 A를 지나면서 원점에서 거리가 h인 직선의 기울기를 구한다.

$\overline{\text{OA}} = 2\sqrt{2}$이므로 원점 O에서 AB에 내린 수선의 길이, 즉
정삼각형 OAB의 높이는 $\frac{\sqrt{3}}{2} \times 2\sqrt{2} = \sqrt{6}$
점 A를 지나는 직선을 $k(x-\sqrt{5})+y-\sqrt{3}=0$
즉 $kx+y-k\sqrt{5}-\sqrt{3}=0$으로 놓으면
원점 O에서 직선 AB까지의 거리가 $\sqrt{6}$이므로

$$\frac{|-k\sqrt{5}-\sqrt{3}|}{\sqrt{k^2+1}}=\sqrt{6},\ k^2-2\sqrt{15}k+3=0 \qquad \therefore k=\sqrt{15}\pm2\sqrt{3}$$

직선의 기울기는 $-k$이므로 $-\sqrt{15}-2\sqrt{3}$ 또는 $-\sqrt{15}+2\sqrt{3}$

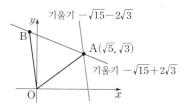

이 중 문제의 조건에 맞는 직선의 기울기는 위 그림에서
$-\sqrt{15}+2\sqrt{3}$

22 답 ⑤

GUIDE

❶ 점 Q에서 직선 $y=x-1$에 수선을 내려 직각삼각형을 만든다.
❷ 피타고라스 정리를 이용해 선분 PQ의 길이를 구한다.

오른쪽 그림과 같이 두 직선 l과
$y=x-1$이 이루는 각의 크기를 α라
하면 $45°+\alpha=75°$이므로 $\alpha=30°$
점 Q에서 직선 $y=x-1$에 내린 수
선의 발을 H라 하면, 선분 QH의 길
이는 두 직선 $x-y-1=0$과
$x-y-3=0$ 사이의 거리와 같으므로

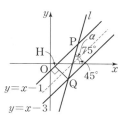

$$\overline{QH}=\frac{|-1-(-3)|}{\sqrt{1^2+(-1)^2}}=\sqrt{2}$$

이때 직각삼각형 PHQ에서 $\angle HPQ=\alpha=30°$이므로
$\overline{QH}:\overline{PQ}=1:2$에서 $\overline{PQ}=2\sqrt{2}$

> **참고**
>
> • 두 직선 $y=x-1$과 $y=x-3$이 평행하므로
> 엇각 $\angle HPQ$와 α의 크기는 같다
> • 한 내각의 크기가 $30°$인 직각삼각형에서 세 변
> 의 길이 비는 $2:1:\sqrt{3}$

23 답 $2\sqrt{5}$

GUIDE

❶ 정사각형을 좌표평면에 놓고 각 점의 좌표를 구한다.
❷ 직선 AB'의 방정식을 구한다.
❸ 각 꼭짓점에서 직선 AB'까지 거리를 구한다.

점 A가 원점 O에 오도록 정사각형
ABCD를 좌표평면 위에 놓으면
A$(0, 0)$, B$(3, 0)$, C$(3, 3)$, D$(0, 3)$
또 $\overline{AB'}=3$이므로 B'$(2, \sqrt{5})$이고
직선 AB'의 방정식은
$$y=\frac{\sqrt{5}}{2}x,\ 즉\ \sqrt{5}x-2y=0$$

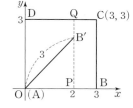

(점 B에서 직선 AB'까지 거리)$=\dfrac{|3\sqrt{5}|}{\sqrt{5+4}}=\sqrt{5}$

(점 C에서 직선 AB'까지 거리)$=\dfrac{|3\sqrt{5}-6|}{\sqrt{5+4}}=\sqrt{5}-2$

(점 D에서 직선 AB'까지 거리)$=\dfrac{|-6|}{\sqrt{5+4}}=2$

따라서 거리의 합은 $2\sqrt{5}$

24 답 8

GUIDE

좌표평면에 각 지점의 위치를 나타내고, 점과 직선 사이의 거리를 이용한다.

B 지점을 원점으로 하여 각 지점을
좌표평면 위에 나타내면 A 지점의
좌표는 A$(-22, -16)$
사람이 직선 OC 또는 직선 OC의
아래쪽 부분이나 직선 OE 또는 직
선 OE의 위쪽 부분에 있으면 식수

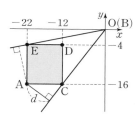

대를 볼 수 있으므로 사람이 식수대를 보기 위해 이동해야 하는
거리의 최솟값은 점 A와 직선 OC 사이의 거리이다.
직선 OC의 방정식이 $4x-3y=0$이므로 점 A와 직선 OC 사이
의 거리는
$$\frac{|-88+48|}{\sqrt{4^2+(-3)^2}}=\frac{40}{5}=8$$

> **참고**
>
> 직선 OE의 방정식은 $2x-11y=0$이므로 점 A와 직선 OE 사이의 거리는
> $$\frac{|-44+11\times16|}{\sqrt{2^2+(-11)^2}}=\frac{132\sqrt{5}}{25}≒11.8$$

25 답 ③

GUIDE

원점에서 직선까지의 거리를 주어진 문자로 나타내어 값을 비교한다.

ㄱ. 원점에서 직선 $2\sqrt{2}x-y-3=0$까지 거리는
$$d(2\sqrt{2}, -3)=\frac{|-3|}{\sqrt{8+1}}=1\ (\bigcirc)$$

ㄴ. 원점에서 직선 $ax-y+1=0$까지 거리는
$$d(a, 1)=\frac{1}{\sqrt{a^2+1}}$$
원점에서 직선 $(a+1)x-y+1=0$까지 거리는
$$d(a+1, 1)=\frac{1}{\sqrt{(a+1)^2+1}}$$
$a>0$이므로
$$d(a, 1)=\frac{1}{\sqrt{a^2+1}}>\frac{1}{\sqrt{(a+1)^2+1}}=d(a+1, 1)\ (\bigcirc)$$

ㄷ. [반례] $b=-3$일 때,

$$d(1,-3)=\frac{3}{\sqrt{2}}, \quad d(1,-2)=\frac{2}{\sqrt{2}}$$

$$\therefore d(1,-3)>d(1,-2) \ (\times)$$

따라서 옳은 것은 ㄱ, ㄴ

참고

$d(1,b)=\dfrac{|b|}{\sqrt{2}}, \ d(1,b+1)=\dfrac{|b+1|}{\sqrt{2}}$ 에서

$b>-\dfrac{1}{2}$ 이면 $|b|<|b+1|$ 이고, $b<-\dfrac{1}{2}$ 이면 $|b|>|b+1|$ 이다.

26 ⑤ 제3사분면
GUIDE

점 P에서 두 직선까지의 거리를 이용해 식을 세운다. 이때 점 P의 자취는 서로 다른 두 직선이 됨에 주의한다.

$2\overline{PA}=\overline{PB}$ 에서 $2 \times \dfrac{|x+2y-1|}{\sqrt{5}}=\dfrac{|2x-y-1|}{\sqrt{5}}$

$2(x+2y-1)=\pm(2x-y-1)$

즉 점 P의 자취는 $5y-1=0$ 또는 $4x+3y-3=0$ 이므로
점 P는 제3사분면을 지나지 않는다.

27 ⑤ ③
GUIDE

❶ 식을 정리하여 X, Y에 대한 식으로 만든다.
❷ X, Y에 대한 식을 $Y=aX+b$와 비교하여 a, b의 값을 구한다.

$X=3x+2y+1, Y=x+4y-3$ 을 정리하면

$x=\dfrac{2X-Y-5}{5}, \ y=\dfrac{-X+3Y+10}{10}$

$P(x, y)$가 직선 $y=ax+b$ 위의 점이므로

$\dfrac{-X+3Y+10}{10}=a \times \dfrac{2X-Y-5}{5}+b$

즉 $(4a+1)X-(2a+3)Y-10a+10b-10=0$

이 식이 $Y=aX+b$, 즉 $aX-Y+b=0$이려면

$\dfrac{4a+1}{a}=\dfrac{-2a-3}{-1}=\dfrac{-10a+10b-10}{b}$

$4a+1=2a^2+3a, \ 2a^2-a-1=0$

$(2a+1)(a-1)=0 \quad \therefore a=-\dfrac{1}{2}$ 또는 $a=1$

(i) $a=-\dfrac{1}{2}$ 일 때 $b=\dfrac{5}{8}$ (ㄹ)

(ii) $a=1$ 일 때 $b=4$ (ㄱ)

STEP 3 | 1등급 뛰어넘기　　　　　　　p. 106~109

01 ①	**02** 28	**03** ⑤	**04** ④
05 (1) $\left(\dfrac{1}{2}, \dfrac{1}{4}\right)$ (2) $y=2x-1-\sqrt{5}$		**06** ②	
07 (1) 96개 (2) 20개		**08** 81개	
09 (1) $y=-4x+18$ (2) $(4, 5)$	**10** (1) 1 (2) 2 (3) 2		
11 3개	**12** ⑤	**13** $\dfrac{9}{2}$	

01 ⑤ ①
GUIDE

이등변삼각형의 꼭짓각의 이등분선은 밑변을 수직이등분한다는 성질을 이용해 직선 AB의 기울기를 구한다.

직선 OI는 $\angle AOB$의 이등분선이고, $\overline{OA}=\overline{OB}$이므로
직선 OI와 직선 AB는 서로 수직이다.

직선 OI의 기울기가 $\dfrac{2}{3}$이므로 직선 AB의 기울기는 $-\dfrac{3}{2}$

$\dfrac{b-d}{a-c}=-\dfrac{3}{2}, \ 2b-2d=-3a+3c$

따라서 $3a+2b=3c+2d$ 에서 $\dfrac{3c+2d}{3a+2b}=1$

02 ⑤ 28
GUIDE

❶ 직선 l의 방정식을 구한다.
❷ 항등식의 원리를 이용하여 a, b, c의 값을 구한다.

직선 l의 x절편, y절편이 각각 4, 2이므로

직선 l의 방정식은 $\dfrac{x}{4}+\dfrac{y}{2}=1 \quad \therefore y=-\dfrac{1}{2}x+2$

이것을 주어진 등식에 대입하면

$x^2+a\left(-\dfrac{1}{2}x+2\right)^2+bx+c=0$

$\left(1+\dfrac{a}{4}\right)x^2-(2a-b)x+(4a+c)=0$

이 식이 x에 대한 항등식이므로

$1+\dfrac{a}{4}=0, \ 2a-b=0, \ 4a+c=0$

$\therefore a=-4, \ b=-8, \ c=16$

따라서 $|a|+|b|+|c|=28$

다른 풀이

직선 위의 어떤 점을 대입하여도 등식이 성립하므로
직선 위의 점 $(0, 2), (2, 1), (4, 0)$을 대입하여 정리하면

$4a+c=0 \quad\quad \cdots\cdots ㉠$

$a+2b+c=-4 \quad\quad \cdots\cdots ㉡$

$4b+c=-16 \quad\quad \cdots\cdots ㉢$

㉠, ㉡, ㉢을 연립하여 풀면

$a=-4, \ b=-8, \ c=16$

따라서 $|a|+|b|+|c|=28$

03 ⓐ ⑤

GUIDE
❶ $\overline{OA}$, $\overline{AC}$, $\overline{OC}$의 길이를 정한다.
❷ $\overline{OB}$의 길이를 정하고, $\overline{OD}$의 길이를 구한다.

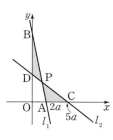

$\triangle$ACP$=\triangle$BDP이므로
$\triangle$OCD$=\triangle$OAB
이때 $3\overline{OA}=2\overline{AC}$이므로 $\overline{OA}=2a$,
$\overline{AC}=3a$라 하면 $\overline{OC}=5a$
직선 l_1의 기울기가 -5이므로
$\overline{OB}=10a$
$\triangle$OCD$=\triangle$OAB이므로
$5a\times\overline{OD}=2a\times10a$ $\therefore$ $\overline{OD}=4a$
따라서 (직선 l_2의 기울기)$=-\dfrac{4a}{5a}=-\dfrac{4}{5}$

04 ⓐ ④

GUIDE
❶ 평행선에서 넓이가 같은 삼각형의 원리를 이용한다.
❷ 직선 OA의 기울기를 구한다.
❸ 직선 AC의 기울기를 구하여 직선 BD의 기울기를 구한다.

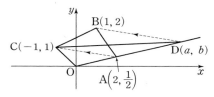

$\square$OABC$=\triangle$OAC$+\triangle$ABC, $\triangle$COD$=\triangle$OAC$+\triangle$ADC
에서 $\square$OABC$=\triangle$COD이므로 $\triangle$ABC$=\triangle$ADC
변 AC는 $\triangle$ABC와 $\triangle$ADC의 공통 밑변이므로 높이가 같아야
한다. 따라서 $\overline{AC}\,/\!/\,\overline{DB}$

직선 OA의 방정식은 $y=\dfrac{1}{4}x$이고, 직선 OA 위의 점 D의 좌표는
$\left(a, \dfrac{1}{4}a\right)$이므로 직선 BD의 기울기는 $\dfrac{\dfrac{1}{4}a-2}{a-1}$

한편, 직선 AC의 기울기가 $-\dfrac{1}{6}$이므로 $\dfrac{\dfrac{1}{4}a-2}{a-1}=-\dfrac{1}{6}$

따라서 $a=\dfrac{26}{5}$, $b=\dfrac{1}{4}a=\dfrac{13}{10}$ $\therefore$ $a+b=\dfrac{13}{2}$

05 ⓐ (1) $\left(\dfrac{1}{2}, \dfrac{1}{4}\right)$ (2) $y=2x-1-\sqrt{5}$

GUIDE
구하는 점이 $y=x-5$와 평행한 직선과 $y=x^2$ 그래프의 접점임을 이용한다.

(1) $y=x-5$와 평행한 직선 중 $y=x^2$과 접하는 직선을
$y=x+k$라 하면 $x^2=x+k$가 중근을 가지므로

$D=1+4k=0$ $\therefore$ $k=-\dfrac{1}{4}$

$x^2-x+\dfrac{1}{4}=0$에서 $\left(x-\dfrac{1}{2}\right)^2=0$, $x=\dfrac{1}{2}$, $y=\dfrac{1}{4}$

따라서 $\left(\dfrac{1}{2}, \dfrac{1}{4}\right)$

(2) 점 $P(1, 1)$을 지나고 $y=x^2$에 접하는 직선을
$y=m(x-1)+1$이라 하면
$x^2=m(x-1)+1$에서 $x^2-mx+m-1=0$
$D=m^2-4(m-1)=0$, $(m-2)^2=0$ $\therefore$ $m=2$
따라서 접선은 $y=2x-1$ ······ ㉠
구하는 직선은 $y=x^2$과 만나지 않으며, ㉠에 평행하고
$P(1, 1)$에서 거리가 1인 직선
이므로 $y=2x+k$라 하면
$d=\dfrac{|2-1+k|}{\sqrt{2^2+(-1)^2}}=1$,
$k=-1\pm\sqrt{5}$
그런데 구하는 직선이 $y=x^2$
과 만나지 않아야 하므로
$k=-1-\sqrt{5}$
따라서 $y=2x-1-\sqrt{5}$

채점 기준	배점
(1) 점의 좌표 구하기	30%
(2) 직선의 방정식 구하기	70%

06 ⓐ ②

GUIDE
❶ 선분 AB와 AC의 내분점을 구한다.
❷ a와 b 사이의 관계식을 구한다.

선분 AB의 내분점 $\left(\dfrac{-m+an}{m+n}, \dfrac{m+bn}{m+n}\right)$이 y축 위의 점이므

로 $\dfrac{-m+an}{m+n}=0$에서 $a=\dfrac{m}{n}$

선분 AC의 내분점 $\left(\dfrac{2m+an}{m+n}, \dfrac{-2m+bn}{m+n}\right)$이 x축 위의 점이

므로 $\dfrac{-2m+bn}{m+n}=0$에서 $b=\dfrac{2m}{n}$

점 $A(a, b)$에 대하여 $b=2a$이므로
점 A의 좌표는 $(1, 2)$, $(2, 4)$, $(3, 6)$, $(4, 8)$, $(5, 10)$
따라서 삼각형 ABC의 개수는 5개

07 ⓐ (1) 96개 (2) 20개

GUIDE
❶ 두 삼각형으로 이루어진 직사각형 내부의 격자점이 모두 몇 개인지 먼저 따져 본다.
❷ 직사각형을 이등분하는 직선이 반드시 지나는 점을 기준으로 생각한다.

(1) 그림에서 □OABC 내부의 격자점의

개수는 $12 \times 16 = 192$

이때 $\overline{OB}$ 위에는 격자점이 없으므로

△OAB 내부의 격자점의 개수는

$192 \div 2 = 96$

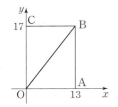

(2) 사각형 내부의 격자점 개수는

$7 \times 11 = 77$

사각형을 이등분하는 직선 l은 사각형의 두 대각선의 교점인

$(4, 6)$을 항상 지난다. 이때 l 아래쪽에 있는 격자점이 37개이려

면 l 위에 있는 격자점의 개수를 k라 할 때

$\dfrac{77-k}{2} = 37$ ∴ $k = 3$

따라서 그림과 같이 l 위에 격자점이

$(4, 6)$을 포함하여 3개가 있어야 하므

로 나머지 두 격자점을 따져 보자.

l의 기울기가 양수일 때 격자점은 다음

과 같다.

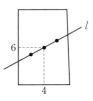

$(3, 3), (5, 9)$	$(2, 5), (6, 7)$	$(1, 5), (7, 7)$
$(3, 2), (5, 10)$	$(2, 3), (6, 9)$	$(1, 4), (7, 8)$
$(3, 1), (5, 11)$	$(2, 1), (6, 11)$	$(1, 2), (7, 10)$
		$(1, 1), (7, 11)$

즉 모두 10가지이고, l의 기울기가 음수일 때도 마찬가지로

10가지이므로 직선 l의 총 개수는 20

참고

(i) x좌표가 3일 때 그 짝을 생각한다. 즉 다음과 같다. [그림 1]

$(3, 3), (5, 9)$ $(3, 2), (5, 10)$ $(3, 1), (5, 11)$

(ii) x좌표가 2일 때 그 짝을 생각한다. 즉 다음과 같다. [그림 2]

$(2, 5), (6, 7)$ $(2, 3), (6, 9)$ $(2, 1), (6, 11)$

(iii) x좌표가 1일 때 그 짝을 생각한다. 즉 다음과 같다. [그림 3]

$(1, 5), (7, 7)$ $(1, 4), (7, 8)$ $(1, 2), (7, 10)$ $(1, 1), (7, 11)$

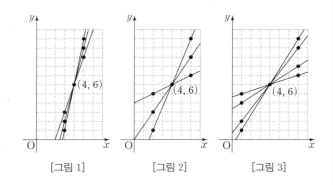

[그림 1]   [그림 2]   [그림 3]

08 🖍 81개

GUIDE

❶ $\max(|x|, |y|) = 10$의 도형을 그린다.

❷ 도형의 내부를 분할하여 생각한다.

도형 $\max(|x|, |y|) = 10$은

그림과 같은 정사각형의 네 변이

된다. 도형의 내부를 직선 $y = x$

와 $y = -x$를 경계선으로 하여 4

개의 영역으로 나누면

Ⅰ ~ Ⅳ 각 영역에서 조건에 맞는

격자점 개수는 같다.

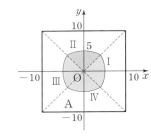

이때 영역 Ⅱ에서 색칠한 부분의 경계선은 $y = x$, $y = -x$이고

곡선 부분은 임의의 점 $P(x, y)$에 대하여 $d(P) = 10 - y$,

(원점에서 거리) $= \sqrt{x^2 + y^2}$에서

$10 - y = \sqrt{x^2 + y^2}$, $(10 - y)^2 = x^2 + y^2$

∴ $y = -\dfrac{1}{20}x^2 + 5$

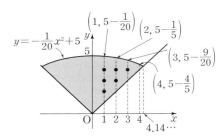

위 그림의 색칠한 부분에서 격자점 (단, 경계선 제외)은

$x = 1$일 때 $y = 2, 3, 4$

$x = 2$일 때 $y = 3, 4$

$x = 3$일 때 $y = 4$

즉 영역 Ⅱ의 제1사분면에서 경계선에 있지 않은 것이 6개이므로

전체 영역에서 $6 \times 8 = 48$(개)

이때 위 그림에서 경계선에 있으면서 조건에 맞는 격자점은 다음

과 같이 생각할 수 있다.

(i) 직선 $y = x$와 $y = -x$ 위에 있는 것

$y = x$ 위 : $(1, 1), (2, 2), (3, 3), (4, 4)$로 4개

$y = -x$ 위 : $(-1, 1), (-3, 2), (-3, 3), (-4, 4)$로 4개

원점 $(0, 0)$ 1개

따라서 $2 \times 8 + 1 = 17$(개)

(ii) 좌표축 위에 있는 것

y축 양의 방향 위 : $(0, 1), (0, 2), \cdots, (0, 4)$로 4개

따라서 $4 \times 4 = 16$(개)

그러므로 전체 격자점은 $48 + 17 + 16 = 81$(개)

09 ⓐ (1) $y=-4x+18$ (2) $(4, 5)$

GUIDE

다음 그림에서 $S_1 : S_2 = a : b$이면 $\overline{BD} : \overline{DC} = a : b$인 것을 이용한다.

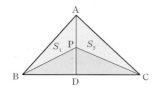

(1) $\triangle PAO : \triangle PBA = 2 : 1$에서 $\overline{OC} : \overline{CB} = 2 : 1$

　즉 점 C가 $\overline{OB}$를 $2 : 1$로 내분하는 점이므로

　$C\left(\dfrac{2\times 6+1\times 0}{2+1}, \dfrac{2\times 3+1\times 0}{2+1}\right)$에서 $C(4, 2)$

　$\triangle PBA : \triangle POB = 1 : 3$에서 $\overline{AD} : \overline{DO} = 1 : 3$

　즉 점 D는 $\overline{AO}$를 $1 : 3$으로 내분하는 점이므로

　$D\left(\dfrac{1\times 0+3\times 4}{1+3}, \dfrac{1\times 0+3\times 8}{1+3}\right)$에서 $D(3, 6)$

　따라서 두 점 C, D를 지나는 직선의 방정식은

　$y-2=\dfrac{6-2}{3-4}(x-4)$, 즉 $y=-4x+18$

(2) 두 점 B, D를 지나는 직선의 방정식은

　$y-3=\dfrac{3-6}{6-3}(x-6)$, 즉 $y=-x+9$

　또 두 점 A, C를 지나는 직선의 방정식은 $x=4$

　이때 점 P는 직선 AC와 직선 BD의 교점이므로 $P(4, 5)$

LECTURE

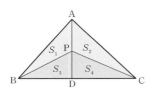

위 그림에서 $S_1 : S_2 = a : b$일 때 $\overline{BD} : \overline{DC} = a : b$인 이유는

$\overline{AP} : \overline{PD} = m : n$이라 하면 $S_1 : S_3 = m : n$, $S_2 : S_4 = m : n$이므로

$S_3 = \dfrac{n}{m}S_1$, $S_4 = \dfrac{n}{m}S_2$

이때 $S_3 : S_4 = \dfrac{n}{m}S_1 : \dfrac{n}{m}S_2 = S_1 : S_2 = a : b$

$\therefore \overline{BD} : \overline{DC} = S_1 : S_2 = a : b$

10 ⓐ (1) 1 (2) 2 (3) 2

GUIDE

점과 직선 사이의 거리는 점과 직선 위의 한 점에 대하여 거리의 최솟값임을 이용한다.

(1) 직선 $y=3x+1$의 기울기의
　절댓값이 1보다 크므로
　$4=3x+1$에서 $x=1$
　따라서 거리는 $|2-1|=1$

(2) 두 직선의 기울기 절댓값이 1보다

작으므로 두 직선의 y절편 3과 1의
차인 2가 거리이다.

(3) 두 직선의 y절편 차가 2이고, 거리가
　1이므로 두 직선의 기울기의 절댓값
　은 1보다 크다.
　두 직선의 방정식을 각각
　$y=ax+b$, $y=ax+b+2$라 하면
　두 직선의 거리가 x절편의 차이므로

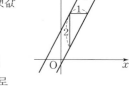

x절편의 차 $\left|-\dfrac{b}{a}-\left(-\dfrac{b+2}{a}\right)\right|=\left|\dfrac{2}{a}\right|=1$에서 a가 양수이므

로 $a=2$

참고

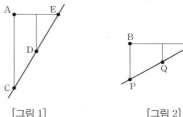

[그림 1]　　　　[그림 2]

'문제에서 정의된 거리'에 따르면 점과 직선 사이의 거리를 구할 때
[그림 1]과 같이 직선의 기울기의 절댓값이 1보다 크면 점 A에서 직선까지의 거리는 점 A에서 직선 위의 점 C → D → E로 갈수록 점점 짧아지며 E에서 최소가 된다.

마찬가지로 [그림 2]와 같이 직선의 기울기의 절댓값이 1보다 작으면 점 B에서 직선 위의 점 R → Q → P로 갈수록 점점 거리가 짧아지며 P에서 최소가 된다.

따라서 직선의 기울기의 절댓값에 따라 $\overline{AE}$ 또는 $\overline{BP}$의 길이가 '거리'이다. 기울기의 절댓값이 1인 경우는 x, y좌표 중 아무것이나 이용하면 된다.

그러므로 평행한 두 직선 사이의 거리를 구할 때는 기울기의 절댓값이 1보다 크면 x절편의 차, 기울기의 절댓값이 1보다 작으면 y절편의 차가 '거리'이다.

11 ⓐ 3개

GUIDE

❶ x절편이 5, y절편이 12인 직선과 평행하고 원점에서 거리가 14인 직선의 식을 구한다.

❷ 부정방정식에서 자연수 해를 찾는다.

x절편이 5, y절편이 12인 직선과 평행한 직선은
$12x+5y+k=0$

원점에서 거리가 14이므로 $\dfrac{|k|}{\sqrt{12^2+5^2}}=14$

이때 x, y좌표가 모두 자연수인 점이 존재하려면 직선이 제1사분면을 지나야 하므로 $k<0$

따라서 $k=-182$이고, 직선은 $12x+5y=182$

이 방정식을 만족시키는 자연수 x, y값 중 하나가
$x=11$, $y=10$이므로

$$\begin{array}{r} 12x \quad + \quad 5y \quad =182 \\ -)\ \ 12\times 11+\ 5\times 10\ =182 \\ \hline 12(x-11)+5(y-10)=0 \end{array}$$

즉 $12(x-11)=-5(y-10)$에서

$\dfrac{x-11}{-5}=\dfrac{y-10}{12}=t$라 하면

$x=11-5t,\ y=10+12t$

$x,\ y$가 모두 자연수이므로

$x=11-5t\geq 1,\ y=10+12t\geq 1$에서

$-\dfrac{3}{4}\leq t\leq 2$이고, t는 정수이다.

$t=0$일 때 $x=11,\ y=10$

$t=1$일 때 $x=6,\ y=22$

$t=2$일 때 $x=1,\ y=34$

따라서 구하는 점은 $(1, 34),\ (6, 22),\ (11, 10)$으로 3개이다.

1등급 NOTE

❶ $12x+5y=182$를 자연수 조건의 부정방정식으로 생각한다.

❷ $x=11,\ y=10$이 아닌 다른 값을 찾아서 풀 수도 있다.

예를 들어 $x=1,\ y=34$를 찾았다면 $\dfrac{x-1}{-5}=\dfrac{y-34}{12}=t$를 이용한다.

12 답 ⑤

GUIDE

직선 $y=m_1 x$ 위의 점 중 제1사분면 위에 있는 한 점에서 x축에 수선을 내려 만든 직각삼각형에서 각의 이등분선의 성질을 이용한다.

그림과 같이 x축 위에 점 A를 잡고, x축에 수선을 그어 $y=m_2 x$ 와 만나는 점 B, $y=m_1 x$와 만나는 점을 C라 하자.

$\overline{OA}=p,\ \overline{AC}=q$ ($p,\ q$는 서로소인

두 자연수)로 놓으면

점 B는 $\overline{AC}$를 $\overline{OA}:\overline{OC}$로 내분하는

점이다.

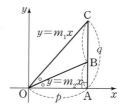

$\overline{OC}=\sqrt{p^2+q^2}$이고, $\overline{OC}$가 유리수이

면 $\overline{AB},\ \overline{BC}$의 길이도 각각 유리수이

므로 직선 $y=m_2 x$의 기울기 $m_2=\dfrac{\overline{AB}}{p}$도 유리수이다.

⑤ $m_1=\dfrac{13}{5}$의 경우 $\overline{OC}=\sqrt{5^2+13^2}=\sqrt{194}$로 유리수가 아니므

로 m_2도 유리수가 아니다.

참고

$\overline{OC}=a$라 할 때 a가 유리수이면 내분점을 구하는 공식에서 x좌표와 y좌 표 모두 유리수가 된다.

13 답 $\dfrac{9}{2}$

GUIDE

두 점 A, B에서 거리가 같은 직선은 선분 AB의 중점을 지나거나 직선 AB와 평행하다.

두 점 A, B에서 직선 l까지 거리가 a로 같으므로 다음과 같이 두 가지 경우를 생각한다.

(i) 직선 l이 선분 AB의 중점을 지날 때

직선 l이 두 점 $(2, 2),\ (1, 3)$을 연결한 선분과 만나려면

$y=m\left(x+\dfrac{1}{2}\right)$에서

$m=\dfrac{4}{5}$일 때 $a=\dfrac{12}{\sqrt{41}}$,

$b=\dfrac{9}{\sqrt{41}}$이므로 $\dfrac{a}{b}=\dfrac{4}{3}$

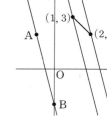

$m=2$일 때 $a=\dfrac{3}{\sqrt{5}},\ b=\dfrac{6}{\sqrt{5}}$이므로 $\dfrac{a}{b}=\dfrac{1}{2}$

(ii) 직선 l이 직선 AB와 평행할 때

직선 l이 두 점 $(2, 2),\ (1, 3)$을 연결한 선분과 만나려면

$y=-4x+k$에서

$k=7$일 때 $a=\dfrac{9}{\sqrt{17}},\ b=\dfrac{6}{\sqrt{17}}$

이므로 $\dfrac{a}{b}=\dfrac{3}{2}$

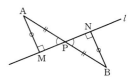

$k=10$일 때 $a=\dfrac{12}{\sqrt{17}},\ b=\dfrac{3}{\sqrt{17}}$이므로 $\dfrac{a}{b}=4$

(i), (ii)에서 $\dfrac{a}{b}$의 최댓값은 4, 최솟값은 $\dfrac{1}{2}$이므로 합은 $\dfrac{9}{2}$

LECTURE

두 점 A, B를 이은 선분 AB의 중점 P를 지나는 임의의 한 직선을 l이라 할 때 $\triangle AMP\equiv\triangle BNP$ (RHA 합동)이므로 $\overline{AM}=\overline{BN}$이다. 즉 두 점 A, B에서 중 점을 지나는 직선 l까지의 거리가 같다.

09 원의 방정식

01 ▶ ③

GUIDE

표준형으로 바꾸어 원의 반지름 길이의 제곱을 n으로 나타내고 넓이의 최댓값을 구한다.

$x^2+y^2+8x-2y+n^2-4n+5=0$을 표준형으로 바꾸면

$(x+4)^2+(y-1)^2=-n^2+4n+12$

이때 이 원의 넓이는 $\pi(-n^2+4n+12)$이고

$-n^2+4n+12=-(n-2)^2+16$에서

자연수 n이 2일 때 최댓값이 16이므로

원 넓이의 최댓값은 16π

02 ▶ 6

GUIDE

표준형으로 바꾸어 원의 중심과 반지름 길이를 a로 나타낸다. 제4사분면에서 y축에 접하려면

(i) 중심의 x, y 좌표의 부호는 차례로 $+$, $-$

(ii) (반지름 길이)=(중심의 x좌표)

$x^2+y^2-4x+ay+9=0$을 표준형으로 바꾸면

$(x-2)^2+\left(y+\dfrac{a}{2}\right)^2=\dfrac{a^2}{4}-5$

원의 중심 $\left(2, -\dfrac{a}{2}\right)$가 제4사분면에 있으므로 $a>0$

y축에 접해야 하므로 $2=\sqrt{\dfrac{a^2}{4}-5}$에서 $a^2=36$

$\therefore a=6 \ (\because a>0)$

03 ▶ $8\sqrt{2}$

GUIDE

중심이 직선 $y=x+2$ 위에 있으므로 $(a, a+2)$로 나타낼 수 있다. x축에 접하려면 |(중심의 y좌표)|=(반지름 길이)

중심이 $y=x+2$ 위에 있으므로 중심을 $(a, a+2)$로 놓는다.

x축에 접하므로 반지름 길이는 $|a+2|$

즉 원 $(x-a)^2+(y-a-2)^2=(a+2)^2$이

점 $(2, 2)$를 지나므로 $(2-a)^2+(2-a-2)^2=(a+2)^2$

$a^2-8a=0 \quad \therefore a=0$ 또는 $a=8$

따라서 두 원의 중심은 각각 $(0, 2)$, $(8, 10)$이므로

중심 사이의 거리는 $\sqrt{(0-8)^2+(2-10)^2}=8\sqrt{2}$

1등급 NOTE ▶

기울기를 이용하기

기울기가 1인 직선 위의 두 점의 x좌표의 차가 8이므로 피타고라스 정리를 이용해 $8\sqrt{2}$를 바로 구할 수 있다.

04 ▶ ③

GUIDE

정삼각형에서 외심은 무게중심과 같고, 무게중심은 삼각형의 중선을 2 : 1로 나눈다.

정삼각형의 외심과 무게중심은 같고, $\overline{AO} : \overline{OH}=2 : 1$이다.

$\overline{AO}$는 원 $x^2+y^2=4$의 반지름 이므로 길이는 2

이때 $\overline{OH}=1$이므로 원의 중심 $(0, 0)$에서 변 PQ, 즉 직선 $2x+y-a=0$까지의 거리가 1이다.

따라서 $\dfrac{|-a|}{\sqrt{2^2+1^2}}=1$이므로 $a=\sqrt{5} \ (\because a>0)$

05 ▶ $\frac{2}{3}$

GUIDE

원 $(x-1)^2+y^2=1$의 넓이를 이등분하려면 직선이 원의 중심 $(1, 0)$을 지나야 하므로 $y=m(x-1)$로 놓는다.

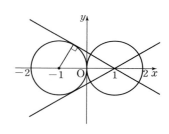

직선이 원 $(x-1)^2+y^2=1$의 넓이를 이등분하려면 중심 $(1, 0)$을 지나야 한다. 즉 $(1, 0)$을 지나는 원 $(x+1)^2+y^2=1$의 접선을 구하면 된다. 이 직선의 기울기를 m이라 하면

$y=m(x-1)$, 즉 $mx-y-m=0$이고, 중심 $(-1, 0)$에서 이 직선에 이르는 거리가 반지름 길이 1과 같으면 되므로

$\dfrac{|-m-m|}{\sqrt{m^2+1}}=1 \qquad \therefore m=\pm\dfrac{1}{\sqrt{3}}$

$\therefore y=\pm\dfrac{1}{\sqrt{3}}(x-1)$

따라서 $a=\pm\dfrac{1}{\sqrt{3}}$, $b=\mp\dfrac{1}{\sqrt{3}}$ (복부호는 같은 순서)이므로

$a^2+b^2=\left(\pm\dfrac{1}{\sqrt{3}}\right)^2+\left(\mp\dfrac{1}{\sqrt{3}}\right)^2=\dfrac{2}{3}$

주의

조건에 맞는 접선은 2개 있다.

06 답 15

GUIDE

GUIDE

원 위의 한 점을 지나는 접선의 기울기는 그 점과 원의 중심을 지나는 직선에 수직임을 이용한다.

원 $(x+1)^2+(y-3)^2=25$ 위의 점 $(2, -1)$에서의 접선은 원의 중심 $(-1, 3)$과 점 $(2, -1)$을 지나는 직선에 수직이므로

$$\frac{3-(-1)}{-1-2} \times m = -1 \qquad \therefore m = \frac{3}{4}$$

직선 $y=\frac{3}{4}x+n$이 원 $x^2+y^2=4$에 접하므로

원의 중심 $(0, 0)$과 직선 $3x-4y+4n=0$ 사이의 거리가 원의 반지름 길이 2와 같다.

$$\frac{|4n|}{\sqrt{3^2+(-4)^2}} = 2, \ 4n = \pm 10 \qquad \therefore n = \frac{5}{2} \ (\because n>0)$$

따라서 $8mn = 8 \times \frac{3}{4} \times \frac{5}{2} = 15$

LECTURE

$l \perp \overline{OT}$

07 답 ⑤

GUIDE

두 원의 중심에서 직선까지의 거리가 각각 두 원의 반지름 길이와 같아야 한다.

두 원 $x^2+y^2=1$, $x^2+(y-2)^2=4$의 중심에서 공통접선 $y=ax+b$, 즉 $ax-y+b=0$ 까지의 거리가 각각 두 원의 반지름 길이와 같아야 하므로

(i) 원 $x^2+y^2=1$의 중심 $(0, 0)$에서의 거리가 1

$$\frac{|b|}{\sqrt{a^2+(-1)^2}} = 1$$에서 $a^2-b^2 = -1$

(ii) 원 $x^2+(y-2)^2=4$의 중심 $(0, 2)$에서의 거리가 2

$$\frac{|-2+b|}{\sqrt{a^2+(-1)^2}} = 2$$에서 $4a^2-b^2+4b = 0$

(i), (ii)에서 구한 식을 연립해서 풀면

$3b^2+4b-4 = 0, \ (3b-2)(b+2) = 0$

$b=\frac{2}{3}$일 때 $a^2=b^2-1=-\frac{5}{9}$이므로 a는 허수

$b=-2$일 때 $a^2=b^2-1=3$

따라서 $a^2+b^2 = 3+4 = 7$

08 답 ①

GUIDE

한 점에서 원에 그은 두 접선이 서로 수직일 때, 그 점과 두 접점, 그리고 원의 중심을 꼭짓점으로 하는 사각형은 정사각형이다.

원점에서 원 $x^2+(y-5a)^2=25$에 그은 두 접선이 수직이므로 원점과 두 접점, 원의 중심을 이은 사각형은 정사각형이다.

이때 원점과 원의 중심 사이의 거리는 원의 반지름 길이의 $\sqrt{2}$배이므로 $5a=5\sqrt{2}$ $\quad \therefore a=\sqrt{2}$

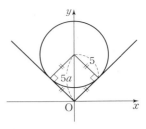

09 답 $\frac{119}{4}\pi$

GUIDE

❶ 두 도형 $f(x, y)=0$과 $g(x, y)=0$의 교점을 지나는 도형의 방정식은 실수 k에 대하여 $f(x, y)+kg(x, y)=0$

❷ 중심이 x축 위에 있는 원의 방정식은 $x^2+Ax+y^2+B=0$ 꼴이다.

$x^2+y^2-2x-6y+2=0$과 $x^2+y^2-8x-2y+1=0$의 교점을 지나는 원의 방정식은

$x^2+y^2-2x-6y+2+k(x^2+y^2-8x-2y+1)=0 \ (k \neq -1)$

이때 이 원의 중심이 x축 위에 있으려면 중심의 y좌표가 0이어야 하므로

$(1+k)x^2-(2+8k)x+(1+k)y^2-(6+2k)y+2+k=0$에서

$6+2k=0 \qquad \therefore k=-3$

따라서 $-2x^2-2y^2+22x-1=0$

즉 $\left(x-\frac{11}{2}\right)^2+y^2=\frac{119}{4}$이므로 넓이는 $\frac{119}{4}\pi$

10 답 ③

GUIDE

k에 대한 항등식이므로 원 $x^2+y^2-2=0$과 직선 $x-2y+1=0$이 만나는 두 점을 항상 지난다.

$x^2+y^2-2+k(x-2y+1)=0$이 항상 지나는 두 점은 원 $x^2+y^2-2=0$과 직선 $x-2y+1=0$이 만나는 두 점이다.

오른쪽 그림에서

$\overline{AB} = 2\sqrt{\overline{OA}^2-\overline{OM}^2}$

이때 $\overline{OA}=\sqrt{2}$이고,

$\overline{OM} = \frac{|1|}{\sqrt{1^2+(-2)^2}} = \frac{1}{\sqrt{5}}$이므로

$\overline{AB} = 2\sqrt{(\sqrt{2})^2-\left(\frac{1}{\sqrt{5}}\right)^2} = \frac{6}{\sqrt{5}} = \frac{6\sqrt{5}}{5}$

참고

$x^2+y^2-2+k(x-2y+1)=0$이 k값에 관계없이 항상 성립하려면 $x^2+y^2-2=0$, $x-2y+1=0$이면 된다.

따라서 원 $x^2+y^2=2$와 직선 $x-2y+1=0$의 교점을 항상 지나야 한다.

01 ③	02 7	03 18π	04 130
05 $\sqrt{5}\pi$	06 ③	07 ⑤	08 ⑤
09 8	10 ⑤	11 33π	12 ④
13 $1<a<\dfrac{8-\sqrt{2}}{3}$		14 (1) $-\dfrac{3}{4}<k<\dfrac{3}{4}$ (2) $\dfrac{5}{2}$	
15 50	16 ③	17 3	18 ①
19 1	20 $3\sqrt{6}$	21 6	22 ⑤
23 18	24 9	25 ①	26 64
27 ①	28 50	29 14	30 ①
31 33			

01 답 ③

GUIDE

$\overline{OB}=2$에서 $\overline{OA}=\sqrt{p^2+q^2}=5$이다. p, q에 대한 다른 식을 문제의 조건에서 찾는다.

$\overline{OB}=2$이므로 $\overline{OA}=5$

$\therefore p^2+q^2=25$

또 점 A(p, q)는

원 $(x-2)^2+y^2=16$ 위의

점이므로 $(p-2)^2+q^2=16$

두 식을 연립하여 풀면

$p=\dfrac{13}{4}$

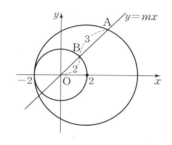

02 답 7

GUIDE

세 직선이 원의 넓이를 6등분하려면 세 직선은 한 점에서 만나야 하고, 그 교점은 원의 중심이어야 한다.

$x^2+y^2-6x-4y+12=0$을 표준형으로 바꾸면

$(x-3)^2+(y-2)^2=1$

이때 세 직선 $x=a$, $y=bx+c$, $y=dx+e$가 이 원의 넓이를 6 등분하려면 세 직선 모두 원의 중심 $(3, 2)$를 지나고, 그림과 같은 모양이어야 한다.

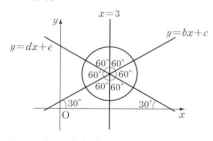

$a=3$이고, $b>0$, $d<0$이라 하면

$\tan 30°=\dfrac{\sqrt{3}}{3}$이므로 $b=\dfrac{\sqrt{3}}{3}$, $d=-\dfrac{\sqrt{3}}{3}$

즉 $y=\dfrac{\sqrt{3}}{3}(x-3)+2$와 $y=-\dfrac{\sqrt{3}}{3}(x-3)+2$에서

$b+c+d+e=4$

따라서 $a+b+c+d+e=3+4=7$

1등급 NOTE ▶

$y=bx+c=b(x-3)+2$이고, $y=dx+e=-b(x-3)+2$이므로
$b+c+d+e=b-3b+2-b+3b+2=4$임을 알 수 있다.

※ x축 방향으로 -3만큼 평행이동해서 생각하면 $y=b(x+3)+c$와 $y=d(x+3)+e$는 y축에 대하여 대칭이다. 즉 기울기의 부호만 다르므로 $b=-d$이다.

03 답 18π

GUIDE

선분 AB 위의 점 중에서 원점에서 가장 멀리 떨어진 점과 원점에서 가장 가까이 있는 점까지의 거리를 각각 구한다.

$\overline{OA}=\sqrt{10}$, $\overline{OB}=\sqrt{26}$

또 원점에서 직선 AB, 즉 $x-y-4=0$까지의 거리가

$\dfrac{|-4|}{\sqrt{1^2+(-1)^2}}=2\sqrt{2}$이므로

선분 AB 위에서 원점까지 가장 먼 거리는 $\sqrt{26}$,

가장 가까운 거리는 $2\sqrt{2}$이다.

따라서 선분 AB가 원점을
중심으로 한 바퀴 회전했을
때 그리는 자취는 두 원
$x^2+y^2=26$, $x^2+y^2=8$과
그 사이의 영역
(색칠한 부분)이므로
넓이는 $26\pi-8\pi=18\pi$

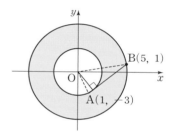

주의 ▶

$\overline{OA}$와 $\overline{OB}$만 비교하면 안 된다.

04 답 130

GUIDE

❶ △OPR과 △OQR가 서로 어떤 관계에 있는지 원의 반지름 길이를 생각하며 따져 본다.
❷ 각의 이등분선의 성질을 이용한다.
※ P, Q, R의 좌표를 구하지 않는다.

△OPR과 △OQR에서

$\overline{OP}=\overline{OQ}=3$, $\overline{PR}=\overline{QR}=2$, $\overline{OR}$는 공통

즉 △OPR≡△OQR (SSS 합동)이므로 $\angle POR=\angle QOR$

따라서 직선 $ax-by=0$ 위의 임의의 점 (x, y)에서

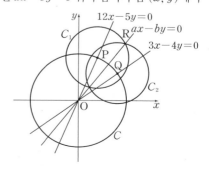

두 직선 $12x-5y=0$, $3x-4y=0$에 이르는 거리가 같으므로

$$\dfrac{|12x-5y|}{\sqrt{12^2+(-5)^2}}=\dfrac{|3x-4y|}{\sqrt{3^2+(-4)^2}}$$

$$5(12x-5y)=\pm13(3x-4y)$$

$$\therefore\ 7x+9y=0\ \text{또는}\ 9x-7y=0$$

a, b가 서로소인 자연수이므로 $a=9$, $b=7$　　$\therefore\ a^2+b^2=130$

LECTURE　**각의 이등분선의 성질**

l이 $\angle\text{AOB}$의 이등분선일 때
l 위의 임의의 점에서 $\overline{\text{OA}}$, $\overline{\text{OB}}$에
이르는 거리가 서로 같다.
즉 $d_1=d_2$이다.

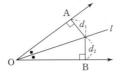

05　답 $\sqrt{5}\pi$

GUIDE

두 직선이 항상 수직으로 만나면 두 직선의 교점의 자취는 각 직선이 항상 지나는 두 점을 지름의 양 끝으로 하는 원이 된다.

$l_1: m(x-1)-y=0$　　　　　$l_2:(x-9)+m(y-4)=0$

이때 $m\times1+(-1)\times m=0$이므로

정점 $(1, 0)$을 지나는 직선 l_1과 정점 $(9, 4)$를 지나는 직선 l_2는 m값에 관계없이 서로 수직이다.

따라서 교점 P가 그리는 자취는 두 점 $(1, 0)$과 $(9, 4)$를 지름의 양 끝으로 하는 원에서 굵은 색선으로 나타낸 부분이다.

$(\because\ 0\leq m\leq1)$

$m=0$일 때와 $m=1$일 때 이루는 각 (원주각)의 크기가 $45°$이므로 중심각 크기는 $90°$이고,

반지름 길이는

$$\dfrac{1}{2}\sqrt{(9-1)^2+(4-0)^2}=2\sqrt{5}$$

이므로 중심각 크기가 $90°$인
부채꼴에서 호의 길이는

$$2\pi\times2\sqrt{5}\times\dfrac{1}{4}=\sqrt{5}\pi$$

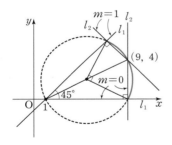

참고

$m=0$일 때 l_1은 $y=0$ (x축)이고 l_2는 $x=9$이다. (그림 참조)
$m=1$일 때 l_1은 $y=x-1$이고 l_2는 $y=-x+13$이다.
따라서 $0\leq m\leq1$일 때 l_1과 l_2는 서로 수직인 모양을 유지하며 색선으로 나타낸 부분을 움직인다.

1등급 NOTE　**원이 되는 경우**

❶ 직선 AB에 대하여 두 점 C, D가 같은
쪽에 있을 때, $\angle\text{ACB}=\angle\text{ADB}$이면
네 점 A, B, C, D는 한 원 위에 있다.

❷ 지름에 대한 원주각은 항상 $90°$이므로
선분 AB와 움직이는 점 P에 대하여
항상 $\angle\text{APB}=90°$이면 점 P의 자취는
AB가 지름인 원이다.
※ 어떤 선분에 대하여 직각이 2개 이상
보이면 그 선분이 지름인 원을 생각한다

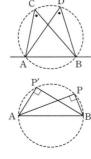

06　답 ③

GUIDE

t시간 뒤 태풍의 중심과 반지름 길이를 t로 나타내고, B 지점과 중심 사이의 거리가 반지름 길이보다 작거나 같은 경우를 따진다.

A 지점을 원점이라 하고 동쪽을 x축의 양의 방향, 북쪽을 y축의 양의 방향으로 생각하면 태풍이 발생한 지 t시간 뒤 태풍의 중심은 $(12t, 12t)$이고 반지름 길이는 $6t$이다.

이때 태풍의 경계선에 대한 방정식은

$$(x-12t)^2+(y-12t)^2=36t^2$$

한편 태풍의 중심 $(12t, 12t)$와
B$(120, 180)$ 사이의 거리가 태풍의 반지름의 길이인 $6t$보다
작거나 같을 때 B 지점이 태풍 영향권에 있게 된다.

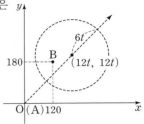

$$(120-12t)^2+(180-12t)^2\leq36t^2$$

$$7t^2-200t+1300\leq0$$

$$(t-10)(7t-130)\leq0\qquad\therefore\ 10\leq t\leq\dfrac{130}{7}$$

따라서 $\dfrac{130}{7}-10=\dfrac{60}{7}$ (시간)이므로

$a=7$, $b=60$　　$\therefore\ a+b=67$

07　답 ⑤

GUIDE

좌표평면 위에 두 원 C_1, C_2를 서로 접하도록 그린 다음 반지름 길이를 따져 본다.

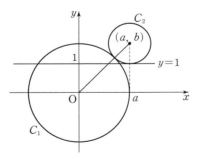

ㄱ. 원 C_2의 중심의 y좌표가 b이고, 반지름 길이가 $b-1$이므로
원 C_2는 직선 $y=1$에 접한다. (◯)

ㄴ. 원 C_1의 반지름 길이가 a이고, 원 C_2의 중심은 원 C_1의 중심
인 원점에서 $\sqrt{a^2+b^2}\ (>a)$만큼 떨어져 있으므로 원 C_2의 중
심은 원 C_1의 외부에 있다. (◯)

ㄷ. 두 원의 반지름 길이의 합은 원점에서 원 C_2의 중심 (a, b)까
지의 거리와 같다.

$$\therefore\ a+b-1=\sqrt{a^2+b^2}$$

위 식의 양변을 제곱하여 정리하면

$$2ab-2b-2a+1=0\qquad\therefore\ (a-1)(b-1)=\dfrac{1}{2}\ (\ \text{◯}\ )$$

08 답 ⑤

GUIDE

두 정점에 이르는 거리의 비가 일정하도록 움직이는 점의 자취는 원이다. 즉 점 P가 두 점 A, B에 대하여 $\overline{PA} : \overline{PB} = a : b$가 되도록 움직일 때, 점 P의 자취는 선분 AB를 $a : b$로 내분하는 점과 외분하는 점을 지름의 양 끝으로 하는 원이다. (단, $a \neq b$)

두 백화점 A, B의 배달료의 비가 1 : 2이므로 배달료가 같은 거리의 비는 2 : 1이다.

즉 배달료가 같은 지점 P에서는 $\overline{PA} : \overline{PB} = 2 : 1$이 되므로 선분 AB를 2 : 1로 내분하는 점 (4, 0)과 외분하는 점 (12, 0)을 지름의 양 끝으로 하는 원이다.

따라서 중심은 (8, 0)이고 반지름 길이가 4이므로

$(x-8)^2 + y^2 = 16$

참고

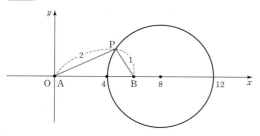

09 답 8

GUIDE

❶ P는 움직이는 점이고, A, B는 고정된 점이다.

❷ 점 P가 두 점 A, B에 대하여 $\overline{PA} : \overline{PB} = a : b$가 되도록 움직일 때, 점 P의 자취는 선분 AB를 $a : b$로 내분하는 점과 외분하는 점을 지름의 양 끝으로 하는 원이다. (단, $a \neq b$)

$\overline{AP} : \overline{BP} = 1 : 2$를 만족시키는 점 P의 자취는 선분 AB를

1 : 2로 내분하는 점 $\left(\dfrac{4}{3}, \dfrac{1}{3}\right)$과 외분하는 점 (4, -1)을 지름의

양 끝으로 하는 원이다.

△PAB의 넓이가 최대이려면 $\overline{AB}$를 밑변으로 생각할 때 높이가 최대일 때이고, 점 P에서 밑변 $\overline{AB}$까지 거리의 최댓값은 원의 반지름 길이와 같다.

(반지름 길이) $= \dfrac{1}{2}\sqrt{\left(\dfrac{4}{3}-4\right)^2 + \left\{\dfrac{1}{3}-(-1)\right\}^2} = \dfrac{2\sqrt{5}}{3}$

이고, $\overline{AB} = \sqrt{5}$이므로

△PAB 넓이의 최댓값은 $\dfrac{1}{2} \times \sqrt{5} \times \dfrac{2\sqrt{5}}{3} = \dfrac{5}{3}$

∴ $m + n = 3 + 5 = 8$

참고

다음 그림과 같을 때 △PAB 넓이가 최대이다.

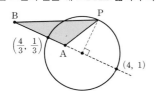

10 답 ⑤

GUIDE

❶ x축과 y축에 모두 접하는 원의 중심은 직선 $y = x$ 또는 직선 $y = -x$ 위에 있다.

❷ x축과 y축에 모두 접하는 원의 반지름 길이는 |(중심의 x좌표)| 또는 |(중심의 y좌표)|와 같다

원 $(x+2)^2 + (y-1)^2 = 10$과 직선 $y = x$가 만나는 점의 x좌표는 $(x+2)^2 + (x-1)^2 = 10$에서

$x = \dfrac{-1 \pm \sqrt{11}}{2}$

또 원 $(x+2)^2 + (y-1)^2 = 10$과 직선 $y = -x$가 만나는 점의 x좌표는 $(x+2)^2 + (-x-1)^2 = 10$에서

$x = \dfrac{-3 \pm \sqrt{19}}{2}$

이때 $R = \left| \dfrac{-3-\sqrt{19}}{2} \right| = \dfrac{3+\sqrt{19}}{2}$,

$r = \left| \dfrac{-3+\sqrt{19}}{2} \right| = \dfrac{-3+\sqrt{19}}{2}$이므로 $R+r = \sqrt{19}$

1등급 NOTE

x축과 y축에 접하는 원의 중심은 $y = x$ 또는 $y = -x$ 위에 있으므로 다음과 같이 찾을 수 있다. 즉 P, Q, R, S 각각을 중심으로 하고 x축과 y축에 접하는 원이다.

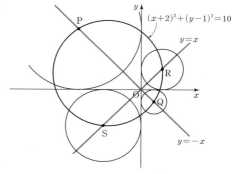

위 그림처럼 반지름 길이가 가장 작을 때는 점 Q가 중심인 경우이고, 가장 클 때는 점 P가 중심인 경우이다.

따라서 원 $(x+2)^2 + (y-1)^2 = 10$과 직선 $y = -x$의 교점의 x좌표의 절댓값에서 답을 구할 수 있다.

11 답 33π

GUIDE

두 직선 $x = 3$과 $y = 1$에 모두 접하는 원의 중심은 기울기가 1 또는 -1이고, 두 직선의 교점 (3, 1)을 지나는 직선 위에 있다.

점 (3, 1)을 지나며 기울기가 1인 직선은 $y = x - 2$

점 (3, 1)을 지나며 기울기가 -1인 직선은 $y = -x + 4$

(i) $y = x^2$과 $y = x - 2$의 교점의 x좌표는

$x^2 = x - 2$, 즉 $x^2 - x + 2 = 0$에서 실근이 없다.

(ii) $y = x^2$과 $y = -x + 4$의 교점의 x좌표는

$x^2=-x+4$, 즉 $x^2+x-4=0$에서 $x=\dfrac{-1\pm\sqrt{17}}{2}$

이때 작은 원의 반지름 길이는

$\left|\dfrac{-1+\sqrt{17}}{2}-3\right|=\dfrac{7-\sqrt{17}}{2}$

큰 원의 반지름 길이는 $\left|\dfrac{-1-\sqrt{17}}{2}-3\right|=\dfrac{7+\sqrt{17}}{2}$ 이므로

두 원의 넓이 합은 $\left(\dfrac{7-\sqrt{17}}{2}\right)^2\pi+\left(\dfrac{7+\sqrt{17}}{2}\right)^2\pi=33\pi$

1등급 NOTE　두 직선 $x=a$, $y=b$에 모두 접하는 원

직선 $x=a$를 y축, 직선 $y=b$를 x축이라 생각하면 x축과 y축에 동시에 접하는 원에서 배운 내용을 그대로 쓸 수 있다.

즉 두 직선 $x=a$와 $y=b$에 동시에 접하는 원에서

❶ 중심은 (a, b)를 지나고 기울기가 1 또는 -1인 직선 위에 있다.

❷ 다음 그림과 같은 경우 반지름 길이는 $|p-a|=|q-b|$

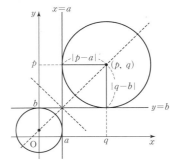

---

12 답 ④

GUIDE

❶ 원의 중심에서 현 AB와 두 접선에 수선의 발을 내려 보자.

❷ 원의 중심에서 직선 $y=mx$까지의 거리가 얼마일 때 삼각형 ABC가 정삼각형이 되는지 알아본다.

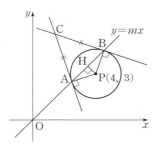

그림에서 삼각형 ABC가 정삼각형이면

$\angle CBA=60°$이므로 $\angle HBP=30°$이다.

이때 직각삼각형 BHP에서 $\overline{BP}=2$이므로 $\overline{HP}=1$

즉 원의 중심 $P(4, 3)$과 직선 $y=mx$ 사이 거리가 1이어야 한다.

$\dfrac{|4m-3|}{\sqrt{m^2+(-1)^2}}=1$, $15m^2-24m+8=0$

따라서 모든 실수 m값의 합은 $-\dfrac{-24}{15}=\dfrac{8}{5}$

---

13 답 $1<a<\dfrac{8-\sqrt{2}}{3}$

GUIDE

삼각형 내부에 있는 원은 원의 중심에서 각 변까지의 거리가 반지름 길이보다 커야 한다.

$x^2+y^2-2ax-4ay+5a^2-1=0$, 즉

$(x-a)^2+(y-2a)^2=1$이므로

그림과 같이 중심 $(a, 2a)$에서 x축, y축, $x+y=8$까지의 거리가 모두 원의 반지름 길이인 1보다 커야 한다.

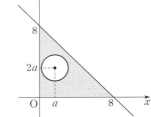

(중심의 x좌표)>1

$\therefore a>1$ ······ ㉠

(중심의 y좌표)>1 $\therefore a>\dfrac{1}{2}$ ······ ㉡

(중심에서 $x+y=8$까지의 거리)>1,

즉 $\dfrac{|a+2a-8|}{\sqrt{1^2+1^2}}>1$, $|3a-8|>\sqrt{2}$에서

$a<\dfrac{8-\sqrt{2}}{3}$ 또는 $a>\dfrac{8+\sqrt{2}}{3}$

이때 $(a, 2a)$가 $x+y=8$ 보다 아래쪽에 있어야 하므로

$a<\dfrac{8-\sqrt{2}}{3}$ ······ ㉢

㉠, ㉡, ㉢에서 $1<a<\dfrac{8-\sqrt{2}}{3}$

---

14 답 (1) $-\dfrac{3}{4}<k<\dfrac{3}{4}$ (2) $\dfrac{5}{2}$

GUIDE

❶ 직선과 원이 서로 다른 두 점에서 만나면 서로 다른 두 실근을 가진다.

❷ 중점이 그리는 도형이 원이므로 무엇이 지름이 되는지 생각한다.

(1) 직선 l의 방정식 $y=k(x-5)$를 원 $x^2+y^2=9$에 대입하여 정리하면 $(k^2+1)x^2-10k^2x+25k^2-9=0$

직선과 원이 서로 다른 두 점에서 만나므로

$\dfrac{D}{4}=25k^4-(k^2+1)(25k^2-9)>0$ $\therefore -\dfrac{3}{4}<k<\dfrac{3}{4}$

(2) 선분 PQ의 중점을 M이라 할 때 항상 $\overline{OM}\perp l$이 성립한다. 즉 다음 그림처럼 점 M은 두 점 $(0, 0)$, $(5, 0)$이 지름의 양 끝점인 원 위에 있다. 따라서 반지름 길이는 $\dfrac{5}{2}$

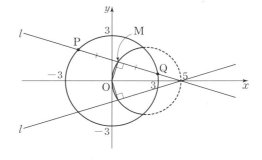

1등급 NOTE 자취가 원 또는 원의 일부가 되는 경우

❶ 위 문제와 같은 경우 자취가 원의 일부가 된다.

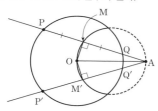

원의 성질에서 $\angle OMQ = 90°$이므로 $\overline{PQ}$가 원의 현이고 M이 $\overline{PQ}$의 중점이면 점 M의 자취는 $\overline{OA}$가 지름인 원의 일부가 된다.

❷ 정점과 원 위의 임의의 점을 연결한 선분의 중점이 그리는 자취는 원이다. 예를 들어 정점 $A(p, q)$와 원 $x^2+y^2=r^2$ 위의 점 $P(a, b)$에서

$$a^2+b^2=r^2 \quad \cdots\cdots ㉠$$

이때 중점 $M\left(\dfrac{a+p}{2}, \dfrac{b+q}{2}\right)$에서 $\dfrac{a+p}{2}=x$, $\dfrac{b+q}{2}=y$

라 하면 $a=2x-p$, $b=2y-q$

㉠에 대입하면 $(2x-p)^2+(2y-q)^2=r^2$

정리하면 $\left(x-\dfrac{p}{2}\right)^2+\left(x-\dfrac{q}{2}\right)^2=\dfrac{r^2}{4}$

15 답 50

직선이 원을 통과하거나 원과 만나지 않으면 원과 만나는 점이 2개 또는 0개이다. 따라서 직선이 원과 접하는 경우를 생각한다.

네 원 C_1, C_2, C_3, C_4를 좌표평면 위에 나타내고, 직선 $y=k(x-8)$은 점 $(8, 0)$을 항상 지나므로 다음 그림과 같이 직선이 원들과 홀수 번 만나는 경우를 찾을 수 있다.

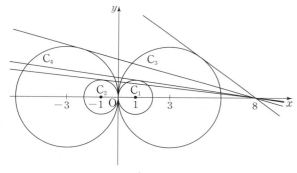

즉 원 밖의 점을 지나는 직선이 원과 만나지 않거나 원을 통과하면 0번 또는 2번 만나게 되고, 접하면 1번 만나게 되므로 구하는 직선은 네 원 중 한 원의 접선이다.

직선 $y=k(x-8)$이 $C_1 : (x-1)^2+y^2=1$과 접할 때

$(x-1)^2+k^2(x-8)^2=1$, 즉

$(k^2+1)x^2-2(8k^2+1)x+64k^2=0$에서

$\dfrac{D}{4}=-48k^2+1=0$

이때 모든 k값의 곱은 $-\dfrac{1}{48}$

마찬가지 방법으로 직선 $y=k(x-8)$과 원 C_2, C_3, C_4에서 각각 k값의 곱을 구하면 차례로 $-\dfrac{1}{80}$, $-\dfrac{9}{16}$, $-\dfrac{9}{112}$이다.

따라서 즉 모든 k값의 곱은

$$\left(-\dfrac{1}{48}\right)\times\left(-\dfrac{1}{80}\right)\times\left(-\dfrac{9}{16}\right)\times\left(-\dfrac{9}{112}\right)=\dfrac{3^3}{2^{16}\times5\times7}$$

이므로 $p=16$, $q=7$, $r=27$ $\quad\therefore p+q+r=50$

16 답 ③

ㄱ. $r>\sqrt{2}$일 때 $\overline{P_1H}$의 길이를 구한 후, $\angle P_1P_2P_3$의 크기를 조사한다.

ㄴ. $r=\dfrac{2\sqrt{3}}{3}$일 때 각 점 P_i로 이루어진 도형을 생각한다.

ㄷ. $\angle P_1P_2P_3=100°$일 때 각 점 P_i로 이루어진 도형을 생각한다.

ㄱ. 오른쪽 그림과 같이 원점 O에서 선분 P_1P_2에 내린 수선의 발을 H라 하면 $\triangle OP_1H$에서

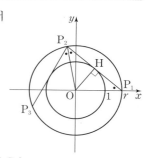

$\overline{P_1H}=\sqrt{\overline{OP_1}^2-\overline{OH}^2}$

$\qquad=\sqrt{r^2-1}>\sqrt{2-1}=1$

$\qquad(\because r>\sqrt{2})$

따라서 $\angle OP_1H<45°$이므로

$\angle P_1P_2P_3=2\angle OP_1H<90°$ (◯)

ㄴ. $r=\dfrac{2\sqrt{3}}{3}$이면 $\overline{OP_1}=\dfrac{2\sqrt{3}}{3}$, $\overline{OH}=1$

$\triangle OP_1H$에서 $\overline{P_1H}=\sqrt{\overline{OP_1}^2-\overline{OH}^2}=\dfrac{\sqrt{3}}{3}$이므로

$\angle OP_1H=60°$이다.

즉 오른쪽 그림과 같이 점 P_1, P_2, P_3, P_4, P_5는 각각 한 변의 길이가 $\dfrac{2\sqrt{3}}{3}$인 정육각형의 꼭짓점이 된다.

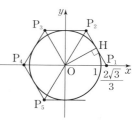

따라서 점 P_3의 좌표는 $\left(-\dfrac{\sqrt{3}}{3}, 1\right)$이고, 점 P_5는 점 P_3를 x축에 대하여 대칭이동한 것이므로 좌표는 $\left(-\dfrac{\sqrt{3}}{3}, -1\right)$이다. (✕)

ㄷ. $\angle P_1P_2P_3=100°$이면

$\angle OP_2P_1=50°$이므로

$\angle P_1OP_2=80°$

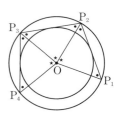

$\angle P_1OP_2+\angle P_2OP_3+\angle P_3OP_4$

$\qquad+\cdots+\angle P_8OP_9+\angle P_9OP_{10}$

$=9\angle P_1OP_2=720°$

$\therefore P_1=P_{10}$ (◯)

$r=\sqrt{2}$일 때 $\overline{P_1H}=1$이므로 $\angle P_1P_2P_3=90°$이다. 따라서 $r>\sqrt{2}$이면 ㄱ은 참임을 알 수 있다.

17 ③

GUIDE

❶ 선분 AB의 수직이등분선은 두 공통접선이 이루는 각의 이등분선이다.

❷ 구하는 접선이 $(0, -3)$을 지나는 것에 주목한다.

❸ 선분 AB의 수직이등분선에 대하여 두 공통접선, 즉 y축과 직선 $y=mx-3$이 대칭이다.

직선 AB의 기울기가

$\dfrac{4-2}{1-5}=-\dfrac{1}{2}$이므로

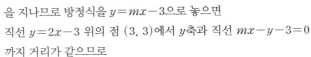

선분 AB의 수직이등분선을 l이라 하면 l의 기울기는 2이다. 선분 AB의 중점이 $(3, 3)$이므로 직선 l의 방정식은

$y=2(x-3)+3$

$\therefore y=2x-3$

구하는 공통접선이 $(0, -3)$을 지나므로 방정식을 $y=mx-3$으로 놓으면

직선 $y=2x-3$ 위의 점 $(3, 3)$에서 y축과 직선 $mx-y-3=0$까지 거리가 같으므로

$\dfrac{|3m-3-3|}{\sqrt{m^2+1}}=3$, $(m-2)^2=m^2+1$ $\therefore 4m=3$

1등급 NOTE

위 문제 풀이에 사용한 개념을 문제 내용과 함께 확인해 보자.

❶ 두 원의 공통현이 있을 때 공통현의 수직이등분선, 즉 직선 l은 두 원의 중심을 지나므로 두 접선이 이루는 한 각의 이등분선이 된다. ($\because \triangle$PAO$\equiv \triangle$PBO)

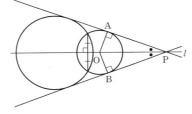

❷ 직선 l과 한 접선이 만나는 교점이 $P(a, b)$이면 다른 접선도 교점 P를 지난다.

❸ 두 접선의 방정식을 $y=m(x-a)+b$라 놓고 직선 l 위의 한 점, 위 문제처럼 공통현의 중점에서 두 접선에 이르는 거리가 같음을 이용한다.
※ 위 문제에서는 y축이 한 접선이라는 조건이 핵심이다.

18 ①

GUIDE

극선의 방정식 공식 $ax+by=r^2$을 이용한다.

원 $x^2+y^2=1$ 위의 두 점 A, B의 좌표를 각각

A(x_1, y_1), B(x_2, y_2)라 하면

점 A를 지나는 접선은 $x_1x+y_1y=1$

점 B를 지나는 접선은 $x_2x+y_2y=1$

이 두 직선이 모두 점 $(2, 3)$을 지나므로

$2x_1+3y_1=1$, $2x_2+3y_2=1$

따라서 두 점 A(x_1, y_1), B(x_2, y_2)는 모두 직선 $2x+3y=1$ 위에 있다.

19 ①

GUIDE

원 밖의 한 점에서 원에 그은 접선의 길이는 그 점과 원의 중심 사이의 거리와 반지름 길이를 이용해 피타고라스 정리를 써서 구한다.

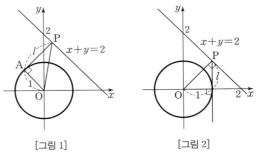

[그림 1]　　　　[그림 2]

직선 $x+y=2$ 위의 임의의 한 점을 P라 하면

[그림 1]에서 $l=\sqrt{\overline{\text{PO}}^2-\overline{\text{AO}}^2}=\sqrt{\overline{\text{PO}}^2-1}$이므로 [그림 2]처럼 $\overline{\text{PO}}$의 길이가 최소일 때 l의 길이도 최소이다.

$\overline{\text{PO}}$의 최소 길이는 원의 중심인 원점에서 직선 $x+y=2$까지의 거리와 같으므로 $\dfrac{|0+0-2|}{\sqrt{1^2+1^2}}=\sqrt{2}$

따라서 l의 최소 길이는 $\sqrt{(\sqrt{2})^2-1}=1$

20 $3\sqrt{6}$

GUIDE

$\overline{\text{OP}}$가 $\overline{\text{AB}}$를 수직이등분하므로 $\overline{\text{OP}}$와 $\overline{\text{AB}}$의 교점을 H라 하면 삼각형 PAB의 넓이는 삼각형 PAH 넓이의 2배이다.

그림에서 $\overline{\text{AO}}=\overline{\text{BO}}=\sqrt{10}$,

$\overline{\text{PO}}=\sqrt{4^2+3^2}=5$이고

$\overline{\text{AP}}=\overline{\text{BP}}=\sqrt{25-10}=\sqrt{15}$

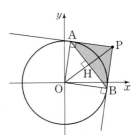

직각삼각형 AOP에서

$\overline{\text{AO}}\times\overline{\text{AP}}=\overline{\text{PO}}\times\overline{\text{AH}}$이므로

$\sqrt{10}\times\sqrt{15}=5\times\overline{\text{AH}}$, $\overline{\text{AH}}=\sqrt{6}$

$\overline{\text{HP}}=\sqrt{(\sqrt{15})^2-(\sqrt{6})^2}=3$

따라서 $\triangle$PAB$=2\triangle$HAP$=2\times\dfrac{1}{2}\times\sqrt{6}\times3=3\sqrt{6}$

주의

□OBPA를 정사각형이라 생각하지 않도록 한다.

21 6

GUIDE

한 점에서 반지름 길이가 같은 두 원에 그은 접선의 길이가 같을 때, 이 점은 두 원의 중심에서 같은 거리에 있다.

두 원 $(x+2)^2+(y-4)^2=1$, $(x-3)^2+(y-2)^2=1$의 반지름 길이가 1로 같으므로 구하는 점의 자취는 두 원의 중심 $(-2, 4)$와 $(3, 2)$에서 같은 거리만큼 떨어져 있는 점들의 모임이다. 즉 두 점을 이은 선분의 수직이등분선이다.

두 점을 지나는 직선의 기울기는 $-\dfrac{2}{5}$,

두 점을 이은 선분의 중점은 $\left(\dfrac{1}{2}, 3\right)$이므로

기울기가 $\dfrac{5}{2}$이고 점 $\left(\dfrac{1}{2}, 3\right)$을 지나는 직선의 방정식은

$$y=\dfrac{5}{2}\left(x-\dfrac{1}{2}\right)+3 \qquad \therefore 10x-4y+7=0$$

따라서 $a=10$, $b=-4$이므로 $a+b=6$

"한 점에서 반지름 길이가 같은 두 원에 그은 접선의 길이가 같을 때, 이 점은 두 원의 중심에서 같은 거리에 있다."

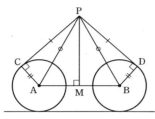

위 내용을 확인해 보자. 중심이 A, B인 두 원 밖의 한 점 P에서 그은 접선의 접점을 차례로 C, D라 하면 $\triangle PAC \equiv \triangle PBD$이므로 $\triangle PAB$는 이등변삼각형이다. 즉 P는 선분 AB의 수직이등분선 위의 점이다.

22 답 ⑤
GUIDE

선분 AB와 원 위의 한 점 P에 대하여 $\triangle PAB$의 넓이가 최대이려면 점 P가 직선 AB에서 가장 멀리 떨어져 있어야 한다.

$\overline{AB}$를 밑변으로 생각하면 점 P에서 $\overline{AB}$에 내린 수선의 길이가 최대일 때 넓이가 최대이다. 즉 점 P는 직선 AB와 평행한 접선이 원에 접하는 접점이므로 점 P에서 선분 AB에 내린 수선은

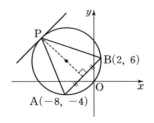

원의 중심을 지나고 선분 AB를 수직이등분한다.
직선 AB의 기울기가 1이므로 기울기가 -1이고 원의 중심 $(-8, 6)$을 지나는 직선의 방정식은
$$y=-(x+8)+6 \qquad \therefore y=-x-2$$
따라서 $a=-1$, $b=-2$이므로 $a+b=-3$

23 답 18
GUIDE

$\angle APB=\angle AQB=90°$이면 두 점 P, Q는 선분 AB를 지름으로 하는 원 위에 있다.

$\angle APB=\angle AQB=90°$이므로 두 점 P, Q는 다음 그림처럼 지름이 $\overline{AB}$인 원 위의 점이다. 즉 원과 직선 $y=x-2$의 교점이다.

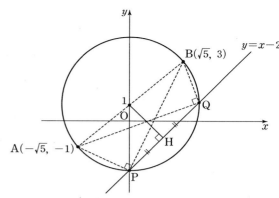

원의 중심은 $(0, 1)$이고 반지름 길이는
$$\sqrt{(0-\sqrt{5})^2+(1-3)^2}=3$$
이때 원의 중심에서 직선 $x-y-2=0$까지의 거리는
$$\dfrac{|0-1-2|}{\sqrt{1^2+(-1)^2}}=\dfrac{3\sqrt{2}}{2}$$이므로
$$l=2\overline{PH}=2\sqrt{3^2-\left(\dfrac{3\sqrt{2}}{2}\right)^2}=3\sqrt{2} \qquad \therefore l^2=18$$

지름에 대한 원주각은 90°이다. 90°가 두 개 이상 있으면 원을 생각한다.

24 답 9
GUIDE

원 위의 한 점에서 직선까지의 거리가 정삼각형의 높이이므로 반지름 길이를 이용해 높이의 최솟값과 최댓값을 구한다.

점 A와 직선 $x-y-4=0$ 사이의 거리가 삼각형 ABC의 높이이다. 중심 $(0, 0)$과 직선 $x-y-4=0$ 사이의 거리는
$$\dfrac{|-4|}{\sqrt{2}}=2\sqrt{2}$$

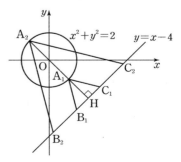

그림에서 삼각형 $A_1B_1C_1$일 때 삼각형 ABC의 넓이는 최소가 되며 그 높이 $\overline{A_1H}=2\sqrt{2}-\sqrt{2}=\sqrt{2}$
또 삼각형 $A_2B_2C_2$일 때 삼각형 ABC의 넓이는 최대가 되며 그 높이 $\overline{A_2H}=2\sqrt{2}+\sqrt{2}=3\sqrt{2}$
닮은 두 삼각형의 넓이 비는 길이의 제곱 비와 같으므로
$$\dfrac{M}{m}=\dfrac{(3\sqrt{2})^2}{(\sqrt{2})^2}=9$$

두 점 B, C가 움직이는 점이므로 밑변 BC의 길이를 구하려는 계획을 세우지 않는다. 직선이 고정되었고 점 A가 원 위를 움직이므로 점 A에서 직선까지 거리의 최댓값과 최솟값을 구할 수 있고, 이 값에 따라 밑변의 길이도 정해진다. 그렇지만 넓이 비를 구하는 문제이므로 높이 비를 활용하면 충분하다.

25 답 ①

GUIDE

$N(n, 0)$, $P(x_n, y_n)$이라 하고, 점 P에서 x축에 내린 수선의 발을 H라 하면 직각삼각형의 닮음을 이용하여 y_n값을 n에 대하여 나타낼 수 있다.

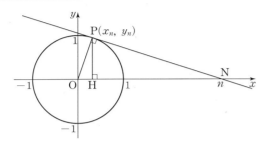

$\overline{PO}^2 = \overline{OH} \times \overline{ON}$에서 $1^2 = x_n \times n$　　∴ $x_n = \dfrac{1}{n}$

이때 $y_n^2 = 1 - x_n^2 = 1 - \dfrac{1}{n^2}$

따라서

$(y_2 \times y_3 \times \cdots \times y_{10})^2$

$= y_2^2 \times y_3^2 \times \cdots \times y_{10}^2$

$= \left(1 - \dfrac{1}{2^2}\right)\left(1 - \dfrac{1}{3^2}\right) \cdots \left(1 - \dfrac{1}{10^2}\right)$

$= \dfrac{1}{2} \times \dfrac{3}{2} \times \dfrac{2}{3} \times \dfrac{4}{3} \times \cdots \times \dfrac{9}{10} \times \dfrac{11}{10}$

$= \dfrac{1}{2} \times \dfrac{11}{10} = \dfrac{11}{20}$

참고

직각삼각형의 닮음과 $P(x_n, y_n)$가 원 $x^2 + y^2 = 1$ 위의 점임을 이용해 풀이와 달리 $y_2, y_3, \cdots, y_{10}$을 차례로 구해 계산하는 방법은 권하지 않는다.

LECTURE

$\angle A = 90°$인 직각삼각형 ABC에서 다음이 성립한다.

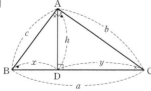

❶ $c^2 = ax$

❷ $b^2 = ay$

❸ $h^2 = xy$

26 답 64

GUIDE

직사각형을 좌표평면 위에 놓고 직선의 방정식을 세운다. 이때 현의 길이를 구하는 방법을 이용한다. 또 오른쪽 그림에서

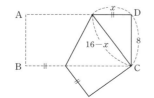

$x^2 + 8^2 = (16-x)^2$이므로 $x=6$

직사각형을 그림과 같이 놓으면 $E(-2, 0)$, $F(2, 8)$

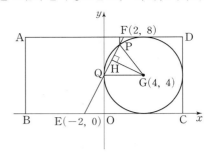

직선 EF의 방정식은 $y = 2x + 4$이고 $\overline{GH}$는 원의 중심 G에서 직선 EF까지의 거리이므로 $\dfrac{8}{\sqrt{5}}$이다.

$\overline{PH} = \sqrt{4^2 - \left(\dfrac{8}{\sqrt{5}}\right)^2} = \dfrac{4}{\sqrt{5}}$

$k = \overline{PQ} = 2\overline{PH} = \dfrac{8}{\sqrt{5}}$에서 $5k^2 = 64$

참고

좌표평면 위에 직사각형을 놓을 때, 풀이와 달리 직사각형의 꼭짓점 중 하나를 원점으로 잡아도 된다.

27 답 ①

GUIDE

원 둘레의 일부를 거쳐야 하므로 점 A에서 원 $x^2 + y^2 = 1$에 닿기까지 직선 거리가 가장 긴 경우를 따져 본다.

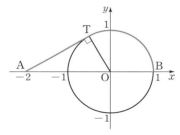

점 A에서 원 $x^2 + y^2 = 1$에 접선을 그었을 때 원 위의 접점 T에 대하여 A → T → B로 갈 경우, 움직이는 거리가 가장 짧다.

이때 $\overline{AT} = \sqrt{\overline{AO}^2 - \overline{TO}^2} = \sqrt{2^2 - 1^2} = \sqrt{3}$이고,

$\angle TOA = 60°$, $\angle TOB = 120°$이므로

$\overparen{TB} = 2\pi \times \dfrac{120}{360} = \dfrac{2}{3}\pi$

따라서 가장 짧은 거리는 $\sqrt{3} + \dfrac{2\pi}{3}$

참고

그림처럼 생각하면 $\overline{AT} < \overline{AP} + \overparen{PT}$

따라서 최단 경로는 직선 부분 길이가 최대인 경우이다.

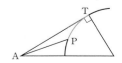

28 답 50

GUIDE

❶ A, B는 고정된 점이고, P는 움직이는 점이므로 점 P의 자취를 구한다.

❷ 점 P가 직선 AB에서 가장 멀리 떨어져 있을 때 △PAB 높이가 최대이다.

$\overline{PA}^2+\overline{PB}^2=250$에서 $(a-8)^2+b^2+a^2+(b-6)^2=250$

즉 $(a-4)^2+(b-3)^2=10^2$

따라서 점 P의 자취는 오른쪽 그림처럼 원 $(a-4)^2+(b-3)^2=10^2$ 의 제1사분면 부분이다.

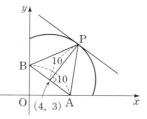

이때 △PAB의 넓이가 최대인 경우는 두 점 $A(8, 0)$, $B(0, 6)$을 이은 직선과 기울기가 같으며 원 $(a-4)^2+(b-3)^2=10^2$과 접하는 접선의 접점이 P인 경우이다. 이때 원의 중심 $(4, 3)$과 접점 P를 이은 선분의 길이는 원의 반지름 길이와 같다.

따라서 △PAB 넓이의 최댓값은 $\dfrac{1}{2}\times 10\times 10=50$

1등급 NOTE 중선 정리 이용하기

선분 AB의 중점을 M이라 하면 $\overline{PA}^2+\overline{PB}^2=2(\overline{PM}^2+\overline{BM}^2)$이므로

$2(\overline{PM}^2+\overline{BM}^2)=250$에서 $\overline{PM}^2+\overline{BM}^2=125$

이때 $\overline{BM}=5$이고 $M(4, 3)$이므로 점 P의 자취는 $(a-4)^2+(b-3)^2=10^2$

29 답 14

GUIDE

원 밖의 한 점에서 원에 그은 두 접선의 길이가 같음을 이용하여 r_1, r_2, r_3, r_4 각각과 △ABC의 세 변의 길이 사이의 관계를 구한다.

세 변 AB, BC, CA의 길이를 각각 c, a, b라 하면

$\triangle ABC=\dfrac{r_1}{2}(a+b+c)=\dfrac{15}{2}$

이때 $r_1=1$이므로 $a+b+c=15$

[그림 1]

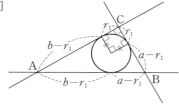

[그림 1]에서 $c=(a-r_1)+(b-r_1)$이므로 $r_1=\dfrac{a+b-c}{2}$

[그림 2]

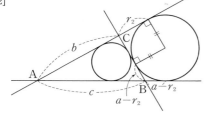

[그림 2]에서 $b+r_2=c+(a-r_2)$이므로 $r_2=\dfrac{a-b+c}{2}$

[그림 3]

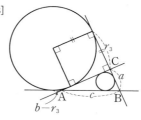

[그림 3]에서 $a+r_3=c+b-r_3$이므로 $r_3=\dfrac{-a+b+c}{2}$

[그림 4]

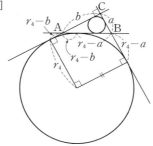

[그림 4]에서 $c=r_4-a+r_4-b$이므로 $r_4=\dfrac{a+b+c}{2}$

$r_1+r_2+r_3+r_4$

$=\dfrac{a+b-c}{2}+\dfrac{a-b+c}{2}+\dfrac{-a+b+c}{2}+\dfrac{a+b+c}{2}$

$=a+b+c=15$

이때 $r_1=1$이므로 $r_2+r_3+r_4=14$

30 답 ①

GUIDE

원을 접었을 때 새로 생긴 호는 원래 원과 합동인 원의 일부이다.

호 AB를 일부분으로 하는 원은 원래의 원과 합동이고, 반지름 길이가 4이며, $(2, 0)$에서 x축에 접한다.

따라서 중심의 좌표가 $(2, 4)$이므로

$(x-2)^2+(y-4)^2=16$

직선 AB의 방정식은 두 원 $x^2+y^2=16$과

$(x-2)^2+(y-4)^2=16$의 교점을 지나는 직선이므로

$x^2+y^2-16-(x^2+y^2-4x-8y+4)=0$에서

$4x+8y-20=0$ ∴ $x+2y-5=0$

따라서 $a=1$, $b=2$이므로 $a+b=3$

31 답 33

GUIDE

두 원의 공통접선이 세 개일 때, 두 원은 서로 외접한다. 이때 세 직선으로 만들어지는 삼각형의 내심은 두 원 중 작은 원의 중심이다.

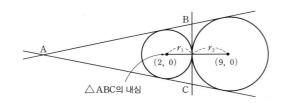

두 원의 공통접선이 3개이므로 두 원은 외접하며, 반지름 길이의 합은 7이다. 또 $\triangle \text{ABC}$의 내심은 작은 원의 중심이므로 원 O의 반지름 길이가 $1, 2, 3$일 때는 O'의 반지름 길이는 차례로 $6, 5, 4$이므로 O가 작은 원이다.

따라서 세 경우 모두 내심은 $(2, 0)$이다.

$\therefore f(1)=f(2)=f(3)=2+0=2$

또 원 O의 반지름 길이가 $4, 5, 6$일 때는 원 O'의 반지름 길이는 차례로 $3, 2, 1$이므로 O'이 작은 원이다.

그러므로 세 경우 모두 내심은 $(9, 0)$이다.

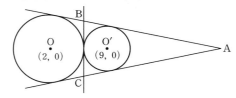

$\therefore f(4)=f(5)=f(6)=9+0=9$

따라서 $f(1)+f(2)+\cdots+f(6)=3\times 2+3\times 9=33$

STEP 3	**1등급 뛰어넘기**	p. 121~123

01 $(-3, -6), (1, 2)$	**02** 3	**03** ③
04 160	**05** (1) (a, b) (2) $ax+by=1$	
06 (1) $4\sqrt{2}$ (2) $\dfrac{3}{4}$	**07** ①	**08** ⑤
09 $(1, 0)$	**10** (1) 76 (2) $14\sqrt{10}$	

01 답 $(-3, -6), (1, 2)$

GUIDE

직선이 두 원과 만나는 점의 개수가 항상 짝수이려면 직선이 두 원에 동시에 접하거나 두 원을 동시에 통과해야 한다.

문제의 조건에 맞는 점은 다음 그림과 같이 두 원 $x^2+y^2=1$, $(x-3)^2+(y-6)^2=4$에 동시에 접하는 직선이 만나는 A와 B이다.

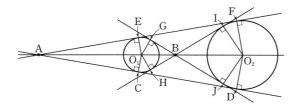

$\triangle \text{AEO}_1 \backsim \triangle \text{AFO}_2$이고 닮음비가 $1:2$이므로 $\overline{\text{AO}_1}:\overline{\text{AO}_2}=1:2$, 점 A는 $\overline{\text{O}_1\text{O}_2}$를 $1:2$로 외분하는 점이다.

또 $\triangle \text{O}_1\text{GB} \backsim \triangle \text{O}_2\text{JB}$이고 닮음비가 $1:2$이므로 $\overline{\text{O}_1\text{B}}:\overline{\text{O}_2\text{B}}=1:2$, 점 B는 $\overline{\text{O}_1\text{O}_2}$를 $1:2$로 내분하는 점이다.

따라서 구하려는 좌표는 $(-3, -6), (1, 2)$

참고

두 점 A, B는 결국 고정된 점이다. 두 원이 만나지 않으므로 공통외접선과 공통내접선을 생각했을 때, 각각의 교점이 문제의 조건에 맞는 경우임을 알 수 있다.

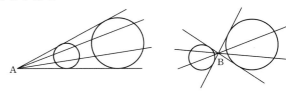

02 답 3

GUIDE

$-1<c<3$이고, $k>1$이므로 $ad=b(c+k)$에서 $c+k\neq 0$이다.

양변을 $a(c+k)$로 나누면

$\dfrac{d}{c+k}=\dfrac{b}{a}$, 즉 두 점 $(0, 0)$과 (a, b)를 지나는 직선의 기울기와 두 점 $(-k, 0)$과 (c, d)를 지나는 직선의 기울기가 같다.

원 $x^2+y^2=4$ 위에서 $\dfrac{d}{c+k}=\dfrac{b}{a}$인 경우는 점선으로 나타낸 범위이고, 문제의 조건에서 그 길이는 $\dfrac{2}{3}\pi$이다.

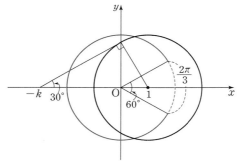

따라서 $(-k, 0)$에서 원 $(x-1)^2+y^2=4$에 그은 접선과 x축이 이루는 각의 크기가 $30°$여야 하므로 직각삼각형의 길이비에서 $(1+k):2=2:1$ $\therefore k=3$

1등급 NOTE 따로 보기

원 $x^2+y^2=4$과 $(x-1)^2+y^2=4$을 따로 그려 놓고 생각해 보자.

이때 [그림 1]에서 알 수 있는 것처럼 $\dfrac{b}{a}$가 될 수 있는 것은 모든 실수 값이지만 [그림 2]처럼 $\dfrac{d}{c+k}$가 될 수 있는 값은 두 접선 사이의 범위에 속하는 값이다. 즉 $\dfrac{d}{c+k}=\dfrac{b}{a}$가 될 수 있는 부분(점선)의 길이가 $\dfrac{2}{3}\pi$임을 이용한다.

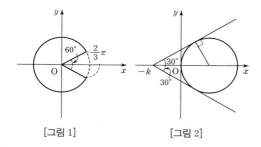

[그림 1]　　　[그림 2]

03 답 ③

GUIDE

직선 $ax+by+c=0$에서 a^2+b^2의 값이 1로 일정하므로 원점에서 직선 $ax+by+c=0$ 까지의 거리를 생각해 본다.

$a^2+b^2=1$이므로 원점 $(0, 0)$과 직선 $ax+by+c=0$ 사이의 거리는 $\dfrac{|c|}{\sqrt{a^2+b^2}}=|c|$

즉 원점에서 직선 $ax+by+c=0$ 까지의 거리가 항상 $|c|$로 일정하므로 직선 $ax+by+c=0$은 원점에서 거리가 $|c|$인 직선들이다. 이 직선들은 원 $x^2+y^2=c^2$의 내부를 지나지 않으므로 넓이는 $c^2\pi$

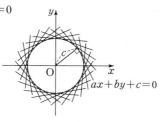

04 답 160

GUIDE

두 구조대가 동시에 도착할 수 있는 지점들의 자취를 생각해 본다.

좌표평면 위의 A 구조대의 위치를 원점 O, B 구조대의 위치를 점 Q$(600, 0)$라 하자.

A, B 구조대가 동시에 도착할 때 점 P(x, y)가 그리는 도형은 $\overline{PO} : \overline{PQ}=2 : 1$이 되는 점이 그리는 자취이므로 선분 OQ를 $2 : 1$로 내분하는 점 $(400, 0)$과 $2 : 1$로 외분하는 점 $(1200, 0)$을 지름의 양 끝으로 하는 원이다.

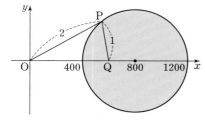

이 원은 중심이 점 $(800, 0)$이고 반지름 길이가 400 m이다.
따라서 구하려는 해역은 이 원과 그 내부이므로 넓이는 160000π m^{2}이다.

$\therefore \dfrac{S}{1000\pi}=160$

다른 풀이

A$(0, 0)$, B$(600, 0)$, P(x, y)로 놓으면 $\overline{PO} : \overline{PQ}=2 : 1$,
즉 $\overline{PO}=2\overline{PQ}$에서 $x^2+y^2=4\{(x-600)^2+y^2\}$
정리하면 $(x-800)^2+y^2=400^2$

05 답 (1) (a, b)　(2) $ax+by=1$

GUIDE

극선의 방정식이 구해지는 과정에 대한 문제이다.
두 점의 좌표를 대입했을 때 등식이 성립하는 일차방정식이 바로 그 두 점을 지나는 직선의 방정식임을 이용한다.

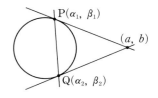

(1) 점 P에서의 접선은 $\alpha_1 x+\beta_1 y=1$이고 점 Q에서의 접선은 $\alpha_2 x+\beta_2 y=1$ 이때 $\alpha_1 a+\beta_1 b=1$, $\alpha_2 a+\beta_2 b=1$이 성립하면 두 직선 $\alpha_1 x+\beta_1 y=1$, $\alpha_2 x+\beta_2 y=1$이 모두 점 (a, b)를 지나므로 교점의 좌표는 (a, b)

(2) 직선 PQ 위의 두 점 P(α_1, β_1)와 Q(α_2, β_2)가 모두 $ax+by=1$을 만족시키므로 직선 PQ의 방정식은 $ax+by=1$

채점 기준	배점
(1) 교점의 좌표 구하기	50%
(2) 직선 PQ의 방정식 구하기	50%

06 답 (1) $4\sqrt{2}$　(2) $\dfrac{3}{4}$

GUIDE

원의 접선과 그 접점에서 이은 반지름은 서로 수직이므로 닮음인 직각삼각형들을 찾아 닮음비를 이용한다.

반지름의 길이가 b인 원의 중심을 O$'$이라 하고, 원 O$'$과 x축의 접점을 H라 하면

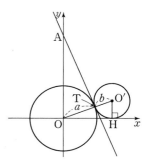

(1) 두 삼각형 AOT와 OO$'$H가 닮음이고 $a=2$, $b=1$이면 닮음비가 $2 : 1$이므로 $\overline{AO}=2\overline{OO'}=6$ 이때 직각삼각형 AOT에서 $\overline{AT}=\sqrt{\overline{AO}^2-\overline{OT}^2}$ $=4\sqrt{2}$

(2) $\overline{TS} : \overline{O'H}=a : (a+b)$
$\overline{TS}=\dfrac{a}{a+b}\overline{O'H}$
이때 $\overline{O'H}=b$이므로

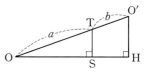

점 T의 y좌표를 α라 하면 $\alpha=\dfrac{ab}{a+b}$이고, $a+b=3$이므로

$\alpha=\dfrac{1}{3}ab=\dfrac{1}{3}(-a^2+3a)=-\dfrac{1}{3}\left(a-\dfrac{3}{2}\right)^2+\dfrac{3}{4}$

$0<a<3$이므로 α의 최댓값은 $\dfrac{3}{4}$

채점 기준	배점
(1) $\overline{\mathrm{AT}}$의 길이 구하기	40%
(2) 점 T의 y좌표의 최댓값 구하기	60%

07 답 ①

$\dfrac{b}{a}$와 $\dfrac{d}{c}$가 의미하는 것을 이해하고, $\dfrac{b}{a}\times\dfrac{d}{c}=-1$이 되는 점 Q가 존재하는 영역을 나타낸다.

$\dfrac{b}{a}$는 직선 OP의 기울기이고, $\dfrac{d}{c}$는 직선 OQ의 기울기이므로

$\dfrac{b}{a}\times\dfrac{d}{c}=-1$에서 직선 OP와 직선 OQ는 서로 수직으로 만난다.

선분 AB를 따라 점 P를 움직이면서 선분 OQ를 선분 OP에 수직이 되게 그려 보면 점 Q가 존재하는 영역은 아래 그림에서 색칠한 부분과 같다.

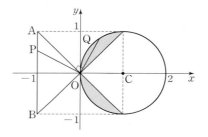

따라서 넓이는 $\dfrac{\pi}{2}-\dfrac{1}{2}\times2\times1=\dfrac{\pi-2}{2}$

(분수)$\times$(분수)$=-1$ 꼴이 있으면 각각의 분수가 기울기를 나타낸다고 생각해서 서로 수직인 직선을 찾는다.

08 답 ⑤

❶ 두 점 P, Q의 좌표를 임의로 잡는다.
❷ $\overline{\mathrm{PQ}}$의 길이가 일정한 것을 이용해 두 점 P, Q의 x좌표와 y좌표 사이의 관계식을 구한다.
❸ 위 식을 이용해 $\overline{\mathrm{PQ}}$의 중점의 좌표의 자취를 구한다.

점 $\mathrm{P}(a, a-1)$과 점 $\mathrm{Q}(b, -b+3)$에 대하여
$\overline{\mathrm{PQ}}=k\ (k>0)$라 하면
$(a-b)^2+(a+b-4)^2=k^2$ ······ ㉠
$\overline{\mathrm{PQ}}$의 중점의 좌표는 $\left(\dfrac{a+b}{2},\ \dfrac{a-b+2}{2}\right)$

$\dfrac{a+b}{2}=x$, $\dfrac{a-b+2}{2}=y$를 연립해서 풀면

$a=x+y-1$ ······ ㉡, $b=x-y+1$ ······ ㉢

이때 ㉡과 ㉢을 ㉠에 대입하면 $(x-2)^2+(y-1)^2=\dfrac{k^2}{4}$

따라서 $\overline{\mathrm{PQ}}$의 중점이 나타내는 도형은 원이다.

09 답 $(1, 0)$

반지름 길이가 각각 r_1, r_2이고, 중심 사이의 거리가 d인 두 원이 직교하는 것을 오른쪽 그림처럼 생각할 수 있다.
즉 $r_1{}^2+r_2{}^2=d^2$이 성립한다.

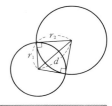

두 원 $C_1 : x^2+y^2=1$, $C_2 : (x-4)^2+y^2=9$에 동시에 직교하는 원의 방정식을 $(x-a)^2+(y-b)^2=r^2$이라 하자. └그림에서 색선으로 나타낸 원

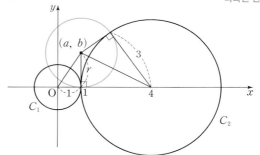

원 C_1과 직교할 때 $1+r^2=a^2+b^2$ ······ ㉠
원 C_2와 직교할 때 $9+r^2=(a-4)^2+b^2$ ······ ㉡
㉠, ㉡에서 $a=1$이고, $r^2=b^2$이므로
$(x-1)^2+(y-b)^2=b^2$
이때 $x=1$, $y=0$이면 $(x-1)^2+(y-b)^2=b^2$이 항상 성립하므로 직교하는 모든 원이 지나는 정점의 좌표는 $(1, 0)$

b값에 관계없이 지나는 점을 찾아야 하므로
$(x-1)^2+(y-b)^2=b^2$을 b에 대하여 내림차순으로 정리한 항등식
$2yb-\{(x-1)^2+y^2\}=0$에서 $y=0$, $x=1$임을 알 수 있다.

10 답 (1) 76 (2) $14\sqrt{10}$

$\overline{\mathrm{AB}}$의 중점 M에 대하여 중선 정리 $\overline{\mathrm{PA}}^2+\overline{\mathrm{PB}}^2=2(\overline{\mathrm{PM}}^2+\overline{\mathrm{BM}}^2)$을 이용한다.

(1) 선분 AB의 중점을 M이라 하면 점 M의 좌표는
$\left(\dfrac{4+2}{2},\ \dfrac{3+5}{2}\right)$, 즉 $(3, 4)$이므로
$\overline{\mathrm{BM}}=\sqrt{(3-2)^2+(4-5)^2}=\sqrt{2}$
△PAB에서 중선 정리를 이용하면
$\overline{\mathrm{PA}}^2+\overline{\mathrm{PB}}^2=2(\overline{\mathrm{PM}}^2+\overline{\mathrm{BM}}^2)=2(\overline{\mathrm{PM}}^2+2)$ ······ ㉠

이때 $\overline{PA}^2+\overline{PB}^2$의 최댓값은
$\overline{PM}$이 최대일 때이고,
그림에서 점 P가 점 P_2의
위치에 있어야 하므로
$$\overline{PM}\leq\overline{P_2M}$$
$$=\overline{P_2O}+\overline{OM}$$
$$=1+\sqrt{3^2+4^2}$$
$$=1+5=6$$

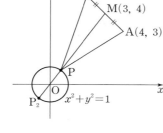

즉 $\overline{PM}$의 최댓값이 6이므로 ㉠에서
$\overline{PA}^2+\overline{PB}^2$의 최댓값은 $2(6^2+2)=76$

(2) C 국가의 중심을 원점으로 놓고 다음 그림과 같이 나타내면
상수 k에 대하여 전체 운송비는
$$k(\overline{BQ}^2+400+\overline{PA}^2) \quad \cdots\cdots \text{㉠}$$
이때 $\overline{BQ}$를 원점에 대하여 대칭이동하면 $\overline{PB'}$과 같으므로
㉠은 $k(\overline{PB'}^2+400+\overline{PA}^2)$과 같다.

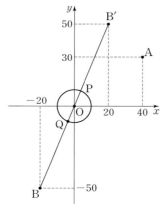

즉 운송비가 최소가 되려면 $\overline{PB'}^2+\overline{PA}^2$의 값이 최소여야 한다. $\overline{AB'}$의 중점을 M(30, 40)이라 하면
$\overline{PB'}^2+\overline{PA}^2=2(\overline{PM}^2+\overline{B'M}^2)$에서 $\overline{PM}$이 최소이면 된다.
이때 점 P의 위치는 직선 OM과 원 $x^2+y^2=100$의 교점이므로 P(6, 8)

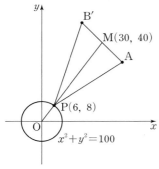

따라서 $\overline{PB'}=\sqrt{(6-20)^2+(8-50)^2}=14\sqrt{10}$
이고, 이것은 $\overline{BQ}$ 길이와 같으므로
B 국가에서 담당해야 할 배송거리는 $14\sqrt{10}$ km

1등급 NOTE

$\overline{PA}$, $\overline{PB}$가 모두 변하는 문제를 중선 정리를 이용하여 $\overline{PM}$만 변하는 문제로 바꿀 수 있다.

---

10 도형의 이동

STEP 1 | 1등급 준비하기

p. 126~127

01 $-\dfrac{4}{3}$	**02** ④	**03** 1	**04** $-\dfrac{13}{12}$
05 최댓값: $3\sqrt{2}+2$, 최솟값: $3\sqrt{2}-2$			**06** 4
07 2	**08** 13	**09** $\sqrt{17}$	**10** ⑤

01 📝 $-\dfrac{4}{3}$

GUIDE

$(x, y) \longrightarrow (x, y+m)$은 y축 방향으로 m만큼 평행이동하는 것이므로 직선 $y=mx+3$을 y축 방향으로 m만큼 평행이동한 식은
$y-m=mx+3$, 즉 $y=mx+m+3$이다.

평행이동 $(x, y) \rightarrow (x, y+m)$에 따라 직선 $y=mx+3$이 이동한 직선의 방정식은 $y-m=mx+3$, 즉 $y=mx+m+3$
이 직선이 원 $x^2+y^2=1$에 접하므로 원의 중심 $(0, 0)$과 직선 $mx-y+m+3=0$ 사이의 거리가 원의 반지름 길이인 1과 같아야 한다.
$$\frac{|m+3|}{\sqrt{m^2+1}}=1, 6m=-8 \qquad \therefore m=-\frac{4}{3}$$

02 📝 ④

GUIDE

두 원이 외접하면 두 원의 중심 사이의 거리는 두 원의 반지름 길이의 합과 같다.

원 $x^2+y^2=4$를 x축 방향으로 a만큼, y축 방향으로 b만큼 평행이동하면 $(x-a)^2+(y-b)^2=4$
두 원 $x^2+y^2=4$, $(x-a)^2+(y-b)^2=4$가 외접하므로
두 원의 중심 $(0, 0)$, (a, b) 사이의 거리와 두 원의 반지름 길이의 합이 같다.
즉 $\sqrt{a^2+b^2}=4$에서 $a^2+b^2=16$

03 📝 1

GUIDE

$x^2+y^2=9$를 x축 방향으로 p만큼, y축 방향으로 $-2p$만큼 평행이동 하면 $(x-p)^2+(y+2p)^2=9$이다.

원 $x^2+y^2=9$를 x축 방향으로 p만큼, y축 방향으로 $-2p$만큼 평행이동하면 $(x-p)^2+(y+2p)^2=9$
직선 $3x+4y+5=0$이 원의 넓이를 이등분하므로
이 직선은 원의 중심 $(p, -2p)$를 지난다.
$3p-8p+5=0 \qquad \therefore p=1$

04 📝 $-\dfrac{13}{12}$

GUIDE

평행이동과 대칭이동을 함께 하는 경우, 문제에 나온 순서에 따른다.

곡선 $y=3x^2$을 x축에 대하여 대칭이동하면 $-y=3x^2$

다시 y축 방향으로 a만큼 평행이동하면

$-(y-a)=3x^2$ $\qquad \therefore y=-3x^2+a$

이 곡선이 직선 $y=x-1$에 접하려면

방정식 $x-1=-3x^2+a$,

즉 $3x^2+x-a-1=0$이 중근을 가져야 하므로

$D=1^2-12(-a-1)=0$ $\qquad \therefore a=-\dfrac{13}{12}$

05 답 최댓값: $3\sqrt{2}+2$, 최솟값: $3\sqrt{2}-2$

GUIDE

두 원의 중심 거리와 반지름 길이를 이용해 최댓값과 최솟값을 구한다.

원 $(x+2)^2+(y-1)^2=1$을 직선 $y=x$에 대하여 대칭이동한 원 O'의 방정식은 $(x-1)^2+(y+2)^2=1$

이때 두 원의 중심 사이의 거리는

$\sqrt{(-2-1)^2+\{1-(-2)\}^2}=3\sqrt{2}$

두 원의 반지름 길이의 합은 $1+1=2$이고,

$3\sqrt{2}>2$이므로 두 원은 만나지 않는다.

따라서 $\overline{PP'}$의 길이의 최댓값은

(두 원의 중심 사이의 거리)$+2\times$(반지름 길이)

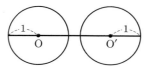

$\overline{PP'}$의 길이의 최솟값은

(두 원의 중심 사이의 거리)$-2\times$(반지름 길이)

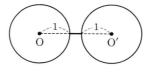

$\therefore$ 최댓값 : $3\sqrt{2}+2$, 최솟값 : $3\sqrt{2}-2$

06 답 4

GUIDE

두 원의 중심 A, B가 직선 l에 대하여 대칭이므로
① 선분 AB의 중점이 직선 l 위에 있다.
② (직선 AB)$\perp$(직선 l)

두 원이 직선 l에 대하여 대칭이면 두 원의 중심도 직선 l에 대하여 대칭이다.

두 원 $x^2+(y-1)^2=4$, $(x+2)^2+(y-3)^2=4$의 중심은 각각 $(0, 1)$, $(-2, 3)$이므로 A$(0, 1)$, B$(-2, 3)$이라 하면

$\overline{AB}$의 중점의 좌표는 $(-1, 2)$이고,

(직선 AB)$\perp l$에서 $\dfrac{1-3}{0-(-2)}\times$(직선 l의 기울기)$=-1$

$\therefore$ (직선 l의 기울기)$=1$

따라서 $y-2=x-(-1)$, 즉 $y=x+3$이므로

$a=1$, $b=3$ $\qquad \therefore a+b=4$

07 답 2

GUIDE

두 점 A$(1, 4)$, B$(1+m, 4+n)$이 직선 $2x-y-3=0$에 대하여 대칭이다.

점 A$(1, 4)$를 x축 방향으로 m만큼, y축 방향으로 n만큼 평행이동하면 B$(1+m, 4+n)$

두 점 A, B가 직선 $2x-y-3=0$에 대하여 대칭이므로

$\overline{AB}$의 중점 $\left(\dfrac{2+m}{2}, \dfrac{8+n}{2}\right)$이 직선 $2x-y-3=0$ 위에 있다.

$2\times\dfrac{2+m}{2}-\dfrac{8+n}{2}-3=0$ $\qquad \therefore 2m-n=10$ $\cdots\cdots$ ㉠

또 직선 AB가 직선 $2x-y-3=0$과 수직이므로

$\dfrac{4+n-4}{1+m-1}\times 2=-1$ $\qquad \therefore m+2n=0$ $\cdots\cdots$ ㉡

㉠, ㉡에서 $m=4$, $n=-2$이므로 $m+n=2$

08 답 13

GUIDE

점 A를 y축에 대하여 대칭이동한 경우를 그림으로 나타내어 $\overline{AP}+\overline{PB}$가 최소가 되는 경우를 생각한다.

점 A의 좌표를 (a, b)라 하면 B(b, a)이고

점 A를 y축에 대하여 대칭이동한 점을 A$'(-a, b)$이라 하면 다음 그림처럼 $\overline{AP}=\overline{A'P}$이므로

$\overline{AP}+\overline{PB}=\overline{A'P}+\overline{PB}\geq\overline{A'B}$

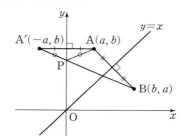

즉 $\overline{AP}+\overline{PB}$의 최솟값이 $\overline{A'B}$이므로

$\overline{A'B}=\sqrt{(b+a)^2+(a-b)^2}=\sqrt{2(a^2+b^2)}=13\sqrt{2}$

$\therefore \overline{OB}=\sqrt{a^2+b^2}=13$

09 답 $\sqrt{17}$

GUIDE

선분 길이의 합의 최솟값을 묻는 문제이므로 고정된 점 A, B를 각각 x축, $y=x$에 대하여 대칭이동시켜 한 선분으로 만든다.

점 A$(2, 1)$을 x축에 대하여 대칭이동한 점을 A$'$이라 하면 A$'(2, -1)$이고, 점 B$(3, 1)$을 직선 $y=x$에 대하여 대칭이동한 점을 B$'$이라 하면 B$'(1, 3)$이다.

$\overline{AP}+\overline{PQ}+\overline{QB}$
$=\overline{A'P}+\overline{PQ}+\overline{QB'}\geq\overline{A'B'}$

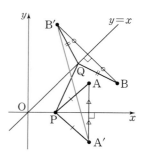

이므로

구하는 최솟값은 $\overline{A'B'}=\sqrt{\{(2-1)^2+(-1-3)^2}=\sqrt{17}$

따라서 최솟값은 $\sqrt{17}$

1등급 NOTE

문제에서 언급된 조건을 다음과 같이 생각한다.

x축 위를 움직이는 점 P $\Rightarrow$ A 또는 B를 x축에 대하여 대칭이동

$y=x$ 위를 움직이는 점 Q $\Rightarrow$ A 또는 B를 $y=x$에 대하여 대칭이동

10 ⑤

GUIDE

도형 $f(x, y)=0$을 평행이동과 대칭이동을 어떻게 하면 $g(x, y)=0$이 될지 생각한다.

주어진 그림에서 $g(x, y)=0$
은 $f(x, y)=0$을 x축에
대하여 대칭이동한 다음
x축 방향으로 -2만큼
평행이동 한 것이다.

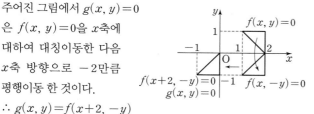

$\therefore g(x, y)=f(x+2, -y)$

참고

$f(x, y)=0$을 x축 방향으로 -2만큼 평행이동한 다음 x축에 대하여 대칭이동해도 된다.

STEP 2 | 1등급 굳히기 p. 128~131

01 ⑤	02 $(3, -5)$	03 $\dfrac{1}{2}$	04 23
05 -3	06 (1) 2 (2) $\sqrt{5}$	07 ④	08 4
09 ③	10 ㄱ, ㄹ	11 T$(4, 2)$, Q$\left(-\dfrac{16}{5}, \dfrac{28}{5}\right)$	
12 1	13 ③	14 5	15 ①
16 $2\sqrt{2}$	17 $240\sqrt{5}$		

01 ⑤

GUIDE

f로 주어진 평행이동을 a번, g로 주어진 평행이동을 b번 했을 때 점 P의 좌표를 생각한다.

f로 주어진 평행이동을 a번, g로 주어진 평행이동을 b번 했을 때 원점에서 출발한 점 P의 좌표는 P$(3a-4b, 4a-3b)$

이때 점 P의 x좌표와 y좌표의 합은

$(3a-4b)+(4a-3b)=7(a-b)$

즉 항상 7의 배수이므로 x좌표와 y좌표의 합이 7의 배수인 점을 찾으면 $(3, 18)$

참고

$3a-4b=3$, $4a-3b=18$에서 $a=9$, $b=6$

02 ⑤ $(3, -5)$

GUIDE

직사각형 OABC를 평행이동한 것이 직사각형 PQRS라 하면 점 Q는 점 A를 평행이동한 것이다.

점 A의 좌표를 $(6, y)$로 놓으면 두 직선 OA, OC가 수직이므로

$\dfrac{y}{6}\times\dfrac{8}{4}=-1$ $\therefore y=-3$ $\therefore$ A$(6, -3)$

점 S$(1, 6)$은 점 C$(4, 8)$을 x축 방향으로 -3만큼, y축 방향으로 -2만큼 평행이동한 것이다.

따라서 점 Q는 점 A$(6, -3)$을 x축 방향으로 -3만큼, y축 방향으로 -2만큼 평행이동한 것이므로 Q$(3, -5)$

03 ⑤ $\dfrac{1}{2}$

GUIDE

$\overline{AB}$의 중점이 원점이므로 (평행이동한 식)$=x$로 나타내어지는 이차방정식의 두 근의 합은 0이다.

$y=x^2+2x$의 그래프를 x축의 방향으로 a만큼 평행이동하면

$y=(x-a)^2+2(x-a)=x^2-2(a-1)x+a^2-2a$

이때 $x^2+2(1-a)x+a^2-2a=x$,

즉 이차방정식 $x^2+(1-2a)x+a^2-2a=0$

의 두 실근이 두 점 A, B의 x좌표이고,

A, B가 원점에 대하여 대칭이므로

원점은 $\overline{AB}$의 중점이다.

따라서 (두 근의 합)$=2a-1=0$이므로 $a=\dfrac{1}{2}$

04 ⑤ 23

GUIDE

규칙성을 활용할 수 있는 문제이므로 $P_1(3, 2)$에서 $P_n(3, 2)$이 되는 자연수 n을 찾는다.

규칙에 따라 점 P_2, P_3, P_4, $\cdots$은

$P_1(3, 2) \to P_2(2, 3) \to P_3(2, -3) \to P_4(-2, -3)$

$\to P_5(-3, -2) \to P_6(-3, 2) \to P_7(3, 2) \to P_8(2, 3)$

$\to P_9(2, -3) \to \cdots$

즉 자연수 n에 대하여 점 P_n의 좌표와 점 P_{n+6}의 좌표가 같다.

이때 $50=6\times8+2$에서 점 P_{50}의 좌표는 점 P_2의 좌표와 같다.

따라서 점 P_{50}의 좌표는 $(2, 3)$이므로

$10x_{50}+y_{50}=23$

05 답 -3

GUIDE

직선 l의 기울기를 k라 할 때, 직선 m은 기울기가 $-k$이고 점 $(-2,-3)$을 지난다.

직선 l의 기울기를 k라 하면 직선 l의 방정식은

$y=k(x-4)-3$ $\therefore y=kx-4k-3$ …… ㉠

오른쪽 그림에서 점 $(4,-3)$을 직선 $x=1$에 대하여 대칭이동한 점은 $(-2,-3)$

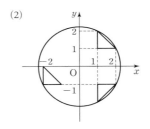

즉 직선 m은 기울기가 $-k$이고 점 $(-2,-3)$을 지나므로 직선 m의 방정식은

$y=-k(x+2)-3$

$\therefore y=-kx-2k-3$

직선 m을 x축에 대하여 대칭이동한 직선 n의 방정식은

$-y=-kx-2k-3$ $\therefore y=kx+2k+3$

직선 n을 x축 방향으로 4만큼 평행이동하면

$y=k(x-4)+2k+3$ $\therefore y=kx-2k+3$ …… ㉡

㉡과 ㉠이 서로 같으므로

$-4k-3=-2k+3$ $\therefore k=-3$

1등급 NOTE

직선 l에서 직선 m을 구할 때, 직선 $x=1$에 대한 대칭이동은 x에 $2-x$를 대입하면 되므로 직선 $y=kx-4k-3$에 $2-x$를 대입하면

$y=k(2-x)-4k-3$, 즉 $y=-kx-2k-3$

06 답 (1) 2 (2) $\sqrt{5}$

GUIDE

도형 $f(x,y)=0$, $f(-y,x)=0$, $f(x+3,y+2)=0$을 다음과 같이 함께 나타낸다.

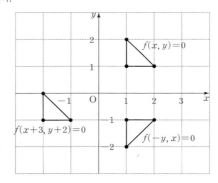

$f(x,y)=0 \xrightarrow{y=x \text{ 대칭}} f(y,x)=0 \xrightarrow{x\text{축 대칭}} f(-y,x)=0$

$f(x,y)=0 \xrightarrow{x\text{축} -3, y\text{축} -2} f(x+3,y+2)=0$

(1) 삼각형 PQR 넓이의 최솟값은 세 점이 최대한 가까이 있을 때이다. 즉 $P(1,1)$, $Q(1,-1)$, $R(-1,-1)$일 때 넓이는

$\dfrac{1}{2}\times 2\times 2=2$

(2) $f(x,y)=0$, $f(-y,x)=0$, $f(x+3,y+2)=0$ 위의 점 중에서 원점에서 거리가 가장 먼 점은 $(1,2)$, $(2,1)$, $(-2,-1)$, $(2,-1)$, $(1,-2)$이고, 이때 각 점에 이르는 거리는 모두 $\sqrt{5}$이다.

참고

(2)

(그림)

07 답 ④

GUIDE

$y=x^2+x$에 $-x$, $-y$, $x+k$처럼 x 또는 y의 계수를 바꾸지 않은 것을 대입했을 때 각각의 식이 나오는지 확인한다.

① $y=x^2+x$에 y 대신 $-y$를 대입하면 $y=-x^2-x$
   ⇨ x축에 대하여 대칭이동한 것이다.

② $y=x^2+x$에 x 대신 y, y 대신 x를 대입하면 $x=y^2+y$
   ⇨ 직선 $y=x$에 대하여 대칭이동한 것이다.

③ $y=x^2+x$에 x 대신 $-x$를 대입하면 $y=x^2-x$
   ⇨ y축에 대하여 대칭이동한 것이다.

④ $y=x^2+x$의 그래프를 평행이동 또는 대칭이동하여 $y=2x^2+x+2$의 그래프와 포개어지지 않는다.

⑤ $y=x^2+x$에 y 대신 $y-1$을 대입하면 $y=x^2+x+1$
   ⇨ y축 방향으로 1만큼 평행이동한 것이다.

따라서 ④

1등급 NOTE

포물선을 평행이동 또는 대칭이동하면 볼록한 방향은 바뀌지만 모양(폭)은 바뀌지 않는다. 즉 평행이동이나 대칭이동만으로 x^2항의 계수의 절댓값이 바뀌지 않는다.

08 답 4

GUIDE

중점 조건과 수직 조건을 이용해 두 점 P, Q를 각각 대칭이동한 점을 구한다.

(i) 점 $P(0,0)$을 $y=x+1$에 대하여 대칭이동한 점 R의 좌표를 $R(a,b)$라 하자.

$\overline{PR}$의 중점 $\left(\dfrac{a}{2},\dfrac{b}{2}\right)$이 직선 $y=x+1$ 위에 있으므로

$\dfrac{b}{2}=\dfrac{a}{2}+1$ $\therefore a-b=-2$ …… ㉠

직선 PR의 기울기가 -1이므로 $\dfrac{b-0}{a-0}=-1$

$\therefore a+b=0$ ...... ㉡

㉠, ㉡에서 $a=-1$, $b=1$ $\therefore$ R$(-1, 1)$

(ii) 점 Q$(2, 0)$을 $y=x+1$에 대하여 대칭이동한 점 S의 좌표를 S(c, d)라 하자.

$\overline{\text{QS}}$의 중점 $\left(\dfrac{c+2}{2}, \dfrac{d}{2}\right)$가 직선 $y=x+1$ 위에 있으므로

$\dfrac{d}{2}=\dfrac{c+2}{2}+1$ $\therefore c-d=-4$ ...... ㉢

직선 QS의 기울기가 -1이므로 $\dfrac{d-0}{c-2}=-1$

$\therefore c+d=2$ ...... ㉣

㉢, ㉣에서 $c=-1$, $d=3$

$\therefore$ S$(-1, 3)$

$\therefore$ (□PQSR의 넓이)

$=\dfrac{1}{2}\times3\times3-\dfrac{1}{2}\times1\times1$

$=4$

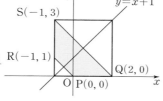

다른 풀이

두 점 P$(0, 0)$, Q$(2, 0)$와 직선 $y=x+1$을 x축 방향으로 1만큼 평행이동하면 P′$(1, 0)$, Q′$(3, 0)$, $y=x$

이때 점 P′을 $y=x$에 대하여 대칭이동시킨 점 R′의 좌표는 R′$(0, 1)$

점 Q′을 $y=x$에 대하여 대칭이동시킨 점 S′의 좌표는 S′$(0, 3)$

$\therefore$ (□P′Q′S′R′의 넓이)$=\dfrac{1}{2}\times3\times3-\dfrac{1}{2}\times1\times1=4$

09 답 ③

GUIDE

직선 $x-2y+1=0$ 위의 임의의 한 점이 직선 $x+y-1=0$에 대하여 대칭이동한 점을 구한다.

오른쪽 그림과 같이 직선 $x-2y+1=0$ 위의 임의의 점을 A(a, b)라 하고, 점 A를 직선 $x+y-1=0$에 대하여 대칭이동한 점을 A′(a', b')이라 하자.

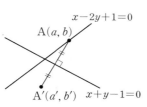

(i) $\overline{\text{AA}'}$의 중점 $\left(\dfrac{a+a'}{2}, \dfrac{b+b'}{2}\right)$이 직선 $x+y-1=0$ 위에 있으므로

$\dfrac{a+a'}{2}+\dfrac{b+b'}{2}-1=0$

$\therefore a+b=-a'-b'+2$ ...... ㉠

(ii) 직선 $y=-x+1$과 직선 AA′은 서로 수직이므로 직선 AA′의 기울기는 1이다.

$\dfrac{b-b'}{a-a'}=1$ $\therefore a-b=a'-b'$ ...... ㉡

㉠, ㉡에서 $a=1-b'$, $b=1-a'$ ...... ㉢

점 A(a, b)가 직선 $x-2y+1=0$ 위의 점이므로

$a-2b+1=0$이고, ㉢을 대입하면

$1-b'-2(1-a')+1=0$ $\therefore 2a'-b'=0$

따라서 점 A′(a', b')이 그리는 자취의 방정식은

$2x-y=0$

다른 풀이

$x+y-1=0$은 $y=-x+1$이므로 직선 $x-2y+1=0$과 $y=-x+1$을 각각 x축 방향으로 -1만큼 평행이동하면

$x-2y+2=0$, $y=-x$

이때 $x-2y+2=0$을 직선 $y=-x$에 대해 대칭이동하면

$-y+2x+2=0$, 이것을 다시 x축 방향으로 1만큼 평행이동하면

$-y+2(x-1)+2=0$ $\therefore 2x-y=0$

10 답 ㄱ, ㄹ

GUIDE

직선 $y=2x+1$에 대한 두 대칭점 A, B에서 중점 조건과 수직 조건을 함께 생각한다.

점 A(a, b)를 직선 $y=2x+1$에 대하여 대칭이동한 점이 점 B(c, d)이므로

(i) $\overline{\text{AB}}$의 중점 $\left(\dfrac{a+c}{2}, \dfrac{b+d}{2}\right)$가 직선 $y=2x+1$ 위에 있다.

$\dfrac{b+d}{2}=2\times\dfrac{a+c}{2}+1$

$\therefore b+d=2(a+c+1)$ ⇨ ㄱ

(ii) 직선 AB가 직선 $y=2x+1$과 서로 수직이다.

$\dfrac{d-b}{c-a}=-\dfrac{1}{2}$

$\therefore a+2b=c+2d$ ⇨ ㄹ

따라서 옳은 것은 ㄱ, ㄹ

11 답 T$(4, 2)$, Q$\left(-\dfrac{16}{5}, \dfrac{28}{5}\right)$

GUIDE

T$(-5+a, 2)$를 $y=2x+3$에 대하여 대칭이동한 점 Q의 좌표를 a로 나타낸 다음 $\overline{\text{PQ}}$의 기울기가 2임을 이용한다.

T$(-5+a, 2)$라 놓고, Q′(x', y')이라 하면

$y=2x+3$에 대해 두 점 T, Q는 대칭이므로

중점 조건에서 $\dfrac{2+y'}{2}=2\times\dfrac{(-5+a)+x'}{2}+3$

수직 조건에서 $\dfrac{2-y'}{(-5+a)-x'}=-\dfrac{1}{2}$

두 식을 연립하여 x', y'에 대해 정리하면

$x'=\dfrac{-3a+11}{5}$, $y'=\dfrac{4a-8}{5}$ ...... ㉠

직선 PQ의 기울기가 2이므로

$\dfrac{y'-2}{x'-(-5)}=2$, 즉 $2x'-y'=-12$

여기서 ㉠을 대입하면

$2 \times \dfrac{-3a+11}{5}-\dfrac{4a-8}{5}=-12$ $\therefore a=9$

따라서 T$(4, 2)$이고 Q$\left(-\dfrac{16}{5}, \dfrac{28}{5}\right)$

12 답 ①

GUIDE

원을 대칭이동 또는 평행이동할 경우 반지름 길이는 변하지 않으므로 이동한 중심의 좌표를 구한다.

$x^2+y^2=\dfrac{1}{4}$의 중심 $(0, 0)$을 $y=2x+1$에 대해 대칭이동한 점을

(a, b)라 하면 중점 $\left(\dfrac{a}{2}, \dfrac{b}{2}\right)$는 $y=2x+1$ 위에 있으므로

$\dfrac{b}{2}=a+1$에서 $b=2a+2$ …… ㉠

또 수직 조건에서 $\dfrac{b-0}{a-0}=-\dfrac{1}{2}$이므로 $-2b=a$ …… ㉡

㉠, ㉡에서 $b=\dfrac{2}{5}$, $a=-\dfrac{4}{5}$

따라서 원 O_1의 중심은 $\left(-\dfrac{4}{5}, \dfrac{2}{5}\right)$, 원 O_2의 중심은 (m, n)

$\left(x+\dfrac{4}{5}\right)^2+\left(y-\dfrac{2}{5}\right)^2=\dfrac{1}{4}$과

$(x-m)^2+(y-n)^2=\dfrac{1}{4}$이 서로 외접하므로

$\sqrt{\left(m+\dfrac{4}{5}\right)^2+\left(n-\dfrac{2}{5}\right)^2}=\dfrac{1}{2}+\dfrac{1}{2}$

즉 $\left(m+\dfrac{4}{5}\right)^2+\left(n-\dfrac{2}{5}\right)^2=1$

m, n이 정수이므로

$m=0$, $n=1\left(\because \left(\dfrac{4}{5}\right)^2+\left(\dfrac{3}{5}\right)^2=\dfrac{25}{25}=1\right)$

$\therefore m^2+n^2=0^2+1^2=1$

13 답 ③

GUIDE

① $f(x, y)=0$을 $y=x$에 대하여 대칭이동 ⇨ $f(y, x)=0$
② $f(y, x)=0$을 x축에 대하여 대칭이동 ⇨ $f(-y, x)=0$
③ $f(-y, x)=0$을 x축 방향으로 -1만큼 평행이동
   ⇨ $f(-y, x+1)=0$

$f(x, y)=0$을 직선 $y=x$에 대하여 대칭이동하면
$f(y, x)=0$ [그림 1]
다시 x축에 대하여 대칭이동하면 $f(-y, x)=0$ [그림 2]
다시 x축 방향으로 -1만큼 평행이동하면

$f(-y, x+1)=0$ [그림 3]

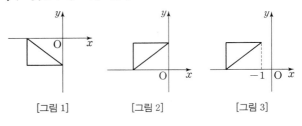

[그림 1]   [그림 2]   [그림 3]

다른 풀이

① $f(x, y)=0$을 $y=-x$에 대하여 대칭이동
   ⇨ $f(-y, -x)=0$
② $f(-y, -x)=0$을 y축에 대하여 대칭이동
   ⇨ $f(-y, x)=0$
③ $f(-y, x)=0$을 x축 방향으로 -1만큼 평행이동
   ⇨ $f(-y, x+1)=0$

14 답 ⑤

GUIDE

점 A 또는 점 B를 x축에 대하여 대칭이동한 다음 삼각형의 성질을 이용한다.

점 B$(5, -6)$을 x축에 대하여
대칭이동한 점은 B$'(5, 6)$이고
$\overline{BP}=\overline{B'P}$이므로
$|\overline{AP}-\overline{BP}|=|\overline{AP}-\overline{B'P}|$
$\leq \overline{AB'}=5$

따라서 최댓값은 5

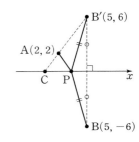

LECTURE

세 점 B$'$, A, P에 대하여 $\overline{B'P}\leq\overline{AB'}+\overline{AP}$
따라서 $\overline{B'P}-\overline{AP}\leq\overline{AB}$
이때 등호는 점 P가 점 C의 위치에 있을 때 성립한다.

15 답 ①

GUIDE

삼각형의 둘레 길이의 최솟값은 점 (a, b)를 x축과 $y=2x$에 대칭시켜 얻은 두 점을 이은 선분의 길이와 같다.

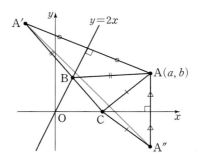

점 A(a, b)와 다른 두 꼭짓점을 B, C라 하면

점 A를 $y=2x$에 대하여 대칭이동한 점의 좌표는

$A'\left(-\dfrac{3}{5}a+\dfrac{4}{5}b,\ \dfrac{4}{5}a+\dfrac{3}{5}b\right)$

점 A를 x축에 대하여 대칭이동한 점의 좌표는 $A''(a,\ -b)$

이때 $\overline{AB}+\overline{BC}+\overline{CA}=\overline{A'B}+\overline{BC}+\overline{CA''}\ge\overline{A'A''}$이므로

최소 길이는 $\overline{A'A''}=\dfrac{4}{\sqrt5}\sqrt{a^2+b^2}$

16 ❸ $2\sqrt2$

GUIDE

부채꼴 OAP와 대칭인 부채꼴, 부채꼴 OBP와 대칭인 부채꼴을 함께 나타내 본다.

다음 그림과 같이 부채꼴 OAP와 대칭인 부채꼴 OAA'을 만들면 △OPQ와 △OA'Q는 합동이므로 $\overline{PQ}=\overline{A'Q}$

또 부채꼴 OBP와 대칭인 부채꼴 OBB'을 만들면 △OPR와 △OB'R는 합동이므로 $\overline{PR}=\overline{B'R}$

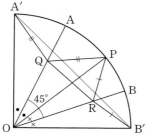

$\therefore$ ($\triangle$PQR의 둘레 길이)$=\overline{QR}+\overline{PR}+\overline{PQ}$
$\qquad\qquad\qquad\qquad\ =\overline{QR}+\overline{B'R}+\overline{A'Q}$
$\qquad\qquad\qquad\qquad\ \le\overline{A'B'}$

따라서 △PQR의 둘레 길이의 최솟값은

$\overline{A'B'}=\sqrt{2^2+2^2}=2\sqrt2$

17 ❸ $240\sqrt5$

GUIDE

당구공이 부딪친 벽을 기준으로 대칭이동한 당구대를 각각 그려 놓고 생각한다.

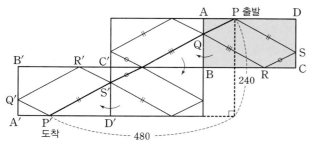

어떤 한 변의 임의의 점에서 출발한 공이 나머지 세 벽을 순서대로 부딪친 후에 원래의 위치로 되돌아오기까지 움직인 거리는 대칭이동한 위 그림에서 $\overline{PP'}$과 같으므로

$\overline{PP'}=\sqrt{480^2+240^2}=240\sqrt5$

STEP 3 | 1등급 뛰어넘기   p. 132~134

01 $2a^2+4ab-b^2=0$	02 $A(-2,3),\ B(1,6)$
03 (1) $(x+a)^2+(y+b)^2=4$ (2) $\dfrac{1}{7}\le a\le3$ (3) $\dfrac{20\sqrt2}{7}$	
04 $y=\dfrac{8}{3}x\ (x>0)$	05 $\dfrac{\sqrt{17}-1}{4}\le m\le4$
06 $8\sqrt5+4\sqrt2$ 07 ③	08 $\dfrac{5}{4}$ 09 10
10 $\dfrac{8}{3}\pi-2\sqrt3$	

01 ❸ $2a^2+4ab-b^2=0$

GUIDE

❶ 직선 OP의 방정식을 구한다.

❷ 직선 OP를 y축에 대하여 대칭이동한 방정식을 구한다.

❸ 직선과 원이 접하는 조건을 이용한다.

$P(a,b)$이므로 직선 OP의 방정식은 $y=\dfrac{b}{a}x$

직선 $y=\dfrac{b}{a}x$를 y축에 대하여 대칭이동하면 $y=-\dfrac{b}{a}x$

이 직선이 원에 접하므로 원의 중심 $(2,-1)$과 직선 $bx+ay=0$ 사이의 거리가 원의 반지름 길이인 $\sqrt3$과 같아야 한다.

$\dfrac{|2b-a|}{\sqrt{b^2+a^2}}=\sqrt3$

양변을 제곱하여 정리하면 $2a^2+4ab-b^2=0$

02 ❸ $A(-2,3),\ B(1,6)$

GUIDE

두 점 A, B가 직선 $y=-x+4$에 대하여 대칭이므로 중점 조건과 수직 조건을 이용한다.

$A(\alpha,\ \alpha^2+2\alpha+3),\ B(\beta,\ \beta^2+2\beta+3)\ (\alpha<\beta)$라 할 때,
직선 AB의 기울기는 1이므로

$\dfrac{(\beta^2+2\beta+3)-(\alpha^2+2\alpha+3)}{\beta-\alpha}=1$에서

$\alpha+\beta=-1\quad\cdots\cdots\ \bigcirc$

$\overline{AB}$의 중점이 직선 $y=-x+4$ 위에 있으므로

$\dfrac{\alpha^2+2\alpha+3+\beta^2+2\beta+3}{2}=-\dfrac{\alpha+\beta}{2}+4$

이때 $\bigcirc$에 의해

$\alpha^2+2\alpha+3+\beta^2+2\beta+3=(\alpha+\beta)^2-2\alpha\beta+2(\alpha+\beta)+6$
$\qquad\qquad\qquad\qquad\qquad\qquad =1-2\alpha\beta-2+6$
$\qquad\qquad\qquad\qquad\qquad\qquad =5-2\alpha\beta$

이고, $-\dfrac{\alpha+\beta}{2}+4=\dfrac{1}{2}+4=\dfrac{9}{2}$이므로

$\dfrac{9}{2}=\dfrac{1}{2}(5-2\alpha\beta)\qquad\therefore\ \alpha\beta=-2\quad\cdots\cdots\ \bigcirc$

$\bigcirc$, $\bigcirc$에서 $\alpha=-2,\ \beta=1$이므로

$A(-2,3),\ B(1,6)$

03 답 (1) $(x+a)^2+(y+b)^2=4$ (2) $\dfrac{1}{7}\le a\le 3$ (3) $\dfrac{20\sqrt{2}}{7}$

GUIDE

❶ 중점 조건을 생각한다.
❷ 원과 직선이 만나는 조건을 생각한다.

(1) 대칭이동한 점을 $(X,\ Y)$라 하면 중점 $\left(\dfrac{X+a}{2},\ \dfrac{X+b}{2}\right)$가

원 $x^2+y^2=1$ 위에 있으므로 $\left(\dfrac{X+a}{2}\right)^2+\left(\dfrac{X+b}{2}\right)^2=1$

$\therefore\ (x+a)^2+(y+b)^2=4$

(2) 원 $(x+a)^2+(y+b)^2=4$와 직선 $4x-3y+5=0$이 만나려면

$\dfrac{|-4a+3b+5|}{\sqrt{4^2+(-3)^2}}\le 2$이고, $a+b-2=0$이므로

$|-7a+11|\le 10$ $\qquad \therefore\ \dfrac{1}{7}\le a\le 3$

(3) $\dfrac{1}{7}\le a\le 3$이므로 자취 l은 두 점 $\left(\dfrac{1}{7},\ \dfrac{13}{7}\right)$, $(3,\ -1)$을 이은

선분이다.

따라서 길이는 $\dfrac{20\sqrt{2}}{7}$

채점 기준	배점
(1) 자취의 방정식 구하기	30%
(2) a 값의 범위 구하기	40%
(3) 자취 l의 길이 구하기	30%

1등급 NOTE

직선 $x+y-2=0$의 기울기 절댓값이
1이므로 피타고라스 정리를 이용하면
$\dfrac{1}{7}\le x\le 3$인 범위에서 $x+y-2=0$
위에 있는 선분의 길이는
$\left|\dfrac{1}{7}-3\right|\times\sqrt{2}$, 즉 $\dfrac{20\sqrt{2}}{7}$

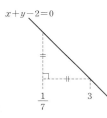

04 답 $y=\dfrac{8}{3}x\,(x>0)$

GUIDE

도형 $f(x,\ y)=0$을 점 $(a,\ b)$에 대하여 대칭이동한 도형의 방정식은 $f(2a-x,\ 2b-y)=0$이다.

$y=2|x|$는 $x\ge 0$일 때 $y=2x$
이고, $x<0$일 때 $y=-2x$이다.
$y=2x$를 점 $P(a,\ b)$에 대해
대칭이동한 직선의 방정식은
$2b-y=2(2a-x)$, 즉
$y=2x-4a+2b$
또 $y=-2x$를 점 $P(a,\ b)$에
대해 대칭이동한 직선의 방정
식은
$2b-y=-2(2a-x)$, 즉 $y=-2x+4a+2b$

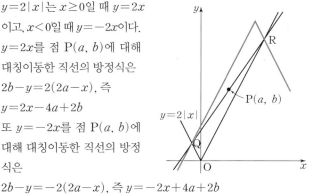

$y=2x-4a+2b$와 $y=-2x$의 교점은 $Q\left(\dfrac{2a-b}{2},\ b-2a\right)$

$y=-2x+4a+2b$와 $y=2x$의 교점은 $R\left(\dfrac{2a+b}{2},\ 2a+b\right)$

이때 직선 QR의 기울기는 $\dfrac{4a}{b}$이고,

이것이 $\dfrac{3}{2}$과 같아야 하므로 $b=\dfrac{8}{3}a$

따라서 점 $P(a,\ b)$의 자취의 방정식은 $y=\dfrac{8}{3}x$

단, x가 양수일 때만 두 교점이 있으므로 $y=\dfrac{8}{3}x\,(x>0)$

주의

자취의 방정식에서 x값의 범위를
빠뜨리지 않는다.
$P(a,\ b)$에서 오른쪽 그림처럼
$a\le 0$이면 두 교점이
존재하지 않는다.

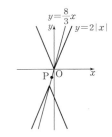

05 답 $\dfrac{\sqrt{17}-1}{4}\le m\le 4$

GUIDE

$(2,\ 2)$를 지나는 직선에 대하여 원이 y축과 만나는 m값의 범위와 모든 도형을 x축과 y축 방향으로 -2만큼 평행이동한 다음 직선 $y=mx$에 대하여 원을 대칭이동했을 때, 직선 $x=-2$와 만나는 m값의 범위는 서로 같다.

$y=mx+2-2m=m(x-2)+2$이므로 점 $(2,\ 2)$를 항상 지난다. 이때 문제의 모든 도형을 x축 방향으로 -2만큼, y축 방향으로 -2만큼 평행이동하여 생각하면 원 $(x-4)^2+(y+1)^2=4$를 $y=mx$에 대하여 대칭이동했을 때 $x=-2$와 만나도록 하는 m값의 범위를 구하는 것과 같다.

m값이 커질수록 대칭이동한 원은 원래의 원과 직선 $y=mx$에서 거리가 멀어지는데 $m>0$이므로 다음과 같이 경우를 나누어 생각해 보자.

(i) 처음으로 $x=-2$와 만날 때는 다음 그림과 같이 대칭이동한 원이 $x=-2$와 접할 때이다.

반지름 길이가 2이므로
대칭이동한 원의 중심의 x
좌표는 0이고, y좌표를 y_1
이라 하면, $(0,\ y_1)$은
$(4,\ -1)$을 직선 $y=m_1x$
에 대해 대칭이동한 점이
므로 중점 조건에서

$\dfrac{y_1-1}{2}=\dfrac{0+4}{2}m_1$

기울기 조건에서 $\dfrac{-1-y_1}{4-0}=-\dfrac{1}{m_1}$

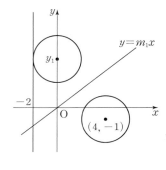

$$\therefore m_1 = \frac{\sqrt{17}-1}{4}$$

(ii) 마지막으로 $x=-2$와 만날 때는 다음 그림과 같은 경우이다.

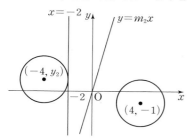

대칭이동한 원의 중심의 x좌표는 -4이고, y좌표를 y_2라 하면 $(-4, y_2)$는 직선 $y=m_2 x$에 대해 대칭이동한 점이므로 중점 조건과 수직 조건에서 $y_2 = 1$, $m_2 = 4$

(i), (ii)에서 m값의 범위는 $\dfrac{\sqrt{17}-1}{4} \le m \le 4$

---

06 <답> $8\sqrt{5}+4\sqrt{2}$

GUIDE

네 점 O, P, Q, A는 한 직선 위에 있을 수 없는 경우이므로 다리 부분을 뺀 나머지 도로 길이의 최솟값을 생각한다.

다음 [그림 1]처럼 직선 $y=x$와 강이 만나는 점을 B, C라 하면 B$(5, 5)$, C$(9, 9)$이다. 이때 점 C를 점 B로 옮기는 평행이동, 즉 직선 $x+y=18$을 x축 방향으로 -4만큼, y축 방향으로 -4만큼 평행이동하면 점 Q는 [그림 2]와 같이 점 P로 이동한다.

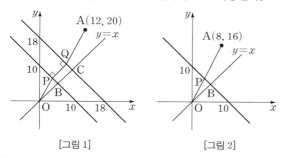

[그림 1]   [그림 2]

$\overline{PQ}$ 길이는 두 직선 $y=-x+10$과 $y=-x+18$ 사이의 거리이므로 $\dfrac{|10-18|}{\sqrt{1^2+1^2}} = 4\sqrt{2}$

이때 $\overline{OP}+\overline{PA} \ge \overline{OA} = 8\sqrt{5}$이므로
도로 길이의 최솟값은 $8\sqrt{5}+4\sqrt{2}$

---

07 <답> ③

GUIDE

① $x \ge 0$인 범위에서 $f(-x, y)=0$을 구한다.
② ①을 y축에 대하여 대칭이동한 $f(-|x|, y)=0$을 구한다.
③ ②를 y축 방향으로 -1만큼 평행이동한 것이 도형 $f(-|x|, y+1)=0$임을 이용한다.

(i) $f(x, y)=0$을 y축에 대하여 대칭이동한 도형은 $f(-x, y)=0$이고 오른쪽 그림과 같다. 이때 색선으로 나타낸 것은 도형 $f(-x, y)=0$ 중 $x \ge 0$ 범위에 속하는 것이다.

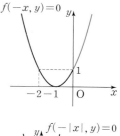

(ii) (i)에서 구한 도형(색선으로 나타낸 부분)과 이것을 y축에 대하여 대칭이동한 것을 함께 나타내면 오른쪽 그림과 같고, 이 도형은 $f(-|x|, y)=0$을 나타낸다.

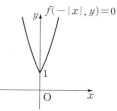

(iii) 도형 $f(-|x|, y+1)=0$ 은 (ii)에서 구한 도형 $f(-|x|, y)=0$을 y축 방향으로 -1만큼 평행이동한 것이므로 오른쪽 그림과 같다.

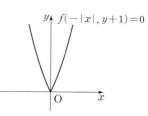

---

08 <답> $\dfrac{5}{4}$

GUIDE

❶ $f(y-1, x)=0$은 $f(x, y)=0$을 $y=x$에 대하여 대칭이동한 다음 y축 방향으로 1만큼 평행이동한 것이다.
❷ $f(-x+2, y)=0$은 $f(x, y)=0$을 y축에 대하여 대칭이동한 다음 x축 방향으로 2만큼 평행이동한 것이다.

$f(y-1, x)=0$은 $f(x, y)=0$을 $y=x$에 대하여 대칭이동한 다음 y축 방향으로 1만큼 평행이동한 것이므로 다음 그림과 같다.

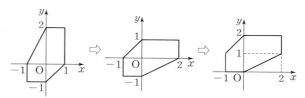

$f(-x+2, y)=0$은 $f(x, y)=0$을 y축에 대하여 대칭이동한 다음 x축 방향으로 2만큼 평행이동한 것이므로 다음 그림과 같다.

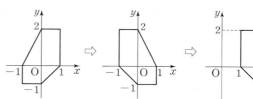

$f(y-1, x)=0$과 $f(-x+2, y)=0$ 이 겹쳐지는 부분은 오른쪽 그림에서 색칠한 사각형 ABCD와 같다.

A$(1, 2)$, B$\left(1, \dfrac{1}{2}\right)$, C$(2, 1)$, D$(2, 2)$ 이므로 사각형 ABCD의 넓이는 $\dfrac{5}{4}$

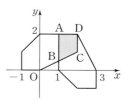

참고

점 B는 $x=1$과 $y=\frac{1}{2}x$의 교점이므로 그 좌표는 $\left(1, \frac{1}{2}\right)$이다.

09 📖 10

GUIDE

포물선 $y=f(x)$와 포물선 $y=g(x)$는 점 $(2, 1)$에 대하여 대칭이고, 이 때 두 포물선의 공통접선이 $(2, 1)$을 지난다. 즉 직선 $y=m(x-2)+1$ 을 생각할 수 있다.

문제의 내용을 오른쪽 그림처럼 나타낼 수 있다.

이때 공통접선은 항상 $(2, 1)$을 지나므로 $y=m(x-2)+1$

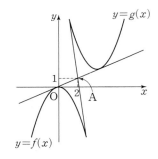

$y=-x^2$과 접하는 것은 $x^2+mx-2m+1=0$에서 $D=0$인 경우이다.

$m^2-4(-2m+1)=0$

$\therefore m^2+8m-4=0$

이때 m에 대한 이차방정식에서

$\frac{D}{4}=16^2+4>0$이므로 서로 다른 접선은 2개이고,

두 접선의 기울기의 합은 -8

따라서 $p=2$, $q=-8$이므로 $p-q=10$

LECTURE

원 또는 포물선을 점 (a, b)에 대하여 대칭이동한 경우 공통접선은 대칭점을 지난다.

풀이에서 주어진 도형 $y=-x^2$, $y=(x-2a)^2+2b$과 점 (a, b)를 각각 x축 방향으로 $-a$만큼, y축 방향으로 $-b$만큼 평행이동하면

$y=-(x+a)^2-b$, $y=(x-a)^2+b$, $(0, 0)$

이때 공통접선의 방정식을 $y=mx+n$이라 하면

$y=-(x+a)^2-b$와 연립한 방정식에서 (판별식)$=0$이므로

$m^2+4am-4b-4n=0$ ……㉠

$y=(x-a)^2+b$와 연립한 방정식에서 (판별식)$=0$이므로

$m^2+4am-4b+4n=0$ ……㉡

㉠, ㉡에서 $n=0$이므로 공통접선의 방정식은 $y=mx$, 즉 원점을 지나는 직선이다.

원에서도 같은 방법으로 위 내용이 성립함을 보일 수 있다.

10 📖 $\frac{8}{3}\pi-2\sqrt{3}$

GUIDE

원 C를 조건에 따라 대칭이동, 평행이동했을 때, 중심의 자취 각각에 대하여 반지름 길이가 1인 원을 생각한다.

중심이 $(1, 0)$이고, 반지름 길이가 1인 원 C를 원점을 지나는 직선에 대하여 대칭이동하면 원점을 지나고 반지름 길이가 1인 원이 된다. 이때 이동한 원의 중심과 원점 사이의 거리는 변하지 않고 옮겨진 도형의 자취인 D는 오른쪽 그림

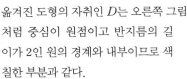

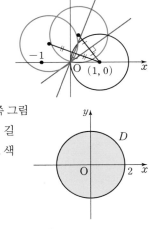

처럼 중심이 원점이고 반지름의 길이가 2인 원의 경계와 내부이므로 색칠한 부분과 같다.

또 $(a-1)^2+b^2=1$인 점 (a, b)의 자취는 원이므로 $(x, y) \rightarrow (x+a, y+b)$에 따라 원 C의 중심 $(1, 0)$은 $(1+a, b)$로 이동된다.

즉 원 C의 중심이 이동한 자취가 $(a-2)^2+b^2=1$이므로 E는 오른쪽

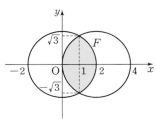

그림처럼 중심이 $(2, 0)$이고 반지름 길이가 2인 원의 내부와 경계이므로 색칠한 부분과 같다.

따라서 F는 다음 그림에서 색칠한 부분과 같으므로

F의 넓이는

$2\left(\frac{1}{3}\times\pi\times 2^2-\frac{1}{2}\times 2\sqrt{3}\times 1\right)=\frac{8}{3}\pi-2\sqrt{3}$

1등급 NOTE

중심이 $(1, 0)$이고, 반지름 길이가 1인 원 C를 원점을 지나는 직선에 대하여 대칭이동하면 원점을 지나는 반지름 길이가 1인 원이 된다. 이 원 위를 움직이는 점을 P라 하고, 대칭이동한 원의 중심을 Q라 하면 Q는 움직이는 점이고, $\overline{QP}=1$이 된다.

이때 $\overline{OP}\leq\overline{OQ}+\overline{QP}=2$이므로 P는 중심이 원점이고 반지름 길이가 2인 원의 내부 또는 그 둘레 위에 있다.

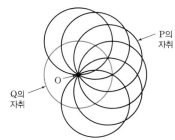

배움으로 행복한 내일을 꿈꾸는
천재교육 커뮤니티 안내

교재 안내부터 구매까지 한 번에!
천재교육 홈페이지

자사가 발행하는 참고서, 교과서에 대한 소개는 물론
도서 구매도 할 수 있습니다. 회원에게 지급되는 별을 모아
다양한 상품 응모에도 도전해 보세요!

다양한 교육 꿀팁에 깜짝 이벤트는 덤!
천재교육 인스타그램

천재교육의 새롭고 중요한 소식을 가장 먼저 접하고 싶다면?
천재교육 인스타그램 팔로우가 필수!
깜짝 이벤트도 수시로 진행되니 놓치지 마세요!

수업이 편리해지는
천재교육 ACA 사이트

오직 선생님만을 위한, 천재교육 모든 교재에 대한 정보가 담긴
아카 사이트에서는 다양한 수업자료 및 부가 자료는 물론
시험 출제에 필요한 문제도 다운로드하실 수 있습니다.

https://aca.chunjae.co.kr

천재교육을 사랑하는 샘들의 모임
천사샘

학원 강사, 공부방 선생님이시라면 누구나 가입할 수 있는 천사샘!
교재 개발 및 평가를 통해 교재 검토진으로 참여할 수 있는 기회는 물론
다양한 교사용 교재 증정 이벤트가 선생님을 기다립니다.

아이와 함께 성장하는 학부모들의 모임공간
튠맘 학습연구소

튠맘 학습연구소는 초·중등 학부모를 대상으로 다양한 이벤트와 함께
교재 리뷰 및 학습 정보를 제공하는 네이버 카페입니다.
초등학생, 중학생 자녀를 둔 학부모님이라면 튠맘 학습연구소로 오세요!